DEUTSCHE ENTOMOLOGISCHE ZEITSCHRIFT

HERAUSGEGEBEN VOM

Zoologischen Museum

MUSEUM FÜR NATURKUNDE DER HUMBOLDT-UNIVERSITÄT ZU BERLIN

Chefredakteur:

Prof. Dr. H.-J. Hannemann

Neue Folge Band 34

1987

Heft 1—3

Ausgegeben am 15. März 1987

AKADEMIE-VERLAG · BERLIN

ISSN 0012-0073 Dtsch. ent. Z., Berlin 34 (1987) 1—3, 1—220

Instructions for Authors

1. Papers should be type-written in German, English or French. They must be sent in a final form ready for publication.
2. Manuscripts should be typed with double spacing, on one side of the paper, quarto size, leaving a top and left hand 4 cm margin.
3. A brief abstract in English must precede the text of all articles.
4. Bibliographical references should be listed in alphabetical order at the end of the paper followed by the full address of the author.
5. Figures (line drawings with black India ink on strong or transparent paper) should be numbered consecutively with Arabic numerals.
6. Legends of figures must be type-written on a separate sheet.
7. The author receives 60 reprints free of charge.
8. Manuscripts should be addressed to the Editor-in-Chief, Prof. Dr. H.-J. Hannemann, Zoologisches Museum der Humboldt-Universität, Invalidenstr. 43, DDR-1040 Berlin.

Bestellungen sind zu richten

- **in der DDR**
  an das Zeitungsvertriebsamt der Deutschen Post, Abt. Zentralvertrieb Berlin, Straße der Pariser Kommune 3–4, 1017 Berlin
  oder an den AKADEMIE-VERLAG BERLIN, Leipziger Str. 3–4, DDR-1086 Berlin;
- **im sozialistischen Ausland**
  an eine Buchhandlung für fremdsprachige Literatur oder an den zuständigen Postzeitungsvertrieb;
- **in der BRD und Berlin(West)**
  an eine Buchhandlung oder an die Auslieferungsstelle KUNST UND WISSEN, Erich Bieber OHG, Wilhelmstr. 4–6, D-7000 Stuttgart 1;
- **in den übrigen westeuropäischen Ländern**
  an eine Buchhandlung oder an die Auslieferungsstelle KUNST UND WISSEN, Erich Bieber GmbH, General Wille-Str. 4, CH-8002 Zürich;
- **im übrigen Ausland**
  an den internationalen Buch- und Zeitschriftenhandel; den BUCHEXPORT, Volkseigener Außenhandelsbetrieb der Deutschen Demokratischen Republik, Postfach 160, DDR-7010 Leipzig;
  oder an den AKADEMIE-VERLAG BERLIN, Leipziger Str. 3–4, DDR-1086 Berlin.

DEUTSCHE ENTOMOLOGISCHE ZEITSCHRIFT

Herausgeber: Zoologisches Museum – Museum für Naturkunde der Humboldt-Universität zu Berlin.

Verlag: Akademie-Verlag Berlin, Leipziger Str. 3–4, DDR-1086 Berlin; Fernruf: 2236221 oder 2236229; Telex-Nr.: 114420; Bank: Staatsbank der DDR, Berlin, Kto.-Nr. 6836-26-29712.

Chefredakteur: Prof. Dr. Hans-Joachim Hannemann.

Anschrift der Redaktion: Zoologisches Museum der Humboldt-Universität zu Berlin, Invalidenstr. 43, DDR-1040 Berlin.

Veröffentlicht unter der Lizenznummer 1325 des Presseamtes beim Vorsitzenden des Ministerrates der DDR.

Gesamtherstellung: VEB Druckerei „Thomas Müntzer", DDR-5820 Bad Langensalza

Erscheinungsweise:
Die Deutsche Entomologische Zeitschrift erscheint jährlich in einem Band mit 5 Heften. Bezugspreis je Band 125,– DM zuzüglich Versandspesen. Preis je Heft 25,– DM.

Der gültige Jahresbezugspreis für die DDR ist der Postzeitungsliste zu entnehmen.

Bestellnummer dieses Heftes: 1032/34/1–3.

AN (EDV) 55217 · AN (ZV) 1118001139

02100

DEUTSCHE ENTOMOLOGISCHE ZEITSCHRIFT

N. F. Band 34 Heft 1—3 15. März 1987

Dtsch. ent. Z., N. F. 34 (1987) 1—3, 1—76

Variabilität, Merkmalswandel und Phylogenie der Elcanidae im Jungpaläozoikum und Mesozoikum und die Phylogenie der Ensifera

(Orthopteroida, Ensifera)

Von

WOLFGANG ZESSIN

Mit 123 Abbildungen im Text, 13 Tabellen und 2 Tafeln

Abstract

All known species of the plesion Elcanidae (= Permelcanidae ŠAROV + Elcanidae HANDLIRSCH) are critically examined. This revision is based on more than 250 new fossil specimen of upperliassic elcanids from Middle Europe. Many of them have been figured. The examination of the variability, especially of the wing venation, is leaded to a drastic reduction of the number of species in this monophyletic group from 120 to 16. Now are placed into the Elcanidae the folloing 5 genera: *Promartynovia* TILLYARD, 1937 (= *Permelcana* ŠAROV, = *Proelcana* ŠAROV), *Meselcana* ŠAROV, 1968, *Parelcana* HANDLIRSCH, 1906, *Elcana* GIEBEL, 1856 (= *Archelcana* ŠAROV) and *Baisselcana* ŠAROV, 1968. A new interpretation of the wing venation of elcanids is proposed. By the methods of phylogenetic systematics the genera of Elcanidae, the Bintoniellidae, Kamiidae, Oedischiidae, Permoraphidiidae, Vitimidae and recent families of the order Ensifera are critically examined. This study shows, that Elcanidae and Permoraphidiidae probably are sistergroups. A dendrogram of this monophyletic complex and the evolutionary tendencies of the wing venation of the elcanids from the Permian to the Cretaceous are proposed. The "Kamiidae" and "Oedischiidae" are probably not monophyletic groups. The monophyletic Triassomantidae and Elcanidae are members of the steamline of all recent Ensifera. The Bintoniellidae and Vitimidae are possibly representatives of the Tettigonioidea. A hypothetical dendrogram and the systematic of the order Ensifera are presented.

1. Einleitung

Eine mit guten Gründen monophyletische Gruppe sind die Elcanidae HANDLIRSCH, 1906. Ihre bisher ältesten Vertreter sind Arten der Gattungen *Promartynovia* TILLYARD, 1937 und *Permelcana* ŠAROV, 1962 aus dem Unterperm Nordamerikas und der Sowjetunion. Sie wurden bisher einer separaten Familie Permelcanidae ŠAROV, 1962 zugerechnet. Aus der Trias Mittelasiens ist die Gattung *Meselcana* ŠAROV, 1968 bekannt geworden. Im Jura Europas und Asiens findet sich die Gattung *Elcana* GIEBEL, 1856 mit einer Reihe von Arten. Der bisher jüngste Vertreter, *Baisselcana sibirica* ŠAROV, 1968 stammt aus der Unteren Kreide Sibiriens. Wahrscheinlich erloschen die Elcanidae nachkommenlos in der Kreide.

Erste Funde wurden bereits von GERMAR (1842), BRODIE (1845) und WESTWOOD (1854) beschrieben. In der Folgezeit beschäftigen sich insbesondere GIEBEL (1856), HAGEN (1858,

1862), HEER (1865, 1880), WEYENBERGH (1886), OPPENHEIM (1888), SCUDDER (1891), MEUNIER (1898), HANDLIRSCH (1906, 1925, 1938), BODE (1905, 1953), KARNY (1921, 1932), TILLYARD (1932, 1937), CARPENTER (1932, 1966), MARTYNOV (1938), ANDER (1939), ZEUNER (1939) und ŠAROV (1962, 1968) mit diesen Fossilien.

Die bedeutendsten Fundstätten dieser ausgestorbenen Orthoptera sind Dobbertin (DDR) mit mehreren hundert Funden aus dem Lias, gefolgt von gleichaltrigen Plätzen bei Schandelah, Grassel, Hondelage, Hattorf (alle BRD, nahe Braunschweig) und Grimmen (DDR), sowie Solnhofen (BRD) mit Funden aus dem Malm. Insbesondere in den vergangenen 15 Jahren konnten mehr als 300 Neufunde geborgen werden. Sie ermöglichten im Verein mit den bisher bekannten eine Untersuchung zur individuellen Variabilität bei Elcanidae. Zweifel an der Berechtigung der von HANDLIRSCH (1906) aufgestellten Arten der Gattung *Elcana* GIEBEL, 1856 kamen bereits GEINITZ (1922), der in diesem Zusammenhang von „übergroßer Spezialisierung" schrieb. BODE (1953) beugte sich HANDLIRSCH's Autorität und übernahm dessen typologische Artkonzeption, so daß es zur Aufstellung von mehr als 100 „Arten" kam, die sich oft nur geringfügig unterschieden.

Indessen steht dieser zu Recht überholten Praxis ein evolutives Artkonzept auf der Grundlage von Biospecies gegenüber, dessen Legitimität seiner Ausdehnung auf die fossile Überlieferung allgemein unbestritten ist. In der Praxis stößt man jedoch oft auf beträchtliche Schwierigkeiten, den Umfang der Biospecies in der Paläontologie zu ermitteln, teils aus Mangel an Material, teils aus Mangel an fossilationsfähigen Körperstrukturen. Prinzipiell gibt es keinen objektivierbaren Maßstab, verschiedene individuelle Fossilien als Angehörige bestimmter singulärer Arten auszuweisen oder sie als Repräsentanten reproduktiv getrennter Arten zu bestimmen. Selbst bei Erhaltung aller nur denkbaren Strukturen und großer Serien von Funden, horizontiert entnommen, ist der letzte Beweis, das Experiment der Kreuzbarkeit und der Erzeugung fertiler Nachkommen, nicht mehr möglich. Lediglich Indizienbeweise in Form hoher Übereinstimmung bzw. Identität in allen fossilationsfähigen Strukturen, können für die Zugehörigkeit verschiedener Individuen zu einer Art sprechen. Ihr Fehlen wird man als Ausdruck einer einstmaligen reproduktiven Isolation deuten und die entsprechenden Individuen als Vertreter verschiedener evolutionärer Arten hypothetisieren (AX, 1984, S. 210).

Die Genauigkeit der Zeichnungen von HANDLIRSCH (1906—1908, 1938) und BODE (1905, 1953) erwies sich in einigen Fällen als unzureichend. HAUPT (1949, S. 23) sprach in Bezug auf die Zeichnungen von HANDLIRSCH von zum Teil „reinen Zweckgebilden". Ähnliche Erfahrungen notierten WILLMANN (1984, S. 437) und ZESSIN (1983, S. 193). Insbesondere im Verlaufe der Neubearbeitung der Elcanidae stieß ich immer wieder auf größere Ungenauigkeiten bei der Wiedergabe des Typusmaterials in HANDLIRSCH's Arbeiten. Eine kritische Durchsicht des bekannten Materials war auch deshalb erforderlich, um die vielen neuen Funde mit bisher nicht oder ungenügend bekannten Details der Körperstrukturen zu beschreiben und einzuordnen.

Die vorliegende Untersuchung stellt den Versuch dar, das unübersichtlich und unhandlich gewordene Material auf der Basis variationsstatistischer Untersuchungen neu zu bewerten, sich auf dieser Grundlage dem biologischen Artbegriff zu nähern und das Plesion Elcanidae ins System rezenter Ensifera einzuordnen.

Die damit einhergehende Reduktion der Taxa in der Rangstufe der Art um etwa 80% und in der Rangstufe der Gattung um 37% schafft die Voraussetzungen für stratigrafische, phylogenetische und chorologische Untersuchungen.

2. Material, Methodik und Terminologie

Die Funde paläozoischer und mesozoischer Elcanidae bestehen größtenteils aus isolierten Flügeln. Seltener sind Vorder- und Hinterflügel im Zusammenhang, noch seltener Körperteile. Das liegt zum Teil daran, daß man isolierte Körperteile (außer Flügel) nicht als zugehörig zu den Elcanidae erkennt. Nur sehr wenige Funde zeigen das vollständige Insekt.

Insgesamt konnten mehr als 300 Reste von Elcanidae untersucht werden, von denen etwa 100 neu gezeichnet wurden. Das Material wird in folgenden Sammlungen aufbewahrt (die jeweilige Signatur wird der Sammlungsnummer vorgestellt):

BAC — Bergakademie Clausthal
BAF — Bergakademie Freiberg
LD, LG, LS — Sammlung ZESSIN, Schwerin
LDA, LGA — Sammlung ANSORGE, Rostock
LiG — Sammlung KREMPIEN, Schwerin-Warnitz
MSI — Naturkundemuseum Berlin
MG — Museum Goldberg
PIN — Paläontologisches Institut der Akademie der Wissenschaften der UdSSR, Moskau
SGW — Sammlung geologischer Wissenschaften, ERNST-MORITZ-ARNDT-Universität Greifswald
THE — Technische Hochschule Braunschweig

Die umfangreichste Kollektion von Elcanidae ist meine Sammlung, die z. Zt. etwa 300 Funde aus dem Lias von Dobbertin, Grimmen und Schandelah bei Braunschweig enthält. Das reichhaltige Material von Schandelah wurde von Herrn W. SIPPEL/Ennepetal gesammelt und mir geschenkt.

Die Erhaltung in den Kalk-Mergel-Konkretionen von Dobbertin, Grimmen und Schandelah (alle Lias) ist vorzüglich und läßt neben dem Geäder der Flügel auch die ehemalige Flügelfleckung und die Zeichnung beispielsweise solcher Teile wie der Femora erkennen. Diese Funde bilden die Basis dieser Untersuchung.

Die Zeichnungen wurden nach Fotos unter ständigem Vergleich mit den Originalen angefertigt. Ergänzt wurden auf Zeichnungen nur solche Teile des Flügels, deren Verlauf sicher schien. Bis auf den Flügelumriß wurden solche Ergänzungen sparsam verwendet. Dabei wurden fehlende Aderverläufe durch gerissene Linien, der Flügelumriß durch Strich-Punkt-Linien ergänzt. Zackenlinien markieren Bruchgrenzen im Flügel.

Die Bezeichnung der Adern fußt auf der Terminologie von COMSTOCK und NEEDHAM, die auf REDTENBACHER (1886) zurückgeht, ist jedoch stark modifiziert nach KUKALOVA-PECK (1983) (Abb. 1).

Es werden folgende Termini und Abkürzungen verwendet: Coste (C), Subcosta (Sc), Radius (R), Media (M), Cubitus (Cu), Analis (A), Jugalis (J). Mit A wird der jeweilige vordere (anteriore) Ast einer Hauptlängsader in Verbindung mit dieser, mit P der hintere (posteriore) Ast bezeichnet. Die Numerierung der Äste einer Hauptader erfolgt von vorn nach hinten, z. B. RP_1, RP_2, wobei RP_1 als 1. Ast des Radiussektors bezeichnet wird. Abzweigungen von solchen Ästen werden als Zweige bezeichnet. Eine Gegenüberstellung der Aderbenennungen bei verschiedenen Autoren gibt Tab. 9.

Es wird vorgeschlagen und in dieser Arbeit einheitlich praktiziert, die Felder zwischen den Adern bzw. Ästen der Hauptlängsadern unter Verwendung einheitlicher Präfixe logisch und eindeutig zu benennen. So werden die Felder, die von den Ästen der Hauptlängsadern C, Sc, R, M, Cu, A, J aufgespannt werden, ohne Präfix wie folgt bezeichnet: Costalfeld, Subcostalfeld, Radialfeld, Medialfeld, Cubitalfeld, Analfeld, Jugalfeld. Die Felder vor den jweiligen Hauptlängsadern (bzw. zwischen ihnen) werden mit dem Präfix praebezeichnet, also Praecostalfeld, Praesubcostalfeld (terminologisch unglücklich, aber logisch), Praeradialfeld, Praemedialfeld, Praecubitalfeld, Praeanalfeld, Praejugelfeld. Die Felder zwischen den beiden Ästen der jeweiligen Hauptlängsadern werden mit dem Präfix inter- bezeichnet, also Intercostalfeld (IC-Feld), Intersubcostalfeld (ISc-Feld), Interradialfeld (IR-Feld), Intermedialfeld (IM-Feld), Intercubitalfeld (ICu-Feld), Interanalfeld (IA-Feld), Interjugalfeld (IJ-Feld). Die Felder, die von den Ästen des jeweiligen vorderen (anterioren) Teiles einer Hauptlängsader gebildet werden, tragen das Präfix ante-, also Antecostalfeld (AC-Feld), Antesubcostalfeld (ASc-Feld), Anteradialfeld (AR-Feld), Antemedialfeld (AM-Feld), Antecubitalfeld (ACu-Feld), Antanalfeld (AA-Feld) und Antejugalfeld (AJ-Feld). Entsprechend werden die Felder, die von den Ästen des jeweiligen hinteren (posterioren) Teiles einer Hauptlängsader gebildet werden mit dem Präfix post- bezeichnet, Postcostalfeld (PC-Feld), Postsubcostalfeld (PSc-Feld), Postradialfeld (PR-Feld), Postanalfeld (PA-Feld), Postjugalfeld (PJ-Feld). Die Felderterminologie wird in Abb. 1 b dargestellt. Nach KUKALOVA-PECK (1983) ist im Grundbauplan pterygoter Insekten auch eine paarige Präcosta vorhanden (PcA, PcP). Ihre beiden Äste verstärken meist den Vorderrand und spannen kein Feld auf.

Die Faltungen der Flügel erfolgen primär im Praemedialfeld (Medialfalte), Praeanalfeld (Clavalfalte), Interanalfeld (Analfalte) und Praejugalfeld (Jugalfalte). Sekundär kommt es bei einigen Saltatoria zu veränderter Faltung.

Die Bezeichnungen der Flügelmaße, die zur Auswertung gelangten, finden sich auf Abb. 2. Die entsprechenden Maße der Hinterflügel sind gestrichen bezeichnet. Die Meßwerte wurden am Original unter

Verwendung der Meßeinrichtung des Stereomikroskops SM XX gewonnen. Die fotografischen Aufnahmen wurden in der Regel ohne Befeuchten der Originale angefertigt. Es fand Orwo-Film NP 15 Verwendung.

Alle Aderpläne werden des besseren Vergleiches wegen als rechte Flügel dargestellt.

Die Terminologie der phylogenetischen Systematik beruht auf den Arbeiten von HENNIG (1953, 1969), PATTERSON & ROSEN (1977) und AX (1984).

Die Wiedergabe kyrillischer Buchstaben erfolgt nach der blibliothekarischen Transkription.

3. Variabilität mesozoischer Elcanidae

Nahezu einmalig für fossile Insekten des Mesozoikums ergibt sich aus den reichen Funden im Lias von Dobbertin, Grimmen (beide DDR) und aus den gleichaltrigen Fundschichten der Gegend um Braunschweig (BRD) die Möglichkeit, Untersuchungen zur Variabilität sowohl des Geäders der Flügel, deren Abmessungen als auch der Flügelfleckung bei Individuen von Arten der Gattung Elcana vorzunehmen. Die dazu nötigen größeren Serien von Funden wurden durch mich in fünfzehnjähriger Tätigkeit in der Freizeit gewonnen. Ergänzt wurde das Material durch weitere Fundstücke von Sammlern sowie Museumsmaterial, insbesondere aus dem Naturkundemuseum Berlin.

Besonders lohnenswert schien mir die Aufgabe auch deshalb zu sein, da in der Vergangenheit HANDLIRSCH (1906, 1938) und BODE (1953) die Zahl der Taxa dieser Gattung über Gebühr vermehrt hatten. Der Verdacht, es könne sich hier in der Mehrzahl um Individuen weniger Arten handeln, lag nahe. Bereits ein flüchtiger Blick in die rezente Orthopterenfauna zeigt deren nicht unbeträchtliche Variabilität. Erste Hinweise in diese

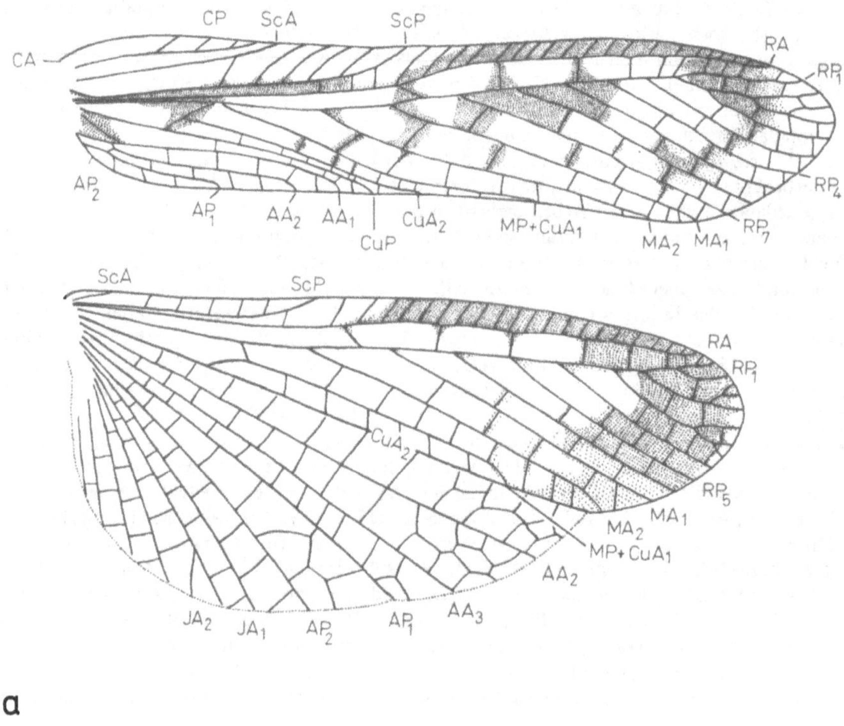

1a

Abb. 1a
Geäderterminologie im Vorder- und Hinterflügel bei Elcanidae;

Richtung finden sich bereits bei GEINITZ (1880), der *Elcana geinitzi* (HEER, 1880) 7 Exemplare zurechnete. Schon 1884 hatte sich das Material derartig vermehrt, daß GEINITZ (1884) dieser Art etwa 40 Exemplare zurechnete; alle aus Dobbertin. So schreibt er auf Seite 578. „Unsere Form (*Elcana geinitzi*, Anm. d. Verf.) ist wieder ein Beispiel für die große Variabilität der Flügelnervatur bei einer und derselsen (derselben, Druckfehler, Anm. d. Verf.) Insektenart!“ Jedoch faßte er die Variabilität der Art, wie diese Untersuchung versuchte nachzuweisen, etwas zu weit. Ins entgegengesetzte Extrem verfiel HANDLIRSCH (1906), der die Gattung Elcanaderart aufsplitterte, daß fast jedes Exemplar einer separaten „Art“ zugerechnet wurde. In seiner Nachlaßarbeit (HANDLIRSCH 1938) beschrieb dieser Autor weitere *Elcana*-Arten. BODE, der die vielen Funde von Elcanidae aus dem Lias von Braunschweig bearbeitete, beschrieb 1953 eine große Zahl von „Arten“, die sich oft

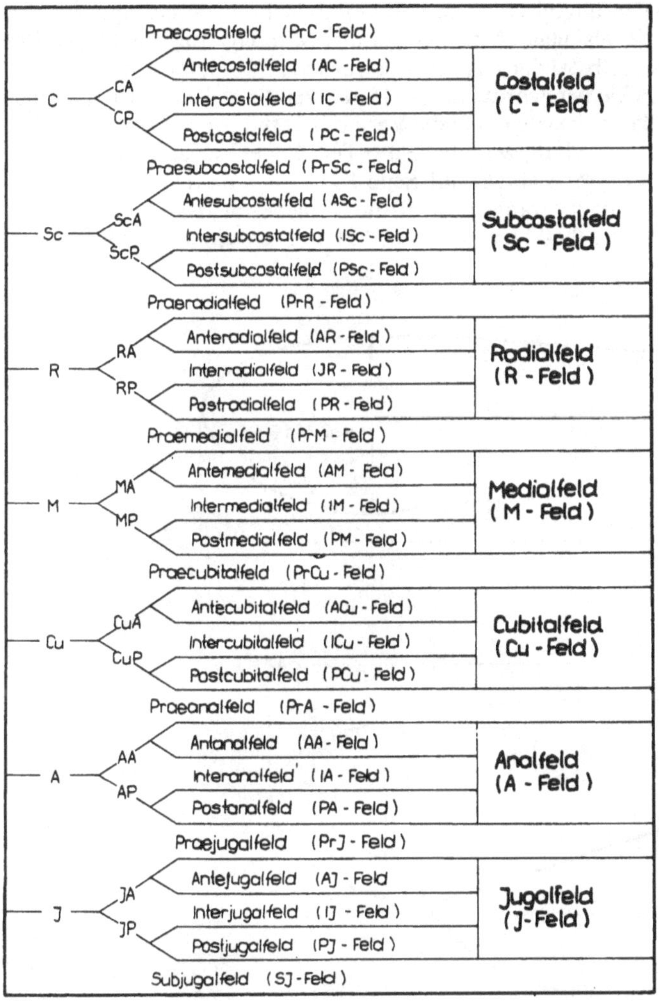

1b

Abb. 1b
Flügelfelderterminologie.

nur geringfügig unterscheiden. Überregionale Vergleiche, etwa chorologischer Art, wurden dadurch erschwert bzw. unmöglich gemacht.

So kam BODE (1953) zu dem Schluß, daß sich die Insektenfaunen von den Vorkommen im Lias bei Braunschweig und Dobbertin unterscheiden, und er versuchte dies mit der unterschiedlichen Herkunft der Insekten zu erklären. Er meinte, die Braunschweiger Funde entstammten dem südlich gelegenen Wohngebiete (Böhmische Masse oder Ardenneninsel), die Dobbertiner Insektenreste aber wahrscheinlich dem nördlichen Landgebiete. Jedoch übernahm BODE HANDLIRSCH's Artkonzeption bei Elcanidae nicht ohne Skrupel. Auf Seite 88 (BODE, 1953) notierte er die an *Elcana bialata* gewonnene Erkenntnis: „Allgemein ergibt sich aus der Verschiedenheit der Aderung im Spitzenteil von Vorder- und Hinterflügel, daß solche Abweichungen bei Flügeln mit fehlender Basis und fehlendem Analfelde, die sich nicht einwandfrei als Vorderflügel erkennen lassen, nicht als Kennzeichen für Zugehörigkeit zu verschiedenen Arten in Anspruch genommen werden dürfen. Es erscheint mir daher auch höchst zweifelhaft, ob den vielen unvollständigen und womöglich nur in der Spitzenhälfte erhaltenen Elcana-Flügeln, die als neue Arten eingeführt wurden, auf die Dauer ihre Bedeutung als Repräsentanten selbständiger Arten zugesprochen werden kann."

Hier fehlte BODE nur noch ein kleiner Schritt, um an HANDLIRSCH's und auch seiner eigenen Artkonzeption bei den Elcanidae zu zweifeln und die Variabilität mit einzubeziehen. Andere Autoren jedoch erkannten in der Folgezeit die zum Teil hohe Variabilität innerhalb der Elcanidae. So notierte CARPENTER (1966) auf Seite 83: „the amount of anastomosis between Rs and M, and the datailed arrangement of the branches of these veins, used by SHAROV as generic characters, are highly variable within this group of orthopteroids."

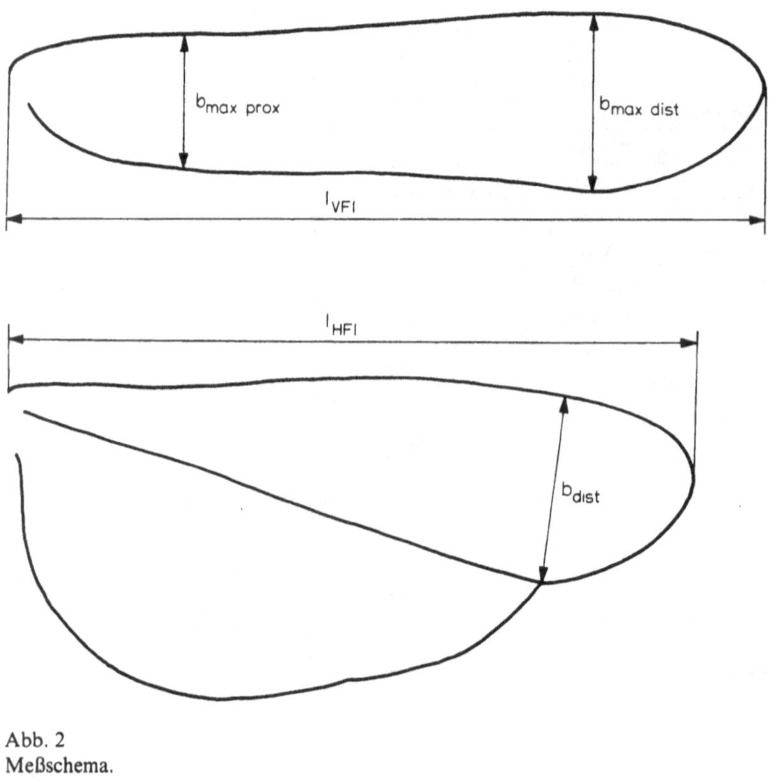

Abb. 2
Meßschema.

Er bezog sich hierbei auf die permischen Vertreter im Plesion Elcanidae. ŠAROV (1968) fand bei der untertriassischen Art *Meselcana madygenica* ŠAROV, 1968 erhebliche Variabilität unter den 100 von ihm untersuchten Vorderflügeln. So variiert die Länge zwischen 15 und 17 mm und nicht nur die Zahl der RP-Äste, auch die Zahl der MP + CuA_1-Äste schwankt beträchtlich (siehe Abb. 16—18). Beide o. g. Autoren ließen es damit bewenden. Die unrealistisch hohe Zahl der „Arten" innerhalb der Gattung *Elcana* blieb unangetastet.

Es wurde deshalb unter dem reichhaltigen Material von Vorder- und Hinterflügeln, nach denen die Determination bisher erfolgte, nach solchen Ausschau gehalten, die sich für eine variationsstatistische Untersuchung eigneten. Sie mußten häufig, möglichst gut erhalten und vollständig sein und sich relativ gut von den anderen Funden abgrenzen lassen. Diese Bedingungen wurden von den kleinsten Individuen, die der Gattung *Elcana* zugerechnet werden können und die im Lias sowohl von Dobbertin und Grimmen als auch im Braunschweiger Lias relativ häufig sind, am besten erfüllt. Dieser Gruppe ließen sich auch die Hinterflügel größenmäßig leicht zuordnen. Ausgehend von der sparsamsten Hypothese, daß alle diese Funde zu einer evolutiven Art gehören, wurden die Meßwerte der Vorderflügel genommen und die Verteilungskurven gefertigt. In Tab. 1 sind die untersuchten Flügel mit ihren für diese Untersuchung maßgeblichen Parametern aufgelistet. Die laufende Nummer korrespondiert mit den Zahlen in Abb. 3 und 4. Die subjektiv ausgewählten gleichartigen Untersuchungsobjekte (Vorderflügel) wurden mit ihren zahlenmäßig erfaßbaren stetigen Merkmalen X_i (Länge; max. distale Breite; max. proximale Breite; Verhältnis aus Länge und Breite) sowie diskreten Merkmalen (Zahl der ScP-Äste; Zahl der RP-Äste) in Form einer Art Urliste notiert, denen der Vollständigkeit halber auch, soweit bekannt, die Hinterflügel zugeordnet wurden. Die Auswahl erfolgte zuerst allein nach der Länge der Flügel. Aus der Gesamtmenge wurden gerade die kleinsten Individuen herausgegriffen. Dadurch wäre die Grundgesamtheit nur in Richtung auf größere Flügelmaße abzugrenzen, wenn sich die Hypothese, daß es sich bei der Stichprobe aus der Grundgesamtheit um eine evolutive Art handelt, annehmen ließe. Es sei die Hypothese H_0 derart formuliert, daß die in der Urliste notierten Stichproben aus der Gesamtmenge einer evolutiven Art A_0 repräsentativ und die Beobachtungswerte x_i ($i = 1, \ldots, n$) der Zufallsgröße X normalverteilt seien. Die alternative Hypothese H_1, daß die Stichproben aus der Gesamtmenge mehr als einer evolutiven Art angehörten (mindestens zwei) und die Beobachtungswerte x_i nicht normalverteilt seien, schließt ein, daß sich signifikante Unterschiede zwischen den hypothetischen Arten A_j ($j = 1, \ldots, m$) in den Beobachtungswerten x_i der Zufallsgröße X dokumentieren. Dies ist eine der notwendigen Annahmen, ohne die sich eine Determination des fossilen Materials anhand der Flügel nicht realisieren läßt. Diese wesentliche Annahme kann nicht bewiesen werden. Sie läßt sich lediglich aus Analogien bei rezenten Orthopteren-Arten und aus den Beobachtungen an den fossilen Funden anderer fossilationsfähiger Körperteile (Beine, Abdomina, Pronotum, Kopf) wahrscheinlich machen. Auch aus diesem Grunde bedeutet die Annahme von H_0 lediglich, daß diese Hypothese auf Grund der getroffenen Regeln der anderen (H_1) vorzuziehen ist. Die Aussage bedeutet nicht, daß man sie unbedingt für richtig hält. Umgekehrt schlösse die Ablehnung von H_0 nicht die Aussage ein, daß H_0 falsch sei. Die Beobachtungsresultate können zu unzuverlässig oder unzureichend sein, um eine statistische Hypothese zu verwerfen. Die Untersuchung müßte dann möglicherweise mit umfangreicherem Material wiederholt werden, um eine Entscheidung treffen zu können.

Bei dieser Untersuchung liegt ein fünfdimensionaler Stichprobenraum W der Zufallsvariablen X_i ($i = 1, \ldots, 5$) mit den Zufallsvariablen Flügellänge, Flügelbreite distal, Flügelbreite proximal, ScP-Äste und RP-Äste vor, zu denen je eine Stichprobe ($x_1, \ldots x_n$) gehört. Die Ergebnisse sind in Tab. 1—7 und Abb. 3—8 dargestellt. Die sich in Abb. 7 abzeichnende zweigipflige Verteilung läßt sich signifikant in Abb. 8 in linke und rechte Vorderflügel auflösen.

Die Verteilung der Zufallsvariablen X_i bietet keinen Anhaltspunkt für die These, daß

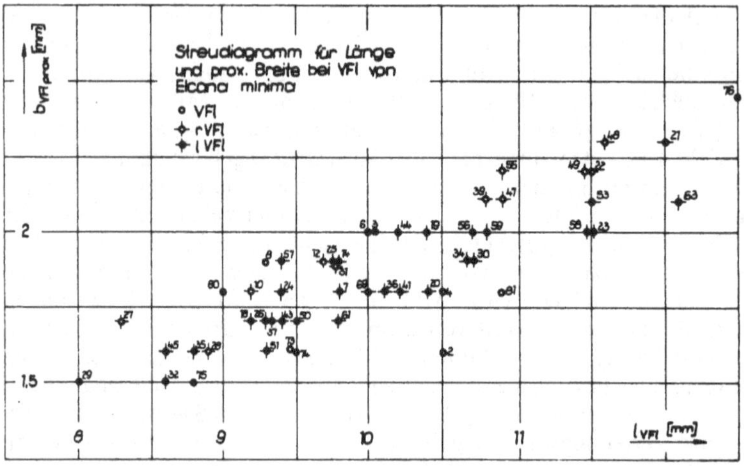

Abb. 3
Streudiagramm für Länge und proximale Breite bei VFl von *Elcana minima.*

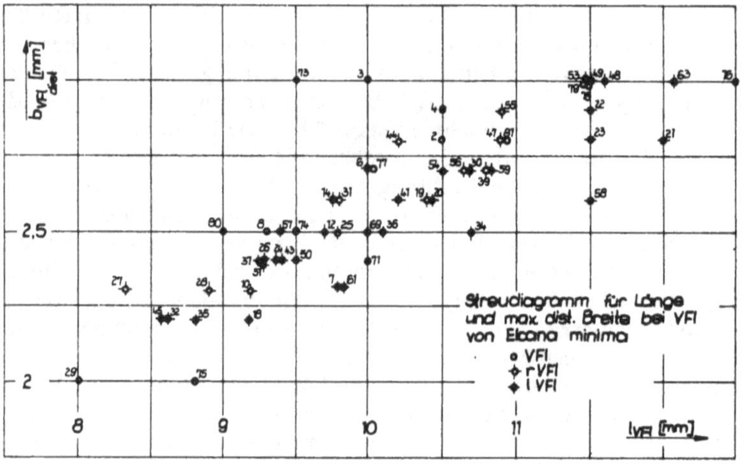

Abb. 4
Streudiagramm für Länge und maximale distale Breite bei VFl von *Elcana minima.*

die untersuchten Stichproben mehr als einer evolutiven Art angehören, da signifikante Unterschiede in den Beobachtungswerten x_i nicht auftreten bzw. sich auf linke und rechte Vorderflügel zurückführen lassen. Ein Geschlechtsdimorphismus in Bezug auf die Flügel läßt sich am derzeitigen Material nicht wahrscheinlich machen, obwohl bei einigen Flügeln eine Zuordnung zum Geschlecht möglich war. Die Vermutung, daß die Weibchen im Mittel etwas größere Vorderflügel als die Männchen besäßen, bleibt daher weiterhin unbewiesen.

Nach diesen Ergebnissen ist die Hypothese H_0 der Vorzug zu geben: die untersuchten Exemplare gelten als Angehörige einer evolutiven Art.

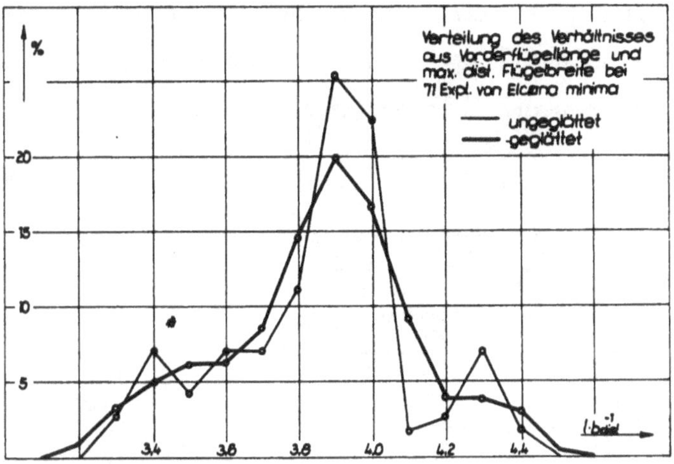

Abb. 5
Verteilung des Verhältnisses aus Vorderflügellänge und maximaler distaler Flügelbreite bei 71 Exemplaren von *Elcana minima*.

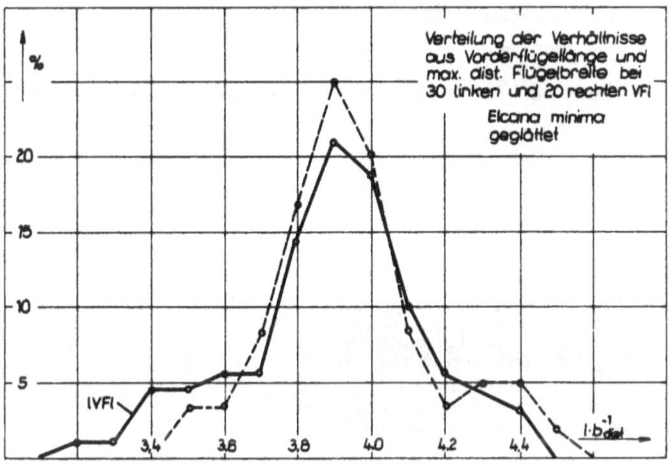

Abb. 6
Verteilung der Verhältnisse aus Vorderflügellänge und maximaler distaler Flügelbreite bei 30 linken und 20 rechten VFl

Diese Art (*Elcana minima*) variiert auch in der Flügelfleckung, wie die Abbildungen der gezeichneten Flügel dieser Art zeigen.

In Tab. 8 sind Variabilität, Mittelwerte, Varianzen, Standardabweichungen und Variabilitätskoeffizienten für Flügellänge, maximale, proximale und distale Flügelbreite, Zahl der RP- und ScP-Äste sowie der Längen-Breiten-Indizes aufgelistet. Durch die in Tab. 8 dargestellten Ergebnisse ist zugleich der Maßstab für die Beurteilung der anderen *Elcana*-Arten gegeben.

Ob die in Abb. 8 beobachtete Schiefheit der Verteilung (für rechte VFl D = 5,1 und $S = \frac{D - \bar{x}}{s}$ wird S = —0,39; für linke VFl D = 5,55 und S = 0,16) realen Verhältnissen entsprechen könnte, ist wegen der geringen Zahl der Beobachtungen nicht zu entscheiden.

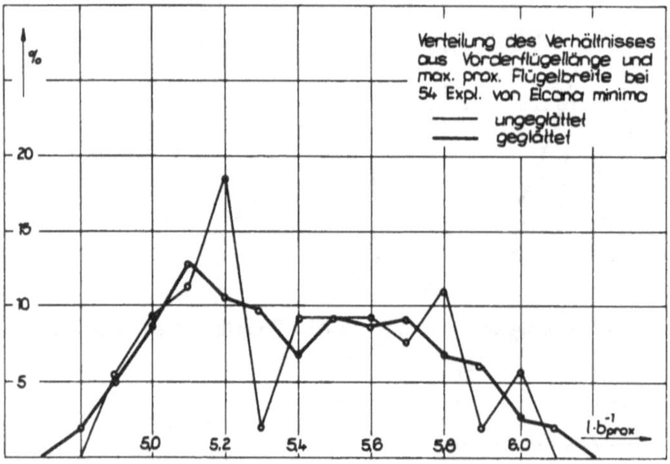

Abb. 7
Verteilung des Verhältnisses aus Vorderflügellänge und maximaler prozimaler Flügelbreite bei 54 Exemplaren von *Elcana minima*.

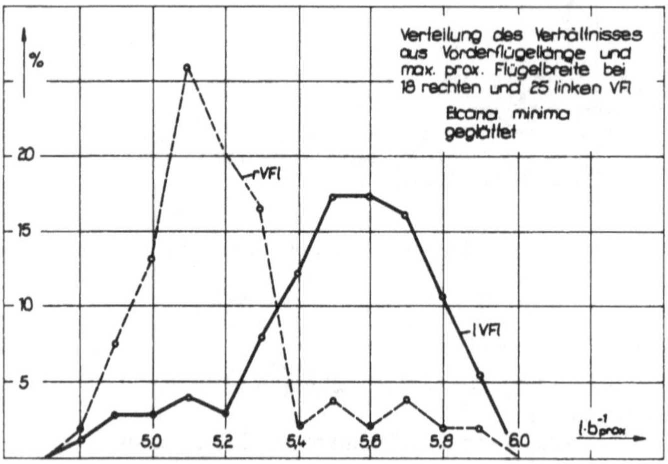

Abb. 8
Verteilung des Verhältnisses aus Vorderflügellänge und maximaler proximaler Flügelbreite bei 18 rechten und 25 linken VFl von *Elcana minima*.

Tabelle 1
Variabilität bei *Elcana minima*

Nr.	Slg.-Nr.	l_{VFl}	l_{HFl}	$b_{dist.}$	$b_{prox.}$	$l/b_{dist.}$	$b_{prox.}$	RP-Äste	ScP-Äste	Bemerkungen
2		10,5	—	1,8	1,6	3,7	6,6	4	5	*tenuis*; HANDL. (1906), 418, Taf. 39, Fig. 43
3		10	—	3	2	3,3	5,0	4	?	*maculata*; HEER (1865), 86, Taf. 7, Fig. 7
4		10,5	—	2,9	1,8	3,6	5,8	5	4	*saliens*; HANDL. (1906), 418, Taf. 39, Fig. 44
5	MBI 20.1.a+b	—	10	2,7	—	3,7	—	4		*halophile*; GEIN. (1984), Taf. 13, Fig. 18; HANDL. (1906), 418, Taf. 39, Fig. 45
6	MBI 21.1a+b	10,0	—	2,7	2,0	3,7	5,0	5	4	*latior*; GEIN. (1884), Taf. 13, Fig. 16; HANDL. (1906), Taf. 39, Fig. 46; diese Arbeit Abb. 29, l. VFl
7	MBI 22.1a+b	9,8	—	2,3	1,8	4,3	5,4	5	3	*gracilis*; HANDL. (1906), Taf. 39, Fig. 47; Abb. 25, l. VFl
8	SGWG 122/1	9,3	—	2,5	1,9	3,7	4,9	4	(4)	*parvula*; HANDL. (1906), Taf. 39, Fig. 49
10	MBI 25.1.a+b	9,2	—	2,3	1,8	4,0	5,1	4	5	*minima*, Holotypus: HANDL. (1906), Taf. 39, Fig. 50; Abb. 21, r. VFl
12	MBI 26.1.a+b	9,7	—	2,5	1,9	3,9	5,1	4	4	*dobbertiniana*; HANDL. (1906), Taf. 39, Fig. 51; Abb. 30, r. VFl
14	MBI 26.3.a+b	9,8	—	2,6	1,9	3,8	5,2	5	6	Abb. 38, Imago, ♂, Maße vom l. VFl
15		8	—							*troglodytes*; HAGEN (1958), 181; HEER (1865), 86; HANDL. (1906), 419; alle ohne Abbildung
16	MBI 27.1.a+b	—	(8,6)	2,5	—	3,4	—	4		*gracillima*; GEIN. (1884), Taf. 13, Fig. 19; HANDL.

Tabelle 1 (Fortsetzung)

Nr.	Slg.-Nr.	l_{VFl}	l_{HFl}	$b_{dist.}$	$l/b_{prox.}$	$l/b_{dist.}$	$b_{prox.}$	RP-Äste	ScP-Äste	Bemerkungen
										(1906), Taf. 39, Fig. 52; Abb. 48, l. HFl
17	MBI 29.1	—	(8,5)	2,6	—	3,4	—	4		*triquetra*; Gein. (1880), Taf. 22, Fig. 10; Gein. (1884), Taf. 13, Fig. 14; Handl. (1906), Taf. 39, Fig. 53; Abb. 47, l. HFl
18	MBI 28.1	(9,2)	—	2,2	(1,7)	(4,2)	(5,4)	5	5	*pullula*; Gein. (1880), Taf. 22, Fig. 9; Gein. (1884), Taf. 13, Fig. 15; Handl. (1906), Taf. 39, Fig. 54; Abb. 27, l. VFl
19	MBI 3.a+b	10,4	—	2,6	2,0	4,0	5,2	4	4	*grasseliana*; Bode (1905), Taf. 6, Fig. 3; Abb. 35, r. VFl, zwei Flügel übereinander
20	MBI 2.1	(10,4)	—	2,6	1,8	(4,0)	(5,8)	4	3	*brunsvicensis*; Bode (1905), Taf. 6, Fig. 2; l. VFl
21	MBI 36B	(12)	—	2,8	(2,3)	(4,3)	(5,2)	5	6	r. VFl
22	MBI 47.1.a+b	11,5	—	2,9	2,2	4,0	5,2	5	4	*agilis*; Handl. (1938), Taf. 3, Fig. 38; Abb. 44, r. VFl
23	MBI 47.1.a	11,5	—	2,8	2,0	4,1	5,7	5	5	Abb. 45, l. VFl, beide VFl zu einem Tier? (Nr. 22)
24	MBI 46.1	9,4	—	2,4	1,8	3,9	5,2	5	5	*modesta*; Handl. (1938), Taf. 3, Fig. 43; Abb. 22, l. VFl
25	MBI 45.1	(9,8)	—	2,5	(1,9)	(3,9)	(5,2)	5	6	*angustipennis*; Handl. (1938), Taf. 3, Fig. 46; Abb. 34, r. VFl
26	MBI 48.1	9,3	—	2,4	1,7	3,9	5,5	6	4	*longicosta*; Handl. (1938), Taf. 3, Fig. 47; Abb. 24, l. VFl

Tabelle 1 (Fortsetzung)

Nr.	Slg.-Nr.	l_{VFl}	l_{HFl}	$b_{dist.}$	$l/b_{prox.}$	$l/b_{dist.}$	$l/b_{prox.}$	RP-Äste	ScP-Äste	Bemerkungen
27	MBI 51.1	8,3	—	2,3	1,7	3,6	4,9	4	4	*pygmaea*; HANDL. (1938), Taf. 3, Fig. 51; Abb. 23, r. VFl
28	MBI 52.1	9,2	—	2,3	1,6	4,0	5,7	5	5	*lugubris*; HANDL. (1938), Taf. 3, Fig. 52; Abb. 26, r. VFl
29	MBI 55.43	(8)	—	2,0	1,5	(4,0)	(5,3)	4	5	Imago, ? ♂
30	MBI 55.10	(10,7)	—	2,7	(1,9)	(3,9)	(5,7)	4	4	Abb. 43, l. VFl
31	MBI 55.50	9,8	—	2,6	1,9	3,8	5,2	5	4	Abb. 28, r. VFl
32	MBI 55.4	8,6	—	2,2	1,5	3,9	5,7	5	4	l. VFl
34	BAF	10,7	—	2,5	1,9	4,3	5,6	6	5	Abb. 41, l. VFl
35	BAF	(8,8)	—	(2,2)	1,6	(4,0)	(5,5)	(4)	6	Abb. 42, l. VFl
36	LD 480/481	10,1	—	2,5	1,8	4,0	5,6	4	5	Abb. 32, l. VFl
37	MG 43C	9,3	—	2,4	1,7	3,9	5,5	6	4	Abb. 40, l. VFl
38	LD 35/36	—	(8,8)	2,6	—	(3,4)	—	3		Abb. 51a, b, r. HFl
39	LD 59	(10,8)	—	2,7	(2,1)	(4,0)	(5,1)	(5)		r. VFl
40	LD 453/454	—	(9,1)	(2,7)	—	(3,4)	—	3		Abb. 50a, b, r. HFl
41	LD 497/498	(10,2)	—	2,6	(1,8)	(3,9)	(5,7)	4		l. VFl
42	LD 672/673	—	8,1	2,3	—	3,5	—	3		Abb. 49a, b, l. HFl
43	LD 705/706	(9,4)	—	2,4	(1,7)	(3,9)	(5,5)	5	5	Abb. 37, l. VFl
44	LD 716/717	10,2	—	2,8	(2,0)	3,6	(5,1)	5	4	Abb. 39, r. VFl
45	LD 764/765	8,2	—	2,2	1,6	3,9	5,4	5	4	Abb. 36, l. VFl
46	LD 903/904	—	(8,7)	2,6	—	(3,3)	—	3		l. HFl
47	LD 905	(10,9)	—	(2,8)	2,1	(3,9)	(5,2)	(4)	(5)	r. VFl
48	LD 837/838	(11,6)	—	3,0	2,3	(3,9)	(5,0)	(4)	(5)	Abb. 46, r. VFl
50	LD 1297/1/2	9,5	—	2,4	1,7	4,0	5,6	5	5	Abb. 31, l. VFl
51	LD 1927/1/2	9,3	—	2,4	1,6	3,9	5,8	5	6	Abb. 33, l. VFl
52	LD 1382/1/2	—	8,7	2,4	—	3,6	—	2		l. HFl
53	LD 1545	11,5	—	3,0	2,1	3,8	5,5	(5)	6	l. VFl
54	LD 1555/1/2	(10,5)	—	2,7		(3,9)		5		r. VFl
55	LD 1582/1/2	10,9	—	2,9	2,2	3,8	5,0	5	5	r. VFl
56	LD 1731/1	10,7	—	2,7	2,0	4,0	5,4	5	4	r. VFl; HFl darunter, 10,1 mm lang
57	LD 1734	9,4	—	2,5	1,9	3,8	4,9	4	5	l. VFl
58	LD 1762	11,5	—	2,6	2,0	4,4	5,8	5	6	r. VFl

Tabelle 1 (Fortsetzung)

Nr.	Slg.-Nr.	l_{VFl}	l_{HFl}	$b_{dist.}$		$l/b_{dist.}$		RP-Äste	ScP-Äste	Bemerkungen
59	LD 1766/1/2	10,8	—	2,7	2,0	4,0	5,4	4	6	l. VFl
61	LD 1798/1/2	9,8	—	2,3	1,7	4,3	5,8	4	4	l. VFl
62	LD 1860/1/2		—	2,6				4		l. VFl
63	LD 1948/1	12,1	—	3,0	2,1	4,0	5,8	6	6	l. VFl
64					1,9				5	r. VFl
65	LDA 138/1/2	—	9,8	2,8	—	3,5	—	4		l. HFl
66	LGA 61/1/2	—	7,7	2,2	—	3,5	—	(3)		l. HFl
67	LGA 61/1/2	—	7,7	2,0	—	3,9	—	3		r. HFl, beide Flügel (Nr. 66) zu einem Tier?
68	LG 150/151	—	(8,3)	2,3	—	(3,6)	—	(2)		r. HFl
69	LS 72/1/2	10,0	—	2,5	1,8	4,0	5,6	6	4	l. VFl
70	LS 118/6/7		—						5	l. VFl
71	BAC	(10)	—	(2,4)				3		*minima* det. Bode (1953), 74, ohne Abb.
72	THB							4		*cf. pullula* det. Bode (1953), 74, ohne Abb.
73	BAC	(9,5)	—	(3)		(4,0)	(5,9)	4	(4)	*bisinflexa*; Bode (1953), Taf. 4, Fig. 39
74	BAC	(9,5)	—	(2,5)	1,6	(3,8)	(6)	4	4	*novemmaculata*; Bode (1953), Taf. 4, Fig. 40
75	BAC	(8,8)	—	(2)	1,5	(3,7)	(6)	4	4	*planta*; Bode (1953), Taf. 4, Fig. 41
76	BAC	(12)	—	(3)		(4,0)	(5,1)	5	4	*praetruncata*; Bode (1953), Taf. 4, Fig. 42
77	BAC	(10)	—	(2,7)				5		*incurvata*; Bode (1953), Taf. 4, Fig. 43
78	THB	(11,5)	—	(3)		(4,2)		6	(6)	*bialata*; Bode (1953), Taf. 4, Fig. 57
79	THB	(11,5)	—	(3)		(4,0)		6	(4)	*bialata*; Bode (1953), Taf. 4, Fig. 57; zu Nr. 78, ein Tier
80	THB	(9)	—	(2,5)		(3,8)	(5,1)	4	6	*continentalis*; Bode (1953), Taf. 4, Fig. 63
81	THB	(10,2)	—	(2,8)		(3,9)	(6)	5	4	*simplicissima*; Bode (1953), Taf. 4, Fig. 66
82	THB	—	(9)	(3,3)				5		*ligulaeformis*; Bode (1953), Taf. 4, Fig. 70

4. Systematik der Elcanidae

Klasse Insecta LINNAEUS, 1758
Ordnung Ensifera CHOPARD, 1920
Plesion Elcanidae HANDLIRSCH, 1906

Elcanidae HANDLIRSCH, 1906, 412; HANDLIRSCH, 1925, 186; HANDLIRSCH, 1938, 37; BODE, 1953, 70—72; BRUES, MENANDER & CARPENTER, 1954, 808; ŠAROV, 1962b, 150; ŠAROV, 1968, 35; Permelcanidae ŠAROV, 1962a, 112—113; ŠAROV, 1962b, 149; CARPENTER, 1966, 82; ŠAROV, 1968, 33—34.

Typusgattung: *Elcana* GIEBEL, 1856.

Die nicht bis in die Gegenwart reichenden Elcanidae stellen eine monophyletische Gruppe dar. Die ältesten Vertreter, die mit Sicherheit hier eingeordnet werden können, wurden bisher in eine separate Familie Permelcanidae ŠAROV, 1962 gestellt. Sie sollen nach ŠAROV (1962) eine „Mittlerstelle" zwischen Oedischiidae und Elcanidae einnehmen. Über die verwandtschaftliche Zugehörigkeit der Elcanidae bestanden recht unterschiedliche Auffassungen. Seit HANDLIRSCH (1906) ist die Zugehörigkeit zu den Ensifera unbestritten, wenn man von ZEUNER (1939, 1942c) absieht, der die Elcanidae gemeinsam mit den Locustopsidae zu den Caelifera stellte. KARNY (1930) stellte diese beiden als Unterfamilien zu den Gryllacrididae. MARTYNOV (1938) hielt die Elcanidae für typische Vertreter der Saltatoria, die sich weder den Tettigonoidea noch den Acridiodea sehr nähern, und im phylogenetischen System ließ er sie aus den Oedischiidae hervorgehen. JEANNEL (1949), der sich weitgehend auf MARTYNOV's Arbeiten stützte, hielt die Elcanidae für einen „Seitenzweig" der Oedischiidae. RAGGE (1955) stellte die Elcanidae auf Grund der Antennen und des Ovipositors zu den Tettigonioidea. ŠAROV (1962) stellte sie gemeinsam mit den Oedischiidae

Tabelle 2
Vorderflügelproportionsmessungen
(Flügellänge und maximale distale Flügelbreite)
bei 71 Vorderflügeln von *Elcane minima*

Längen-Breiten Index	Häufigkeit		gleitender Durchschnitt	
	Z_i	in %	Z_i'	%
3,1	0	0	0,00	0
3,2	0	0	0,67	1
3,3	2	3	2,33	3
3,4	5	7	3,33	5
3,5	3	4	4,33	6
3,6	5	7	4,33	6
3,7	5	7	6,00	8
3,8	8	11	10,33	15
3,9	18	25	14,00	20
4,0	16	23	11,67	16
4,1	1	1	6,33	9
4,2	2	3	2,67	4
4,3	5	7	2,67	4
4,4	1	1	2,00	3
4,5	0	0	0,34	0
4,6	0	0	0,00	0
Summe	71	99	71	100

Tabelle 3
Vorderflügelproportionsmessungen (Flügellänge und maximale distale Flügelbreite) bei 30 linken und 20 rechten Vorderflügeln von *Elcana minima*

Längen-Breiten-Index	linker Vorderflügel			rechter Vorderflügel		
	Häufigkeit	gleitender Durchschnitt		Häufigkeit	gleitender Durchschnitt	
	Z_i	Z_i'	%	Z_i	Z_i'	%
3,1	0	0,00	0	0	0,00	0
3,2	0	0,33	1	0	0,00	0
3,3	1	0,33	1	0	0,00	0
3,4	0	1,33	4		0,00	0
3,5	3	1,33	4	0	0,67	3
3,6	1	1,67	6	2	0,67	3
3,7	1	1,67	6	0	1,67	8
3,8	3	4,33	14	3	3,33	17
3,9	9	6,33	21	7	5,00	25
4,0	7	5,67	19	5	4,00	20
4,1	1	3,00	10	0	1,67	8
4,2	1	1,67	6	0	0,66	3
4,3	3	1,34	5	2	1,00	5
4,4	0	1,00	3	1	1,00	5
4,5	0	0,00	0	0	0,33	2
4,6	0	0,00	0	0	0,00	0
Summe	30	30,00	100	20	20	99

Tabelle 4
Vorderflügelproportionsmessungen (Flügellänge und proximale Flügelbreite) bei 54 Vorderflügeln von *Elcana minima*

Längen-Breiten-Index	Häufigkeit Z_i	in %	gleitender Durchschnitt Z_i'	%
4,7	0	0	0,00	0
4,8	0	0	1,00	2
4,9	3	6	2,67	5
5,0	5	9	4,67	9
5,1	6	11	7,00	13
5,2	10	19	5,67	10
5,3	1	2	5,33	10
5,4	5	9	3,67	7
5,5	5	9	5,00	9
5,6	5	9	4,67	9
5,7	4	7	5,00	9
5,8	6	11	3,66	7
5,9	1	2	3,33	6
6,0	3	6	1,33	2
6,1	0	0	1,00	2
6,2	0	0	0,00	0
Summe	54	99	54,00	100

Tabelle 5
Vorderflügelproportionsmessungen (Flügellänge und proximale Flügelbreite) bei 25 linken und 18 rechten Vorderflügeln von *Elcana minima*

Längen-Breiten-Index	linker Vorderflügel			rechter Vorderflügel		
	Häufigkeit	gleitender Durchschnitt		Häufigkeit	gleitender Durchschnitt	
	Z_i	Z_i'	%	Z_i	Z_i'	%
4,7	0	0,00	0	0	0,00	0
4,8	0	0,33	1	0	0,33	2
4,9	1	0,67	3	1	1,33	7
5,0	1	0,67	3	3	2,34	13
5,1	0	1,00	4	3	4,67	26
5,2	2	0,67	3	8	3,67	20
5,3	0	2,00	8	0	3,00	17
5,4	4	3,00	12	1	0,33	2
5,5	5	4,33	17	0	0,67	4
5,6	4	4,33	17	1	0,33	2
5,7	4	4,00	16	0	0,67	4
5,8	4	2,67	11	1	0,33	2
5,9	0	1,33	5	0	0,33	2
6,0	0	0,00	0	0	0,00	0
Summe	25	25,00	100	18	18,00	101

Tabelle 6
Anzahl der RP-Äste bei *Elcana minima* im Vorderflügel

Anzahl der RP-Äste	Beobachtete Häufigkeit h	Relative Häufigkeit (Wahrscheinlichkeit) p_i
3	1	0,017
4	23	0,383
5	28	0,467
6	6	0,100
7	2	0,033
Summe	60	1,000

Tabelle 7
Anzahl der ScP-Äste bei *Elcana minima* im Vorderflügel

Anzahl der ScP-Äste	Beobachtete Häufigkeit h	Relative Häufigkeit (Wahrscheinlichkeit) p_i
3	2	0,037
4	24	0,436
5	17	0,309
6	12	0,218
Summe	55	1,000

Tabelle 8
Variabilität, Mittelwert, Varianz, Standardabweichung und Variabilitätskoeffizient an Meßwerten bei Vorderflügeln von *Elcana minima*

		Variabilität	Mittelwert $\bar{x}$	Varianz s^2	Standardabweichung	Variabilitätskoeffizient v
l_{VFl} mm		8,0 ... 12,1	10,06	1,0204	1,01	10,04
$b_{VFl\ max.\ dist.}$		2,0 ... 3,0	2,60	0,0737	0,27	10,44
$b_{max.\ prox.}$	links	1,5 ... 2,1	1,80	0,0254	0,16	8,85
	rechts	1,6 ... 2,3	2,00	0,0382	0,19	9,78
$l : b_{dist.}$		3,3 ... 4,4	3,85	0,0705	0,26	6,89
$l : b_{prox.\ links}$		4,9 ... 5,8	5,51	0,0647	0,25	4,54
$l : b_{prox.\ rechts}$		4,9 ... 5,8	5,19	0,0540	0,23	4,48
RP-Äste		3 ... 7	4,75	0,6314	0,79	16,63
ScP-Äste		3 ... 6	4,71	0,7286	0,85	18,12

Tabelle 9
Aderbenennungen im Vorder- und Hinterflügel von Elcanidae bei verschiedenen Autoren (Korrugation: (+) konvex, (—) konkav)

in dieser Arbeit	Handlirsch 1906	Bode 1953	Ragge 1955	Šarov 1962, 1968	Carpenter 1966
CA			—		
CP					
ScA(+)	C	C	C	C	C
ScP(—)	Sc	Sc	Sc(—)	Sc(—)	Sc
RA(+)	R	R	R_1(+)	RA(+)	R1
RP	Rs	Rs	Rs	Rs	Rs
MA_1	M	M_1	Rs	MA_1	MA
MA_2	M	M_2	Rs	MA_2	MP
MP+CuA_1	Cu	Cu_1a	MA_1(+)	MP+CuA_1	CuA
CuA_2	Cu	Cu_1b	MA_2(+)	CuA_2	CuA
CuP(—)	Cu	Cu_2	MP(—)	CuP	CuP
AA_1(+)	A	1A	Cu_1(+)	A_1/1A	1A
AA_2(+)	A	2A	Cu_2(—)	A_2/2A	2A
AP_1	A		1A	A_2/2A	3A
AP_2			2A		
+ScA	—	—	—	C	C
+ScP(—)	Sc	—	—	Sc	Sc
+RA(+)	R	—	—	R	R1
+RP	Rs	—	—	RS	Rs
+MA_1	M	—	—	MA_1	MA
+MA_2	M	—	—	MA_2	MP
+MP+CuA_1	Cu	—	—	MP+CuA_1	CuA
+CuA_2	Cu	—	—	CuA_2	CuA
+CuP	Cu	—	—	CuP	CuP
+AA_1	A	—	—	A_1/1A	1A
+AA_2	A	—	—	A_2/2A/1A	2A
+AA_3	A	—	—	A_2/2A	3A
+AP_1		—	—	2A	
+AP_2		—	—	Ju	
+JA_1					
+JA_2					

HANDLIRSCH, 1906 und Tcholmanvissiidae ZALESSKY, 1934 in die Oberfamilie Oedischiidea, zu denen er noch die Permorhaphiidae und Bintoniellidae rechnete. ŠAROV (1968) meinte, daß die Elcanidae (einschließlich Permelcanidae) gemeinsam mit den Permoraphidiidae aus den Oedischiidae entstanden seien. Eine detaillierte Diskussion der Phylogenie der Elcanidae und ihre Stellung in System wird im Pkt. 6 und 7 gegeben.

Diagnose: Vorderflügel membranös. Vorder- und Hinterrand leicht geschwungen, gewöhnlich etwa in Flügelmitte gegeneinander gewölbt. An der Basis im Vorderrand keine vorspringende Ausbuchtung. Costalfeld schmal und lang, CP mit kurzen Ästen. ScA reicht bis etwa $^1/_4$ der Flügellänge, die Adern CP und ScA nahe beieinanderliegend, einander fast parallel. ScP mit kammförmigen Ästen im distalen Bereich, nicht bis zur Flügelspitze reichend, meist nur bis etwa Flügelmitte. RA distal ebenfalls mit kammförmigen Ästen gegen den Vorderrand. Im Interradialfeld straffe, nahezu senkrecht auf den parallelen Ästen RA und RP stehende Queradern, dadurch IR-Feld von strickleiterartigem Aussehen. RP zu Beginn eine kurze schräge Ader, die einer Querader ähnelt und gewöhnlich mit einem Ast von MA über eine kurze Strecke verbunden. Stamm von MA und RP eine Ader, aus der kammförmig die Äste von MA und RP nach hinten hervorgehen. MP mit CuA verbunden, mit einem oder mehreren endständigen Ästen. CuP eng an AA herangerückt, ein schmales Praeanalfeld bildend. AP mit zwei oder drei Ästen. Analfeld nicht bis zur Flügelmitte. Queradern relativ wenig, bilden keine echte Retikulation. Besonders im distalen Flügelbereich meist lebhaft pigmentiert, charakteristische Muster bildend. Im Hinterflügel ScA kurz und submarginal. ScP, RA, RP, MA und ihre Äste ähnlich wie im Vorderflügel. MP wie im Vorderflügel mit CuA_1 verbunden. CuA_2, CuP und AA nahe zusammengerückte parallele Adern, bis hin zur Reduktion von CuP und AA_1 im distalen Bereich. Anal- und Jugalfeld (Analfächer) gemeinsam etwa die Breite des Flügelblattes und bei den paläozoischen Elcanidae etwas über Flügelmitte, bei den jüngeren bis nahe an die Apex reichend.

Antennen lang und fadenförmig.

Hintertibien mit spitzen Dornen, bei einigen mesozoischen Arten mit breiten blattförmigen Anhängseln. Hintere Femora proximal kräftig verdickt.

Ovipositor lang, fast von der Länge des Abdomens.

Vorkommen: Perm bis Kreide von Europa, Asien und Nordamerika.

Bemerkungen: In dieses Plesion wurden hier die Gattungen *Promartynovia* TILLYARD, 1937 (=*Proelcana* ŠAROV, 1962 = *Permelcana* ŠAROV, 1962), *Meselcana* ŠAROV, 1968, *Elcana* GIEBEL, 1856 (=*Archelcana* ŠAROV, 1968), *Parelcana* HANDLIRSCH, 1906 (non *Parelcana* CARPENTER, 1966) und *Baisselcana* ŠAROV, 1968 gestellt. *Elcanopsis* TILLYARD, 1918 ist so unvollständig bekannt, daß sogar ihre Zuordnung zu den Saltatoria fraglich ist.

Gattung Promartynovia TILLYARD, 1937

Promartynovia TILLYARD, 1937, Amer. Journ. Sci. 33: 99; *Proelcana* ŠAROV, 1962a, Paleont. Journ. 2: 113, 114; *Permelcana* ŠAROV, 1962a, Paleont. Journ. 2: 114, *Proelcana* ŠAROV, 1962b, 149; *Permelcana* ŠAROV, 1962b, 149, 150; *Promartynovia* CARPENTER, 1966, Psyche, 73: 82—83; ŠAROV, 1968, Trudy paleont. institut. 118: 34.

Typusart: *Promartynovia venicosta* TILLYARD, 1937.

Diese Gattung wurde von TILLYARD (1937) ursprünglich bei den Neuroptera (Sialoidea) eingeordnet (Martynoviidae). Die Martynoviidae TILLYARD, 1932 werden nun zu den Diaphanopterodea gestellt. CARPENTER (1966) wies bereits darauf hin, daß es keine genügenden Differenzen zwischen *Promartynovia* TILLYARD und *Permelcana* ŠAROV für eine generische Separation gäbe. Die Typusart (*sojanense* ŠAROV) von *Permelcana* ist durch einen fast vollständigen Vorderflügel bekannt, dem nur der apikale Bereich fehlt. ŠAROV

Tabelle 10
Variabilität bei *E. geinitzi*
(In Klammern gesetzte Werte sind geschätzt)

Slg.-Nr.	l_{VFl}	l_{MFl}	$b_{dist.}$	$l/b_{prox.}$	$l/b_{dist.}$	$l/b_{prox.}$	RP-Äste	ScP-Äste	Bemerkungen
MBI 15.1.a, b	12,8	—	3,2	2,7	4,0	4,7	9	7	Holotypus, Abb. 53, l. VFl
MBI 37.2.	(13,8)	—	3,5	2,7	3,9	5,1	6	6	acuta det. HANDL.
MBI 11.1.	(13,8)	—	3,2	2,5	4,3	5,5	5	7	saltans, Abb. 63, l. VFl
MBI 11.2.a, b	14,9	—	(3,6)	(2,7)	4,1	5,5	6	8	saltans det. HANDL. r. VFl, Abb. 60
MBI 55.7.a, b	—	13,0	3,6	—	3,6	—	4		r. HFl
MBI 18.1	—	11,3	3,3	—	3,4	—	5		Abb. 69, HFl
LD 25	(14,8)	—	3,6	—	(4,1)	—	7		Abb. 56, r. VFl
LD 41/42	14,5	—	3,4	(2,6)	4,3	5,6	8	9	Abb. 54, r. VFl
LD 43/44	15,3	—	3,7	(3,3)	4,1	(4,6)	7	8	Abb. 67, r. VFl
LD 62	14,4	—	3,1	—	4,6	—	7		Abb. 58, r. VFl
LD 82/83	15,4	—	(3,6)	(3,0)	(4,3)	(5,1)	8	9	Abb. 65, r. VFl
LD 228/229	14,4	—	3,6	3,0	4,0	4,8	6	8	Abb. 55, l. VFl
LD 303/304	14,5	—	3,6	(2,6)	4,0	(5,6)	7	7	Abb. 66, r. VFl
LD 306/307	(14,6)	—	3,6	—	(4,0)	—	8		Abb. 57, l. VFl
LD 328/329	(15)	—	—	—	—	—	8		Abb. 68, r. VFl
LD 709/710	(14,6)	—	3,5	2,9	(4,2)	(5,0)	8	8	Abb. 59, l. VFl
LD 925/926	—	12,8	3,8	—	3,4	—	5		Abb. 70, l. HFl
LD 929/930	13	—	3,3	2,5	3,9	5,2	6	5	Abb. 61, r. VFl
LD 957/958	(14,5)	—	3,4	2,9	(4,2)	(5,0	(7)	6	Abb. 62, l. VFl
LD 1671/1	13,2	—	3,3	2,4	4,0	5,5	6	6	l. VFl
LD 1778/1/2	15,2	—	3,5	3,1	4,3	4,9	6	8	r. VFl
LD 1819/1/2	13,2	—	3,2	2,5	4,1	5,3	(8)	7	l. VFl
LD 1846/1/2	14,7	—	3,6	2,9	4,1	5,1	5	6	l. VFl
LD 1882/2	14,4	—	3,5	2,7	4,1	5,3	6	6	r. VFl
LD 1261/1/2/3	16,0	—	3,7	3,2	4,3	5,0	7	7	r. VFl
LDA 163	—	11,1	3,1	—	3,6	—	6		Abb. 72, r. HFl
LDA 422/1/2	—	11,6	3,1	—	3,7	—	5		Abb. 71, l. HFl
LD 1458/1/3	15,3	—	3,7	2,8	4,1	5,5	6	6	r. VFl
LDA 300/1	15,6	—	3,8	3,0	4,1	5,2	7	7	l. VFl
LD 1007/1008	15,7	—	3,8	2,9	4,1	5,4	7	6	l. VFl
LD 1019	13,3	—	3,3	2,4	4,0	5,5	7	5	l. VFl
LD 1219/1/2/3	12,6	—	3,1	2,4	4,1	5,3	8	6	r. VFl
LD 2034/1/2	(14)	—	3,3	2,5	(4,2)	(5,6)	8	8	r. VFl

Tabelle 11
Variabilität bei *E. media*

Slg.-Nr.	l_{VFl}	l_{HFl}	$b_{dist.}$	$l/b_{prox.}$	$l/b_{dist.}$	$l/b_{prox.}$	RP-Äste	ScP-Äste	Bemerkungen
MBI 9.1.a, b	16,7	—	3,9	3,1	4,3	5,4	7	7	Holotypus, Abb. 73, l. VFl
MBI 55.34	(17)	—	4,1	(3,1)	(4,1)	(5,5)	7	9	Abb. 75, l. VFl
MBI 55.49	(16,5)	—	3,8	3,0	(4,3)	(5,5)	10	8	Abb. 76, l. VFl
LD 15/63	(18)	—	3,9	3,4	(4,6)	(5,3)	8	10	Abb. 77, l. VFl
LD 195	18,8	—	4,4	(3,6)	4,3	(5,2)	8	8	Abb. 78, l. VFl
LD 230/231	(18)	—	(4,3)	(3,6)	(4,2)	(5,0)	7	(8)	Abb. 79, r. VFl
LD 333/334		—		3,3				7	Abb. 81, l. VFl
LD 353	(17)	—	4,0		4,3		8	(6)	Abb. 82, r. VFl
LD 461	(18,7)	—	(4,2)	3,6	(4,5)	(5,2)	(8)	(8)	Abb. 84, r. VFl
LD 554/555	(17,5)	—	4,2	(3,3)	(4,2)	(5,3)	8	11	Abb. 86, l. VFl
LD 585/586	(18)	—	4,4	3,3	(4,1)	(5,4)	7		Abb. 87, r. VFl
LD 623/624	(18)	—	4,4		(4,1)		(8)		Abb. 88, r. VFl
LD 884/885	16,5	—	4,2	3,4	3,9	4,9	7	7	Abb. 89, r. VFl
LD 910/911	(17,5)	—	4,2		(4,2)		8		Abb. 90, l. VFl
LD 1816	16,8	—	3,8	3,0	4,4	5,6	7	6	Abb. 91, r. VFl
LD 1919	17,8	—	4,0	3,4	4,5	5,2	7	7	Abb. 92, l. VFl
ohne Nr.	16,7	—	3,9		4,3		6	9	Abb. 98, l. VFl
LDA 18/1/2		(16)	4,2		3,8		6		Abb. 101, r. HFl
LD 1625/1/2	—	(15)	4,0		3,8		6		r. HFl
LD 1629	—		3,7				5		r. HFl
LD 1506/1/2	—		3,8				5		l. HFl
LDA 140/1/3/4-1	16,6	—	4,1	3,3	4,0	5,0	7	7	r. VFl
LD 606/607	17,4	—	3,9	3,3	4,5	5,3	7	7	Abb. 1a, r. VFl
MBI 55.1	16,4	15,5	4,0	3,0	4,1	5,5	5	8	l. VFl, HFl
MBI 55.34	(17)	—	4,1	(3,1)	4,1	(5,5)	6	8	l. VFl

Tabelle 12
Variabilität bei *E. magna*

Slg.-Nr.	l_{VFl}	l_{HFl}	$b_{dist.}$	$b_{prox.}$	$l/b_{dist.}$	$b_{prox.}$	RP-Äste	ScP-Äste	Bemerkungen
MBI 6.1.a, b	22,1	—	5,0	4,0	4,4	5,5	8	7	Abb. 107, r. VFl
LD 1880/1/2	20,7	—	5,1	4,1	4,1	5,0	9	9	Abb. 109, l. VFl
Nr. 5	21,6	—	5,1		4,2		8	9	Abb. 110, r. VFl
LG 136/1/2	20	—	4,4	3,8	4,5	5,3	8	8	Abb. 111, l. VFl
LGA 34/1/2	18,6	—	4,3	3,8	4,3	4,9	8	8	Abb. 112, r. VFl
LGA 62	—	(18,5)	4,6		4,0		5		Abb. 113, l. HFl
LD 1615/1/2	(19)		4,6		4,1		7		l. VFl

Tabelle 13
Zeitliche und räumliche Verteilung der Gattungen im Plesion Elcanidae

Gattung	Perm		Trias		Jura			Kreide		gesamt	Fundgebiete
	Unt.	Ob.	Unt.	Ob.	Lias	Dogger	Malm	Unt.	Ob.		
Promartynovia	3	2								5	Nordamerika Sibirien
Meselcana			1							1	Mittelasien
Parelcana					3					3	Mittel- und Westeuropa
Elcana					6		10			16	Mittel- und Westeuropa, Mittelasien
Baisselcana								1		1	Sibirien
Zahl der Arten	3	2	1		9		10	1		26	

hatte wenig Grund, sein Fossil aus dem Oberperm der UdSSR mit *Promartynovia* zu vereinen, obwohl CARPENTER bereits 1943 (p. 61) zeigte, daß letztere Gattung orthopteroid, nicht neuropteroid sei. CARPENTER (1966) hegte bereits starken Verdacht, daß auch das Taxon *Proelcana* ŠAROV, 1962, das auf einem apikalen Fragment basiert (*uralica* ŠAROV) und im Unterperm von Čekarda, UdSSR gefunden wurde, sich als ein Synonym zu *Promartynovia* herausstellen könnte. ŠAROV (1968) stellte einen von ihm (1962a) zu *Proelcana uralica* gerechneten Hinterflügel in seine Gattung *Permelcana*. Somit bleibt von *Proelcana* wenig genug übrig, nichts jedoch, um eine generische Separation zu rechtfertigen. CARPENTER (1966) verwies auf die große Variabilität der von ŠAROV als generische Charakteristika gebrauchten Merkmale. Auch die in dieser Arbeit untersuchte detaillierte Anordnung von RP und MA sowie der Betrag der Verbindung zwischen diesen Adern im Vorderflügel unterliegen bei der Gattung *Elcana* GIEBEL einer beträchtlichen Variabilität. Mit einiger Wahrscheinlichkeit ist dies auch für die Gattung *Promartynovia* anzunehmen.

Diagnose: Permische Gattung. Im Vorderflügel Vorder- und Hinterrand nur leicht geschwungen. Praeradialfeld apikal (CARPENTER's Pterostigmalfeld) und der distale Flügelteil pigmentiert. Subcostalfeld lang, die Strecke zwischen ScA und ScP auf dem Flügelvorderrand etwa $^{1}/_{3}$ der Flügellänge. ScP etwas über Flügelmitte. Die scheinbare Ader, die aus dem Stamm von M, MA und RP gebildet wird, noch nicht gerades Aussehen mesozoischer Gattungen. RP und MA mit mindestens zwei endständigen Ästen. MP + CuA wie bei Oedischiidae mit mehreren, endständigen Ästen. MP kleine, freie, schräge Ader, bevor sie auf CuA_1 trifft. CuA bis zur Aufgabelung langer Ast. Analfeld weit, bis etwa Flügelmitte. Im Hinterflügel Verlauf der Adern, bis auf die im Analfächer liegenden, ähnlich den Verhältnissen im Vorderflügel. AA bis etwa $^{2}/_{3}$ der Flügellänge. Queradern gewöhnlich gerade, selten gegabelt.

Dornförmige Fortsätze an den Hintertibien nicht verbreitert (*kukalovae* ŠAROV). Hintere Femora mäßig keulenförmig.

Vorkommen: Perm von Nordamerika und UdSSR.

Bemerkungen: Der Körper ist bisher nur von einer Art bekannt.

Promartynovia venicosta TILLYARD, 1937

Promartynovia venicosta TILLYARD, 1937, Amer. Journ. Sci., 33: 100; Fig. 6 (Ordnung Neuroptera, Familie Martynoviidae); CARPENTER, 1966, Psyche, 73: 83—84, Fig. 18.

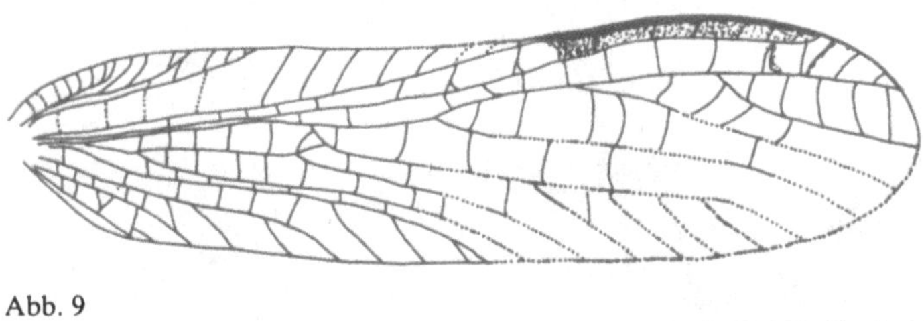

Abb. 9
Promartynovia venicosta TILLYARD, 1937. Holotypus, No. 15594, Peabody Museum, Yale University, USA. 11 mm lang, Unterperm von Kansas (nach CARPENTER, 1966).

Holotypus: No. 15594, Peabody Museum, Yale University, USA (Abb. 9).

Stratum typicum: Unterperm von Kansas (Elmo limestone).

Bemerkungen: Auffällig ist die Ähnlichkeit zwischen dem 11 mm langen und 2,6 mm breiten Vorderflügel dieser Art mit *sojanense* ŠAROV. Beide sind etwa gleich groß und bei ähnlicher Veneation im Praeradialfeld sogar identisch pigmentiert. Der Beschreibung bei

CARPENTER (1966) ist nichts Wesentliches hinzuzufügen. TILLYARD (1937) kannte von dem Stück nur die basale Flügelhälfte. Eine spätere Präparation brachte weitere Teile des Flügels zum Vorschein. Lediglich einige Stellen des Hinterrandes sind weiterhin lückenhaft. Für die Beurteilung des Geäders sind diese fehlenden Teile jedoch nicht von Bedeutung.

Zugehörige Funde: Außer dem Holotypus wurden keine weiteren Funde bekannt.

Promartynovia kukalovae (ŠAROV, 1968)

Proelcana urlica ŠAROV, 1962a, Paleont. Journ. 2: 114, Fig. 3; *Permelcana kukalovae* ŠAROV, 1968, Trudy paleont. inst. 118: 162, Abb. 13A—G, Taf. 2, Fig. 5.

Holotypus: Original zu Abb. 10 PIN Nr. 1700/4289 (Paläontologisches Institut Moskau).

Locus typicus: ČEKARDA, UdSSR.

Stratum typicum: Unterperm, Kungurskij Jarus.

Bemerkungen: Die Art ähnelt *P. sojanense* ŠAROV, unterscheidet sich aber in der Verästelung von RP, durch eine geringere Zahl der Äste von MP + CuA_1 und AA und auch durch das charakteristische Aussehen der eingeschalteten Adern.

ŠAROV (1962a) schrieb einen Hinterflügel dieser Art *Procelcana uralica* zu. Wegen der langen ScP und der Breite des Interradialfeldes weist er 1968 das Exemplar (PIN 1700/1472) *P. kukalovae* zu. Aus der Sicht der Variabilität bei *Elcana* erscheint es nicht unwahrscheinlich, daß *P. kukalovae* nur ein Synonym von *P. uralica* darstellt.

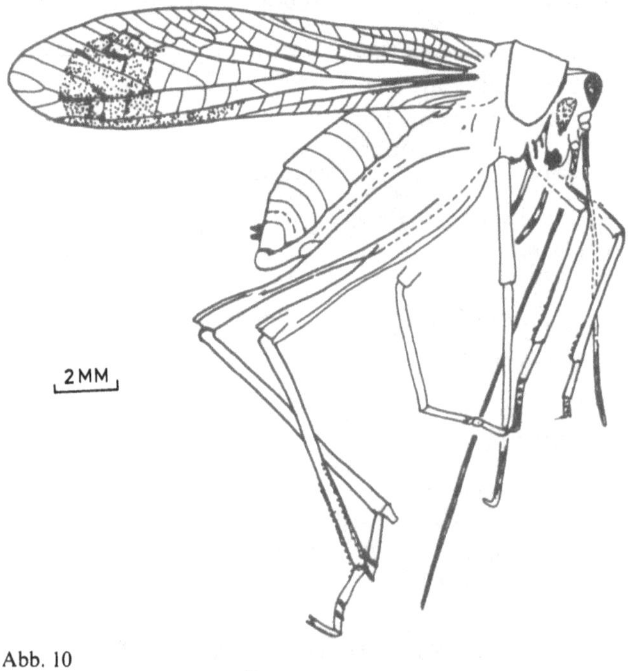

Abb. 10
Promartynovia kukalovae (ŠAROV, 1968). Holotypus, PIN Nr. 1700/4289 Paläontologisches Institut der Akademie der Wissenschaften der UdSSR, Moskau.
Länge des Männchens 12 mm, Vorderflügellänge 15 mm, Unterperm von Čekarda, Kungurskij Jarus, UdSSR (nach ŠAROV, 1968).

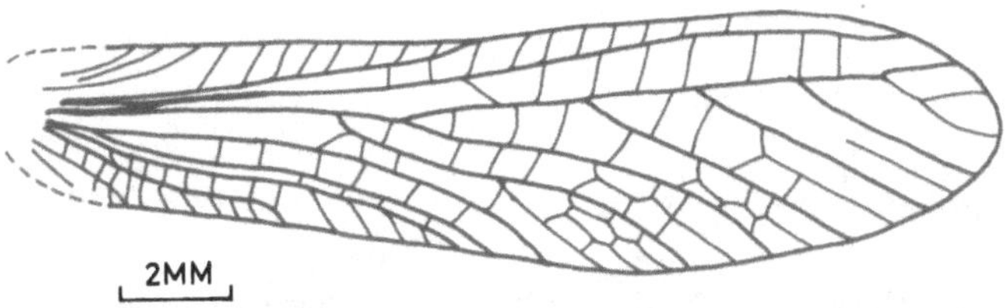

Abb. 11
Promartynovia kukalovae (ŠAROV, 1968). Holotypus, PIN Nr. 1700/4289 Paleontologisches Institut der Akademie der Wissenschaften der UdSSR, Moskau. Vorderflügel des Männchens 15 mm lang, Unterperm von Čekarda, Junjurskij Jarus, UdSSR (nach ŠAROV, 1968).

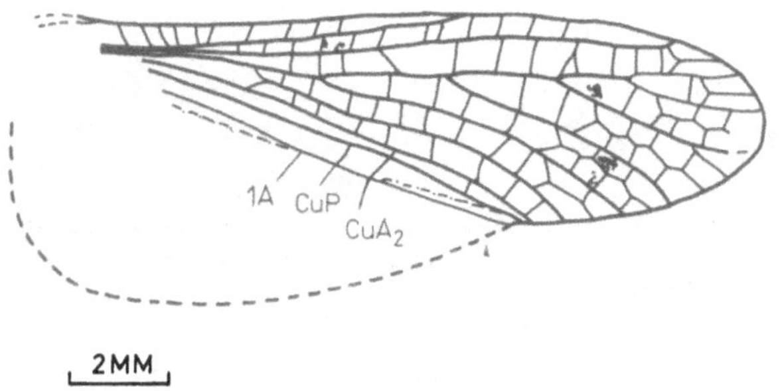

Abb. 12
Promartynovia kukalovae (ŠAROV, 1968). PIN Nr. 1700/1472 Paläontologisches Institut der Akademie der Wissenschaften der UdSSR, Moskau. Hinterflügel, ca. 15 mm, Unterperm von Čekarda, Kungurskij Jarus, UdSSR (nach ŠAROV, 1968).

Leider ist der Holotypus von *P. uralica* nur unvollständig bekannt und zur Untersuchung der Variabilität fehlen die nötigen Funde. So bleibt derzeit unentschieden, ob die Taxa synonym sind.

Zugehörige Funde: PIN Nr. 1700/4138 (Vorder- und Hinterflügel) und PIN Nr. 1700/1472 (Hinterflügel, Abb. 12)

Promartynovia uralica (ŠAROV, 1962a)

Proelcana uralica ŠAROV, 1962a, Paleont. Journ. 2: 144; Fig. 2; ŠAROV, 1962b: 149, Fig. 392A.

Holotypus: Fragment eines Vorderflügels, unter PIN Nr. 1700/1474 im Paläontologischen Institut Moskau (Abb. 13).

Locus, typicus: Čekarda, UdSSR.

Stratum typicum: Unterperm, Kungurskij Jarus.

Bemerkungen: Diese wenig bekannte Art basiert auf einem Vorderflügelfragment (distale Flügelhälfte). Wie bereits bemerkt, ist es nicht unwahrscheinlich, daß *P. kukalovae* mit *P. uralica* synonym ist. Variabilität der Zahl der RP-Äste, der Lage des Beginns von RP und der Breite des Interradialfeldes sind bei *Elcana* in dieser Größe beobachtet. Für Synonomie sprechen auch der gemeinsame Fundplatz, gleiche Größe und die ähnlichen eingeschalteten Adern. Sollten weitere Funde diese Ansicht bestärken, so hat der ältere Name *P. uralica* Priorität vor *P. kukalovae*.

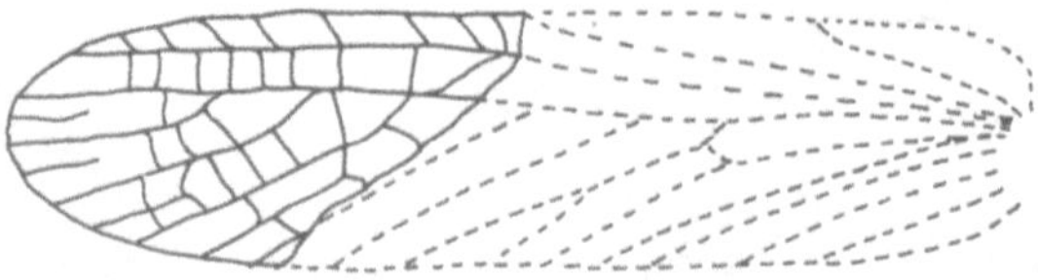

Abb. 13
Promartynovie uralica (Šarov, 1962a). Holotypus, PIN Nr. 1700/1474 Paläontologisches Institut der Akademie der Wissenschaften der UdSSR, Moskau. Vorderflügelfragment, Länge des vollständigen Flügels ca. 15 mm, Unterperm von Čekarda, Kungurskij Jarus, UdSSR (nach Šarov, 1962b).

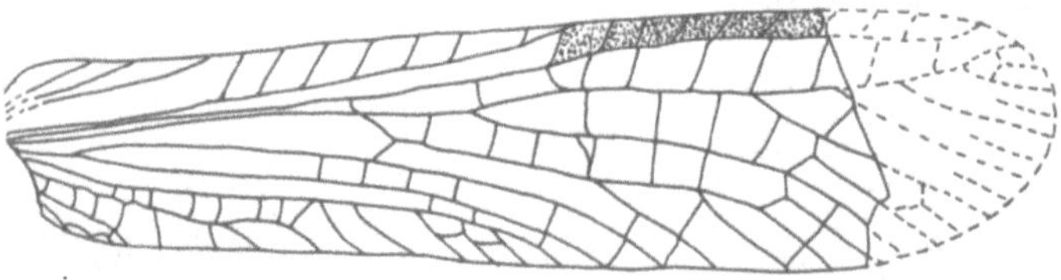

Abb. 14
Promartynovia sojanense (Šarov, 1962a). Holotypus, PIN Nr. 117/346 Pakäontologisches Institut der Akademie der Wissenschaften der UdSSR, Moskau. Vorderflügel ca. 13 mm, Oberperm von Iva-Gora, Archangel'skaja Obl., rechtes Ufer der Sojana (nach Šarov 1962b).

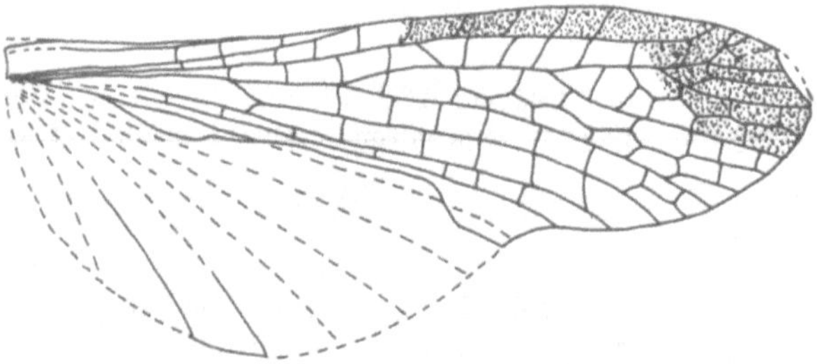

Abb. 15
Promartynovia sojanense (Šarov, 1962a). PIN Nr. 117/708 Paläontologisches Institut der Akademie der Wissenschaften der UdSSR. Moskau. Hinterflügel ca. 10—11 mm, Oberperm von Iva-Gora, Archangel'skaja Obl., rechtes Ufer der Sojana (nach Šarov, 1962b)

Promartynovia sojanense (Šarov, 1962a)

Permelcana sojanense Šarov, 1962a, Paleont. Journ. 2: 115, Fig. 4, 5; Šarov, 1962b: 149, Fig. 393A, B.

Holotypus: Original zu Abb. 14, PIN Nr. 117/346 Paläontologisches Institut Moskau.

Locus typicus: Iva-Gora, Archangel'skaja Obl., rechtes Ufer der Sojana, UdSSR.

Stratum typicum: Oberperm, Kasanskij Jarus.

Bemerkungen: Der Beschreibung bei Šarov (1962a) ist nichts Wesentliches hinzuzufügen. Die Art ähnelt sehr *P. uralice* und *P. kukalovae*. Die Unterschiede zu diesen Arten sind bereits angegeben.

Zugehörige Funde: Vom gleichen Fundplatz ein Hinterflügel (Abb. 15) PIN Nr. 117/708.

Šarov (1962a) gab noch einen stark fragmentarischen Vorderflügel mit verbreitertem Interradialfeld unter dem Namen *Permelcana vjushkovi* bekannt. Er stammt auch aus dem Oberperm (Kirovskaja Obl., Malmyzskij Rajon, linkes Ufer des Kitjak, Kasanskij Jarus).

Der Holotypus (PIN Nr. 1366/290) befindet sich in Moskau (Paläontologisches Institut der Akademie der Wissenschaften der UdSSR).

Gattung Meselcana ŠAROV, 1968

Meselcana ŠAROV, 1968, Trudy paleont. inst. 118: 162.

Typusart: *Meselcana madygenica* ŠAROV, 1968.

Von dieser Gattung beschrieb ŠAROV eine Art, von der er etwa 100 Vorderflügel untersuchte. Leider bildete er nur zwei sich stark unterscheidende ab. Seine Aussagen zur Variabilität sind dürftig.

Diagnose: Im Vorderflügel ScP lang und bis etwa zur Hälfte von RA ($^3/_4$ der Flügellänge). Stiel von MP + CuA_1 scharf in Richtung des Flügelhinterrandes gekrümmt. Anfang CuA im Abstand von etwa $^1/_3$ der Länge CuP von der Flügelbasis aus. MP + CuA_1 mit mehreren Ästen. Analadern unverzweigt.

Von *Promartynovia* durch längere ScP, den gekrümmten Stiel von MP + CuA_1, der mehr distal liegende Beginn von CuA und die einfachen Analadern unterschieden.

Vorkommen: Untere Trias von Fergana, UdSSR.

Bisher eine Art.

Meselcana madygenica ŠAROV, 1968

Abb. 16—18

Meselcana madygenica ŠAROV, 1968, Trudy paleont. inst. 118: 162—163, Abb. 13, D—Z.

Holotypus: Original zu Abb. 16, PIN Nr. 2069/2409 Paläontologisches Institut Moskau.

Locus typicus: Madygen, UdSSR.

Stratum typicum: Untere Trias, Madygenskaja svita.

Bemerkungen: Nach ŠAROV (1968) variiert der Vorderflügel in der Länge von 15 bis 17 mm, in der Breite von 4,5 bis 5 mm. Wenn man allerdings den Maßstab für die Ermittlung der Maße zugrunde legt, den er mit den Zeichnungen abbildet, kommt man zu größeren Flügeln. Ebenso wie bei *Elcana* schwankt die Zahl der ScA-Äste, sowie die Flügelform (1:b). Selbst MP + CuA_1 variiert in der Zahl seiner Äste von zwei bis vier.

Zugehörige Funde: Etwa 100 Vorderflügel von gleicher Fundstelle und ein Hinterflügel PIN Nr. 2240/2494 (Abb. 18).

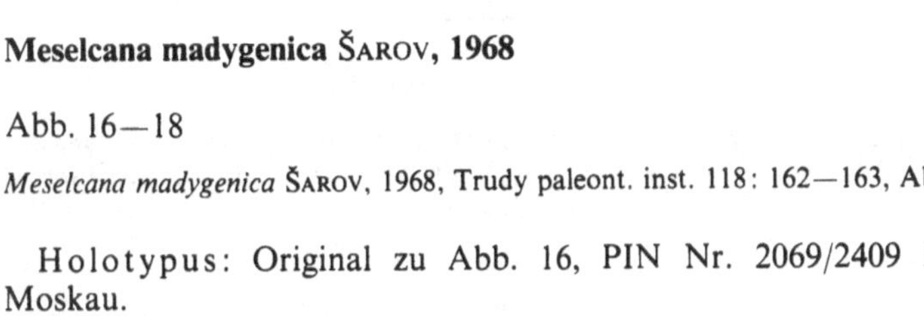

Abb. 16
Meselcana madygenica ŠAROV, 1968. Holotypus, PIN Nr. 2069/2409 Paläontologisches Institut der Akademie der Wissenschaften der UdSSR, Moskau. Vorderflügel 15 mm lang, Untere Trias von Madygen, UdSSR (nach ŠAROV, 1968).

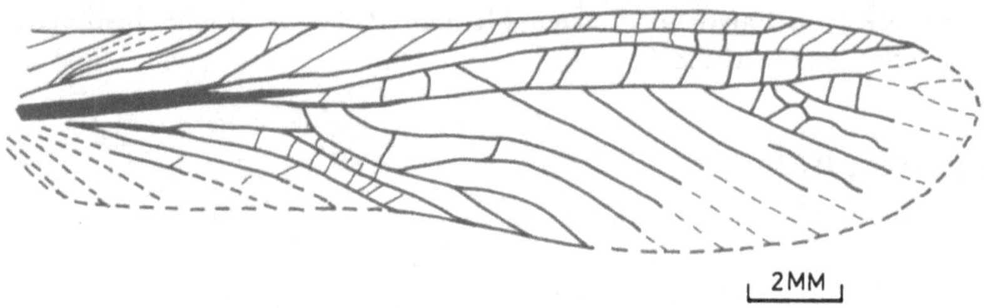

Abb. 17
Meselcana madygenica ŠAROV, 1968. PIN Nr. 2240/4271 Paläontologisches Institut der Akademie der Wissenschaften der UdSSR, Moskau. Vorderflügel 17 mm, Untere Trias von Madygen, UdSSR (nach ŠAROV, 1968).

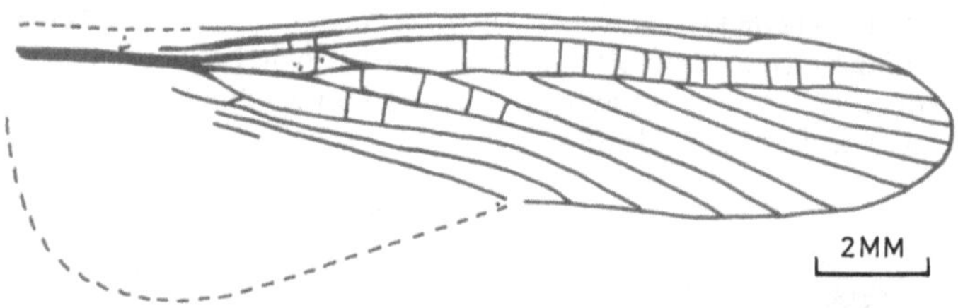

Abb. 18
Meselcana madygenica ŠAROV, 1968. PIN Nr. 2240/2494 Paläontologisches Institut der Akademie der Wissenschaften der UdSSR, Moskau. Hinterflügel, Untere Trias von Madygen, UdSSR (nach ŠAROV, 1968).

Gattung Parelcana HANDLIRSCH, 1906

Parelcana HANDLIRSCH, 1906, Foss. Ins., 420; non *Parelcana* CARPENTER, 1966, Psyche, 73: 84.

Typusart: *Parelcana tenuis* HANDLIRSCH, 1906.

Diese Gattung wurde korrekt von HANDLIRSCH (1906) aufgestellt, da der erste Fund von GEINITZ (1884) in die Gattung *Clathrotermes* HEER, 1865 fälschlicherweise gestellt wurde, die mit dem Taxon *Elcana* GIEBEL, 1856 synonym ist. *Parelcana* CARPENTER, 1966, ist ein Homonym zu *Parelcana* HANDLIRSCH, 1906.

Diagnose: Vorderflügel von fast gleichbreiter, eher in der Apikalhälfte verschmälerter und am Ende gleichmäßig abgerundeter Form. ScP bis etwa Flügelhälfte. Beginn von RP etwa in Flügelmitte oder distal davon und vor seinen letzten beiden Ästen. RP-Äste zahlreich, fast parallel und auffallend regelmäßig. MP mit kurzem Stiel, der etwa rechtwinklig aus M hervorgeht. MP + CuA_1 einfach. Stiel von CuA bis zur Aufgabelung der Ader kurz. Analadern wenig verzweigt. Queradern straff und relativ weitläufig. Hinterflügel kaum bekannt, etwa gleich groß wie die Vorderflügel. Körper unbekannt. Von Meselcana und Promartynovia insbesondere durch den kürzeren Abstand zwischen ScA und ScP auf dem Vorderrand, der distal seiner letzten beiden Äste liegende Beginn von RP, der unverzweigten MP + CuA_1 und dem kürzeren Stiel von CuA zu unterscheiden. In der Ausprägung der Analadern ähnelt die Gattung mehr *Meselcana*, als *Promartynovia* und *Elcana.*

Vorkommen: Lias von Europa.

Bemerkungen: Diese Gattung ist bisher nur durch sehr wenige Funde aus dem Unterlias Englands und dem Oberlias von Dobbertin bekannt.

Parelcana tenuis HANDLIRSCH, **1906**

Abb. 19, 20

- v 1884 *Clathrotermes (Elcana)* GEINITZI.-GEINITZ, Taf. 13, Fig. 23
- v 1886 *Elcana Geinitzi.*-DEICHMÜLLER, 17, Taf. 2, Fig. 7
- v 1906 *Parelcana tenuis* HANDLIRSCH, 421, Taf. 39, Fig. 55
- v 1938 *Parelcana platyptera* HANDLIRSCH, 50, Taf. 3, Fig. 50.

Holotypus: Original zu Abb. 19, MBI 56.1.a, b Naturkundemuseum Berlin.
Locus typicus: Dobbertin, Mecklenburg, DDR.
Stratum typicum: Oberer Lias, Lias epsilon 1.
Diagnose: Kleine Vorderflügel, ca. 13 mm lang, ScP mit wenigen Ästen (bisher 3—4 beobachtet), RP mit (nach bisheriger Beobachtung) 8—9 Ästen, einzelne, meist im apikalen Bereich verzweigt.

Bemerkungen: Diese Art (Holotypus) wurde insbesondere von HANDLIRSCH (1906) in einigen Details falsch wiedergegeben, wie ein Vergleich seiner Fig. 55 auf Taf. 39 mit dem Original leicht zeigt. Auch das zweite Exemplar (*platyptera* HANDLIRSCH, 1938), das dieser Art zugerechnet wird, war von HANDLIRSCH (1938) völlig verzeichnet worden (Taf. 3, Fig. 50).

Nachder erneuten Zeichnung stellen sich nun beide Vorderflügel in den wesentlichen Details als nahezu identisch heraus. Alle Unterschiede, wie zum Beispiel Zahl der ScP-Äste, Flügellänge und -breite, liegen innerhalb der Variabilität, wie sie bei den Gattungen *Elcana* und *Meselcana* gefunden wurde. Die Annahme, beide Exemplare zu einer Art zu rechnen, ist somit wahrscheinlicher. *P. tenuis* variiert in der Länge der Vorderflügel (nach den bisherigen beiden Funden) von 12,3 bis 13,6 mm, in der distalen Breite von 2,7 bis 3,1 mm. Die Zahl der ScP-Äste schwankt zwischen drei und vier, die RP-Äste zwischen acht und neun.

Abb. 19
Parelcana tenuis HANDLIRSCH, 1906. Holotypus, MBI 56.1. a, b. Naturkundemuseum Berlin. Vorderflügel ca. 14 mm lang, Oberer Lias von Dobbertin, DDR.

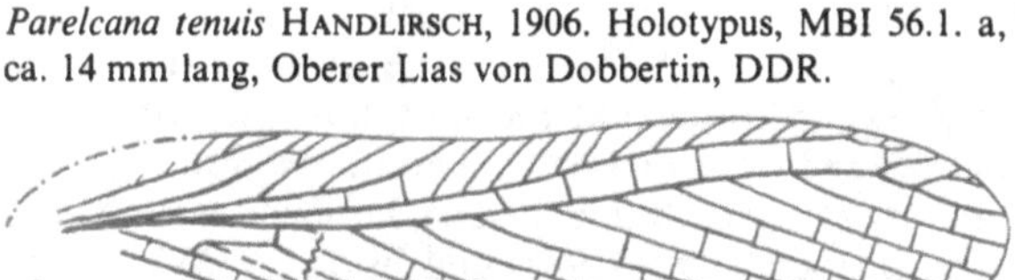

Abb. 20
Parelcana tenuis HANDLIRSCH, 1906 (=*platyptera* HANDLIRSCH, 1938). MBI 57.1. a, b. Vorderflügel ca. 12 mm lang, Oberer Lias von Dobbertin, DDR.

Am Exemplar MBI 56.1.a, b (Holotypus) findet sich auch noch der Rest des Hinterflügels, da der Flügel zum größten Teil vom Vorderflügel bedeckt wird. Wenn man die hinteren drei sichtbaren Äste mit MA_1, MA_2 und $MP + CuA_1$ identifiziert, findet man eine erheblich geringere Zahl der RP-Äste (ca. 4—5). Hinsichtlich der Länge scheinen sich Vorder- und Hinterflügel nicht sehr zu unterscheiden.

Zugehöriger Fund: Ein linker Vorderflügel unter der Signatur MBI 57.1.a, b (Abb. 20) im Naturkundemuseum Berlin.

Aus dem Unterlias von England beschrieb Handlirsch (1938) noch zwei Vorderflügel, die er der Gattung *Parelcana* zurechnete. Leider standen mir diese Funde nicht zur Verfügung. Der eine, *Parelcana anglicana* Handlirsch, 1938, wird in seiner Nachlaßarbeit auf Taf. 3, Fig. 49 abgebildet. Mit aller Vorsicht, die bei Handlirsch's Zeichnungen am Platze sein sollte, findet man ähnliche Verhältnisse wie bei *P. tenuis*, auch in der Zahl der ScP- und RP-Äste. Näheres zur Abgrenzung der Art gegen *P. tenuis* muß eine erneute Untersuchung des Originals hervorbringen.

Die andere Art, die Handlirsch (1938) Taf. 3, Fig. 54 abbildete, ist noch weniger bekannt. Die Unsicherheit der Zuordnung zur Gattung *Parelcana* wird bei Handlirsch (1938) bereits durch ein Fragezeichen angezeigt. Flügelform und hohe Zahl der RP-Äste (ca. 9) sprechen für eine Zugehörigkeit von *Parelcana* ? dubia zur Gattung. Wegen der Fehlerhaftigkeit der Zeichnungen und der fehlenden Basis des Flügels müßte diese Entscheidung am Original getroffen werden.

Gattung Elcana Giebel, 1956

Elcana Giebel, 1856, Fauna d. Vorwelt 2, 1: 258; *Clathrotermes* Heer, 1865, Urwelt d. Schweiz: 85; Geinitz, 1880, Z. deutsch. geol. Ges., 32: 577—580; *Elcana*, Geinitz, 1884, Z. deutsch. geol. Ges. 36: 523—526; Deichmüller, 1886, Mitt. kön. min.-geol. prähist. Mus. Dresden, 7: 14; Oppenheim, 1888, Palaeont. 34: 224; Meunier, 1898; Arch. Mus. Teyl (2) VI; Handlirsch, 1906, Foss. Ins.: 412; Cockerell, 1915, Brit. Foss. Ins., 472—473; Handlirsch, 1925, Handb. d. Entom., 186; Handlirsch, 1938, Ann. Naturhist. Mus. Wien, 49: 37; Bode, 1953, Paläontographica, 103A: 70—72; Archelcana Šarov, 1968, Trudy paleont. inst.; 118: 163.

Typusart: *Elcana tessellata* (Westwood, 1854)

Die Gattung wurde 1856 von Giebel in seiner „Fauna der Vorwelt" nach zwei Vorderflügeln aus den mittleren Purbeckschichten der Durdlestone Bay (England) begründet. Sie wurden 1854 von Westwood erstmals bekannt gemacht, der sie im Text den Sialiden zuordnete. In der Erläuterung der Tafeln dagegen stellte er sie zu den Panorpiden. Giebel erkannte in ihnen nach dem Geäder einen „eigenthümlichen Gattungstypus".

Die älteste Publikation über einen Vertreter dieser Gattung lieferte Germar (1842). Die Zugehörigkeit der aus dem Malm von Kehlheim stammenden Art (*E. lithophila*) zur Gattung *Elcana* erkannte erstmals Handlirsch (1906). Brodie (1845) beschrieb aus dem englischen Lias weitere Vertreter der Gattung, deren Zugehörigkeit zur neuen Gattung *Elcana* bereits Giebel (1856) in Betracht zog. Für einen Vorderflügel (*E. signata*) aus Schambelen (Unt. Lias), Schweiz begründete Heer (1865) das mit *Elcana* synonyme Taxon *Clathrotermes*. Diese Synonomie wurde bereits 1880 von Geinitz erkannt. Während Geinitz (1880, 1884) Variabilität in seine Fassung der Arten einbezog, jedoch die Taxa etwas zu weit faßte, wurde insbesondere von Handlirsch (1906—1908, 1938) und Bode (1953) Variabilität nicht oder kaum in die Betrachtungen einbezogen. Cockerell (1915) hielt die englischen *Elcana*-Arten aus dem Lias (*liasina*, *britannica*, *brodiei*) bereits für Varianten einer Art (S. 473). Carpenter (1932) meinte, die aus dem lithographischen Schiefer von Bayern beschriebenen *Elcana*-Arten ließen sich auf vier reduzieren. Die anderen beschriebenen Exemplare hielt er für Angehörige dieser Arten (*phyllophora* Handlirsch, *lithophila* Germar, *deichmuelleri* Handlirsch und *longicornis* Handlirsch).

Šarov (1968) begründete eine neue Gattung *Archelcana* auf einen Vorderflügel aus dem Unterlias von England (*E. britannica* Handlirsch, 1906) und ein Vorderflügelfragment aus dem Unteren Jura von Schurab (*shurabica* Šarov). Sie unterscheidet sich nach Šarov (1968) durch das Fehlen von Zweigen an ScA und CP, der Lage des MA_1 distal vom Beginn RP und durch das Vorhandensein eines dritten Astes von AP. Der Verlauf der ScA und CP bei *E. britannica* findet sich ähnlich bei allen anderen Arten *Elcana*. Da die Äste von CP basal meist schwach ausgeprägt sind, sind sie oftmals erhaltungsbedingt nur schwer auszumachen. Der proximale Beginn von RP unterliegt in bezug auf seine Lage zu MA_1 einer nicht unbeträchtlichen Variation bereits innerhalb einer Art (*E. minima*). Der Verlauf der Analäste bei *E. britannica* und *E. shurabica* ist geradezu typisch für die liassischen Vertreter der Gattung *Elcana*. Unter diesen Umständen läßt sich die Gattung *Archelcana* nicht aufrechterhalten.

Diagnose: Vorderflügel lang und schmal, über die Spitze der Hinterschenkel hinausragend und nahe der Apex am breitesten. Spitze des Vorderflügels elliptisch gebogen. Strecke zwischen dem Ende von ScA und ScP auf dem Vorderrand kurz, weniger als $^1/_5$ der Flügellänge. ScP nicht bis Flügelmitte. Der Beginn von RP etwa im Bereich des Endes von ScP. Gleichmäßiger Übergang von MA in RP, scheinbar eine fast gerade Ader bildend. CuA_1 berührt M, kein Stiel von MP mehr vorhanden. Stamm von CuA zu einem kurzen Stiel reduziert. AA_1 mit AA_2 über eine kurze Strecke verbunden und bis etwa $^1/_3$ der Flügellänge reichend. Meist mehr oder weniger stark pigmentiert, insbesondere im Praeradialfeld, um die Queradern im Radialfeld und um den Beginn RP, im Praemedial-, Medial- und Cubitalfeld, sowie um CuA im proximalen Bereich. Veneation der Hinterflügel ähnlich der der Vorderflügel, Hinterflügel und Vorderflügel etwa gleichlang. Analfächer etwa so breit wie das Flügelblatt und bis nahe an die Flügelapex reichend. ScP deutlich proximal vom Beginn RP. AA_1 und CuP meist reduziert. Gewöhnlich Pigmentierung im Praeradialfeld und nahe der Spitze im Radialfeld.

Vordere Beine kurz, mäßig kräftig, hintere Femora keulenförmig, zum Teil länger als das Abdomen. Tibien schlank, ohne Dorne, vor der Spitze auf der Oberseite mit mehreren blattförmigen Anhängseln besetzt. Ovipositor lang, schlank und schwach säbelförmig gebogen. Pronotum oben flach bis sattelförmig.

Vorkommen: Lias bis Malm von Europa und Asien.

Bemerkungen: Dieser Gattung werden mit Abstand die meisten Funde von Elcanidae zugeordnet. Allein die Zahl der Funde aus dem Lias von Dobbertin geht in die Hunderte. Vollständige *Elcana*-Individuen gehören in den liassischen Ablagerungen zu den seltenen Ausnahmen. Daneben finden sich isolierte Femora, Tibien, blattförmige isolierte Tibienanhängsel, Ovipositori, die meist bestimmten Arten zugeordnet werden konnten, nachdem die Zahl der „Arten“ drastisch durch die variationsstatistischen Untersuchungen dieser Arbeit reduziert wurde. Zur Lebensweise dieser Tiere läßt sich bisher wenig sagen. Mehrfach wurde vermutet, daß die Tiere extrem an ein Leben auf der Wasseroberfläche angepaßt gewesen seien (KARNY, 1921 S. 172; ZEUNER, 1962 S. 158). Diese Anpassung wurde aus dem Vorhandensein der blattförmigen Tibienanhängsel und der großen Zahl der Funde in Dobbertin geschlußfolgert. Ein Zirporgen besaßen auch die Arten der Gattung *Elcana* nicht. Lediglich die schwach S-förmig verlaufenden Analadern könnten mit der Erzeugung von Lauten in Zusammenhang stehen.

Elcana liasina (GIEBEL, 1856)

Ephemera — BRODIE, 1845, Foss. ins. 102, 127, Taf. 10, Fig. 14; (*Neuropteron*) BRODIE, 1845, 126, Taf. 8, Fig. 11; **Rapha liasina* GIEBEL, 1856, Ins. Vorw., 290; DEICHMÜLLER, 1886, Mitt. Kön. min.-geol. prähist. Mus. Dresden, 7, 17; *Elcana liasina*, HANDLIRSCH, 1906, Foss. Ins., 414; *Elcana britannica* HANDLIRSCH, 1906, 414, Taf. 39, Fig. 28; *Elcana Brodiei* HANDLIRSCH, 1906, 414; COCKERELL, 1915, Brit. Foss. Ins., 472, 473; HANDLIRSCH, 1938, Neue Unters. foss. Ins. II., 38; *Elcana angustior* HANDLIRSCH, 1938, 37, Taf. 2, Fig. 26; *Archelcana britannica*, ŠAROV, 1968, Trudy paleont. inst. 118, Abb. 14, Fig. Z.

Die hier vereinten wenigen Exemplare stammen meist aus dem Unterlias von England. Lediglich ein Fragment (*brodiei* HANDLIRSCH, 1906) stammt aus oberliassischen Schichten Englands.

Die Art ist im Vorderflügel durch ein relativ breites Subcostalfeld mit etwa fünf ScP-Ästen und sieben RP-Ästen gekennzeichnet. Die Vorderflügel sind ca. 14—16 mm lang.

Ob die oberliassische Form (*brodiei* HANDLIRSCH) auch mit *E. liasina* zu vereinen ist, bleibt unsicher. COCKERELL (1915), der die Exemplare untersuchte, hielt auch die Zuordnung der apikalen Flügelhälfte (*brodiei*) zu *E. liasina* für wahrscheinlich. Die sich im Museum of Natural History London und U.S.N.M. (Cat. No 61389) befindlichen Originale konnten von mir nicht untersucht werden.

Eine sichere Beurteilung ohne Kenntnis des Originalmaterials ist allein aus den oft unzulänglichen Beschreibungen und zum Teil ungenauen Zeichnungen nicht möglich. Deshalb muß die Entscheidung, ob mit dem Material eine oder mehrere Arten vorliegen, vorerst zurückgestellt werden. Wenn die Funde hier eine Art zugerechnet werden, so beruht dies lediglich auf der Kenntnis der Variabilität oberliassischer *Elcana*-Arten und der Annahme, daß die Zeichnungen weitgehend den wahren Verhältnissen entsprechen.

Vorkommen: Unterer Lias von England (? Oberlias England).

Elcana shurabica (ŠAROV, 1968)

Archelcana shurabica ŠAROV, 1968, Trudy paleont. inst. 118: 163, Abb. 14E.

Holotypus: Original zu ŠAROV (1968) Abb. 14E.
PIN Nr. 2068/41 (Paläontologisches Institut Moskau).

Locus typicus: Schurab, Fergana, UdSSR.

Stratum typicum: Lias (Unterer Lias).

Bemerkungen: Es liegt ein Vorderflügelfragment ohne Apex und Flügelbasis vor. ŠAROV begründete darauf gemeinsam mit *E. britannica* die Gattung *Archelcana*. Sie soll sich von *Elcana* hauptsächlich durch das Fehlen von Zweigen bei ScA, die Schräge der Äste CP und ScA, die Lage des vorderen Astes MA_1 distal vom Beginn RP und das Vorhandensein einer dritten AP-Ader unterscheiden. Der Verlauf der Äste CP und ScA findet sich ähnlich bei allen anderen Gattungen der Elcanidae. Da die Äste von CP basal meist nur schwach ausgeprägt erscheinen, sind sie erhaltungsbedingt oft schwer auszumachen. Der proximale Beginn von RP unterliegt seiner Lage nach in bezug auf MA einer nicht unbeträchtlichen Variation (siehe Abb. 23, 25, 27, 32 oder Abb. 55, 54, 63 bzw. 82, 86, 92). Der Verlauf der Analäste bei E. britannica und E. shurabica ist geradezu typisch für die liassischen Vertreter der Gattung *Elcana*. Unter diesen Umständen ist eine Separation zwischen *Archelcana* und *Elcana* nicht aufrecht zu erhalten.

Ob *E. shurabica* eine selbständige Art war, läßt sich zur Zeit nicht sagen. Noch fehlen weitere vollständige Funde. Die Vorderflügellänge von *E. shurabica* beträgt etwa 20 mm bei mehr als 4 mm maximaler distaler Flügelbreite. Die Zahl der RP-Äste scheint kleiner zu sein als die der oberliassischen Arten *E. media* und *E. magna*. Vorerst möchte ich diese Art nicht mit *E. liasina* oder einer der anderen liassischen Arten vereinen, da neben den morphologischen Differenzen auch die geografische Entfernung der Fundpunkte beträchtlich ist.

Vorkommen: Lias von Fergana, UdSSR.

Elcana minima HANDLIRSCH, 1906

Abb. 21—52

? 1858 *Termes troglodytes* HAGEN, 181
? 1865 *Calotermes troglodytes*. — HEER, 86
? 1865 *Calotermes maculatus* HEER, 86, Taf. 7, Fig. 7.
• v pars 1880 *Elcana (Clathrotermes) Geinitzi*. — GEINITZ, 523—526, Taf. 22, Fig. 9—10 [non 7—8].
• v pars 1884 *Clathrotermes (Elcana) Geinitzi*. — GEINITZ, 577—580, Taf. 13, Fig. 14—16, 18, 19 [non 13, 17, 20, 21, 22, 23].

• v pars 1905 *Elcana Geinitzi*. — Bode, 222, Taf. 6, Fig. 2, 3 [non 1, 4, 5].
* • v 1906 *Elcana minima* Handlirsch, 419, Taf. 39, Fig. 50.
• 1906 *Elcana tenuis* Handlirsch, 418, Taf. 39, Fig. 43.
? 1906 *Elcana maculata*. — Handlirsch, 418.
• 1906 *Elcana saliens* Handlirsch, 418, Taf. 39, Fig. 44.
• v 1906 *Elcana halophila* Handlirsch, 418, Taf. 39, Fig. 45.
• v 1906 *Elcana latior* Handlirsch, 418, Taf. 39, Fig. 46.
• v 1906 *Elcana gracilis* Handlirsch, 418—419, Taf. 39, Fig. 47.
• v 1906 *Elcana parvula* Handlirsch, 419, Taf. 39, Fig. 49.
• v 1906 *Elcana dobbertiniana* Handlirsch, 419, Taf. 39, Fig. 51.
? 1906 *Elcana troglodytes*. — Handlirsch, 419.
• v 1906 *Elcana gracillima* Handlirsch, 420, Taf. 39, Fig. 52.
• v 1906 *Elcana triquetra* Handlirsch, 420, Taf. 39, Fig. 53.

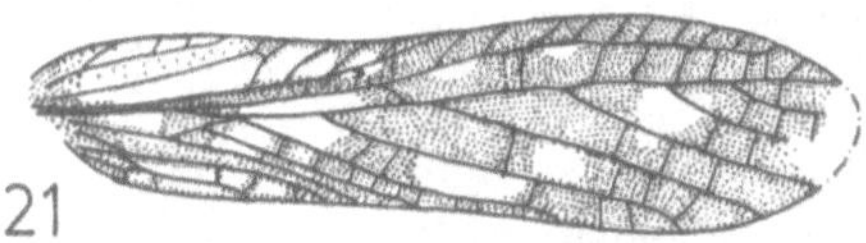
21

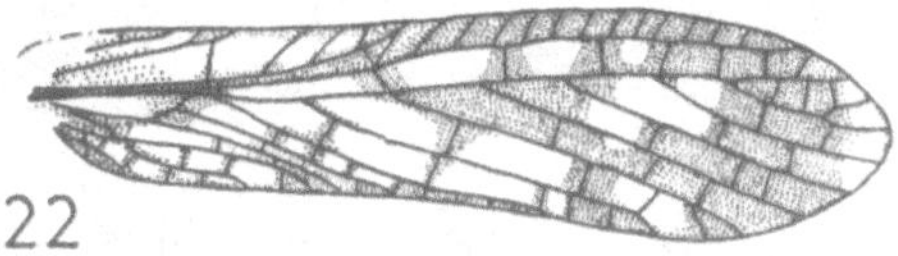
22

Abb. 21
Elcana minima Handlirsch, 1906, Holotypus, MBI 25.1. a, b, rechter VFl, 9,2 mm, Lias epsilon$_1$, Dobbertin.
Abb. 22
Elcana minima (=*modesta* Handlirsch, 1938). MBI 46.1. linker VFl, 9,4 mm, Lias epsilon$_1$, Dobbertin.

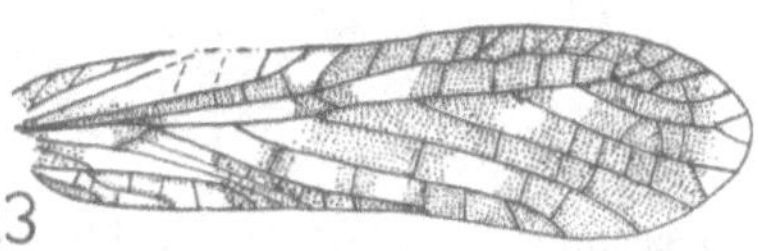
23

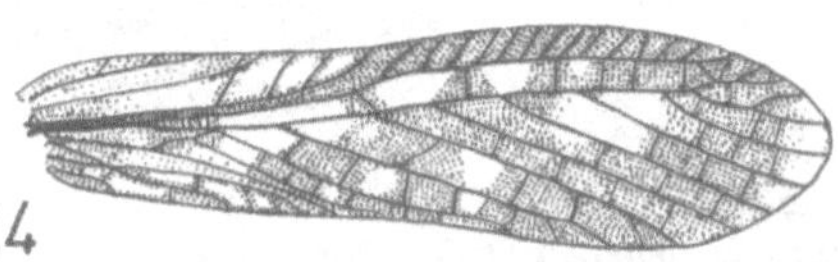
24

Abb. 23
Elcana minima (=*pygmaea* Handlirsch, 1938). MBI 51.1, rechter VFl, 8,3 mm, Lias epsilon$_1$, Dobbertin.
Abb. 24
Elcana minima (=*longicosta* Handlirsch, 1938). MBI 48.1. linker VFl, 9.3 mm, Lias epsilon$_1$, Dobbertin.

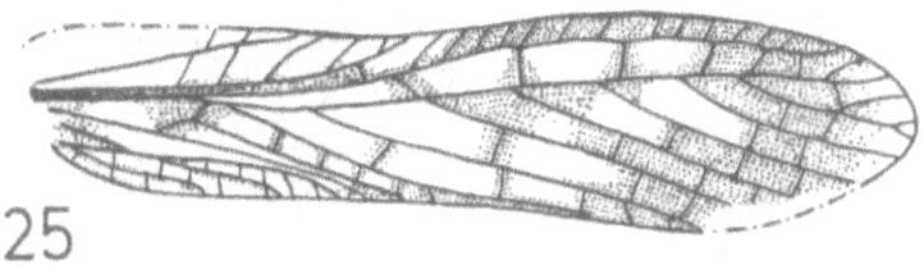
25

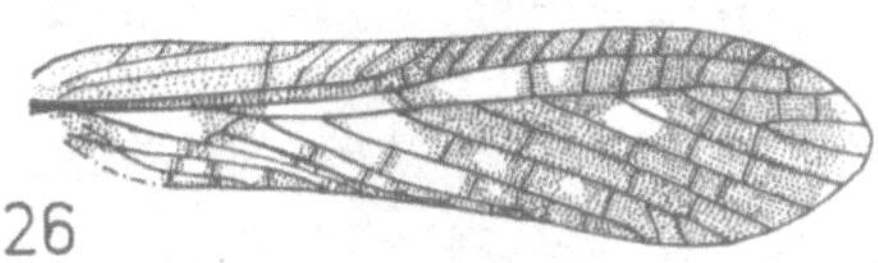
26

Abb. 25
Elcana minima (=*gracilis* Handlirsch, 1906). MBI 22.1. a, b, linker VFl, 9,8 mm, Lias epsilon$_1$, Dobbertin.
Abb. 26
Elcana minima (=*lugubris* Handlirsch, 1938). MBI 52.1. rechter VFl, 9,2 mm, Lias epsilon$_1$, Dobbertin.

27

28

Abb. 27
Elcana minima (=*pullula* Handlirsch, 1906). MBI 28.1. linker VFl, ca. 9,2 mm, Lias epsilon$_1$, Dobbertin.
Abb. 28
Elcana minima, MBI 50.50, rechter VFl, 9,8 mm, Lias epsilon$_1$, Dobbertin.

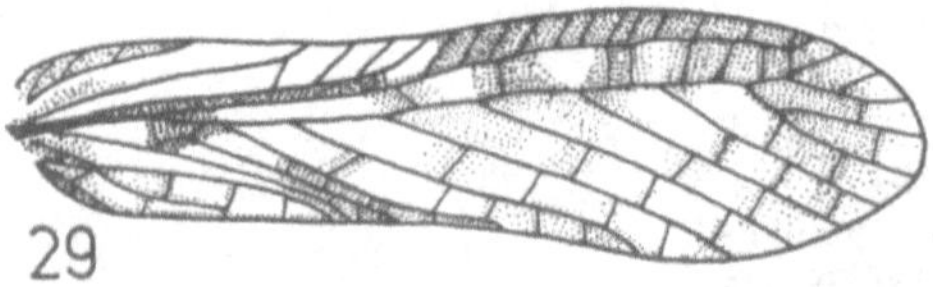
29
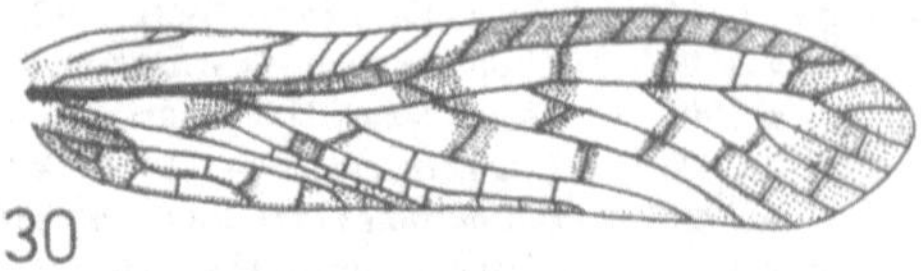
30

Abb. 29
Elcana minima (=*latior* HANDLIRSCH, 1906). MBI 21.1, a, b, linker VFl, 10 mm, Lias epsilon$_1$, Dobbertin.
Abb. 30
Elcana minima (=*dobbertiniana* HANDLIRSCH, 1906). MBI 26.1 a, b, rechter VFl, 9,7 mm, Lias epsilon$_1$, Dobbertin.

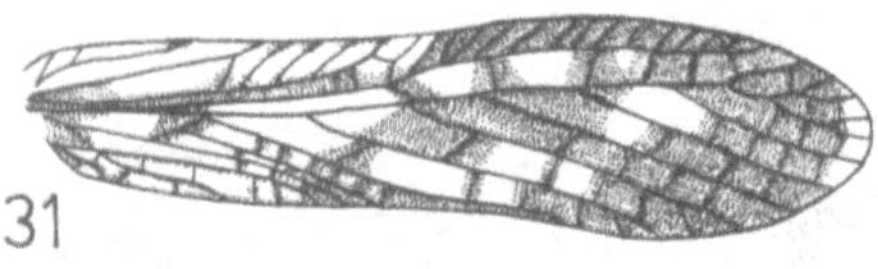
31
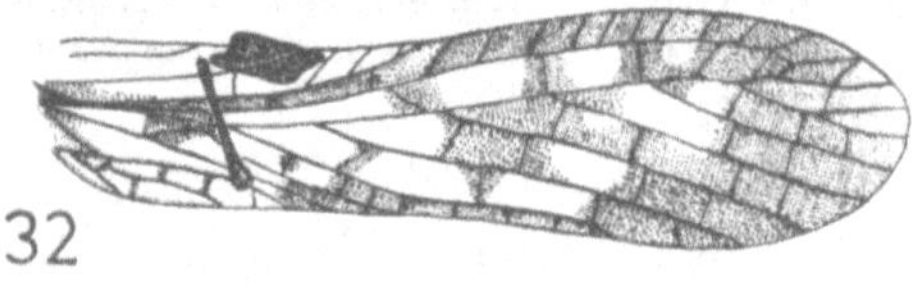
32

Abb. 31
Elcana minima, LD 1297/1/2, linker VFl, 9,5 mm, Lias epsilon$_1$, Dobbertin.
Abb. 32
Elcana minima, LD 480/481, linker VFl, 10,1 mm, Rest eines Hinterbeines (Femur und Tibie), Lias epsilon$_1$, Dobbertin.

33
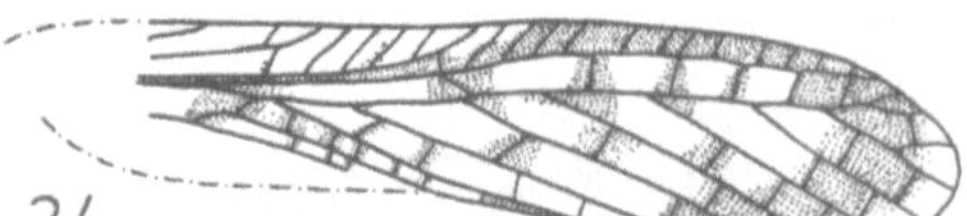
34

Abb. 33
Elcana minima, LD 1927/1/2, linker VFl, 9,7 mm, Lias epsilon$_1$, Dobbertin.
Abb. 34
Elcana minima (=*angustipennis* HANDLIRSCH, 1938). MBI 45.1, rechter VFl, ca. 9,8 mm, Lias epsilon$_1$, Dobbertin.

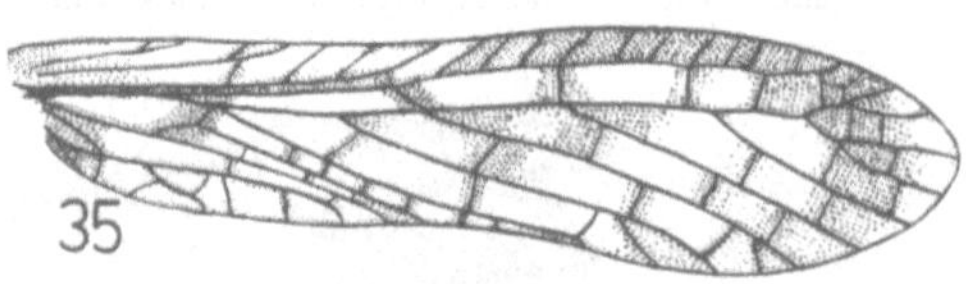
35
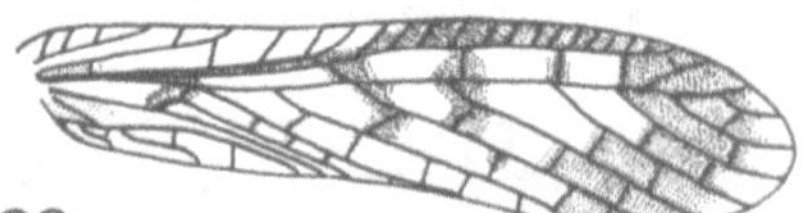
36

Abb. 35
Elcana minima (=*grasseliana* HANDLIRSCH, 1938). MBI 3.1. a, b, rechter VFl, 10,4 mm, Lias epsilon$_1$, Grassel bei Braunschweig, BRD.
Abb. 36
Elcana minima, LD 764/765, linker VFl, 8,6 mm, Lias epsilon$_1$, Dobbertin.

• v 1906 *Elcana pullula* HANDLIRSCH, 420, Taf. 39, Fig. 54.
• v 1938 *Elcana grasseliana* HANDLIRSCH, 37.
• v 1938 *Elcana brunsvicensis* HANDLIRSCH, 37.
• v 1938 *Elcana agilis* HANDLIRSCH, 46, Taf. 3, Fig. 38.
• v 1938 *Elcana modesta* HANDLIRSCH, 46, Taf. 3, Fig. 43.
• v 1938 *Elcana angustipennis* HANDLIRSCH, 45, Taf. 3, Fig. 46.
• v 1938 *Elcana longicosta* HANDLIRSCH, 47, Taf. 3, Fig. 47.
• v 1938 *Elcana pygmaea* HANDLIRSCH, 48, Taf. 3, Fig. 51.
• v 1938 *Elcana lugubris* HANDLIRSCH, 49, Taf. 3, Fig. 52.
• 1953 *Elcana minima*. — BODE, 74.
1953 *Elcana* cf. *pullula*. — BODE, 74.

• 1953 *Elcana bisinflexa* BODE, 75, Taf. 4, Fig. 39.
• 1953 *Elcana novemmaculata* BODE, 75—76, Taf. 4, Fig. 40.
• 1953 *Elcana planta* BODE, 76, Taf. 4, Fig. 41.
• v 1953 *Elcana grasseliana*. — BODE, 77.
• v 1953 *Elcana brunsvicensis*. — BODE, 77.
• 1953 *Elcana praetruncata* BODE, 77—78, Taf. 4, Fig. 42.
• 1953 *Elcana incurvata* BODE, 78, Taf. 4, Fig. 43.
• 1953 *Elcana bialata* BODE, 87—88, Taf. 4, Fig. 57.
• 1953 *Elcana continentalis* BODE, 91, Taf. 4, Fig. 63.
• 1953 *Elcana simplicissima* BODE, 92, Taf. 4, Fig. 66.
• 1953 *Elcana hirundo* BODE, 88—89, Taf. 4, Fig. 59.
• 1953 *Elcana bialata* BODE, 87—88, Taf. 4, Fig. 57.

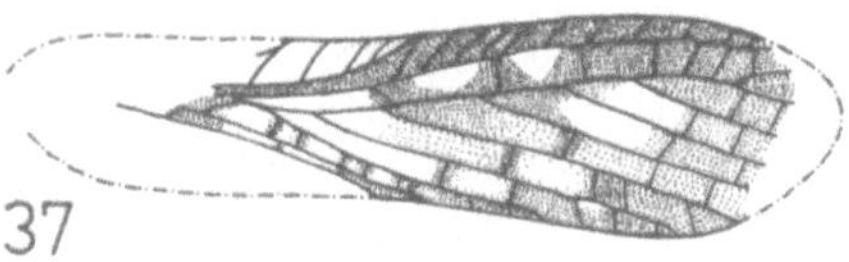
37

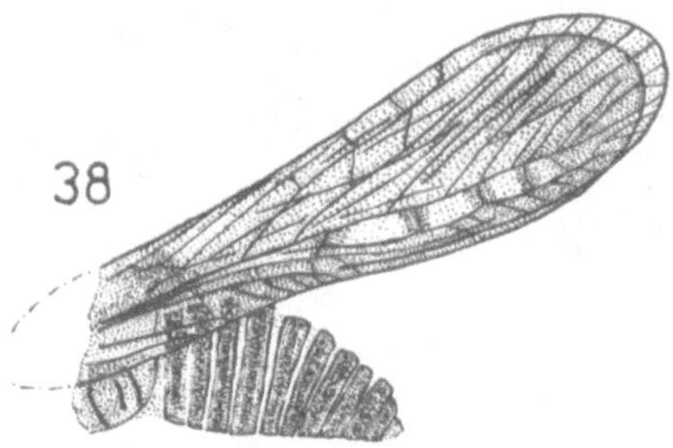
38

Abb. 37
Elcana minima, LD 705/706, linker VFl, ca. 9,4 mm, Lias epsilon$_1$, Dobbertin.
Abb. 38
Elcana minima, MBI 26.3 a, b, Männchen, VFl-Länge ca. ca. 9,2 mm, Lias epsilon$_1$, Dobbertin.

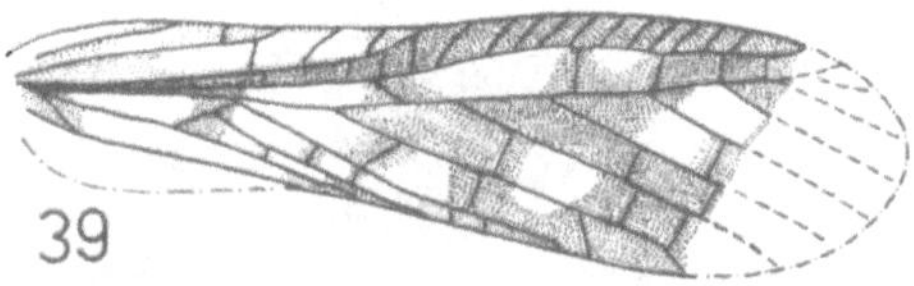
39

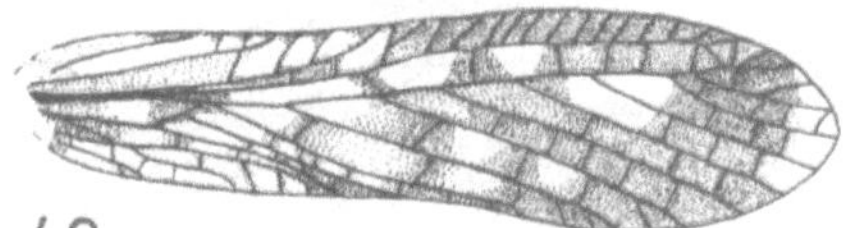
40

Abb. 39
Elcana minima, LD 716/717, rechter VFl. ca. 10,2 mm, Lias epsilon$_1$, Dobbertin.
Abb. 40
Elcana minima, Mus. Goldberg, 43c, linker VFl. 9,3 mm, Lias epsilon$_1$, Dobbertin.

41

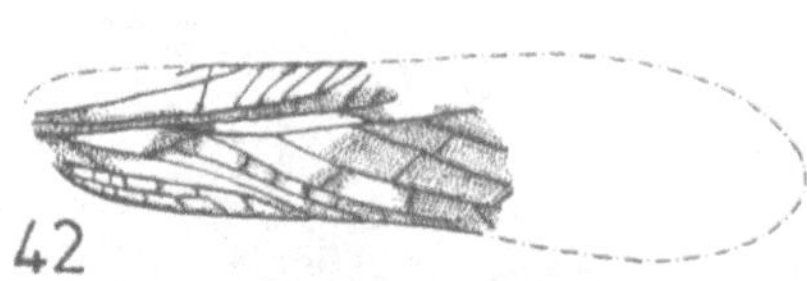
42

Abb. 41
Elcana minima, Bergakademie Freiberg ohne Nr., linker VFl. 10.7 mm, Lias epsilon$_1$, Dobbertin.
Abb. 42
Elcana minima, Bergakademie Freiberg ohne Nr., Fragment eines linken VFl. ca. 8,8 mm, Lias epsilon$_1$, Dobbertin.

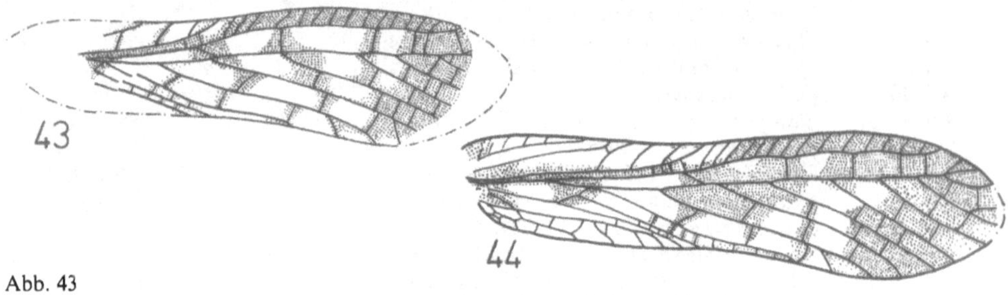

Abb. 43
Elcana minima. MBI 55.10. linker VFl. ca. 10.7 mm, Lias epsilon$_1$, Dobbertin.
Abb. 44
Elcana minima (=*agilis* HANDLIRSCH, 1938). MBI 47.1. a, b, rechter VFl. 11,5 mm, Lias epsilon$_1$, Dobbertin.

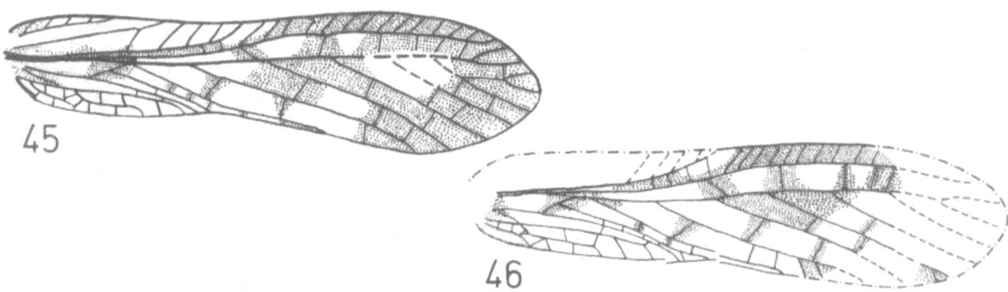

Abb. 45
Elcana minima, MBI 47.1. a, linker VFl. 11,5 mm, gehört vermutlich mit dem Exemplar von Abb. 44 zu einem Tier, Lias epsilon$_1$, Dobbertin.
Abb. 46
Elcana minima, LD 837/838, rechter VFl. ca. 11,6 mm, Lias epsilon$_1$, Dobbertin.

Abb. 47
Elcana minima (=*triquetra* HANDLIRSCH, 1906). MBI 29.1, linker HFl, ca. 8,5 mm, Lias epsilon$_1$, Dobbertin.
Abb. 48
Elcana minima (=*gracillima* HANDLIRSCH, 1906). MBI 27.1a, b, linker HFl, ca. 8,6 mm, Lias epsilon$_1$, Dobbertin.

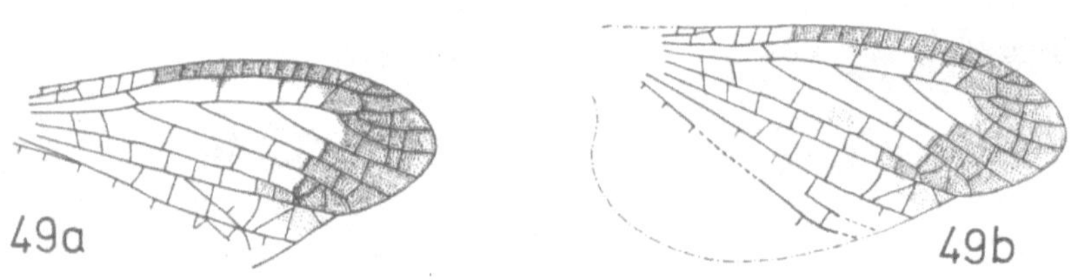

Abb. 49
a *Elcana minima*, LD 572/673, linker HFl, Fragmentlänge 7,5 mm, Lias epsilon$_1$, Dobbertin.
b der gleiche HFl mit aufgeklapptem Analfächer.

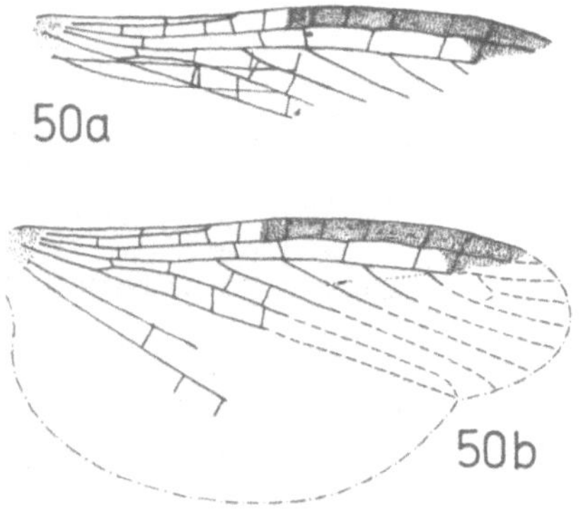

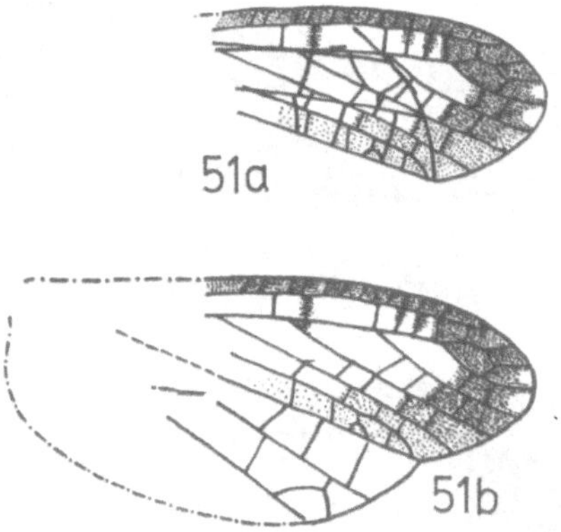

Abb. 50
a *Elcana minima*, LD 453/454, rechter HFl, Fragmentlänge 8,4 mm, Lias epsilon$_1$, Dobbertin.
b der gleiche HFl mit aufgeklapptem Analfächer.
Abb. 51
a *Elcana minima*, LD 35/36, rechter HFl, Fragmentlänge 5 mm, Lias epsilon$_1$, Dobbertin.
b der gleiche HFl mit aufgeklapptem Analfächer.

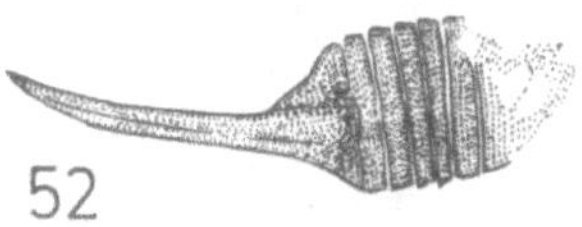

Abb. 52
Elcana minima, LDA 22, Abdomen mit Ovipositor, Weibchen, Ovipositorlänge etwa 3,7 mm, Gesamtlänge des Fragmentes 6,5 mm, Lias epsilon$_1$, Dobbertin.

Holotypus: Original zu Abb. 21, MBI 25.1. a, b Naturkundemuseum Berlin.
Locus typicus: Dobbertin, Mecklenburg, DDR.
Stratum typicum: Oberer Lias, Lias epsilon 1.
Diagnose: Kleine Art von etwa 10 mm Vorderflügellänge. Meist vier bis fünf ScP- und RP-Äste. Abschnitt CuA$_1$ bis zur Vereinigung mit MP meist kürzer als der Stiel CuA.

Von den anderen oberliassischen Arten unterscheidet sie vor allem die geringe Größe.

Bemerkungen: Die Variabilität dieser Art ist ausführlich in Abschnitt 3 dieser Arbeit (Tab. 1—8, Abb. 3—8) und mit den Abbildungen 21—52 belegt. Die beiden aus dem Unterlias von Schambelen (Schweiz) von Hagen (1858) und Heer (1865) bekannt gemachten Exemplare einer ebenfalls kleinen Art (*E. troglodytes* und *E. maculata*) könnten noch zu *E. minima* gehören. Da sie jedoch älter sind und Heer's Abbildung (Taf. 7, Fig. 7) sehr zu wünschen übrig läßt, die Originale nicht zur Verfügung standen, ist eine sichere Zuweisung nicht möglich. Obwohl ich auch eine Reihe der von Bode (1953) beschriebenen *Elcana*-Arten nicht im Original untersuchen konnte, ist die Zuweisung der in der Synonomieliste aufgeführten Exemplare zu *E. minima* soweit abgesichert, da sie sowohl in der Größe als auch in der Veneation mit den Dobbertiner Exemplaren übereinstimmen (im Rahmen der Variabilität), soweit dies aus den Beschreibungen und Abbildungen Bode's ablesbar ist. Als weiteres starkes Indiz in Zusammenhang mit Größe und Veneation ist die zeitgleiche Einbettung der Tiere (Lias epsilon 1) und die geringe geografische Entfernung der ursprünglichen Lagerstätten zu werten (die ursprüngliche Lagerstätte der Dobbertiner Lias-Scholle ist nur wenige Kilometer weiter nordöstlich, bei Krakow a. See, Mecklenburg zu suchen).

Die von Bode (1953) bei *E. bialata* als Vorder- und Hinterflügel angesehenen Flügel sind beides Vorderflügel (S. 87, Taf. 4, Fig. 57).

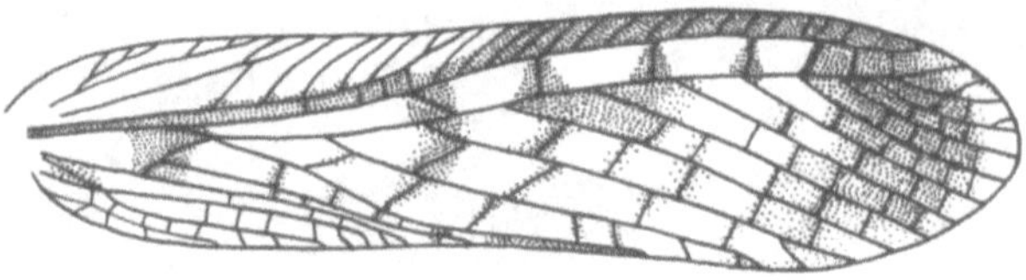

Abb. 53
Elcana geinitzi (HEER, 1880). Holotypus, MBI 15.1a, b, linker VFl, 12,8 mm, Lias epsilon$_1$, Dobbertin.

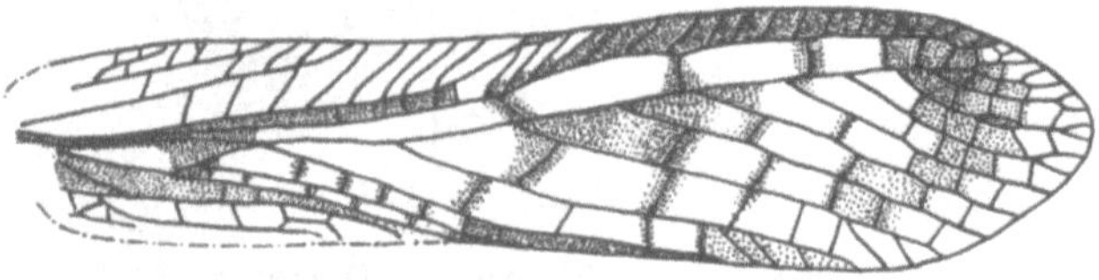

Abb. 54
Elcana geinitzi, LD 41/42, rechter VFl, 14,5 mm, Lias epsilon$_1$, Dobbertin.

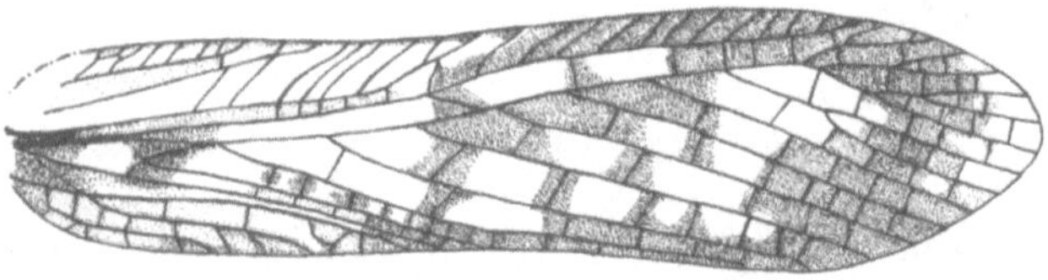

Abb. 55
Elcana geinitzi, LD 228/229, linker VFl, 14,4 mm, Lias epsilon$_1$, Dobbertin.

Abb. 56
Elcana geinitzi, LD 25, rechter VFl, Fragmentlänge 8 mm, Lias epsilon$_1$, Dobbertin.

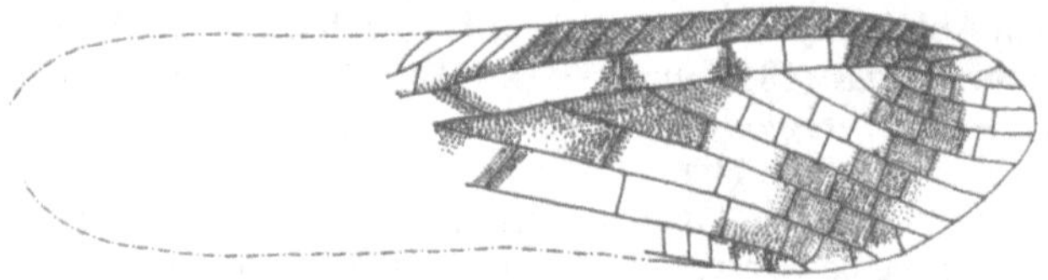

Abb. 57
Elcana geinitzi, LD 306/307, linker VFl, Fragmentlänge 9,2 mm, Lias epsilon$_1$, Dobbertin.

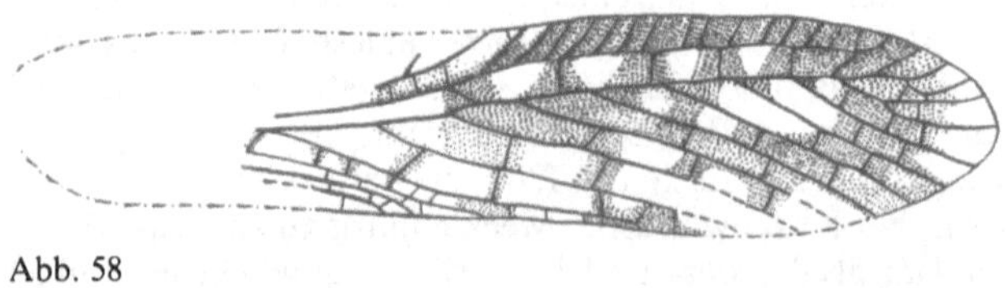

Abb. 58
Elcana geinitzi, LD 62, rechter VFl, Fragmentlänge 10,8 mm, Lias epsilon$_1$, Dobbertin.

Beschreibung: Die Vorderflügel variieren in der Länge zwischen 8 und 12,1 mm und sind im Mittel 10 mm lang. Die größte Breite liegt in der distalen Flügelhälfte nahe der Apex und variiert zwischen 2 und 3 mm mit im Mittel 2,6 mm. Die maximale proximale Breite beträgt im Mittel für linke Vorderflügel 1,8 mm, für rechte 2 mm, CP mit einigen basal schwach ausgeprägten Ästen. ScP mit wenigen Ästen, in der Zahl zwischen drei und sechs liegend. Der Beginn RP variiert hinsichtlich seiner Lage etwas, befindet sich jedoch nahe am distalen Ende von ScP. Die Flügelfleckung ist sehr veränderlich. Sie variiert von fast vollständig (Abb. 21, 24, 26, 40, 41) bis zu sehr wenig pigmentierten Vorderflügeln (Abb. 29, 30). Die Hinterflügel sind im Mittel etwas kleiner als die Vorderflügel und im Flügelblatt schwächer gefärbt. Meist zieht sich die Pigmentierung bogenförmig um die Flügelspitze, die selbst weitgehend hyalin bleibt. Vom Körper ist wenig bekannt. Abb. 38 zeigt ein Männchen, jedoch fehlt die vordere Körperhälfte. Das Abdomen hat mit 3,3 mm Länge nur wenig mehr als ein Drittel der Vorderflügellänge, die bei diesem Exemplar etwa 9,2 mm beträgt. Die proximale Breite des Abdomens beträgt 1,8 mm. Ein zweites Exemplar (Weibchen) zeigt Abb. 52. Der Ovipositor ist leicht gebogen und 3,7 mm lang. Das Abdomen hat eine Breite von 1,8 mm. Femora der Hinterbeine, die der Größe nach zu E. minima gehören könnten, befinden sich einige in meiner Dobbertin-Kollektion. Vermutlich gehört das Bein von LD 480/481 (Abb. 32) zu dieser Art. Das Exemplar LD 1982/1/2 (ein vollständiges Hinterbein) besitzt folgende Maße:

Femurlänge 4,2 mm, -breite 1,5 mm; Tibialänge 3,3 mm, -breite 0,3 mm; Tarsenlänge 1,3 mm. Ein anderes Sprungbein (LD 2192/3-10′) hat folgende Maße: Femurlänge 4,2 mm, -breite 0,96 mm; Tibialänge 3,8 mm, -breite 0,2 mm. Ob jedoch eine der beiden Extremitäten zu *E. minima* gehört, läßt sich zur Zeit nicht sagen. Ein weiteres Hinterbein (Femur und Tibia) ist kleiner (Femurlänge 3,5 mm, LD 2168). Die Tibia ist bei LD 2192/3-10′ distal mit spitzen Dornen besetzt, die den blattförmigen Tibienanhängseln bei anderen *Elcana*-Arten wenig ähneln.

Zugehörige Funde: Außer den Originalen zu Abb. 22–52 und den in Tab. 1 aufgeführten, werden noch nachfolgende Exemplare dieser Art zugerechnet.

Dobbertin: MBI 24.1, 25.2, 26.2, 55.9a + b, 55.16, 55.21, 55.22a + b, 55.23, 55.29, 55.30, 55.32a + b, 55.36, 55.38, 55.39, 55.40, 55.41, 55.42, 55.44, 55.45, 59.1a, LD 932/933, 1027, 1031/1032, 1061/1062, 1073, 1110/1111, 1214/1/2, 1299, 1505, 1507/1/2, 1541/1/2, 1542, 1575, 1630/2/3, 1651, ?1775/1/2, 1791, 1794-1, ? 1960/1/2, ? 1982/1/2, 2012/3-3, 2016/1/2, 2017/1/2, ? 2168, ? 2192/1/3-10/10′, 2210/1, 2225/1-2, 2230/1/2, 2280/1/4-4/4′, 2327/1/2, 2447, LDA 25, 38, 138/1/2, 160/1/2, 166, 423/1

Grimmen: LG 448/1/2, LGA 61/1/2, LiG 170/1/2

Schandelah: LS 142/1/2.

Vorkommen: (? Unterlias Schambelen, Schweiz) Oberlias von Dobbertin, Grimmen (DDR) und der Umgebung von Braunschweig (BRD).

Elcana geinitzi (Heer, 1880)

Abb. 53—72

? 1865	*Clathrotermes signatus* Heer, 85, Taf. 7, Fig. 8.
* • v 1880	*Elcana (Clathrotermes) Geinitzi* Heer. — Geinitz, 523, Taf. 22, Fig. 7, 8 [non 9, 10].
• v 1880	*Elcana (Clathrotermes) intercalata* Geinitz, 526, Taf. 22, Fig. 11.
• v pars 1884	*Clathrotermes (Elcana) Geinitzi.* — Geinitz, 577—580, Taf. 13, Fig. 21, 22 [non 13—20, 23].
? 1885	*Clathrotermes signatus.* — Scudder, 772, Fig. 973.
? 1886	*Clathrotermes signatus.* — Deichmüller, 17—18, Taf. 2, Fig. 8.
non 1905	*Elcana Geinitzi.* — Bode, 222, Taf. 6, Fig. 1—5.

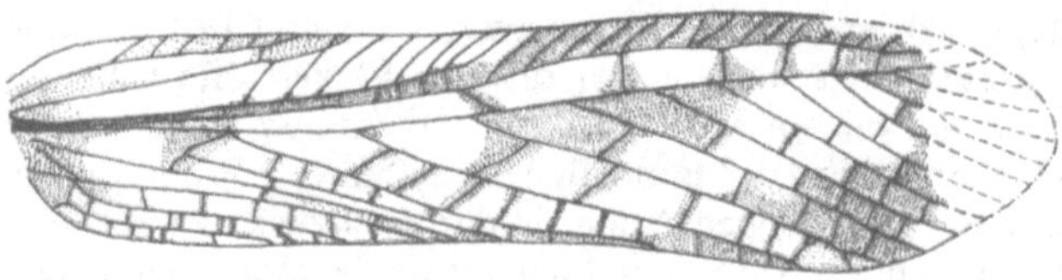

Abb. 59
Elcana geinitzi, LD 709/710, linker VFl, Fragmentlänge 12,8 mm, Lias $epsilon_1$, Dobbertin.

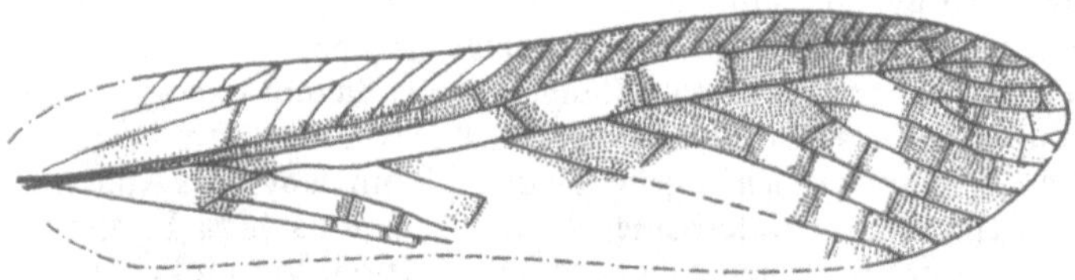

Abb. 60
Elcana geinitzi, MBI 11.2a, b, rechter VFl, 14,9 mm, Lias $epsilon_1$, Dobbertin.

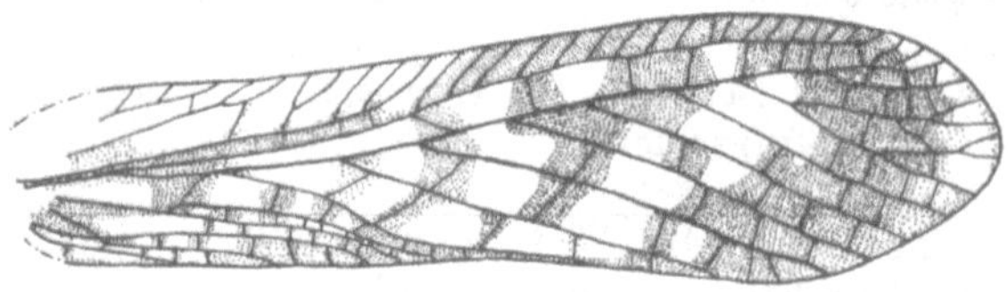

Abb. 61
Elcana geinitzi, LD 929, 930, rechter VFl, 13 mm, Lias $epsilon_1$, Dobbertin.

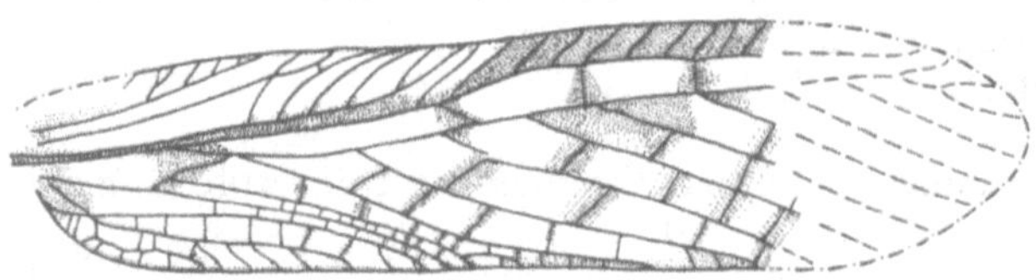

Abb. 62
Elcana geinitzi, LD 957/958, linker VFl, Fragmentlänge 11 mm, Lias $epsilon_1$, Dobbertin.

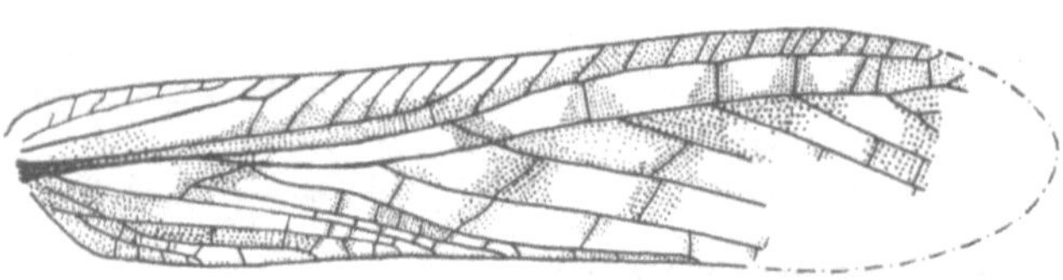

Abb. 63
Elcana geinitzi (=*saltans* HANDLIRSCH, 1906). MBI 11.1, linker VFl, 13,8 mm, Lias $epsilon_1$, Dobbertin.

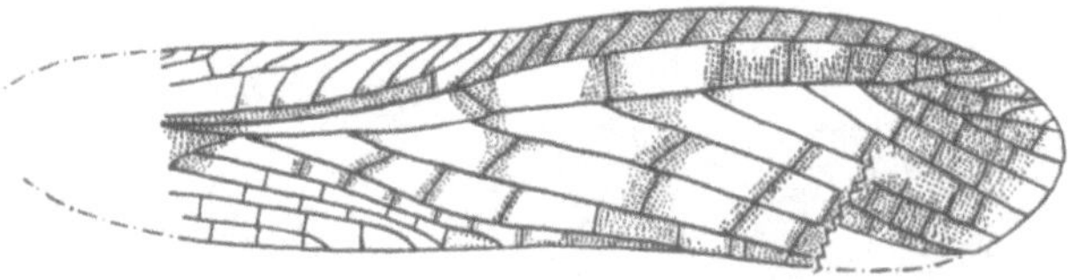

Abb. 64
Elcana geinitzi, MBI 37.2, rechter VFl, Fragmentlänge 11,5 mm, Lias epsilon$_1$, Dobbertin.

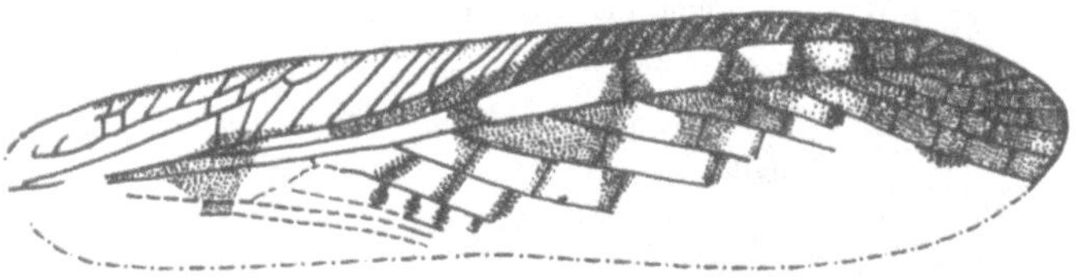

Abb. 65
Elcana geinitzi, LD 82/83, rechter VFl, 15,4 mm, Lias epsilon$_1$, Dobbertin.

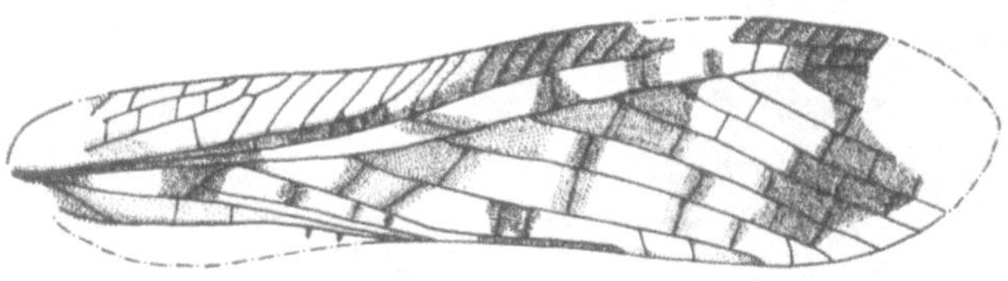

Abb. 66
Elcana geinitzi, LD 303/304, rechter VFl, ca. 14,5 mm, Lias epsilon$_1$, Dobbertin.

Abb. 67
Elcana geinitzi, LD 43/44, rechter VFl, ca. 15,3 mm, Lias epsilon$_1$, Dobbertin.

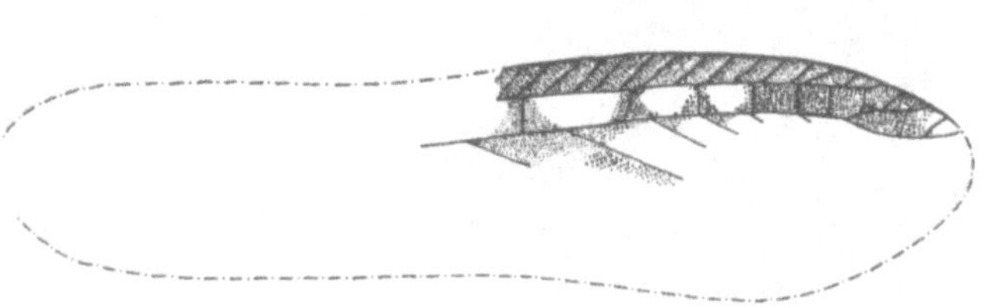

Abb. 68
Elcana geinitzi, LD 328/329, rechter VFl, Fragmentlänge 8,4 mm, Lias epsilon$_1$, Dobbertin.

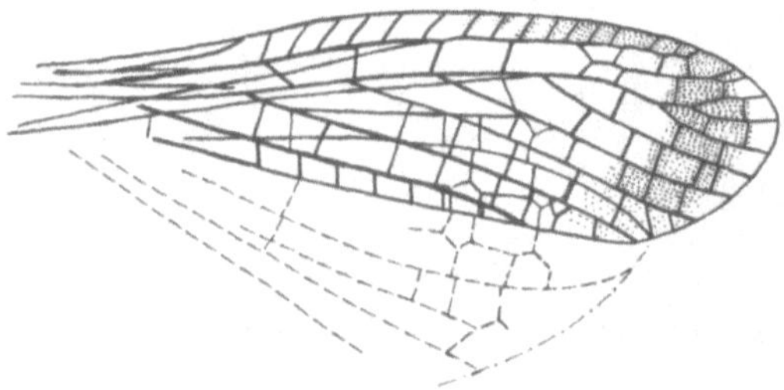

Abb. 69
Elcana geinitzi (= *intercalata* GEINITZ, 1880). HFl, ca. 11 mm, Lias epsilon$_1$, Dobbertin.

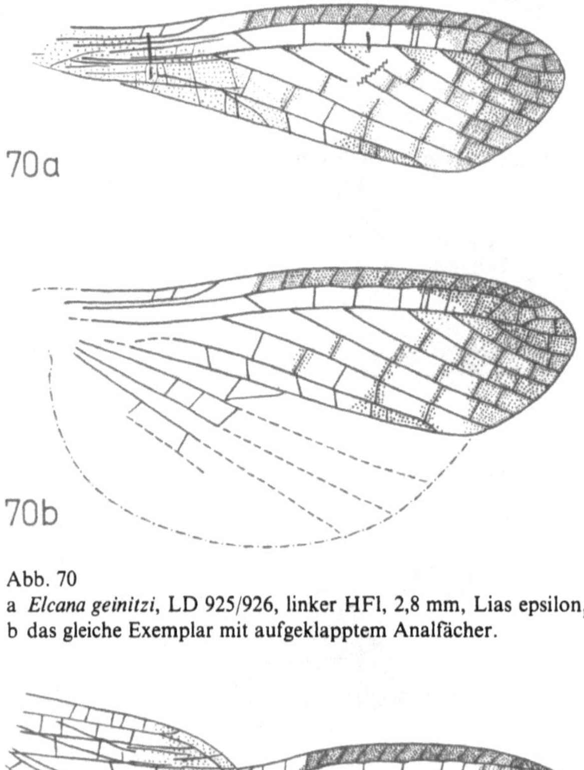

Abb. 70
a *Elcana geinitzi*, LD 925/926, linker HFl, 2,8 mm, Lias epsilon$_1$, Dobbertin.
b das gleiche Exemplar mit aufgeklapptem Analfächer.

Abb. 71
Elcana geinitzi, LDA 422/1/2, linker HFl und rechter HFl über linken VFl-Fragment, linker HFl, ca. 11,6 mm lang, Lias epsilon$_1$, Dobbertin.

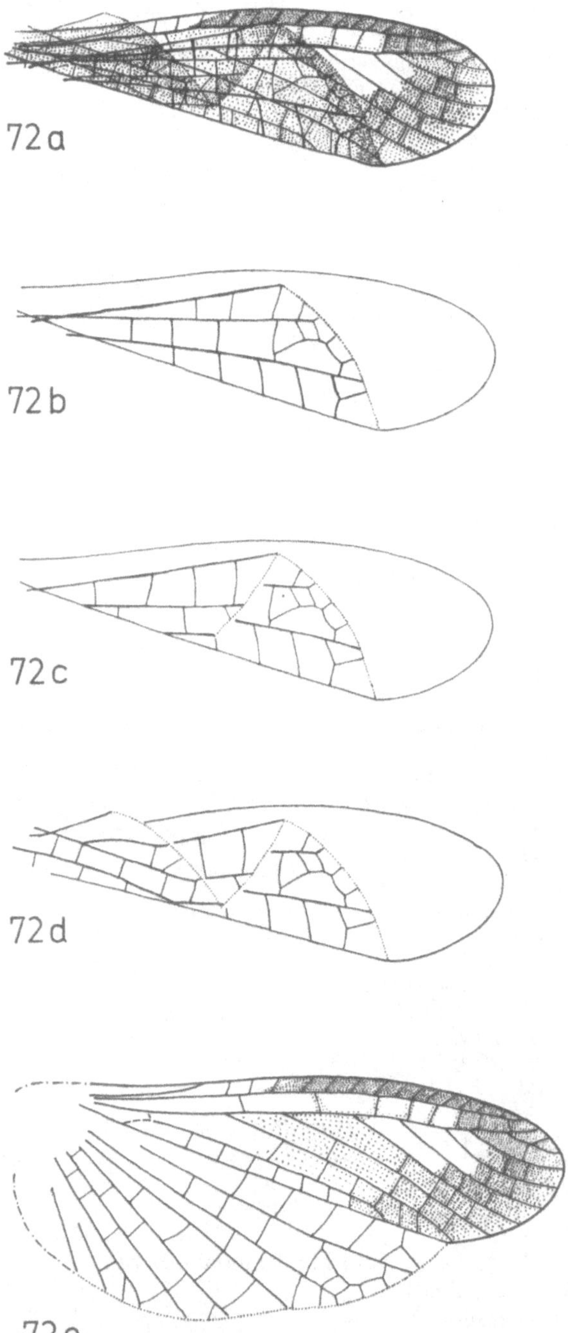

Abb. 72
a *Elcana geinitzi*, LDA 163, rechter HFl, 11,1 mm, Lias epsilon$_1$, Dobbertin.
b–d das gleiche Exemplar. Analfächereinklappung.
e das gleiche Exemplar mit aufgeklapptem Analfächer.

• v 1906 *Elcana flexuosa* HANDLIRSCH, 414, Taf. 39, Fig. 29.
• v 1906 *Elcana saltans* HANDLIRSCH, 415, Taf. 39, Fig. 30.
• v 1906 *Elcana trifurcata* HANDLIRSCH, 415, Taf. 39, Fig. 31.
? v 1906 *Elcana Geinitziana* HANDLIRSCH, 415, Taf. 39, Fig. 32.
• 1906 *Elcana littoralis* HANDLIRSCH, 415, Taf. 39, Fig. 33.
• v 1906 *Elcana obliqua* HANDLIRSCH, 415, 416, Taf. 39, Fig. 34.
? 1906 *Elcana signata*. — HANDLIRSCH, 416.
• 1906 *Elcana rudis* HANDLIRSCH, 416, Taf. 39, Fig. 35.
• v 1906 *Elcana orchestes* HANDLIRSCH, 416, Taf. 39, Fig. 36.
• v 1906 *Elcana Geinitzi*. — HANDLIRSCH, 416, Taf. 39, Fig. 37.
• v 1906 *Elcana spiloptera* HANDLIRSCH, 417, Taf. 39, Fig. 38.
• v 1906 *Elcana plicata* HANDLIRSCH, 417, Taf. 39, Fig. 39.
• 1906 *Elcana rotundata* HANDLIRSCH, 417, Taf. 39, Fig. 40.
• v 1906 *Elcana intercalata*. — HANDLIRSCH, 417, Taf. 39, Fig. 41.
• v 1906 *Elcana fusca* HANDLIRSCH, 417, Taf. 39, Fig. 42.
• v 1906 *Elcana germanica* HANDLIRSCH, 419, Taf. 39, Fig. 48.
• v 1938 *Elcana calopteryx* HANDLIRSCH, 38, Taf. 2, Fig. 28.
1938 *Elcana mesostena* HANDLIRSCH, 39, Taf. 2, Fig. 30.
v 1938 *Elcana reticulata* HANDLIRSCH, 39, Taf. 2, Fig. 31.
• v 1938 *Elcana analis* HANDLIRSCH, 40, Taf. 2, Fig. 29.
• v 1938 *Elcana marginalis* HANDLIRSCH, 40, Taf. 3, Fig. 33.
• v 1938 *Elcana robusta* HANDLIRSCH, 41, Taf. 2, Fig. 32.
• v 1938 *Elcana latibasis* HANDLIRSCH, 41, Taf. 2, Fig. 27.
• v 1938 *Elcana acuta* HANDLIRSCH, 41, Taf. 3, Fig. 34.
• v 1938 *Elcana picta* HANDLIRSCH, 42, Taf. 3, Fig. 37.
• v 1938 *Elcana similis* HANDLIRSCH, 43, Taf. 3, Fig. 40.
• v 1938 *Elcana recta* HANDLIRSCH, 47, Taf. 3, Fig. 48.
• v 1938 *Elcana tincta* HANDLIRSCH, 49, Taf. 3, Fig. 45.
• 1953 *Elcana hubertiana* BODE, 79, Taf. 4, Fig. 44.
• 1953 *Elcana striata* BODE, 79—80, Taf. 4, Fig. 45.
• 1953 *Elcana latrunculorum* BODE, 81, Taf. 4, Fig. 47.
1953 *Elcana retrolaesa* BODE, 81—82, Taf. 4, Fig. 48.
• 1953 *Elcana dilatata* BODE, 83, Taf. 4, Fig. 50.
• pars 1953 *Elcana hildesiana* BODE, 84—85, Taf. 4, Fig. 52, [non 53].
• 1953 *Elcana roemermusei* BODE, 85—86, Taf. 4, Fig. 54.
1953 *Elcana emiliae* BODE, 88, Taf. 4, Fig. 58.
• 1953 *Elcana aquila* BODE, 89—90, Taf. 4, Fig. 60.
• 1953 *Elcana belli* BODE, 90, Taf. 4, Fig. 61.
• 1953 *Elcana trifasciata* BODE, 90—91, Taf. 4, Fig. 62.
• 1953 *Elcana perdix* BODE, 92—93, Taf. 4, Fig. 67.
• 1953 *Elcana mutilata* BODE, 94, Taf. 4, Fig. 69.
• 1953 *Elcana ligulaeformis* BODE, 94, Taf. 4, Fig. 70.
• 1953 *Elcana lacunosa* BODE, 95, Taf. 4, Fig. 71.
• 1953 *Elcana strix* BODE, 95, Taf. 4, Fig. 72.
• 1953 *Elcana obscura* BODE, 95—96, Taf. 4, Fig. 73.
• 1953 *Elcana* cf. *rotundata* BODE, 78—79.
1962 *Elcana reticulata*. — ŠAROV, Abb. 1.

Holotypus: Original zu Abb. 53, MBI 15.1a, b. Naturkundemuseum Berlin.
Locus typicus: Dobbertin, Mecklenburg, DDR.
Stratum typicum: Oberer Lias, Lias epsilon 1.

Diagnose: Kleine Art mit etwa 14 mm Vorderflügellänge. Meist weniger als zehn ScP-Äste, deren proximale auf ScA enden. RP mit etwa 7 Ästen. Abschnitt CuA_1 bis zur Vereinigung mit MP im Gegensatz zu *E. minima* länger als der Stiel CuA.

Bemerkungen: Zu dieser von HEER in GEINITZ (1880) begründeten Art rechnete GEINITZ (1880, 1884) die Dobbertiner Elcaniden-Individuen. Seine Aussagen zur Variabilität zeugen von kritischer Beobachtung. Die Veneation und die Flügelfleckung gab er im wesentlichen richtig wieder, im Gegensatz zu HANDLIRSCH (1938) und zu BODE (1953). In bezug auf die Flügelfleckung sind die BODE'schen Zeichnungen sehr ungenau.

Die Originale der BODE'schen Typen waren mir nicht zugänglich. Die Zuordnung der ostniedersächsischen oberliassischen *Elcana*-Individuen zu dieser Art erfolgte deshalb hauptsächlich der Größe nach und der Zahl der RP-Äste (dieser Bereich wurde wahrscheinlich mehr oder weniger richtig widergegeben) sowie der distalen Äste von ScP.

Zur Entschuldigung der Ungenauigkeit der BODE'schen Zeichnungen mag man berücksichtigen, daß dieser Autor die Arbeit über die Insektenfauna des ostniedersächsischen oberen Lias unter, wie er selbst schreibt, „den verderblichen Einwirkungen des Krieges und seiner Folgen" schrieb. Hinzu kommt, daß das Material, in denen die Insektenreste des ostniedersächsischen Lias liegen, nicht jene vorzügliche Erhaltung erlaubt, die die Fundstellen Dobbertin und Grimmen auszeichnet. Insbesondere ist die Flügelfleckung nur schwer zu erkennen. Es wäre deshalb wünschenswert, wenn die Elcanidae aus dem Lias der Umgebung von Braunschweig nachuntersucht bzw. neu gezeichnet würden.

Beschreibung: Die Vorderflügel variieren in der Länge zwischen 12,8 und 15,4 mm (siehe zur Variabilität Tab. 10) und sind im Mittel 14,3 mm lang. Die größte Breite in der distalen Flügelhälfte, nahe der Apex variiert zwischen 3,1 und 3,7 mm. Mindestens einige der BODE'schen Originale scheinen diese Größe etwas übertroffen zu haben, so daß auch Vorderflügellängen um 16 mm nicht auszuschließen sind. Die proximale Vorderflügelbreite ist meist etwas kleiner als 3 mm. CP und ScA haben den typischen Verlauf, wie er auch bei *E. minima* auftritt. ScP besitzt nahezu doppelt so viele Äste wie bei *E. minima*, von denen einige der proximalen auf ScA enden können. Bei den Dobbertiner Stücken schwankt die Zahl der ScP-Äste zwischen fünf und neun (im Mittel 7). Für die Stücke aus dem Lias der Gegend von Braunschweig liegen die Verhältnisse ähnlich. In bezug auf die Zahl der proximalen ScP-Äste bedürfen die Zeichnungen bei BODE (1953) jedoch einer Überprüfung. Die Zahl der RP-Äste variiert zwischen fünf und neun. Gabelungen dieser Äste sind nicht selten. Der proximale Abschnitt von CuA_1 (bis zur Vereinigung mit MP) kann etwa doppelt so lang wie der Stiel CuA sein. Der Verlauf der Analadern entspricht etwa dem bei *E. minima*. Jedoch ist AA_2 im Verhältnis zur Länge von AA_1 etwas länger als bei der vorigen Art und nicht so s-förmig geschwungen. Gleiches gilt für AP_1. Die Flügelfleckung im Vorderflügel ist relativ veränderlich, ähnlich wie bei *E. minima*. Die Hinterflügel sind etwas kleiner als die Vorderflügel. Der Klappmechanismus des Analfächers, mit der Analfalte im IA-Feld und der Jugalfalte im Praejugalfeld, läßt sich besonders gut an einem Dobbertiner Hinterflügel (Abb. 72a—e) erkennen. Offensichtlich ist bei den oberliassischen Vertretern der Gattung $^{+}AA_1$ im Hinterflügel reduziert, wie man am Exemplar LDA 422/1/2 (Abb. 71) erkennen kann, wo die Queradern im Antanalfeld 1 vorn an keine Längsader reichen. Die Zahl der RP-Äste ist etwas geringer als im Vorderflügel. Die Flügelfleckung beschränkt sich im wesentlichen auf das distale Praeradialfeld und auf den Bereich der Apex, wobei die distalen Bereiche parallel zum Flügelrand in geringer Breite hyalin oder wenig pigmentiert sind. Eine sichere Zuweisung von Körperstrukturen war bisher nicht möglich. Es ist jedoch mit ähnlichen Verhältnissen wie bei *E. minima* zu rechnen. Ein isolierter Ovipositor (LD 2056/2) von 4,5 mm Länge könnte zu dieser Art gehören.

Zugehörige Funde: Außer den in der Synonomieliste aufgeführten Originalen und den zu Abb. 54—72 sowie in Tab. 10 aufgeführten noch nachfolgende Stücke.

Dobbertin: LD 538/539, 1015/1016, 1063, 1105, 1262/1/2, 1285/1/2, 1302/1/2, 1323, 1439, 1622, 1891/1/2, 2020/1/2, ? 2056/2, 2132/1/2, 2442/1/2, 2445/1/2, Nr. 12 Slg. Schnick, LDA 132, 133, 136, 140/1/4—2, 140/3—3.

Grimmen: LG 157.

Schandelah: LS 46.

Vorkommen: (? Unterlias Schambelen, Schweiz) Oberlias von Dobbertin, Grimmen (DDR) und der Umgebung von Braunschweig (BRD).

Elcana media HANDLIRSCH, **1906**

Abb. 73—106, 1 a

• v pars 1884	*Clathrotermes (Elcana) Geinitzi.* — GEINITZ, 577—580, Taf. 13, Fig. 13, 17, 20 [non 14 bis 16, 18, 19, 21—23].
pars 1905	*Elcana Geinitzi.* — BODE, 222, Taf. 6, Fig. 4, 5 [non 1, 2, 3].
*• v 1906	*Elcana media* HANDLIRSCH, 414, Taf. 39, Fig. 27.
• v 1906	*Elcana arcuata* HANDLIRSCH, 415, Taf. 39, Fig. 24.
• v 1906	*Elcana simplex* HANDLIRSCH, 413, Taf. 39, Fig. 25.
1906	*Elcana basalis* HANDLIRSCH, 413, Taf. 39, Fig. 26.
1938	*Elcana Bodeana* HANDLIRSCH, 38.
• 1938	*Elcana aversa.* — HANDLIRSCH, 38.
• v 1938	*Elcana arcuata* HANDLIRSCH, 38.
• v 1938	*Elcana simplex* HANDLIRSCH, 38.
1938	*Elcana basalis* HANDLIRSCH, 38.
• v 1938	*Elcana media* HANDLIRSCH, 38.
• v 1938	*Elcana abnormis* HANDLIRSCH, 42, Taf. 3.
• v 1938	*Elcana grandis* HANDLIRSCH, 42, Taf. 3, Fig. 36.
• v 1938	*Elcana truncatula* HANDLIRSCH, 43, Taf. 3, Fig. 39.
• v 1938	*Elcana taeniata* HANDLIRSCH, 44, Taf. 3, Fig. 42.
• v 1938	*Elcana aequelata* HANDLIRSCH, 45, Taf. 3, Fig. 41.
• v 1938	*Elcana muta* HANDLIRSCH, 48, Taf. 3, Fig. 53.
• 1953	*Elcana imperfecta* BODE, 91, 92, Taf. 4, Fig. 64.
• 1953	*Elcana replicata* BODE, 92, Taf. 4, Fig. 65.
• 1953	*Elcana prominens* BODE, 80, 81, Taf. 4, Fig. 46.
1953	*Elcana postflexa* BODE, 93, 94, Taf. 4, Fig. 68.
? pars 1953	*Elcana hildesiana* BODE, 84, 85, Taf. 4, Fig. 53 non 52.
• 1953	*Elcana varia* BODE, 84, Taf. 4, Fig. 51.
• 1953	*Elcana infralaesa* BODE, 82, 83, Taf. 4, Fig. 49.
• 1953	*Elcana rescripta* BODE, 86, 87, Taf. 4, Fig. 55.

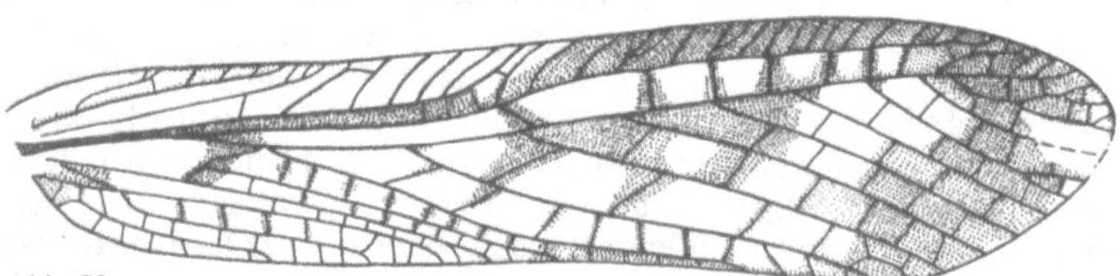

Abb. 73
Elcana media HANDLIRSCH, 1906, Holotypus, MBI 9.1 a, b, linker VFl, 16,7 mm, Lias $epsilon_1$, Dobbertin.

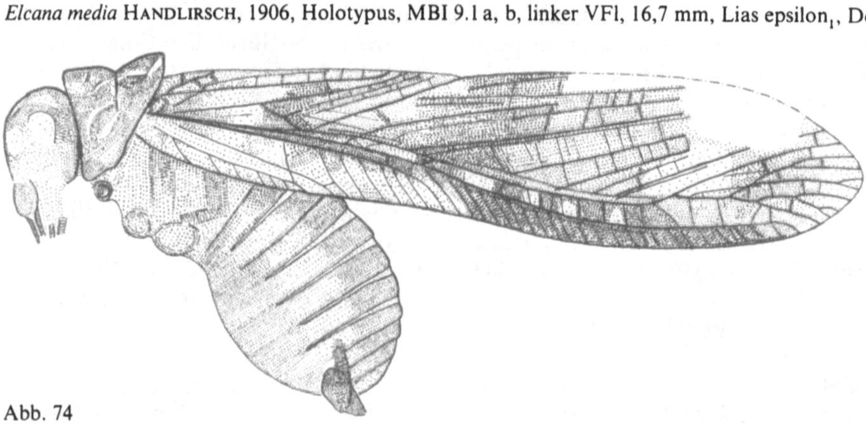

Abb. 74
Elcana media, LD 771/772, Imago, Flügellänge 17,2 mm, Lias $epsilon_1$, Dobbertin.

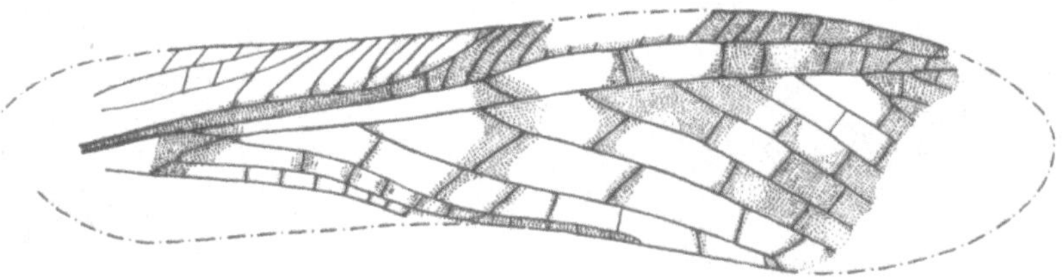

Abb. 75
Elcana media, MBI 55.34, linker VFl, Fragmentlänge 14,7 mm, Lias epsilon$_1$, Dobbertin.

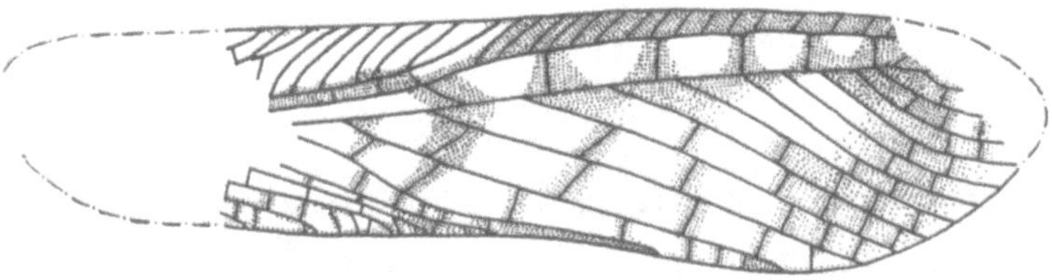

Abb. 76
Elcana media, MBI 55.49, linker VFl, Fragmentlänge 12,2 mm, Lias epsilon$_1$, Dobbertin.

Abb. 77
Elcana media, LD 15/63, linker VFl, Fragmentlänge 14,5 mm, Lias epsilon$_1$, Dobbertin.

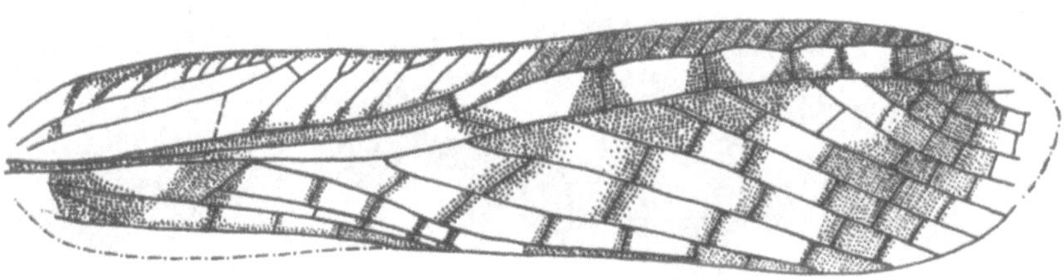

Abb. 78
Elcana media, LD 195, linker VFl, 18,8 mm, Lias epsilon$_1$, Dobbertin.

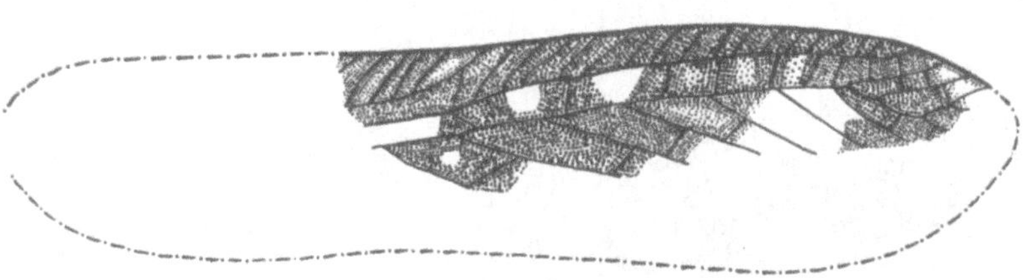

Abb. 79
Elcana media, LD 230/231, rechter VFl, Fragmentlänge 11,5 mm, Lias epsilon$_1$, Dobbertin.

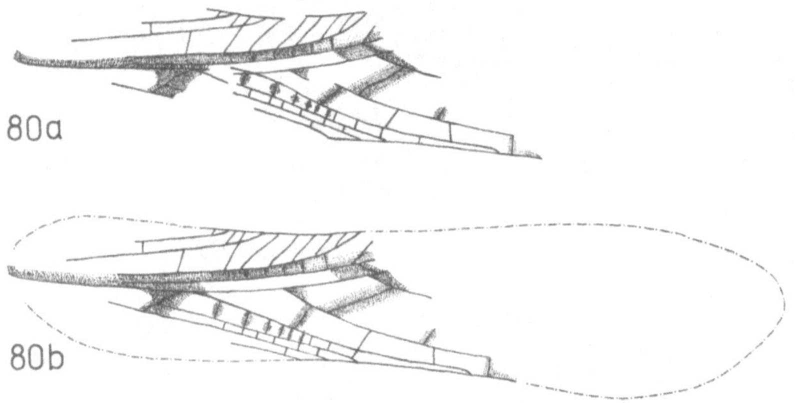

Abb. 80
Elcana media, LD 279/280, rechter VFl, Fragmentlänge 12 mm, Lias epsilon$_1$, Dobbertin.
a nach dem Original.
b undeformiert gezeichnet.

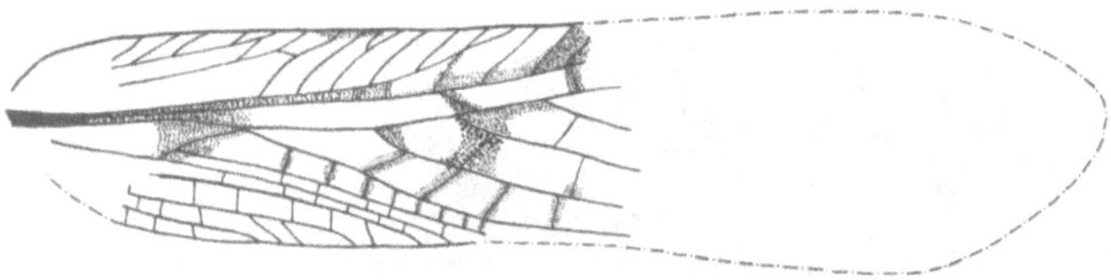

Abb. 81
Elcana media, LD 333/334, linker VFl, Fragmentlänge 9,7 mm, Lias epsilon$_1$, Dobbertin.

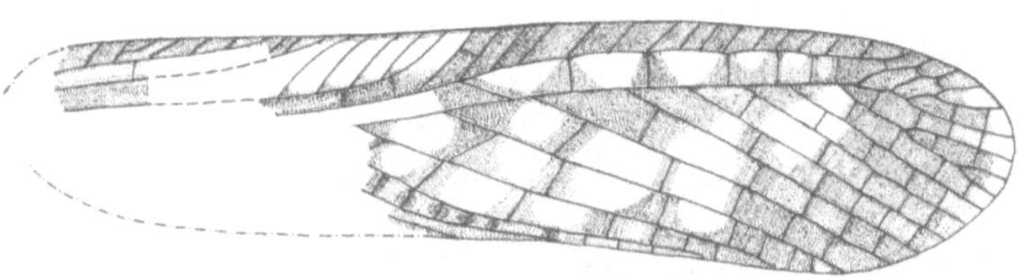

Abb. 82
Elcana media, LD 353, rechter VFl, Fragmentlänge 16,4 mm, Lias epsilon$_1$, Dobbertin.

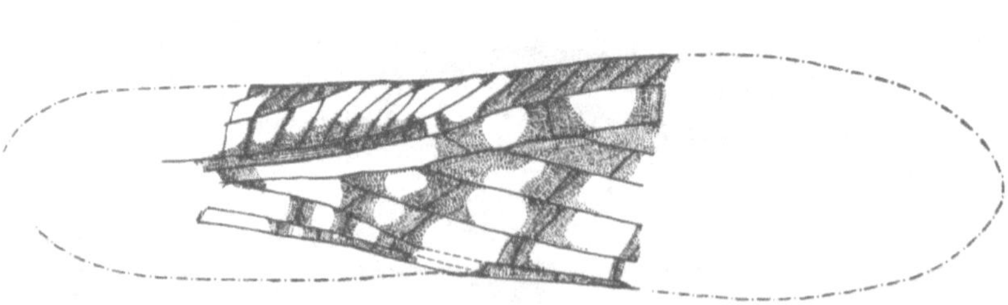

Abb. 83
Elcana media, LD 402/403, rechter VFl, Fragmentlänge 9,7 mm, Lias epsilon$_1$, Dobbertin.

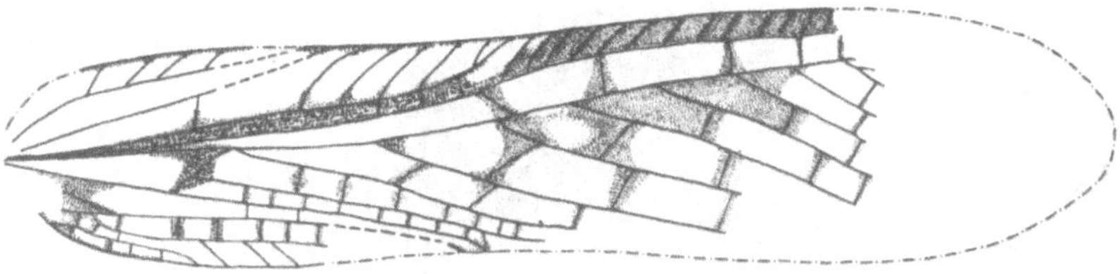

Abb. 84
Elcana media, LD 461, rechter VFl, Fragmentlänge 15 mm, Lias $epsilon_1$, Dobbertin.

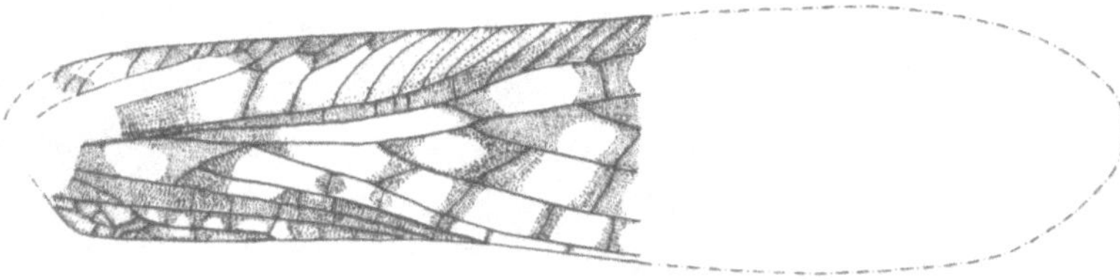

Abb. 85
Elcana media, LD 499/500, rechter VFl, Fragmentlänge 9,7 mm, Lias $epsilon_1$, Dobbertin.

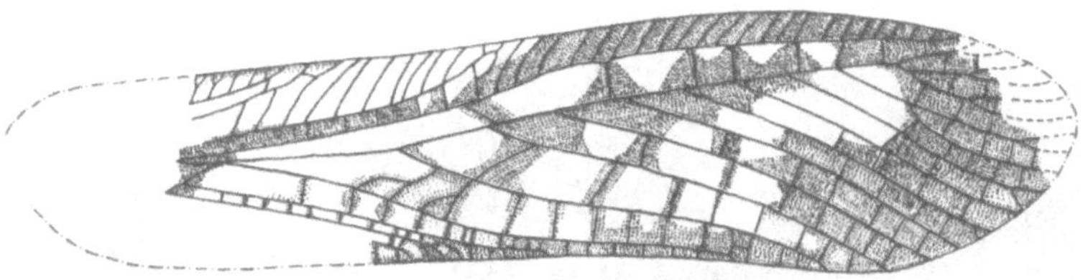

Abb. 86
Elcana media, LD 554/555, linker VFl, Fragmentlänge 14,5 mm, Lias $epsilon_1$, Dobbertin.

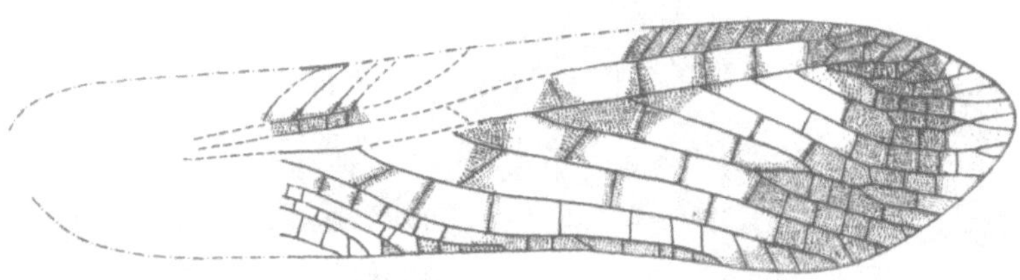

Abb. 87
Elcana media, LD 585/586, rechter VFl, Fragmentlänge 13,2 mm, Lias $epsilon_1$, Dobbertin.

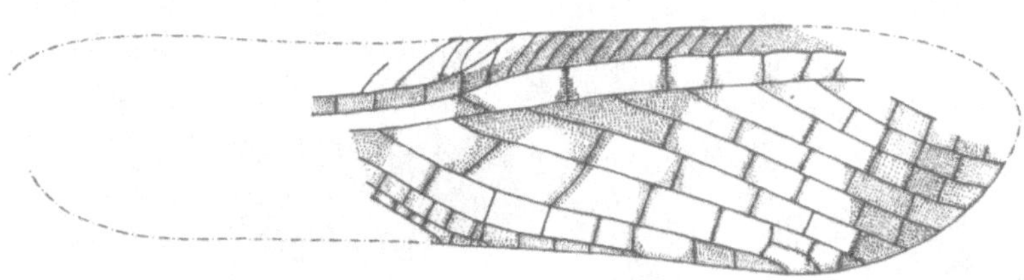

Abb. 88
Elcana media, LD 623/624, rechter VFl, Fragmentlänge 12,3 mm, Lias $epsilon_1$. Dobbertin.

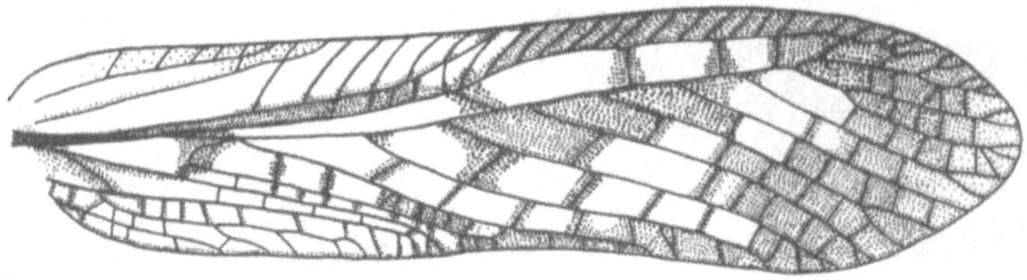

Abb. 89
Elcana media, LD 884/885, rechter VFl, 16,5 mm, Lias epsilon$_1$, Dobbertin.

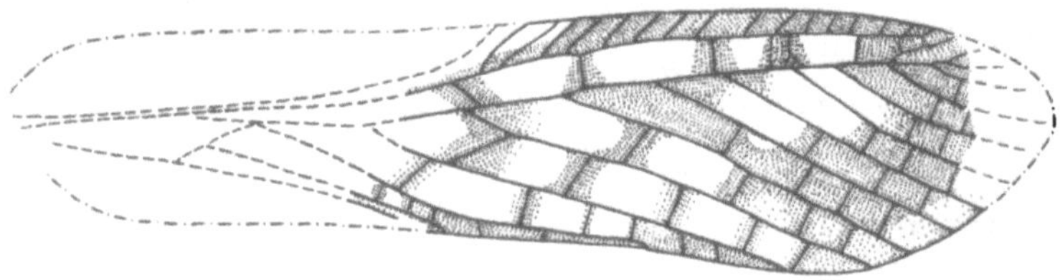

Abb. 90
Elcana media, LD 910/911, linker VFl, Fragmentlänge 10,5 mm, Lias epsilon$_1$, Dobbertin.

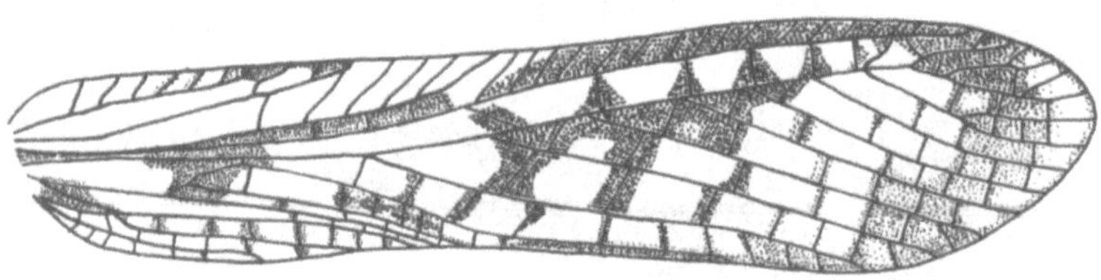

Abb. 91
Elcana media, LD 1816, rechter VFl, 16,8 mm, Lias epsilon$_1$, Dobbertin.

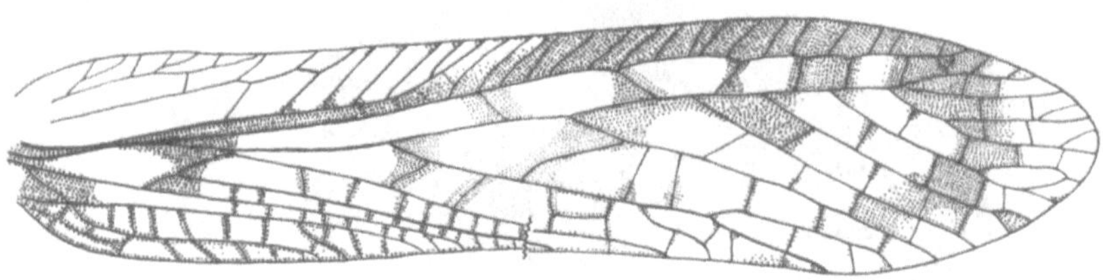

Abb. 92
Elcana media, LD 1919, linker VFl, 17,8 mm, Lias epsilon$_1$, Dobbertin.

Abb. 93
Elcana media, LD 822/823, linker VFl, Fragmentlänge 6,2 mm, Lias epsilon$_1$, Dobbertin.

Abb. 94
Elcana media, LD 759, rechter VFl, Fragmentlänge 6,8 mm, Lias epsilon$_1$, Dobbertin.

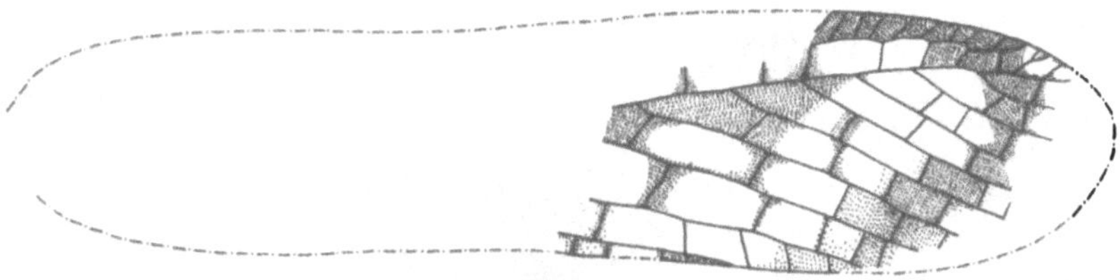

Abb. 95
Elcana media, LD 674/1-1, linker VFl, Fragmentlänge 8,8 mm, Lias epsilon$_1$, Dobbertin.

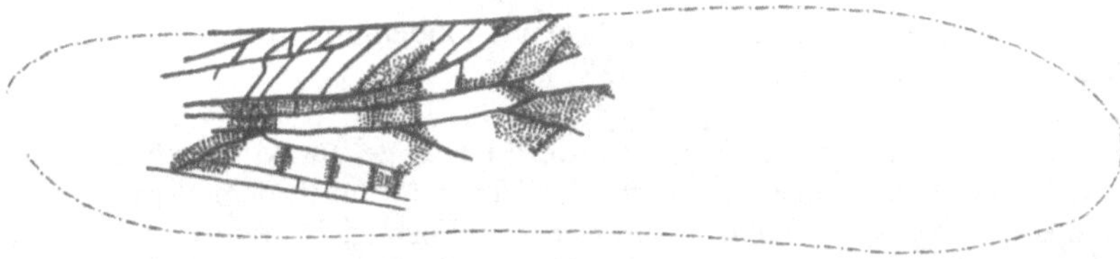

Abb. 96
Elcana media, LD 71/72, rechter VFl, Fragmentlänge 8 mm, Lias epsilon$_1$, Dobbertin.

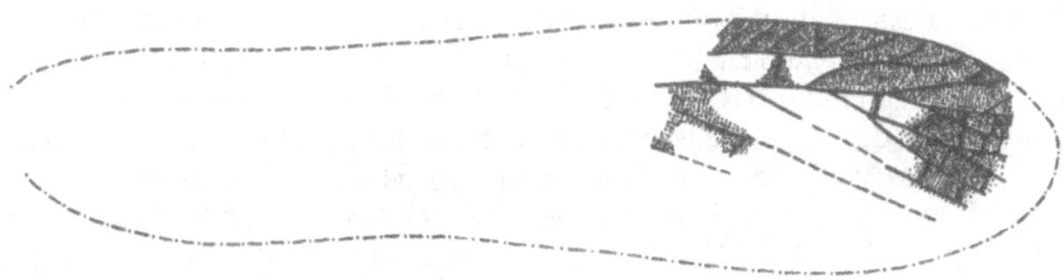

Abb. 97
Elcana media, LD 19, linker VFl, Fragmentlänge 5,8 mm, Lias epsilon$_1$, Dobbertin.

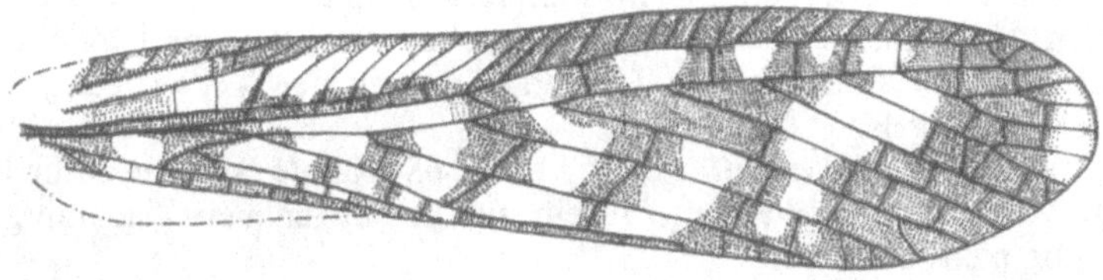

Abb. 98
Elcana media, Slg. Ch. Wendt, Schwerin, linker VFl, 16,7 mm, Lias epsilon$_1$, Dobbertin.

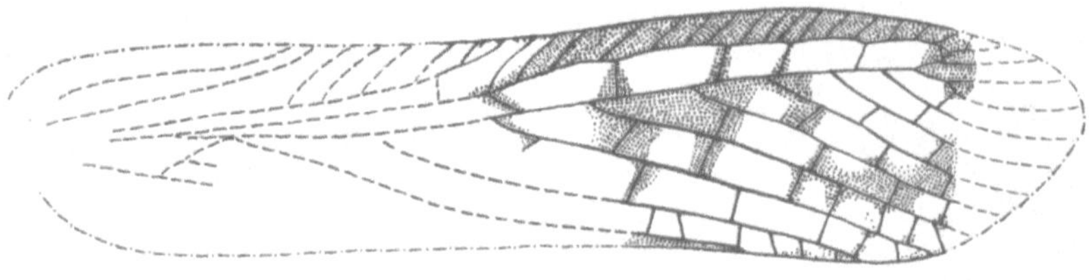

Abb. 99
Elcana media, Slg. H. SCHNICK, Rostock, 11/1/2, linker VFl, Fragmentlänge 9,4 mm, Lias epsilon$_1$, Grimmen.

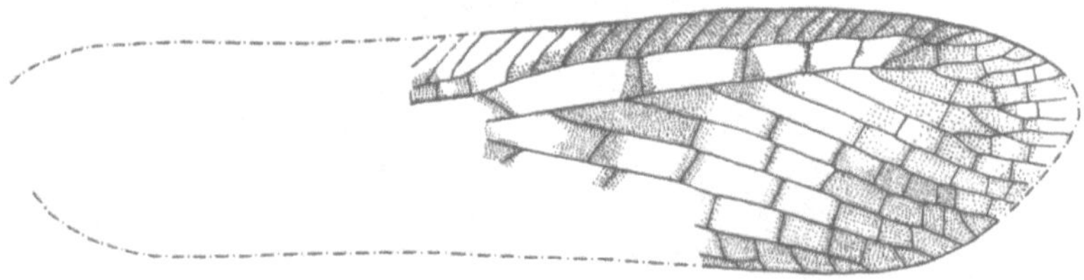

Abb. 100
Elcana media, 4/1/2, Slg. SCHNICK, Fragmentlänge 11,1 mm, Lias epsilon$_1$, Grimmen.

Holotypus: Original zu Abb. 73, MBI 9.1.a, b Naturkundemuseum Berlin.
Locus typicus: Dobbertin, Mecklenburg, DDR.
Stratum typicum: Oberer Lias, Lias epsilon 1.
Diagnose: Mittelgroße Art von ca. 17 mm Vorderflügellänge. Im Mittel etwa 8 ScP-Äste und 7 bis 8 RP-Äste. Hinterflügel entspricht der Veneation nach dem Vorderflügel. Analfächer bildet distal polygonale Zellen. Pronotum sattelförmig. Hintere Femora etwa 7 mm lang und charakteristisch pigmentiert (Abb. 104—106). Die Art ähnelt *E. geinitzi*, unterscheidet sich jedoch von ihr wesentlich durch die Größe. Im Hinterflügel ist der Analfächer im Bereich des Antanalfeldes (AA-Feld) distal viel stärker vernetzt als bei *E. geinitzi*.

Bemerkungen: Von dieser Art ist ein fast vollständiges Tier bekannt (LD 771/772, Abb. 74). Vermutlich handelt es sich um ein Männchen. Der dunklere Rest am Abdomenende gehört wahrscheinlich nicht zu einem basalen Teil eines Ovipositors. Dafür sprechen seine Form und Größe, die Form des Abdomens und das Fehlen der am Abdomenende nach oben stehenden Cerci, die am Weibchen von *E. magna* (MBI 54.1., Abb. 108) und *E. lata* ŠAROV, 1968 (Abb. 14d) vorhanden sind. Die gelegentlich zu beobachtende kurze Ader AP$_1$, die neben einer langen AP$_1$ innerhalb der Arten auftritt, ist vermutlich als Variation zu deuten. Allerdings tritt sie in Mehrzahl der Fälle an rechten VFl auf. Ob diese unterschiedlichen Verhältnisse signifikant sind und etwas mit eventuellen Lautäußerungen der Männchen zu tun haben, kann nicht entschieden werden.

BODE's Paratypus zu *E. hildesiana* (Taf. 4, Fig. 53), der dieser Art zugerechnet wird, hat in der distalen Flügelhälfte (der Zeichnung nach) eine maximale Breite von mehr als 5 mm. Sollte dies zutreffen, so könnte es sich um ein Exemplar von *E. magna* handeln. BODE's Zuordnung beruht auf der weitgehenden Übereinstimmung der Verzweigungen der RP-Äste im Spitzenteil des Flügels.

Bei einem anderen BODE'schen Original (*postflexa*, Taf. 4, Fig. 68) könnte es sich eventuell um ein großes Exemplar von *E. geinitzi* handeln. Allein aus der ungenauen Zeichnung ist eine sichere Entscheidung nicht zu treffen.

Die Femora der Hinterbeine, die dieser Art auf Grund der Größe, Form und Häufigkeit zugerechnet werden, zeigen eine Fleckung, die auf ursprüngliche differenzierte Pigmentierung zurückzuführen ist (Abb. 104—106). Ein sattelförmiges Pronotum wurde bisher an anderen Arten der Gattung noch nicht gefunden. Šarov (1968) gibt für *E. lata* und *E. minuta* ein am Oberrand gerades Pronotum an. Auch die *Elcana*-Arten aus dem Malm von Solnhofen zeigen ein gerades Pronotum.

Beschreibung: Über die Variabilität der Länge, distalen und proximalen Breite, der RP- und ScP-Äste gibt Tab. 11 für Vorder- und Hinterflügel Auskunft. Die Vorderflügel sind im Mittel 17,3 mm lang, distal 4,1 mm und proximal 3,3 mm breit, die Hinterflügel sind ein wenig kürzer. Die Pigmentierung der Flügel ähnelt der der vorigen Arten. Am Exemplar LD 771/772 von Dobbertin lassen sich die Maße von Kopf, Thorax und Abdomen gewinnen. Der Kopf erscheint leicht eiförmig und ist 3,6 mm lang und 1,8 mm breit. Von den Augen ist nur eine Andeutung auszumachen. Sie waren danach etwa 1 mm lang und 0,7 mm breit. Reste der Mundgliedmaßen sind sichtbar. Das Pronotum ist 2,5 mm lang und 2,6 mm hoch und sattelförmig ausgebildet. Das Abdomen ist 5,5 mm lang und 4,1 mm breit. Bei einer Vorderflügellänge von 17,2 mm beträgt die Körperlänge von Kopf bis zum Abdomenende etwa 12 mm. Fühler und Extremitäten sind nicht erhalten. Wahrscheinlich sind die Teile am Abdomenende keine Reste eines Ovipositors. Demnach handelt es sich bei diesem Exemplar (LD 771/772, Abb. 74) vermutlich um ein Männchen. Die Femora, die dieser Art zugerechnet werden, sind etwa 7 mm lang mit einem Längen-Breiten-Verhältnis von ca. 3,5. Überbleibsel einer ursprünglichen Pigmentierung sind gut erkennbar. (Abb. 104—106) Zwei fragmentarische weibliche Individuen, die dieser Art auf Grund der Ähnlichkeit des Ovipositors mit dem von E. magna (Abb. 108) und der geringeren Größe zugeordnet werden, stammen aus Dobbertin (LD 1967/1/2 und LDA 167-1). So beträgt die Ovipositorlänge bei LDA 167-1 9,2 mm bei basal 0,6 mm Breite. Der Ovipositor ist leicht säbelförmig gebogen. Die Abdomenbreite beträgt am Beginn des Ovipositors etwa 2,7 mm. Am Exemplar LD 1967/1 ist der Ovipositor nicht in voller Länge erhalten.

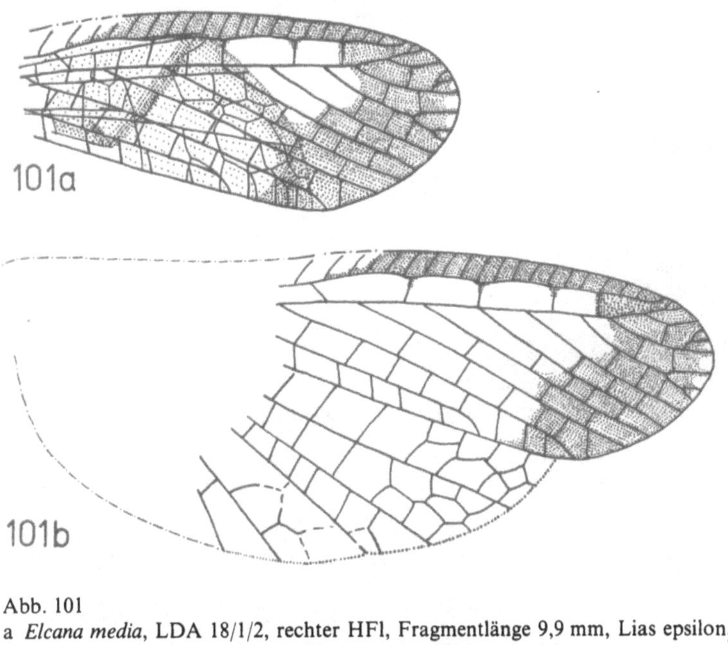

Abb. 101
a *Elcana media*, LDA 18/1/2, rechter HFl, Fragmentlänge 9,9 mm, Lias epsilon$_1$, Dobbertin.
b das gleiche Exemplar mit aufgeklapptem Analfächer gezeichnet.

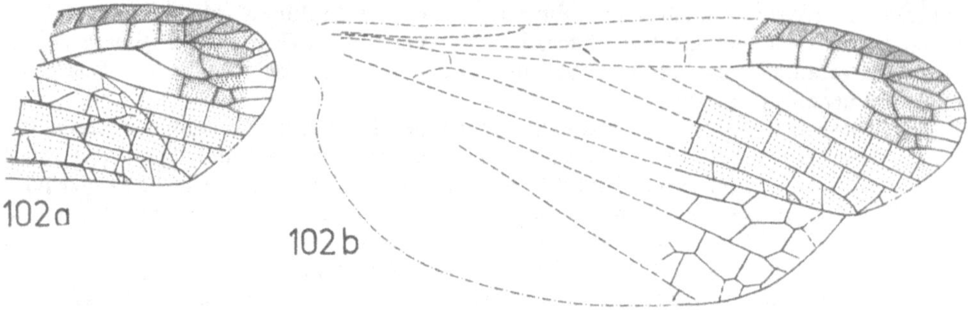

Abb. 102
a *Elcana media*, LD 773/774, linker HFl, Fragmentlänge 6,5 mm, Lias epsilon$_1$, Dobbertin.
b das gleiche Exemplar mit aufgeklapptem Analfächer gezeichnet.

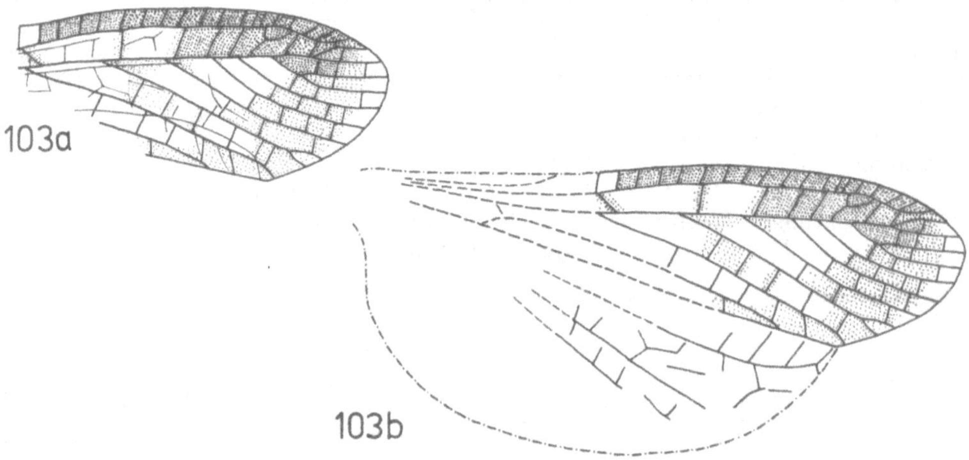

Abb. 103
a *Elcana media*, LS 46-1, rechter HFl, Fragmentlänge 8,8 mm, Lias epsilon$_1$, Schandelah.
b das gleiche Exemplar mit aufgeklapptem Analfächer gezeichnet.

Abb. 104
Elcana media, LD 2115/1/2, hinteres Femur, 7 mm, Lias epsilon$_1$, Dobbertin.

Abb. 105
Elcana media, LD 2119/1/2, hinteres Femur, 7,1 mm, Lias epsilon$_1$, Dobbertin.

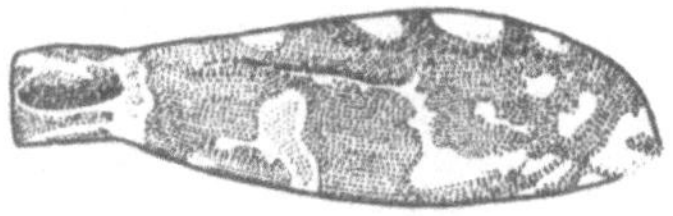

Abb. 106
Elcana media, LDA 168, hinteres Femur, 7,0 mm, Lias epsilon$_1$, Dobbertin.

Zugehörige Funde: Außer den in der Synonomieliste aufgeführten Originalen und den zu Abb. 73—106 sowie in Tab. 11 aufgeführten noch folgende Stücke.

Dobbertin: LD 33, 1002/1004, 1064, 1340/1/2, 1404, 1407, 1458/1/2, 1469, 1616, 1804, 1967/1/2, 2169/1/2, 2183/1/2/3, 2186/1/2, 2444/1/2, LDA 4/1/2, 50/1/2, 135, 141/1/2, 167, 239/1/2

Grimmen: LGA 4/1/2, 58/1/2, 63, 402/1/2, LiG 167/1/2, 172/1/2, 183/1/2, 212/1/2.

Vorkommen: Oberlias von Dobbertin, Grimmen (DDR) und der Umgebung von Braunschweig (BRD).

Elcana magna HANDLIRSCH, **1906**

Abb. 107—115

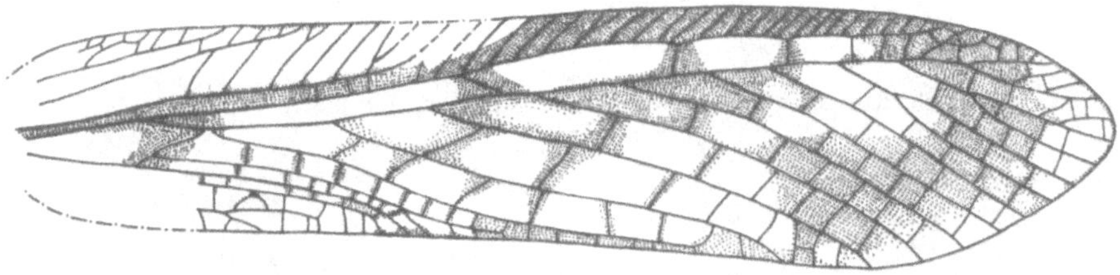

Abb. 107
Elcane magna HANDLIRSCH, 1906, Holotypus, MBI 6.1 a, b, rechter VFl, 11,2 mm, Lias epsilon$_1$, Dobbertin.

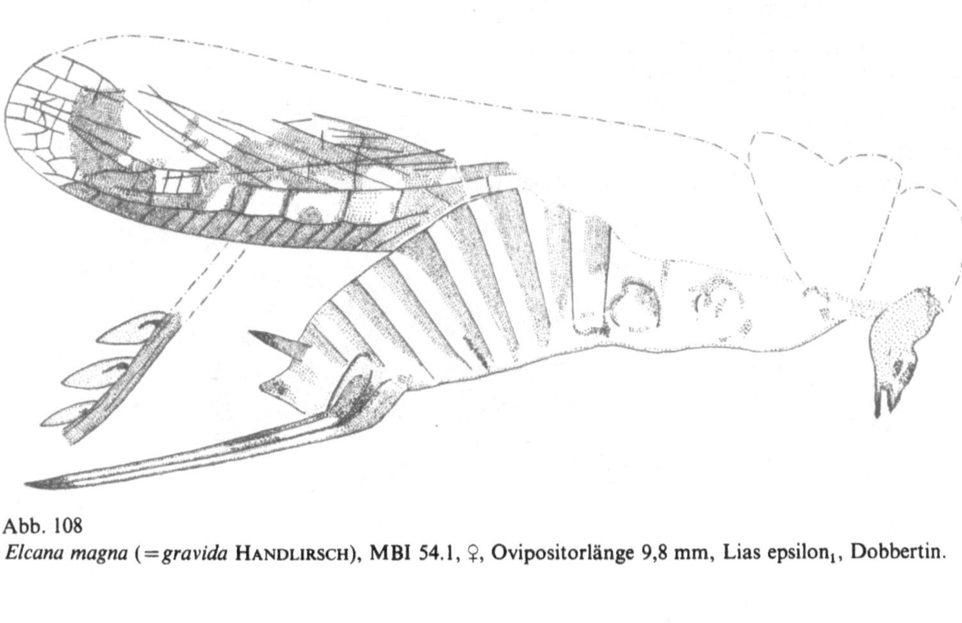

Abb. 108
Elcana magna (=*gravida* HANDLIRSCH), MBI 54.1, ♀, Ovipositorlänge 9,8 mm, Lias epsilon$_1$, Dobbertin.

Abb. 109
Elcana magna, LD 1880/1/2, linker VFl, 20,7 mm, Lias epsilon$_1$, Dobbertin.

Abb. 110
Elcana magna, Slg. Schnick, Rostock Nr. 5, rechter VFl, Lias epsilon$_1$, Grimmen.

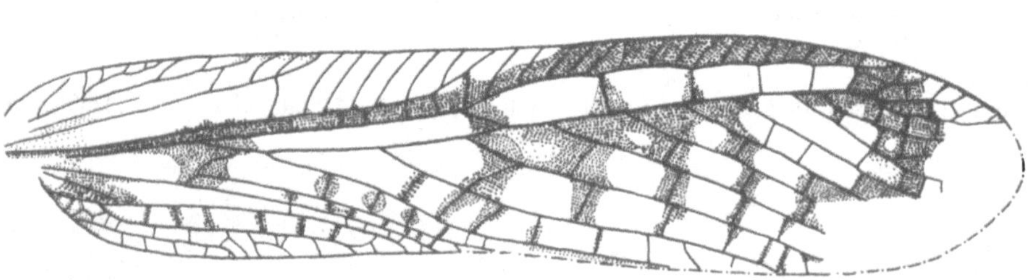

Abb. 111
Elcana magna, LG 136/1/2, linker VFl, ca. 20 mm, Lias epsilon$_1$, Grimmen.

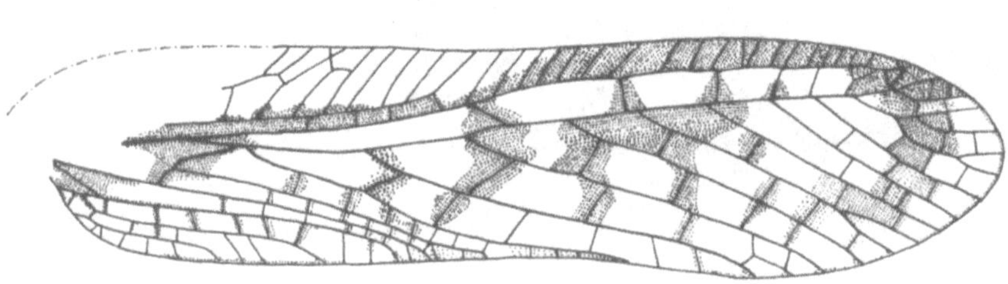

Abb. 112
Elcana magna, LGA 34/1/2, rechter VFl, 18,4 mm, Lias epsilon$_1$, Grimmen.

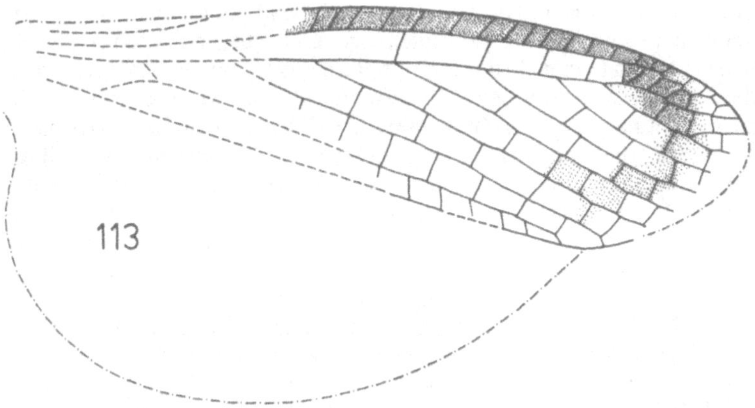

113

Abb. 113
Elcana magna, LGA 62, linker HFl, Fragmentlänge 11,4 mm, Lias epsilon$_1$, Grimmen.

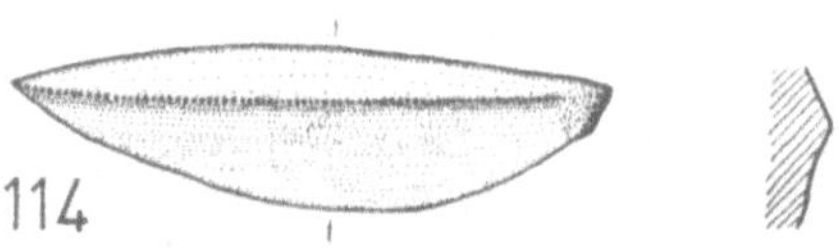

114

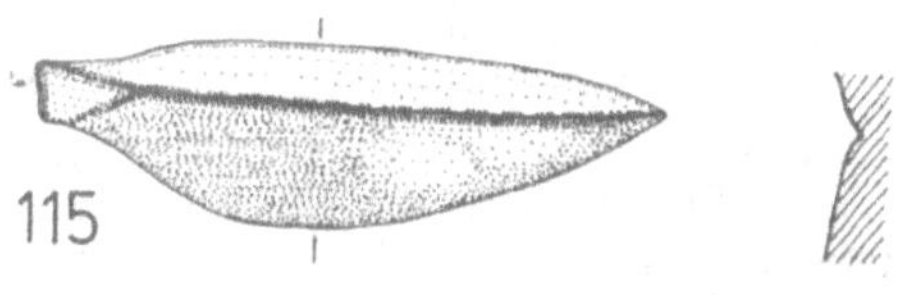

115

Abb. 114
Elcana magna, LD 2090/1-2, rechtes Tibienanhängsel, 1,6 mm lang, Lias epsilon$_1$, Dobbertin.
Abb. 115
Elcana magna, LD 2320, rechtes Tibienanhängsel, 1,8 mm lang, Lias epsilon$_1$, Dobbertin.

?	1865	*Calotermes obtectus* HEER, 86.
? pars	1905	*Elcana Geinitzi.* – BODE, 221, Taf. 6, Fig. 1 [non 2—5].
?	1906	*Elcana obtecta.* — HANDLIRSCH, 413.
* • v	1906	*Elcana magna* HANDLIRSCH, 413, Taf. 39, Fig. 23.
?	1938	*Elcana Bodei* HANDLIRSCH, 37.
• v	1938	*Elcana magna* HANDLIRSCH, 37.
• v	1938	*Elcana gravida* HANDLIRSCH, 50, Taf. 3, Fig. 44.
?	1953	*Elcana Bodei.* — BODE, 77.

Holotypus: Original zu Abb. 107, MBI 6.1.a, b Naturkundemuseum Berlin.
Locus typicus: Dobbertin, Mecklenburg, DDR.
Stratum typicum: Oberer Lias, Lias epsilon 1.

Diagnose: Größte bekannte liassische Art mit mehr als 20 mm Vorderflügellänge. Im Mittel acht RP- und acht ScP-Äste. CP-Äste meist noch verzweigt. Pigmentierung nahe der Apex dem Vorderflügelrand sichelförmig folgend, ohne jedoch den hyalinen Fleck im Radialfeld abzuschließen. Ovipositorlänge ca. 10 mm. Hintere Femora ebenfalls etwa 10 mm lang.

Von *E. media* unterscheidet sich die Art durch die Größe, die Ausbildung des Costalfeldes und die etwas andere Pigmentierung der Vorderflügel.

Bemerkungen: Die Zuordnung einiger Exemplare zu *E. media* ist in Einzelfällen nicht immer leicht zu entscheiden. Insbesondere die Exemplare aus dem Lias von Grimmen wurden zum Teil zu *E. media*, zum anderen Teil zu *E. magna* gestellt. Hauptunterscheidungsmerkmal ist die Größe. Große Exemplare von *E. media* und kleine von *E. magna* überschneiden sich wahrscheinlich in der Vorderflügellänge. Es bleibt nicht auszuschließen, daß man bei vermehrtem Material einen Teil der Exemplare aus Grimmen einer separaten Art zurechnet, die der Größe nach zwischen *E. media* und *E. magna* liegt. Eine solche Differenzierung ist noch nicht möglich. Die Zuordnung von *E. obtecta* zu dieser Art bleibt sehr fragwürdig. Weder HEER (1865) noch HANDLIRSCH (1906, 1938) gaben eine Abbildung. Ebenso fraglich ist die Zuordnung von *E. bodei*, von der HANDLIRSCH (1938) keine Zeichnung anfertigte. Die Abbildung bei BODE (1905, Taf. 6, Fig. 1) scheint in vielen Details ungenau zu sein. Vermutlich war ScP kürzer als dargestellt. Ungenau könnte ebenfalls der Beginn CuA gezeichnet sein. Der Größe nach entspricht das Exemplar dieser Art.

Beschreibung: Über die Variabilität der Flügel dieser Art gibt Tab. 12 Auskunft. Die Vorderflügel sind im Mittel 20,3 mm lang, distal 4,8 mm und proximal ca. 4 mm breit. Bei dem einzigen Hinterflügel, der dieser Art zugerechnet wird, beträgt die Länge etwa 18,5 mm bei einer Breite des Flügelblattes von 4,6 mm (Abb. 113). Die Pigmentierung scheint etwas geringer als bei *E. media* zu sein. Distal bleibt ein relativ breiter Flügelsaum im Vorder- und Hinterflügel hyalin. Der hyaline Fleck im Radialfeld, der bei *E. media* meist von anderen durchsichtigen Flügelstellen abgeschlossen ist, bleibt bei *E. magna* mit diesen verbunden. Distal wird er durch einen parallel zum Flügelrand verlaufenden relativ schmalen pigmentierten Saum abgeschlossen. Im Hinterflügel ist dieser Saum etwas schwächer ebenfalls vorhanden. Am Exemplar MBI 54.1 (Abb. 108) sind auch Körperteile erhalten. Das Weibchen besaß eine Körperlänge (ohne Ovipositor) von ca. 20 mm. Das Abdomen hat eine Länge von etwa 10 mm, die Ovipositorlänge beträgt 9,8 mm. Dieses von HANDLIRSCH (1938, Taf. 3, Fig. 44) gezeichnete Exemplar zeigte bei erneuter Präparation weitere Details. Eine hintere Tibia mit drei blattförmigen Anhängseln, die distal kleiner werden und 1,5 bis 1,9 mm lang sind, läßt auf eine Femurlänge von etwa 10 mm schließen. Isolierte Tibienanhängsel, die vorläufig dieser Art zugerechnet werden, zeigen Abb. 114 und 115. Möglicherweise gehören sie jedoch noch *E. media* an, von der in Dobbertin viel mehr Exemplare gefunden wurden. Sie haben Längen von 1,6 und 1,8 mm bei einer maximalen Breite von 0,4 bzw. 0,5 mm.

Zugehörige Funde: Außer den in der Synonomieliste aufgeführten Originalen und den zu Abb. 107—115 sowie in Tab. 12 aufgeführten noch folgende Stücke:
Dobbertin: ?LD 1454/1/2/3, LD 1511/1, ?1589/1/2, 1730/1/3, 1900, ?2238, 2466/1/2—1/1'
Grimmen: LG 89, ?342/1/2.

Vorkommen: (? Unterlias Schambelen, Schweiz) Oberlias von Dobbertin, Grimmen (DDR) und der Umgebung von Braunschweig (BRD).

Elcana dubia (GIEBEL, 1856)

1845 (unbestimmt) — WESTWOOD in BRODIE, 119, Taf. 5, Fig. 21.
1856 *Bittacus dubius* GIEBEL, 258.
1880 *Bittacus dubius*. — GEINITZ, 526.
1891 *Bittacus dubius*. — SCUDDER, 106, 140.
1906 *Elcana dubia*. — HANDLIRSCH, 518.
1978 *Elcana dubia*. — WILLMANN, 109.

Bemerkungen: Eine Vorderflügelspitze aus dem Purbeck des Wardourtales, England, wurde von GEINITZ (1880) in Verbindung mit *Elcana* gebracht. Später schrieb DEICHMÜLLER (1886) bereits „cf. *Elcana*". Nach HANDLIRSCH (1906) waren die Vorderflügel etwa 9 mm lang. Ob diese sehr unvollständig bekannte Art mit *E. minima* zu vereinen ist, ist vorerst nicht zu entscheiden.

Vorkommen: Malm von England.

Elcana tessellata (WESTWOOD, **1854**)

Panorpidium tessellatum WESTWOOD, 1854, Quart. Journ. Geol. Soc., X, 384, 394, Taf. 15, Fig. 17; *Elcana tessellata*, GIEBEL, 1856, Ins. Vorw., 259; DEICHMÜLLER, 1886, Ins. lith. Schief. Dresd., 16, Taf. 2, Fig. 6; HANDLIRSCH, 1906, 518.

Bemerkungen: Diese Art ist Genotypus von *Elcana*. Sie stammt aus dem Mittleren Purbeck der Durdlestone Bay in England. Die Vorderflügel sind etwa 20 mm lang und mit den typischen Flecken (Pigmentierung) der Arten dieser Gattung versehen. RP mit etwa 13 Ästen und zahlreichen Queradern.

Vorkommen: Malm von England.

Elcana beyrichi (GIEBEL, **1856**)

Panorpidium tessellatum var. WESTWOOD, 1854, Quart. Journ. Geol. Soc., X, 387, 395, Taf. 17, Fig. 12; *Elcana beyrichi*, GIEBEL, 1856, Ins. Vorw., 259; HANDLIRSCH, 1906, 518.

Bemerkungen: Ein etwa 19 mm langes Fragment eines ca. 25 mm langen Vorderflügels aus dem Unteren Purbeck der Durdlestone Bay in England. RP mit 14 Ästen. Möglicherweise ist diese Art, wie bereits WESTWOOD vermutete, mit *E. tessellata* spezifisch zu vereinen. Aus den gleichen Schichten der Durdlestone Bay ist unter ?*Elcana westwoodi* HANDLIRSCH, 1906 ein Hinterflügelfragment von etwa 10 mm Länge ohne Analfächer benannt, das von WESTWOOD (1854) auf Taf. 18, Fig. 37 abgebildet und unter ? Sialidae beschrieben wurde.

Vorkommen: Malm von England.

Aus dem Solnhofener Plattenschiefer von Bayern (Malm zeta, unteres Portland) sind eine Reihe von *Elcana*-Arten beschrieben, die sich nach CARPENTER (1932) auf vier Arten reduzieren lassen.

Elcana phyllophora HANDLIRSCH, **1906**

Elcana amanda, OPPENHEIM, 1888, Palaeont. XXXIV, 224, Taf. 30, Fig. 17; MEUNIER, 1898, Arch. Mus. Toyl. (2), VI, Taf. 12, Fig. 24; *Elcana phyllophora* HANDLIRSCH, 1906, Foss. Ins., 516, Taf. 44, Fig. 1; *Elcana bavarica* HANDLIRSCH, 1906, Foss. Ins., 517, Taf. 44, Fig. 3; *Elcana phyllophora* CAROENTER, 1932, Jur. Ins. from Solenh., 117.

Bemerkungen: Der Holotypus (Original zu HANDLIRSCH, 1906, Taf. 44, Fig. 1) zeigt vermutlich ein Männchen mit einer Vorderflügellänge von 25 mm und 14 RP-Ästen. Die Hintertibien (10 mm lang) besitzen vier sehr breite blattartige Anhängsel. Bei dem Original von *E. oppenheimi* (OPPENHEIM, 1888, Taf. 30, Fig. 17) handelt es sich vermutlich ebenfalls um ein Männchen. Die Vorderflügellänge beträgt etwa 24 mm. Bei *bavarica*, vermutlich ebenfalls ein Männchen, sind die Vorderflügel 22 mm lang und RP besitzt 12 Äste, von denen der erste und dritte verzweigt sind. Hintere Femora ca. 12 mm lang und 2 bis 2,5 mm breit. CARPENTER (1932) gab zwei weitere Funde aus der Carnegie Kollektion (Nr. 5123, 5125—5126) bekannt und rechnete vier schlechter erhaltene Exemplare im Museum of Comparative Zoölogy zu dieser Art. Die Originale befinden sich in Wien (Holotypus und *bavarica*).

Vorkommen: Malm zeta von Solnhofen und Eichstädt, Bayern, BRD.

Elcana lithophila (GERMAR, **1842**)

Assilicus lithophilus GERMAR, 1842, Münster. Beiträge, VIII, 87, Taf. 9, Fig. 7; *Locusta* ? *amanda* HAGEN, 1862, Palaeontogr. X, 144, Taf. 15, Fig. 4; *Acheta quaerula* WEYENBERGH, 1869, Arch. Mus.

Teyl. II, 276, Taf. 36, Fig. 29; *Elcana lithophila.* — HANDLIRSCH, 1906, Foss. Ins., 517; *Elcana amanda.* — HANDLIRSCH, 1906, Foss. Ins., 517; ? *Elcana quaerula.* — HANDLIRSCH, 1906, Foss. Ins., 517; *Elcana lithophila.* — CARPENTER, 1932, Jur. Ins. from Solenh., 117.

Bemerkungen: Bereits HANDLIRSCH (1906) bemerkt die Ähnlichkeiten zwischen *E. lithophila*, *E. amanda* und *E. quaerula*. CARPENTER (1932) zählt zu dieser Art noch ein Exemplar aus dem Carnegie Museum (Nr. 5124) und zwei Exemplare aus dem Museum of Comparative Zoölogy. Die Vorderflügel sind 20 mm lang, RP besitzt 10 Äste. Die Zahl der Queradern ist nach HANDLIRSCH (1906) geringer als bei *E. phyllophora*. Die blattförmigen Anhängsel der Hintertibien ähneln jenen von *E. phyllophora*. Bei dem Exemplar *E. amanda* (HAGEN, 1862, Taf. 15, Fig. 4) handelt es sich um ein weibliches Tier.

Vorkommen: Malm zeta von Kehlheim, Eichstädt und Solnhofen, Bayern, BRD.

Elcana deichmülleri HANDLIRSCH, 1906

Elcana amanda. — DEICHMÜLLER, 1886, Ins. lith. Sch. Dresd., 14, Taf. 2, Fig. 4, 5; *Elcana deichmülleri* HANDLIRSCH, 1906, 516; CARPENTER, 1932, 116.

Bemerkungen: Die etwas größere Art besitzt ca. 30 mm lange Vorderflügel. Das Verhältnis aus Vorderflügellänge und maximaler distaler Flügelbreite beträgt ca. 4,5. RP hat etwa 11 Äste. Das vollständige Tier (DEICHMÜLLER, 1886, Taf. 2, Fig. 4) stellt ein Weibchen dar, mit oben geradem Pronotum und etwa 15 mm langen hinteren Femora. Der Holotypus befindet sich in Dresden in der Sammlung des paläontologischen Museums.

Vorkommen: Malm zeta von Solnhofen, Bayern, BRD.

Elcana longicornis HANDLIRSCH, 1906

Elcana longicornis HANDLIRSCH, 1906, Foss. Ins., 516, Taf. 44, Fig. 2; CARPENTER, 1932, Jur. Ins. from Solenh., 116.

Bemerkungen: Ein auf dem Bauche liegend eingebettetes Tier. Ob es sich um ein Männchen oder Weibchen handelt, ist nicht zu entscheiden. Die Vorderflügellänge beträgt 35 mm, die hinteren Femora sind 16 mm lang. Die Antennen haben eine Länge von etwa 70 mm. Die Tibienanhängsel ähneln denen der vorigen Arten und sind etwa 3 bis 4 mm lang.

Möglicherweise ist das Taxon mit *E. deichmülleri* synonym.

Vorkommen: Malm zeta von Bayern, BRD.

Elcana minuta ŠAROV, 1968

Abb. 116, 117, 118

Elcana minuta ŠAROV, 1968, Trudy paleont. inst. 118, 163, 164, Abb. 14A—V.

Holotypus: Original zu Abb. 117, PIN Nr. 2066/814, Paläontologisches Institut Moskau.

Locus typicus: Michajlovka, Karatau, UdSSR.

Stratum typicum: Oberer Juta, Malm.

Bemerkungen: Diese Art verglich ŠAROV mit *E. minuta* HANDLIRSCH — ein Versehen, denn eine solche Art ist von HANDLIRSCH nicht beschrieben worden. Sie ähnelt aber sehr *E. minima* und *E. geinitzi*. Die Vorderflügel variieren in der Länge zwischen 11 und 13,5 mm, in der maximalen distalen Breite zwischen 2,3 und 2,6 mm. ScP hat etwa fünf, RP etwa fünf bis sechs Äste. Die Hinterflügel ähneln denen von *E. geinitzi* und zeigen polygonale Zellen im Antanalfeld. Das Pronotum ist oben gerade ausgebildet.

Es ist nicht auszuschließen, daß es sich bei dieser Art im Sinne eines evolutiven Artkonzeptes nicht um eine eigenständige Art handelt.

Zugehörige Funde: Neben den Originalen zu Abb. 116—118 aus Michajlovka noch drei weitere Vorderflügelfragmente (PIN Nr. 2066/810, 811 und 409), ein Hinterflügel (PIN Nr. 2239/407).

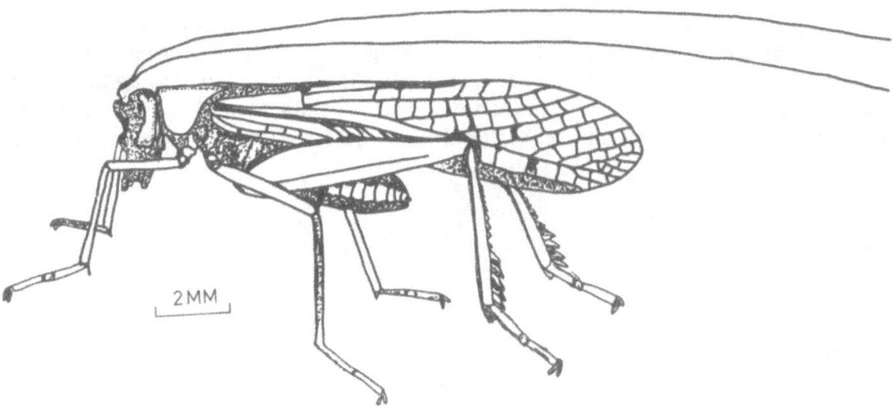

Abb. 116
Elcana minuta ŠAROV, 1968, PIN Nr. 2452/700, Imago, Vorderflügellänge ca. 12 mm, Oberer Jura, Karabas-Tau (nach ŠAROV, 1968).

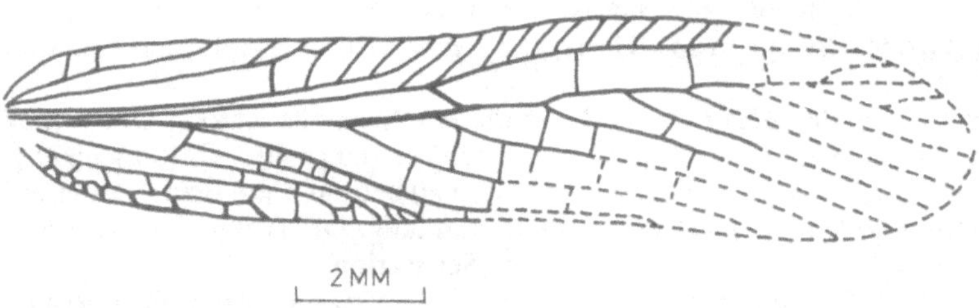

Abb. 117
Elcana minuta, Holotypus, PIN Nr. 1066/814, VFl, Fragmentlänge ca. 11 mm, Oberer Jura, Michajlovka (nach ŠAROV, 1968).

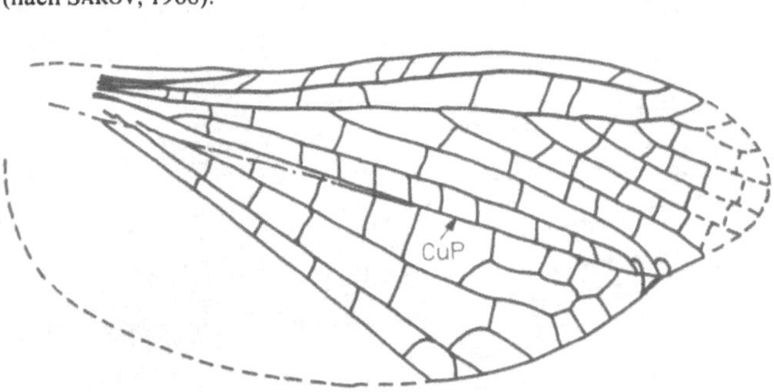

Abb. 118
Elcana minuta, PIN Nr. 2254/295, Hinterflügel, ca. 12 mm, Oberer Jura, Michajlovka, (nach ŠAROV, 1968).

Elcana karatavica ŠAROV, **1968**

Abb. 119

Elcana karatavica ŠAROV, 1968, Trudy paleont. inst. 118, 164, Abb. 14G.

Holotypus: Original zu Abb. 119, PIN Nr. 2554/280, Paläontologisches Institut Moskau.

Locus typicus: Michajlovka, Karatau, UdSSR.

Stratum typicum: Oberer Jura, Malm.

Bemerkungen: ŠAROV verglich diese Species mit *E. mesostena* HANDLIRSCH. Letzteres Taxon ist synonym mit *E. geinitzi*. Die Vorderflügellänge beträgt bei *E. karatavica* 22 mm. Sie könnte durchaus nahe mit einer der oberliassischen Arten verwandt sein und im Sinne des evolutiven Artkonzeptes keine eigenständige Species darstellen. Eine Entscheidung dazu läßt sich jedoch am vorhandenen Material nicht treffen. Bisher sind keine weiteren Funde publiziert worden.

Elcana lata ŠAROV, **1968**

Abb. 120

Elcana lata ŠAROV, 1968, Trudy paleont. inst. 118, 164, Abb. 14D.

Holotypus: Original zu Abb. 120, PIN Nr. 2066/808, Paläontologisches Institut Moskau.

Locus typicus: Michajlovka, Karatau, UdSSR.

Stratum typicum: Oberer Jura, Malm.

Bemerkungen: Die Art ähnelt nach ŠAROV (1968) sehr *E. karatavica*, unterscheidet sich jedoch durch Größe, Beginn von RP (bei *E. lata* weiter distal) und schärfer gebogenem Verlauf von RA.

Die unterschiedliche Lage des Beginns von RP in diesem Ausmaße ist kein Unterscheidungsmerkmal von Arten, wie bei den oberliassischen Vertretern der Gattung gezeigt werden konnte. Die Körperlänge des Weibchens (Holotypus) beträgt ohne Beine, Antennen und Ovipositor 16 mm. Die Vorderflügel sind etwa 15 mm lang. Die Differenzen zwischen *E. karatavica* und *E. lata* rechtfertigen eine spezifische Separation.

Interessant ist in diesem Zusammenhang, daß auch diese Species über ein oben gerades Pronotum verfügt und ebenfalls jene langen spitzen Cerci zeigt, die bei *E. magna* (Abb. 108) vorhanden sind.

Zugehörige Funde: Vom gleichen Fundplatz noch ein Vorderflügelfragment (PIN Nr. 2066/809).

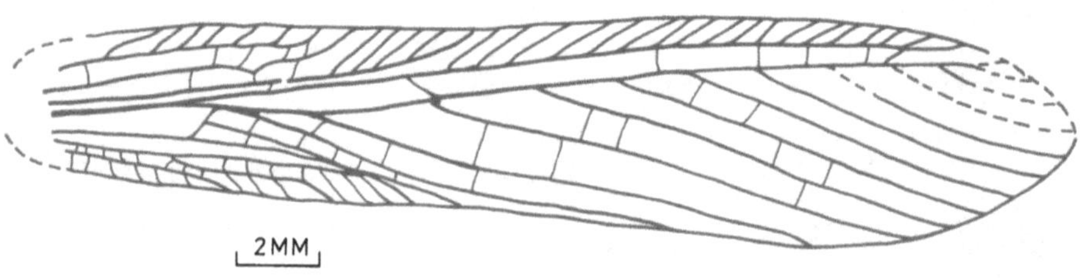

Abb. 119
Elcana karatavica ŠAROV, 1968, Holotypus, PIN Nr. 2554/280, VFl-länge 22 mm, Oberer Jura, Michajlovka (nach ŠAROV, 1968).

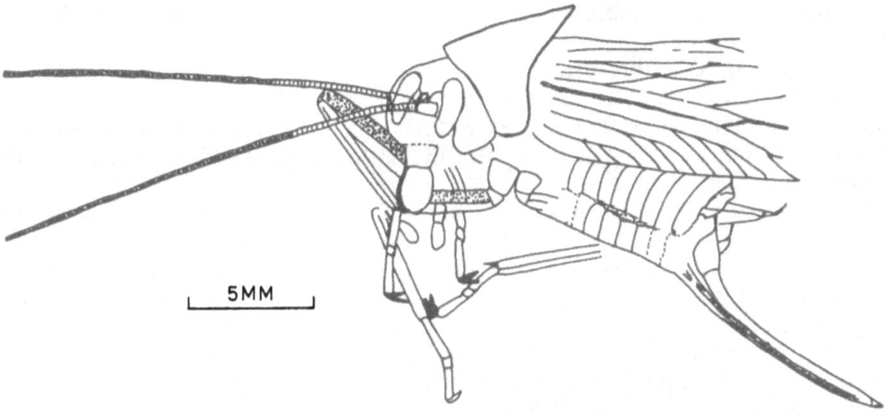

Abb. 120
Elcana lata ŠAROV, 1968, Holotypus, Imago, Weibchen, Körperlänge ohne Antennen und Ovipositor 16 mm, PIN Nr. 2066/808, Oberer Jura, Michajlovka (nach ŠAROV, 1968).

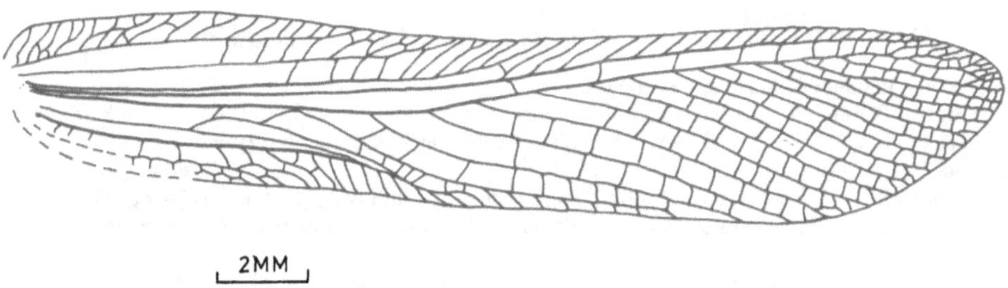

Abb. 121
Baisselcana sibirica ŠAROV, 1968, Holotypus, PIN Nr. 1668/1651, VFl-länge 28 mm, Untere Kreide, Bajsa (nach ŠAROV, 1968).

Gattung Baisselcana ŠAROV, 1968

Baisselcana ŠAROV, 1968, Trudy paleont. inst. 118, 164—165.

Typusart: *Baisselcana sibirica* ŠAROV, 1968.

Dies ist die bisher jüngste Gattung im Plesion Elcanidae, vertreten in einer Art aus der Unteren Kreide Sibiriens.

Diagnose: CP, ScA und ScP lang. ScP endet erst in der distalen Flügelhälfte auf dem Vorderrand. Praeradialfeld distal stark verengt. Zwischen dem Beginn von RP und MP + CuA_1 liegen drei Äste.

Die Gattung unterscheidet sich von allen anderen der Elcanidae durch die lange CP, ScA und ScP und die drei Äste zwischen dem Beginn von RP und MP + CuA_1.

Vorkommen: Untere Kreide Zabajkal'ja.

Baisselcana sibirica ŠAROV, 1968

Abb. 121

Baisselcana sibirica ŠAROV, 1968, Trudy paleont. inst. 118, 165, Abb. 14Z, Taf. 2, Fig. 6.

Holotypus: Original zu Abb. 121, PIN Nr. 1668/1651, Paläontologisches Institut Moskau.

Locus typicus: Bajsa, Zabjkal'je, UdSSR.

Stratum typicum: Untere Kreide, Turginskaja Svita.

Bemerkungen: Die Vorderflügel dieser Art sind 28—31 mm lang (nach den beiden einzigen Funden) und 5,2—5,8 mm breit. Mit 13 RP-Ästen ist das Postradialfeld relativ eng mit Adern ausgefüllt.

Am Holotypus verschmelzen CuA_2, CuP und AA_1 distal zu einer Ader. Reste der Flügelpigmentierung sind erhalten und unterscheiden sich beträchtlich von den oberliassischen Arten der Gattung *Elcana*. Der Vorderflügel ist im Praeradialfeld ähnlich wie bei den oberliassischen Elcana-Arten pigmentiert, ebenso am Beginn CuA. Auch scheint die Umgebung der Queradern im Interradialfeld leicht pigmentiert zu sein. Im Postradialfeld liegt ein großer runder Fleck, der im Plesion Elcanidae bisher nicht vorkam. Leider korrelieren auch bei dieser Art die im Text angegebene Größe und der Maßstab an der Zeichnung nicht miteinander, ein Übel, das bei Šarov's Zeichnungen häufiger auftritt.

Zugehörige Funde: Außer dem Holotypus noch ein weiterer vollständiger Vorderflügel vom gleichen Fundplatz (PIN Nr. 1989/2546).

5. Bestimmungsschlüssel für die Gattungen und Arten der Elcanidae

„Oedischiidae", Permoraphidiidae und Elcanidae

1 Beginn von RP im VFl eine lange Ader, mit Queradern zu RA und MA_1. ScP lang, ohne kammförmige Äste. CuA_2, CuP und AA_1 noch relativ weit voneinander entfernt und einander nicht parallel. . . . . Plesion **„Oedischiidae"**

1* Beginn von RP kurze, schräge Ader, ohne Queradern zu RA und MA_1. ScP bis ca. 3/4 der Flügellänge mit kammförmigen Ästen. CuA_2, CuP und AA_1 nahe beieinander liegende fast parallele Adern. 2

2 Anfang von MP gleicht einer kurzen, schrägen Ader oder fehlt. Stamm von MA und RP eine Ader, wenig oder nicht an der Gabelung von MA_1 und MA_2 gewinkelt. MA mit 2 Ästen. Flügelvorderrand leicht s-förmig geschwungen . . . . Plesion **Ecanidae**

2* Beginn von MP fehlt. Stamm von MA und RP an der Gabelung von MA_1 und MA_2 stärker gewinkelt. MA mit mehr als 2 endständigen Ästen. Flügelvorderrand geschwungen . . . . Plesion **Permoraphidiidae**

Elcanidae

1 Paläozoische Gattung. Scheinbare Ader aus M, MA und RP leicht gewinkelt. RP und MA mindestens 2, MP+CuA mit mehreren endständigen Ästen. (Gattung Promartynovia) 2

1* Mesozoische Gattungen. Scheinbare Ader aus M, MA und RP gerade. 6

2 Nordamerikanische Art. Vorkommen im Unterperm von Kansas (Elmo limestone). VFl 11 mm lang. . . . . **Promartynovia venicosta** Tillyard (Abb. 9)

2* Asiatische Arten. Unter- und Oberperm der UdSSR 3

3 Oberpermische Arten. 4

3* Unterpermische Arten.. 5

4 Eingeschaltete Adern zwischen Ästen von RP und MA gerade. Interradialfeld in Mitte nicht wesentlich verbreitert. VFl-Länge ca. 13 mm. Kasanskij Jarus von Iva-Gora. . . . . **Promartynovia sojanense** (Šarov) (Abb. 14, 15)

4* Eingeschaltete Adern zwischen den Ästen von RP und MA nicht gerade. Interradialfeld in Mitte stark verbreitert. Kasanskij Jarus vom Fluß Kitjak. . . . . **Promartynovia vjushkovi** (Šarov)

5 RP beginnt relativ weit distal im VFl. ScP endet proximal vom Beginn RP. 3 RP-Äste. . . . . **Promartynovia uralica** (Šarov)

5* RP beginnt in Flügelmitte. ScP distal bis Beginn RP und weiter. 4—5 RP-Äste. . . . . **Promartynovia kukalovae** (Šarov) (Abb. 10—12)

6 Relative Analfeldlänge ca. 1/3 VFl-Länge und 1/2 HFl-Länge. ScP lang, bis distal vom Beginn RP. $MP+CuA_1$ mit 3 Ästen. Einzige bekannte triassische Gattung (*Meselcana*). Eine Art. . . . . **Meselcana madygenica** Šarov (Abb. 16—18)

6* Relative Analfeldlänge größer. ScP kurz, bis etwa Flügelmitte. MP+CuA_1 nur 1 Ast. Jura und Kreide von Europa und Asien. 7

7 CuP und AA_1 distal eine Ader. Einzige bekannte kretazeische Gattung (*Baisselcana*). Eine Art. VFl ca. 30 mm, 13 RP-Äste. . . . . **Baisselcana sibirica** Šarov (Abb. 121)

7* CuP und AA_1 nicht verschmolzen. Jurassische Gattungen. 8

8 Erster Abschnitt von RP in distaler Flügelhälfte. Zwischen MP+CuA_1 und Beginn von RP 4 Äste. Analadern im VFl fächerförmig. VFl distal nicht breiter als proximal. (Gattung Parelcana) . . . 9

8* Erster Abschnitt von RP in proximaler Flügelhälfte. Zwischen MP+CuA_1 und RP 2 Äste. Analadern im VFl nicht fächerförmig. VFl distal breiter als proximal. (Gattung *Elcana*) 10

9 ScA im VFl bis etwa Beginn MP. Oberlias Mitteleuropa . . . . **Parelcana tenuis** Handlirsch (Abb. 19, 20)

9* ScA im VFl weiter distal. Unterlias England . . . . **Parelcana anglicana** Handlirsch

10 Vorkommen im Lias. 11

10* Vorkommen im Malm. 16

11 Unterlias von Asien (Fergana, UdSSR). VFl-Länge 20 mm, ca. 6 RP-Äste . . . . **Elcana shurabica** (Šarov)

11* Lias von Europa. 12

12 Lias von England. Sc-Feld breit . . . . **Elcana liasina** (Giebel)

12* Lias von Mitteleuropa. Sc-Feld relativ schmal 13

13 Kleine Art mit etwa 10 mm VFl-Länge. 4—5 ScP- und RP-Äste. Abschnitt CuA_1 bis Vereinigung mit MP meist kürzer als ein Stiel CuA. . . . . **Elcana minima** Handlirsch (Abb. 21—52)

13* Größere VFl-Längen. Zahl der ScP- und RP-Äste größer. Abschnitt CuA_1 bis Vereinigung mit MP länger als Stiel CuA.. 14

14 VFl etwa 14 mm lang. Proximale ScP-Äste enden auf ScA. Kaum polygonale Zellen im Analfeld der HFl.. . . . . **Elcana geinitzi** (Heer) (Abb. 53—72)

14* VFl-Länge größer. Zahl der ScP-Äste auf ScA geringer, meist nur einer. Etwa 8 RP-Äste. Analfeld distal mit polygonalen Zellen. 15

15 Mittelgroße Art mit etwa 17 mm VFl-Länge. CP-Äste nicht verzweigt. Pigmentierung im Radialfeld der VFl bis nahe Apex, hyaliner Fleck meist abgeschlossen. . . . . **Elcana media** Handlirsch (Abb. 1a, 73—106)

35* Große Art mit mehr als 20 mm VFl-Länge. CP-Äste häufig verzweigt. Pigmentierung nahe Apex dem VFl-Rand sichelförmig folgend. Hyaliner Fleck im Radialfeld abgeschlossen . . . . **Elcana magna** Handlirsch (Abb. 107—115)

16 Europäische Arten 17

16* Asiatische Arten 23

17 Vorkommen in englischen Purbeckschichten 18

17* Vorkommen im Solnhofener Plattenschiefer (unteres Portland, Malm zeta) Mitteleuropas 20

18 Kleine Art mit etwa 9 mm VFl-Länge. Wardourtal . . . . **Elcana dubia** (Giebel)

18* VFl-Länge größer. Durdlestone Bay 19

19 Mittelgroße Art mit etwa 20 mm VFl-Länge. Mittlere Purbeck . . . . **Elcana tessellata** (Westwood)

19* Große Art mit etwa 25 mm VFl-Länge. Untere Purbeck . . . . **Elcana beyrichi** (Giebel)

20 VFl-Länge etwa 20 mm. Etwa 10 RP-Äste. Zahl der Queradern relativ gering . . . . **Elcana lithophila** (Germar)

20* VFl-Länge größer. Mehr als 10 RP-Äste. Größere Zahl von Queradern 21

21 Mittelgroße Art mit etwa 24 mm VFl-Länge. RP mit ca. 14 Ästen . . . **Elcana phyllophora** Handlirsch

21* Große Arten mit mehr als 25 mm VFl-Länge 22

22 VFl-Länge etwa 30 mm. RP mit nur etwa 11 Ästen. Hintere Femora 15 mm lang . . . . **Elcana deichmuelleri** Handlirsch

22* VFl-Länge 35 mm. Hintere Femora 16 mm . . . . **Elcana longicornis** Handlirsch

23 Kleine Art mit etwa 12 mm VFl-Länge. 5—6 RP-Äste. ScP nur bis Beginn RP . . . . **Elcana minuta** Šarov (Abb. 116—118)

23* VFl-Längen größer. Mehr als 6 RP-Äste. ScP weiter distal 24

24 VFl-Länge etwa 15 mm. ScA distal verzweigt . . . . **Elcana lata** Šarov (Abb. 120)

24* VFl-Länge etwa 22 mm. ScA distal unverzweigt . . . . . . **Elcana karatavica** Šarov (Abb. 119)

6. Merkmalswandel und Phylogenie bei Elcanidae

Die im Unterperm mit der Gattung *Promartynovia* erscheinenden Elcanidae (nach ŠAROV, 1968 die drei Gattungen *Promartynovia*, *Permelcana* und *Proelcana*) durchlaufen nach bisheriger Kenntnis im Jura mit der Gattung *Elcana* die Virenzzeit ihrer Entwicklung, bevor sie in der Kreide nachkommenlos erloschen. Tab. 13 gibt Artenzahlen und Verteilung von Paläozoikum bis Mesozoikum an.

Die Elcanidae zeichnen sich durch eine Reihe relativ gut zu begründende abgeleitete Merkmale aus, die die Monophylide des Plesions wahrscheinlich machen. So kommt es zu einer beträchtlichen Verkürzung der ScP und damit verbunden zu einem mit dem Vorderrand der Vorderflügel durch kammförmige Äste verbundenen RA. Diese Aderausprägungen sind gegenüber dem plesiomorphen Zustand bei „Oedischiidae" im Permo-Siles sicher als apomorphe Merkmale zu werten. Der Beginn dieser Merkmalwandel läßt sich an der triassischen Gattung *Meselcana* beobachten, die noch eine verhältnismäßig lange ScP besitzt, bei der jedoch die distalen Äste von RA bereits ein kammförmiges Aussehen haben. Vermutlich liegt hier keine sekundäre Verlängerung der ScP vor, sondern in bezug auf diese Merkmale ist *Meselcana* relativ urtümlich. Der Beginn von RP bildet eine kurze schräge „Querader", die, wenn sie auch gebogen erscheint, doch ohne Queradern zu RA bzw. MA bleibt. Bei den karbonischen und permischen „Oedischiidae" ist der

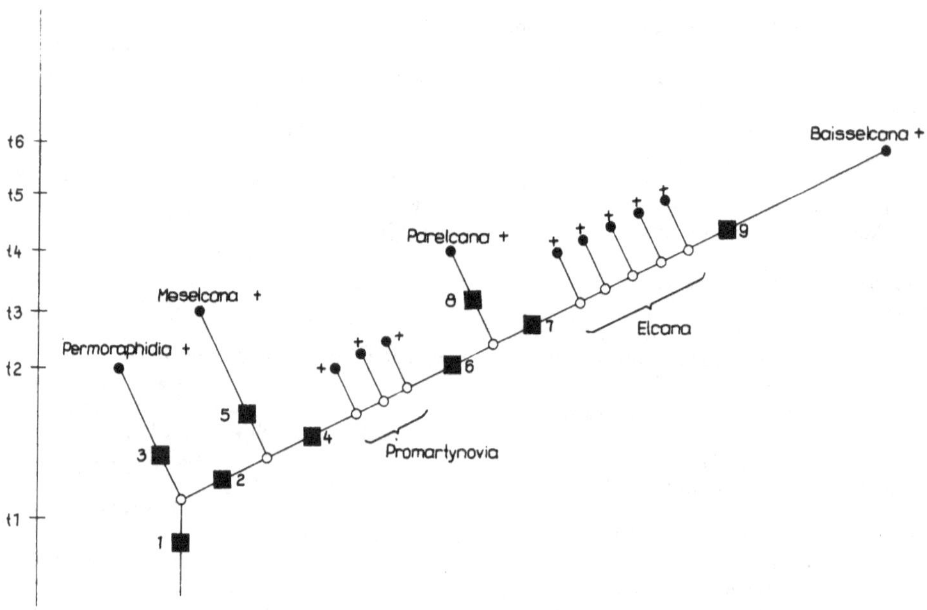

Abb. 122
Hypothetisches Dendrogramm der Gattungen im Plesion Elcanoidea.
Erklärung im Text.

Beginn RP lang und Queradern verlaufen zu RA und MA und repräsentieren den plesiomorphen Zustand. MA_1 sendet keine weiteren Äste aus. Auch dies ist gegenüber den „Oedischiidae" ein apomorphes Merkmal. Kurz zusammengefaßt lassen sich für die Elcanidae-Flügel folgende Grundplanmerkmale angeben:

1. Beginn RP bildet kurze schräge „Querader", von der keine Queradern zu RA und MA_1 ausgehen.

2. ScP ist verkürzt, reicht nur noch bis ca. $^3/_4$ der Flügellänge, mit kammförmigen Ästen.
3. Der Stamm von MA und RP erscheinen als eine Ader, die an der Gabelung von MA_1 und MA_2 nur wenig gewinkelt ist.
4. MA_1 und MA_2 bilden unverzweigte Äste.
5. Der Beginn von MP gleicht einer kurzen schrägen Ader.
6. MP + CuA_1 mit drei Ästen im Vorderflügel.
7. Der Stamm von CuA bildet eine lange Ader bis zur Gabelung in CuA_1 und CuA_2.
8. CuA_2, CuP und AA_1 bilden nahe beieinanderliegende parallele Adern.
9. Der Vorderrand der Vorderflügel ist leicht s-förmig geschwungen.
10. Die Flügel sind insbesondere um die Queradern im Radial- und Medialfeld sowie im distalen Praeradialfeld pigmentiert.

Mit diesen apomorphen und plesiomorphen Merkmalen (gegenüber den "Qedischiidae" im Permo-Siles) erscheinen die Elcanidae im Unterperm (? Oberkarbon).

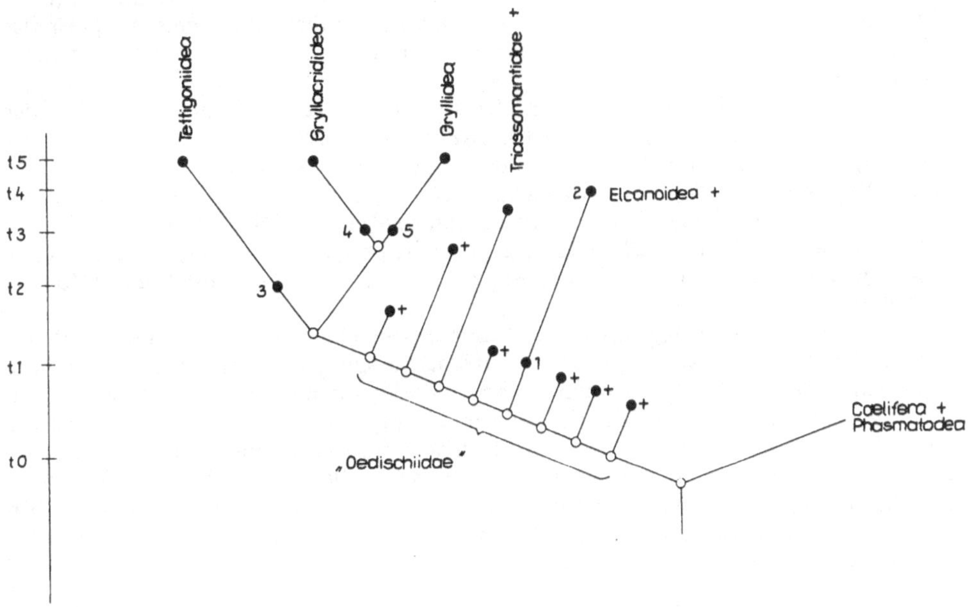

Abb. 123
Hypothetisches Dendrogramm der Ensifera
Es bedeuten:
1 *Promartynovia*, 2 *Baisselcana*, 3 *Tettavus*, 4 *Archihagla*, 5 *Gryllavus*

Nachfolgend soll versucht werden, die verwandtschaftlichen Beziehungen innerhalb der Elcanidae und zu den Permoraphidiidae in einem Dendrogramm darzustellen. Die Buchstaben a, b und c bedeuten, daß für diese Gruppe mehrere Merkmale berücksichtigt wurden. Bei den Buchstaben in Klammer bedeutet a = apomorph und p = plesiomorph.

1. a RP bildet eine kurze schräge „Querader", von der keine Queradern zu RA und MA_1 ausgehen (a) — Beginn von RP lang mit Queradern zu RA und MA_1 (p). 1 b ScP verkürzt, reicht nur noch bis ca. $^3/_4$ der Flügellänge, mit kammförmigen Ästen (a) — ScP länger, ohne charakteristische kammförmige Äste (p). 1 c CuA_2, CuP und AA_1 bilden nahe beieinanderliegende parallele Adern (a) — CuA_2, CuP und AA_1 nicht nahe beieinander und parallel (p).

2. a Der Stamm von MA und RP erscheinen als eine Ader, die nur wenig oder nicht an der Gabelung von MA_1 und MA_2 gewinkelt ist (a) — die scheinbare Ader aus MA und RP ist stärker gewinkelt (p). 2b MA_1 und MA_2 bilden unverzweigte Äste (a) — MA_1 und (oder) MA_2 sind verzweigt (p). 2c Vorderrand der Vorderflügel leicht s-förmig geschwungen (a) — Vorderrand der Vorderflügel bogenförmig (p).
3. Der Beginn von MP fehlt (a) — Der Beginn von MP gleicht einer kurzen schrägen Ader (p).
4. a ScP weiter verkürzt, ca. $^1/_2$ Flügellänge (a) — ScP länger (p). 4b MP + CuA_1 mit weniger als drei Ästen (a) — MP + CuA_1 mit drei Ästen (p).
5. Relative Analfeldlänge auf ca. $^1/_3$ Flügellänge im Vorderflügel und ca. $^1/_2$ Flügellänge im Hinterflügel verkürzt (a) — Relative Analfeldlänge größer (p).
6. a MP + CuA_1 einfach (a) — MP + CuA_1 mit mehr als einem Ast (p). 6b Die Verbindung MA — RP verläuft völlig gerade (a) — MA — RP noch mit deutlichem Knick (p).
7. a Stielförmige Verbindung von MP zu CuA_1 reduziert (a) — stielförmige Verbindung vorhanden (p). 7b AA_1 und AA_2 im Vorderflügel eine Strecke weit verschmolzen (a) — Die Verbindung AA_1 und AA_2 an der Basis der Vorderflügel durch eine Art Querader realisiert (p). 7c Anhängsel an den Hintertibien blattförmig verbreitert (a) — Tibienanhängsel dornförmig (p).
8. a Der Beginn von RP liegt in der distalen Flügelhälfte (a) — Beginn von RP in der proximalen Flügelhälfte (p). 8b Zwischen MP + CuA_1 und dem Beginn RP liegen vier Äste (a) — Zwischen MP + CuA_1 und dem Beginn RP weniger Äste (p).
9. a Der Beginn von RP liegt distal vom letzten RP-Ast (a) — Der letzte RP-Ast stets distal von RP (p). 9b CuP und AA_1 distal verschmolzen (a) — CuP und AA_1 distal nicht verschmolzen (p). 9c Im Radialfeld liegt ein kreisförmiger relativ großer pigmentierter Fleck im Vorderflügel (a) — kein solcher pigmentierter Fleck im Radialfeld der Vorderflügel (p).

Als wahrscheinliches Adelphotaxon der Elcanidae (sensu Elcanidae HANDLIRSCH + Permelcanidae ŠAROV) ergeben sich die Permoraphidiidae. Sie werden in einem Plesion Elcanoidea zusammengefaßt und sind als Stammlinienvertreter der rezenten Ensifera charakterisiert, der sich aus einer frühen „Oedischiidae“-Art im Unterperm oder wahrscheinlicher bereits im Oberkarbon von der zu den rezenten Ensifera führenden Stammlinie abtrennte. Das hypothetische Dendrogramm zeigt Abb. 122. Dabei geben die Zahlen die oben aufgeführten wahrscheinlichen apomorphen Merkmale an. Für die chronologische Zuordnung stehen t_1 für Oberkarbon, t_2 für Unterperm, t_3 für Untertrias, t_4 für Lias, t_5 für Malm und t_6 für Unterkreide.

7. Phylogenetische Betrachtungen über Ensifera

In einem typologischen „Stammbaum“ der Orthopteroidea gab ŠAROV (1968, S. 29) die Permoraphidiidae als nahe Verwandte der Elcanidae + Permelcanidae (Plesion Elcanidae, Anm. d. Verf.) an. Gemeinsam „entspringen“ sie frühen Oedischiidae im Karbon. Nun sind die „Oedischiidae“ im HENNIG'schen Sinne eine unechte Stammgruppe der $^+$Ensifera, da sie wahrscheinlich neben Arten aus der echten Stammgruppe der $^+$Ensifera auch Teile aus den Stammgruppen ihrer wiederum monophyletischen Untereinheiten umfaßt.

AX (1984) führte anstelle des zwar logisch einwandfreien Begriffes der Stammgruppe den der Stammlinie ein und begründete ihn damit, daß das Konzept des supraspezifischen Taxons als Vorfahre ohne reales Äquivalent in der Natur sei. Die bisher unter dem Begriff „Oedischiidae“ zusammengefaßten fossilen Arten von Karbon bis Trias sind dann als Vertreter der Stammlinie der $^+$Ensifera (das sind alle rezenten Ensifera und jene ausgestorbenen Arten, die alle gemeinsam die Nachkommen einer Stammart sind) und zum Teil als Vertreter einer der monophyletischen Untereinheiten aufzufassen. Innerhalb der rezenten Ensifera, deren Monophylie im Unterschied zu den Caelifera oder Phasmatodes nur schwer zu begründen ist (HENNIG, 1968, S. 203), werden drei mehr oder weniger wahrscheinliche monophyletische Gruppen unterschieden. Ziemlich wahrscheinlich bilden die $^{+}$Tettigonioidea eine monophyletische Gruppe. KEVAN (1977) führte sie gemeinsam mit den Gryllacrididea (Hagloidea, Gryllacridoidea, Rhaphidophoroidea, Schizodactyloidea) als Untereinheiten der Tettigeniodea (Suborder) und stellte diesem Taxon die Gryllodea (Gryllotalpoidea, Grylloidea) zur Seite, deren Monophylie ebenfalls wahrscheinlich gemacht werden kann. Sie besitzen mehrere abgeleitete Grundplanmerkmale, deren eigenartigstes die Faltungsweise der Vorderflügel ist. (RAGGE, 1955: 111; HENNIG, 1968: 328) ŠAROV (1968) hielt Gryllacrididea und Gryllidea für Schwestergruppen, eine Ansicht, die von HENNIG (1968) geteilt wurde. Für die Monophylie dieses von HENNIG (1968) als Gryllodea den Tettigonioidea gegenübergestellte Taxon stehen einige Merkmale. Es bestehen innerhalb der Ensifera wahrscheinlich folgende drei rezenten monophyletische Gruppen: Tettigoniidea (Tettigonoidea), Gryllacrididea (Hagloidea = Prophalangopsoidea, Gryllacridoidea, Rhaphidophoroidea, Schizodactyloidea) und Gryllidea (Grylloidea, Gryllotalpoidea). Die Adelphotaxa-Beziehungen innerhalb dieser Taxa sind noch weitgehend ungeklärt. HENNIG (1968) hielt es nicht für unwahrscheinlich, daß innerhalb der Gryllodea (Gryllidea, Gryllacrididea) das Taxon Haglidae (=Prophalangopsidae) die Schwestergruppe aller übrigen Gryllodea sei. Vielleicht wird diese Annahme durch den Bau der Cerci nahegelegt, die bei den Gryllacridoidea, Schizodactyloidea und Grylloidea lang und flexibel, bei den übrigen Orthopteroidea, auch den Hagloidea, kurz sind. Die ältesten Fossilien, die sicher zu den Gryllodea (Gryllidea, Gryllacrididea) gehören, stammen aus der untern Trias von Madygen und wurden von ŠAROV (1968) teils den Haglidae (*Zeunerophlebia* ŠAROV, 1968; *Turkestania* ŠAROV, 1968; *Proisfaroptera* ŠAROV, 1968; *Archihagla* ŠAROV, 1968; *Protshorkuphlebia* ŠAROV, 1968) teils den Gryllidae (*Gryllavus* ŠAROV, 1968) zugeordnet. Nach ŠAROV war bei den triassischen Gryllidae bereits die rechtwinklige Knickung der Vorderflügel in der medianen Längsachse vorhanden. Damit waren alle drei monophyletischen Taxa bereits in der unteren Trias vorhanden. ŠAROV hielt *Tetravus fenestratus* (MARTYNOV) aus dem Oberperm von Archangelsk für den ältesten Vertreter der Tettigonioidea. Wenn dies zuträfe, dann wären bereits im Oberperm die beiden Schwestergruppen Tettigoniodea (Tettigoniidea) und Gryllodea (Gryllacrididea, Gryllidea) vorhanden. Die letzte gemeinsame Stammart aller rezenter Ensifera wäre demnach vor dem Oberperm zu suchen. Für die Stellung der Elcanidae innerhalb der Ensifera ist dies jedoch weniger von Bedeutung. Sie trennten sich von der zu den rezenten Ensifera führenden Stammlinie vermutlich im frühen Unterperm bzw. bereits im Oberkarbon, während die letzte gemeinsame Stammart der rezenten Ensifera wahrscheinlich später lebte.

Zu den wenigen abgeleiteten Merkmalen, die sich für die Ensifera finden lassen, wird nach RAGGE (1955) die Einschließung der vorderen und hinteren Cubitalregion in den Analfächer angesehen, während er bei Caelifera und wohl auch Phasmatodea auf das Analfeld beschränkt bleibt. Ein weiteres Merkmal könnte das Vorhandensein eines Schrillapparates im Vorderflügel bei den Ensifera sein. ŠAROV (1968) gab einige permische Fossilien bekannt, deren schwach s-förmig gebogene Analadern einen primitiven Lautapparat darstellten könnten (*Sylvoedischia* ŠAROV 1968). Mindestens das erstere Merkmal, der erweiterte Analfächer, erschien nach der Entstehung der Elcanidae, da deren Hinterflügel noch den typischen plesiomorphen Zustand bewahrt haben.

Die von ŠAROV (1968) neu aufgestellten Familien Kamiidae und Vitimidae unterscheiden sich von den „Oedischiidae" durch das Fehlen der Verbindung zwischen MA_1 und RP. Dieses Merkmal zeigen auch die Bintoniellidae HANDLIRSCH, 1938, die von der Untertrias bis Lias reichen. Eine Autapomorphie für diese Familie könnte die Isolation der $MP + CuA_1$ und der gerade Verlauf von $CuA + CuA_1$ sein. Die Trennung der Verbindung zwischen MA und RP gilt als Synapomorphie für die Tettigonioidea. Wenn sie bei Kamiidae + Vitimidae + Bintoniellidae nicht parallel entstanden ist, gehören diese in die Stammlinie der Tettigonioidea. Autapomorphien sind für „Kamiidae" nicht bekannt. Wahrscheinlich handelt es sich bei dieser Familie nicht um eine monophyletische Gruppe. Für die Vitimidae (*Fergania* Šarov, 1968; *Vitimia* Šarov, 1968) kann die Trennung der Verbindung der MP + CuA_1 mit M als Autapomorphie gelten. Bei *Provitimia* Šarov, 1968 wird diese Trennung angedeutet. Eine weitere vermutlich monophyletische Gruppe sind die Triassomantidae Tillyard, 1922. Bei ihnen bleibt die Verbindung von MA und RP bestehen, während siich wie bei den Vitimidae, jedoch parallel dazu, die Verbindung MP + CuA_1 mit M trennt. Hinzu kommt eine Verringerung der Analfeldbreite und Zahl der Analadern. Die Triassomantidae gehören vermutlich in die Stammlinie der $^+$Ensifera. Šarov (1968) stellte eine neue Familie Tettavidae mit Fossilien aus Perm und Trias Eurasiens bereits zu den Tettigoniidea.

Abb. 123 stellt das hypothetische Dendrogramm der Ensifera dar, das sich wesentlich auf Hennig (1968), Šarov, (1968) und eigene Untersuchungen stützt. Mit dem von Patterson & Rosen (1977) formulierten Plesion-Konzept als logisch einwandfreie und praktikable Methode für die Systematisierung stellt sich das System der Ensifera nach Hennig (1968), Šarov (1968) und diese Untersuchungen wie folgt dar:

Ensifera
- Plesion † Elcanoidea
  - 1. Elcanidae
  - 2. Permoraphidiidae
- Plesion † „Oedischiidae"
- Plesion † Triassomantidae
- 1. Taxon Tettigonioidea
  - Plesion † „Kamiidae"
  - Plesion † Vitimidae
  - Plesion † Bintoniellidae
  - Plesion † Tettavidae
  - Taxon Tettigoniidae
- 2. Taxon Gryllodea
  - 2.1. Grylloidea
    - 2.1.1. Gryllidae
    - 2.1.2. Oecanthidae
    - 2.1.3. Gryllotalpidae
  - 2.2. Gryllacridoidea
    - Plesion † Phasmomimidae
    - Plesion † „Haglidae"
    - 2.2.1. Prophalangopsidae
    - 2.2.2. Gryllacrididae
    - 2.2.3. Schizodactylidae

Dieser Versuch einer Systematisierung darf nicht darüber hinwegtäuschen, daß, wie im Text ausgeführt, noch eine Reihe von Unklarheiten bestehen, die künftig einer Überprüfung unterzogen werden müssen, um das phylogenetische System der Ensifera zu verifizieren.

8. Zusammenfassung

Variationsstatistische Untersuchungen an mehreren hundert Exemplaren von Elcaniden (meist Vorder- und Hinterflügel, Femora etc.) aus dem Oberlias von Dobbertin und Grimmen (DDR) sowie Schandelah (BRD) bildeten die Grundlage für diese revidierende Bearbeitung der weltweit von Unterperm bis Unterkreide verbreiteten Elcanidae (Permelcanidae Šarov + Elcanidae Handlirsch). Dazu wurden eine große Zahl von Vorder- und Hinterflügeln neu gezeichnet, da sich die Zeichnungen insbesondere von HANDLIRSCH als für diese Untersuchungen nicht ausreichend genau erwiesen. Ene große Zahl oberliassischer Elcanidae wird erstmals abgebildet. Auf der Grundlage der Vorstellungen von KUKALOVA-PECK (1983) wird die Veneation der Elcanidae kritisch untersucht und ein neues Geäderkonzept für diese monophyletische Gruppe vorgestellt. Im Zusammenhang damit erwies es sich als zweckmäßig, die Felder zwischen den Hauptlängsadern eindeutig zu benennen. Es wird eine eindeutige, in sich widerspruchsfreie Benennung vorgeschlagen und in dieser Arbeit durchgängig verwendet.

Von den bisher in dieser Gruppe unterschiedenen 8 Gattungen verbleiben nunmehr 5: *Promartynovia* TILLYARD, 1937 (= *Permelcana* ŠAROV, = *Proelcana* ŠAROV), *Meselcana* ŠAROV, 1968, *Parelcana* HANDLIRSCH, 1906, *Elcana* GIEBEL, 1856 (= *Archelcana* ŠAROV) und *Baisselcana* ŠAROV, 1968. Die übrigen fallen unter die Synonomie der bestätigten Genera. Die Untersuchung zur Variabilität führte zu einer drastischen Verringerung der „Arten" in den Gattungen. Von den bisher aus dem Jura von Eurasien beschriebenen 120 *Elcana*-„Arten" verbleiben lediglich 16. Besonders kraß fiel die Einbeziehung individueller Variabilität bei den 94 von GEINITZ, BODE und HANDLIRSCH beschriebenen Arten aus dem oberen Lias von Mecklenburg und Ostniedersachsen aus. Sie ließen sich auf die vier Arten *Elcana minima*, *E. media*, *E. geinitzi* und *E. magna* reduzieren. Diesen Species lassen sich nun auch Hinterflügel und andere Körperstrukturen relativ leicht zuordnen. Bei den beiden von HANDLIRSCH beschriebenen oberliassischen Arten der Gattung Parelcana handelt es sich wahrscheinlich nur um eine Art (*P. tenuis*), deren unrichtige zeichnerische Wiedergabe bei HANDLIRSCH hier korrigiert wird. Für alle Elcaniden-Genera und -Spezies wird erstmals ein dichotomer Bestimmungsschlüssel dargestellt.

Mit den Methoden phylogenetischer Systematik werden die Gattungen im Plesion Elcanoidae untersucht und ein hypothetisches Dendogramm gegeben. Adelphotaxon der Elcanidae sind wahrscheinlich die Permoraphidiidea, die gemeinsam einen monophyletischen Komplex bilden. Der Merkmalswandel von Unterperm bis Unterkreide bei Vertretern der Elcanidae wird diskutiert. Phylogenetische Betrachtungen über die Ensifera und die Stellung der Elcanoidea innerhalb dieser Ordnung führen zu Aufstellung eines hypothetischen Dendrogramms. Darin werden die Triassomantidae als monophyletische Gruppe in die Stammlinie aller rezenten Ensifera gestellt, während die ‚Kamiidae" (vermutlich keine monophyletische Gruppe), Vitimidae und Bintoniellidae möglicherweise bereits Vertreter der Stammlinie der + Tettigonioidea sind.

Unzweifelhaft sind die „Oedischiidae" eine paraphyletische Gruppe.

Nach dem Plesion-Konzept von PATTERSON & ROSEN (1977) wird die Systematik der Ensifera dargestellt, wie sie sich derzeit nach HENNIG (1968), ŠAROV (1968) und den eigenen Untersuchungen ergibt.

Literaturverzeichnis

ANDER, K. (1939): Vergleichend-anatomische und phylogenetische Studien über die Ensiferen (Saltatoria). — Opuscula entomol. Supp. **2**: 1—306.

ARKELL, W. J. (1933): The Juressic System in Great Britain. XII + 681 S., 41 Taf., Oxford 1933.

AX, P. (1984): Das phylogenetische System. Stuttgart, NewYork, 349pp.

ARORA, G. L. (1956): The realtionship of the Symphyta (Hymenoptera) to other orders of insects on the basis of adult external morphology. — Res. Bull. Punjab Univ. (Zool.), **90**: 85—119, Hoshiarpur.

BERENDT, G. (1874): Anstehender Jura in Vorpommern. — Z. dtsch. geol. Ges. **26**: 445.

BLACKITH, R. E. (1973): Clues to the Mesozoic evolution of the Eumastacidae. — Acrida, **3**: 5—18.

BODE, A. (1905): Orthoptera und Neuroptera aus dem oberen Lias von Braunschweig. — Jb. preuß. geol. Landesanst. f. 1904, **25**: 218, Taf. 6, 7.

— (1953): Die Insektenfauna des ostniedersächsischen oberen Lias. — Paläontographica, Stuttgart, **103 A**: 1—375.

BÖRNER, C. (1919): Stammesgeschichte der Hautflügler. — Biol. Zentralbl., **39**: 145—186.

BRAND, D. & K. HOFFMANN (1963): Stratigraphie und Fazies des nordwestdeutschen Jura und Bildungsbedingungen seiner Erdöllagerstätten. — Erdöl u. Kohle, **46**: 437—449.

BRAUER, F., REDTENBACKER, J. u. GANGLBAUER, L. (1889): Fossile Insekten aus der Juralformation Ost-Sibiriens. — Mem. Acad. Imp. Sci. St.-Petersb., ser. 7, 36, N **15**: 1—22.

BRODIE, P. B. (1845): A History of the Fossil Insects in the Secundary Rocks of England. — London: 130pp., 11 pls.

BRUES, C. F.; MELANDER, A. L.; CARPENTER, F. M. (1954): Classification of insects. Keys to the living and extinct families of insects, and to the living families of other terrestrial arthropods. — Bull. Mus. comp. Zool., Cambridge, Mass. 108, V + 917.

Carpenter, F. M. (1932): Jurassic insects from Solenhofen in the Carnegie Museum and the Museum of Comparative Zoölogie. — Ann. Carnegie Mus. **21**: 97—129.
— (1943): The Lower Permien insects of Kansas. Part 9. The Orders Neuroptera, Raphidoidea, Caloneurodea and Protorthoptera (Probnisidea), with additional Protodonata and Megasecoptera. — Proc. Amer. Acad. Arts Sci., Boston 75, **2**: 55—84, 16 Abb., 1 Taf.
— (1966): The Lower Permian insects of kansas. Part 11. The orders Protorthoptera and Orthoptera. — Cambridge. Psyche **73**: 46—88, 20 Abb., 7 Taf.
Chopard, L. (1920): Recherches sur la conformation et le développement des derniers segments abdominaux chez les Orthoptères. Paris.
— (1949): Ordres des Orthoptères. In: Traitê de Zoologie, **9**: 617—722.
Cockerell, T. D. A. (1915): British Fossil Insects. — Proc. U. S. nat. Mus. **49**: 469—499.
Comstock, J. H. (1918): The wing of Insects. — N.Y., Comstock Publ. Co.: 1—430.
Comstock, J. H. & Needham, J. G. (1898—1899): The wings of Insects. — Amer. Nat. vols. **32, 33** (Eine Serie von 23 Arbeiten).
Deichmüller, J. V. (1886): Die Insekten aus dem lithographischen Schiefer im Dresdener Museum. — Mitt. K. min.-geol. praehist. Mus. Dresden, **7**: 88 pp., 5 pls.
Descamps, M. (1973): Revision des Eumastacoidea (Orthoptera) aux echelons des Familles et des sous familles (Genitalia, repartition, phylogenie). — Acrida **2**: 161—298.
Dirsh, V. M. (1975): Classification of the Acridomorphoid Insects. — Faringdon, Exon., 171 pp.
Ernst, W. (1967): Die Liastongrube Grimmen; Sediment, Macrofauna und Stratigrafie — ein Überblick. — Geologie, Berlin **16**, H. 5: 350—369.
Forbes, W. T. M. (1943): Origin of wings and venation types in insects. — Amer. midland Natural.. Notre Dame **29**: 381—405.
Geinitz, E. (1879): Das Juravorkommen in Mecklenburg. Briefl. Mittlg. an H. Dames. — Z. dtsch. geol. Ges. **31**: 616—618.
— (1879): 1. Beitrag zur Geologie Mecklenburgs. (Jura und Muschelkalk). — Arch. Ver. Fr. Naturg. Meckl. **33**: 84—90
— (1880): Der Jura von Dobbertin in Mecklenburg und seine Versteinerungen. — Z. dtsch. geol. Ges. Berlin **32**: 510—535.
— (1883): Die Flözformationen Mecklenburgs. — Arch. Ver. Fr. Naturg. Meckl. **37**: 27—37, 1 Taf.
— (1884): Über die Fauna des Dobbertiner Lias. — Z. dtsch. geol. Ges. Berlin **36**: 566—583.
— (1886): 8. Beitrag zur Geologie Mecklenburgs. Über einige seltene Sedimentärgeschiebe Mecklenburgs. — Arch. Ver. Fr. Naturg. Meckl. **40**: 1—14.
— (1887): Neue Aufschlüsse der Flözformationen Mecklenburgs. — Arch. Ver. Fr. Naturg. Meckl. **41**: 52—67.
— (1892): Mittellias in Dobbertin. — Neues Jb. f. Min. u. Geol. I: 166.
— (1892): 13. Beitrag zur Geologie Mecklenburgs. Weitere Aufschlüsse der Flözformationen Mecklenburgs. — Arch. Ver. Fr. Naturg. Meckl. **46**: 85—89.
— (1894): Die Käferreste des Dobbertiner Lias. — Arch. Ver. Fr. Naturg. Meckl. **48**: 71—78.
— (1899): 18. Beitrag zur Geologie Mecklenburgs. 2. Oberer Lias von Krakow. — Arch. Ver. Fr. Naturg. Meckl. **53**: 177—197.
— (1899) Geologischer Führer durch Mecklenburg. Berlin. Bornträger.
— (1909): 20. Beitrag zur Geologie Mecklenburgs. III. Jura. Liste der Dobbertiner Insekten. — Arch. Ver. Fr. Naturg. Meckl. **63**: 1—56.
— (1922): Geologie Mecklenburgs. Rostock II. Teil: Das ältere Gebirge, 168 S. (Jura: 81—88).
Germar, E. F. (1837): Über die versteinerten Insecten des Juraschiefers von Solenhofen aus der Sammlung des Grafen zu Münster. — Oken. Isis, IV: 421—424.
— (1839): Die versteinerten Insekten Solenhofens. — Nova Acta Leopoldina, Halle **19**, 1: 184—222, 3 Taf.
— (1842): Beschreibung einiger neuen fossilen Insecten. I. In den lithographischen Schiefern von Bayern. — Beitr. Petrefaktenk. Bayreuth V: 79—94, Taf. IX, XIII.
Giebel, C. G. (1956): Fauna der Vorwelt mit steter Berücksichtigung der lebenden Tiere. — Leipzig, II (I), 511 pp.
Günther, K. (1953): Über die taxonomische Gliederung und die geographische Verbreitung der Insektenordnung der Phasmatodea. — Beitr. Entomol. **3** (N 5): 541—563.
— (1956): Systematik und Stammesgeschichte der Tiere. — Fortschr. Zool. **10**: 37—55.
Günther, K. K. (1979): Einige Bemerkungen über die Gattungen der Familie Tridactylidae Brunner und zur Klassifikation der Tridactylodea (Orth., Caelifera.). — Dtsch. Ent. Z., N. F. **26**: 255—264.

HAGEN, H. A. (1858): Monographie der Termiten. — Linn. Entom. XII.
— (1862): Über die Neuropteren aus dem lithographischen Schiefer in Bayern. — Palaeontographica, X: 96—145.
— (1870): Über rationelle Benennung des Geäders in den Flügeln der Insekten. — Stett. Ent. Zeitung **31**: 316—320.
HAMILTON, K. G. A. (1971): The insect wing. Part I. — J. Kans. Entomol. Soc. **44**: 421—433.
— (1972): The insect wing. Parts II, III, and IV. — J. Kans. Entomol. Soc. **45**: 54—58, 145—162, 295—308.
HANDLIRSCH, A. (1906—1908): Die fossilen Insekten und die Phylogenie der rezenten Formen. — Leipzig, 1430 S., 40 Taf.
— (1986b): Revision of American paleozoic insects.-Proc. U.S. Nat. Mus., Washington **29**: 661—820, 109 Abb.
— (1910): Die Bedeutung der fossilen Insekten für die Geologie. — Mitt. zoo.-bot. Ges. Wien **3**: 503—522.
— (1925): Geschichte, Literatur, Technik, Paläontologie, Phylogenie, Systematik. In: Ch. SCHRÖDER, Handbuch d. Entomologie. — Jena, 1201 S.
— (1926—1930): Insects. In: W. KÜKENTHAL, Handbuch der Zoologie **4**: 403—1036. fig. 478—1156.
— (1938): Neue Untersuchungen über die fossilen Insekten. II. Teil. — Ann. Naturhist. Mus. Wien **49**: 1—240.
HAUPT, H. (1941): Die ältesten geflügelten Insekten und ihre Beziehungen zur Fauna der Jetztzeit. — Z. Naturw. **94**: 69—121.
— (1949): Rekonstruktionen permokarbonischer Insekten. — Beitr. taxon. Zool. **1**: 23—43.
HEER, O. (1852): Über die Lias-Insel im Aargau. Geol. Vortrag. Zürich.
— (1865): Die Urwelt der Schweiz. — Zürich 622pp., 11 pls.
— (1880): s. GEINITZ, E. (1880).
HENKE, K. (1953): Die Musterbildung des Versorgungssystems der Insektenflügel. — Biol. Zbl. **72**: 1—51.
HENNIG, W. (1953): Kritische Bemerkungen zum phylogenetischen System der Insekten. — Beitr. Ent. **3**: (Sonderh.): 1—85.
— (1954): Flügelgeäder und System der Dipteren unter Berücksichtigung der aus dem Mesozoikum beschriebenen Fossilien. — Beitr. Entom. 4: 245—388.
— (1969): Die Stammesgeschichte der Insekten. — Frankfurt/M., 436 S., 143 Abb.
HINTON, H. E. (1958): The phylogeny of the Panorpoid orders. — Ann. Rev. Ent. **3**: 181—206. Palo Alto.
JEANNEL, R. (1949): Les insectes fossiles. In: GRASSE, P.-P. (ed.): Traitê de Zoologie **9**: 18—85. Paris.
KARNY, H. (1921): Zur Systematik der orthopteroiden Insekten. — Treubia **1**: 164—205.
— (1930): Über das Flügelgeäder der Gryllacriden. — Arch. zool. ital. Torina **15**: 193—244, 30 fig.
KEVAN, D. K. MCE. (1977): Suprafamilial Classification of "Orthopteroid" and Related Insects; a draft scheme for discussion and consideration. Notes-Lyman ent. Mus. & Res. Lab. **2** (Ed. 2): Appendix (1)—(26).
— (1977): The Higher Classification of the Orthopteroid Insects. A General View.-Mem. Lyman ent Mus. & Res. Lab. **4**: p. 1—31.
KRISTENSEN, N. P. (1975): The phylogeny of hexapod "orders". A critical review of recent accounts. — Z. zool. Syst. Evolut.-forsch. **13**: 1—44.
— (1981): Phylogeny of insect orders. — Ann. Rev. Entomol. **26**: 135—157.
KRÜGER, G. (1936): Geologisches Schrifttum über Mecklenburg.-Mittlg. a. d. geol. Landesanstalt. I, **44**, N. F. 9: 1—102.
KUKALOVA, J. (1965): Permian Protelytroptera, Coleoptera and Protorthoptera (Insects) of Moravia. — Sbornik geol. vêd. pal. **6**: 61—98.
KUKALOVA-PECK (1983): Origin of the insect wing and wing articulation from the arthropodan leg. — Can. J. Zool. **61** (7): 1618—1669.
LAMEERE, A. (1922): Sur la nervation alaire des insectes. — Classe Sci. Belgium, Bull.: 148—149.
LAURENTIAUX, D. (1953): Classe des Insectes. — In: J. PIVETEAU, Traité de Paléontologie, III. Paris (Masson): 397—527, 106 Abb.
LESTON, D. (1962): Tracheal capture in ontogenetic and phylogenetic phases of insect wing development. — Proc. R. Ent. Soc. Lond. (A) **37**: 135—144.
LINNAEUS, C. (1758): Systeme naturae. 10. Aufl., Bd. 1; Holm.
MALZAHN, E. (1937): Die Geologie des Dobbertiner Lias und seine Umgebung. — Mitt. Mecklenb. geol. Landesamt, Rostock **46**: 1—16, 5 pls.
MARTYNOV, A. V. (1937): Liasovye nasekomye Šurabe; Kizil-Kii. — Trudy peleont. Inst. Akad. Nauk SSSR **7**, vyp. 1, str. 5—232.

— (1938): Études sur l' histoire géologique et phylogénetique des ordres des insecta Pterygots. — Trav. Inst. paléont. Acad. Sci. URSS, **7** (4): 1—148. Leningrad.

MICKOLEIT, G. (1973): Über den Ovipositor der Neuropteroidea und Coleoptera und seine phylogenetische Bedeutung (Insecta, Holometabola). — Z. Morphol. Tiere, **74**: 37—64.

MÜLLER, A. H. (1978): Lehrbuch der Paläozoologie. — Jena, Bd. II. T. 3, Arthropoda 2 — Hemichordata, 748 S., 852 Abb.

— (1983): Lehrbuch der Paläozoologie. Bd. 1 Allgemeine Grundlagen. Jena: Verl. Fischer, 4. Aufl., 466 S., 261 Abb.

MÜNSTER, G. Graf zu (1828): Nachtrag zu dem Aufsatze des Professor GERMAR in Teil 4. Heft 2. dieser Zeitschrift, über die Versteinerungen von Solnhofen. In: CH. KEFERSTEIN, Deutschland geognostisch-geol. dargestellt. Weimar. **5**: 578—581.

NEEDHAM, J. G. (1935): Some basic principles of insect wing — venation. — Journ. N. Y. Ent. Soc. **43**: 113—129.

— (1951): Prodrome for a manual of the dragonflies of North America, with extended comments on wing venation systems. — Trans. Amer. Ent. Soc. **77**: 21—62.

OERTEL, W. (1921): Der Lias in Mecklenburg. (Vorl. Mitt.). — Arch. Ver. Fr. Naturg. Meckl. **74**: 1—12.

OPPENHEIM, P. (1888): Die Insectenwelt des lithographischen Schiefers in Bayern. — Paleontogr., XXXIV: 215—247.

PATTERSON, C. & ROSEN, D. E. (1977): Review of ichthyodectiform and other mesozoic teleost fishes and the theory and practive of classifying fossils. — Bull. Am. Mus. Natur. Hist. **158**: 81—172.

PETERS, G. & KLAUSNITZER, B. (1978): Phylogenetische Systematik als Methode zur Erforschung der Stammesgeschichte der Tiere. — Biol. Rdsch., Jena **16**, 2: 88—98.

PIETRZENIUK, E. (1961): Zur Mikrofauna einiger Liasvorkommen in der Deutschen Demokratischen Republik. — Freiberger Forschungshefte, C 113, 1—129.

RAGGE, D. R. (1955): The wing — venation of the Orthoptera Saltatoria with notes on dictyopteran wing — venation. — Brit. Mus. (Natur. Hist.), London: 159pp.

— (1977): Classification of the Tettigonioidea. — Mem. Lyman. ent. Mus. & Res. Lab. **4**: 44—52.

REDTENBACHER, J. (1886): Vergleichende Studien über das Flügelgeäder der Insekten. — Ann. des K. K. nat. Hofmuseum **1**, (3): 153—232.

RICHTER, R. (1948): Einführung in die zoologische Nomenklatur durch Erläuterung der Internationalen Regeln. Verlag Dr. WALDEMAR KRAMER, Frankfurt am Main.

RIEK, E. F. & KUKALOVA-PECK, I. (1984): A new interpretation of dragonfly wing venation based upon Early Upper Carboniferous fossile from Argentina (Insecta: Odonatoidea) and basic character states in pterygote wings. — Can. J. Zool. **62** (6): 1150—1166.

RODENDORF, B. B. (1957): Paleontomologičeskie issledovanija v SSSR. — Trudy PIN **66**: 1—101.

RODENDORF, B. B. (Herausgeber) & alii (1961): Paleozojskie nasekomye Kuzneckogo Bassejna. — Tr. Paleont. Inst. **85**: 1—705.

— (1962): Členistonogie. — Trachejnye i Chelicerovye In: Osnovy paleontologii, 9.

RODENDORF, B. B. (Herausgeber) (1968): Jurskye nasekomye karatau. — Moskva, 252pp., 25 Taf.

RODENUORF, B. B. & RASNICYN, A. P. (1980): Istoričeskoe razvitie klassa nasekomych. — Tr. Paleont. Inst. **178**, Nauka, 256pp.

ROSS, H. H. (1955): The evolution of the insects orders. — Ent. News **66**: 197—208.

— (1965): A Textbook of Entomology. — New York, London, Sydney, Tokyo, 3rd ed., 539 S.

ŠAROV, A. G. (1960): On the system of the Orthopterous Insects. — Cong. Ent., Wien (1): 295—296.

— (1962): Novoe permskoe semejetvo prjamokrylych (Orthoptera). — Paleont. Žurn. **2**: 112—116.

— (1968): Filogenija orthopteroidnych nasekomych. — Trudy paleont. Inst. Akad. Nauk. **118**: 1—208, 53 Abb., 12 Taf.

SAVAGE, H. M. (1983): Wing evolution within Microculis and related genera (Ephemeroptera: Leptephlebiidae) from northern South America. — Z. f. zool. Systematik u. Evolutionsforschung **21**, 2: 124—142.

SCHNEIDER, J. (1977): Zur Variabilität der Flügel paläozoischer Blattodea (Insecta), T. I. — Freiberger Forsch.-Hefte, C 326, Leipzig, 87—105, 8 Abb., 11 Taf.

(1978): Zur Variabilität der Flügel paläozoischer Blattodea (Insects). T. II. — Freiberger Forsch.-Hefte, C 334, Leipzig, 21—39, 6 Bilder, 6 Bildtaf., 2 Tab.

SCUDDER, S. H. (1885): Insects In: ZITTEL, K.: Handbuch der Paläontologie 1, 2, München, Leipzig, 893pp.

— (1891): Index to the known fossil insects of the world including myriapods and arachnids. — Bull. U. S. Geol. Surv. **71** Washington, 744pp.

SELLARDS, E. H. (1909): Types of Permian insects. Part 3. — Amer. Journ. Sci. **27**: 151—173.

SMART, J. (1956): A note on insect wing veins and their tracheae. — Quart. J. Micros. Sci. **97** (4): 535—539, 2 Abb., 1 Taf.

TILLYARD, R. J. (1919): The panorpoid complex, Part. 3. The wing venation. — Proc. linn. Soc. N. S. Wales **44**: 533—718. Sydney.

— (1922): Mesozoic insects of Queensland. N 9. Orthoptera, and additions to the Protorthoptera, Odonata, Hemiptera and Planipennia. — Proc. Linnean Soc. N. S. Wales **48**, 4: 447—470.

— (1932): Kansas Permian Insects, 14. The ordre Neuroptera. — Amer. J. Sci. (5) **23**: 1—30.

— (1937: Kansas Permian insects. Part 17. The Order Megasecoptera and additions to the Palaeodictyoptera, Odonata, Protoperlaria, Copeognatha and Neuroptera. — Amer. Journ. Sci. **33**: 82—110.

UVAROV, B. (1966): Grasshoppers and Locusts. A handbook of general acridology. Vol. 1 Anatomy, Physiology, Development Phase Polymorphism, Introduction to Taxonomie. — Cambridge, 1966, p. 1—481.

VICKERY, V. R. (1977): Taxon Ranking in Grylloidea and Gryllotalpoidea. — Mem Lyman ent. Mus. & Res. Lab. **4**: p. 32—43.

WEBER, E. (1980): Grundriß der biologischen Statistik. Jena: Verl. FISCHER, 652 S., 116 Abb., 28 Taf.

WESTWOOD, J. O. (1845): S. BRODIE, P. B. (1845).

— (1854): Contributions to Fossil Entomology. — Quart. J. Geol. Soc. London **10**: 378—396.

WEYENBERGH, H. (1869): Sur les insectes fossiles du calcaire lithographique de la Baviére qui se trouvent au Musée TEYLER. — Arch. Mus. TEYLER **2**: 247—240.

— (1973): Notessur quelques insectes du calcaire jurassique de la Baviére. — Arch. Mus. Teyler **3**: 234—240.

— (1874): Enumeration systematique des espèces qui forment la fauna entomologique de la période Méso-zoique de la Baviére. — Period. Zoöl., Org. Sec. Ent. Argent. **1**: 87—106.

WILLMANN, R. (1978): Mecoptera (Insecta, Holometabola). — Fossilium Catalogus, Animalia, **124**: 1—139; The Hague.

— (1984): Mecopteren aus dem Lias von Niedersachsen (Insecta, Holometabola). — N. Jb. Geol. Paläont. Mh. 7: 437—448, 7 Abb.

ZESSIN, W. (1981): Ein Hymenopterenflügel aus dem oberen Lias bei Dobbertin, Bezirk Schwerin. — Z. geol. Wiss. **9**: 713—717.

— (1982): Durchsicht einiger liassischer Odonatopteroida unter Berücksichtigung neuer Funde von Dobbertin in Mecklenburg. — Dtsch. Ent. Z., N. F. 29, 1—3: 101—106, 5 Taf.

— (1983): Revision der mesozoischen Familie Locustopsidae unter Berücksichtigung neuer Funde. — Dtsch. Ent. Z., N. F. **30**, 1—3: 173—237, 60 Abb. im Text, 6 Taf.

— (1983b): Locustopsis kruegeri n. sp. (Orthopteroida, Caelifera) aus dem oberen Lias von Schandelah bei Braunschweig (BRD). — Z. geol. Wiss. Berlin **11**, 7: 905—910, 2 Abb. im Text, 1 Taf.

— (1985): Neue oberliassische Apocrita und die Phylogenie der Hymenoptera (Insecta, Hymenoptera). — Dtsch. Ent. Z., N. F. **32**, 1—3: 129—142, 5 Abb. im Text, 2 Taf.

ZEUNER, F. E. (1929): Beiträge zur Systematik und Phylogenie der Gattung *Platycleis* FIEB. und verwandter Decticinen (Orth. Tettig.). — Mitt. Zool. Mus. Berlin **15**, 201—235.

— (1933): Die Stammesgeschichte der Käfer. — Paläont. Z., Berlin **15**: 280—311, 14 Fig.

— (1935): The recent and fossil Prophalangopsidae. — Stylops. London 4, **5**: 102—108.

— (1936): The subfamilies of Tettigoniidea (Orthoptera). — Proc. Roy. Entomol. Soc. London (B) **5**: 103—109.

— (1937): Description of new genera and species of fossil Saltatoria. — Proc. R. ent. Soc. Lond. (B) **6**: 154—159.

— (1939): Fossil Orthoptera Ensifera. — London (British Mus., Nat. Hist.), 321 pp., 80 pls.

— (1940a): Saltatoria Ensifera fossilia. — Fossilium Catalagus, I. Animalia, Pars 90, Editus à W. QUENSTEDT, Neubrandenburg, G. FELLER.

— (1940b): Biology and Evolution of Fossil Insects. — Proc. geol. Assoc. London: 44—48.

— (1941): The fossil Acrididae (Orth. Salt.). — Part I. Cantatopinae. — Ann. and Mag. Natur. Hist., ser. 11, **8**: 510—522.

— (1942a): The fossil Acrididae (Orth. Salt.). — Part II. Oedipodinae. — Ann. and Mag. Natur. Hist., ser. 11, **9**: 128—134.

— (1942b): The fossil Acrididae (Orth. Salt.). — Part III. Acrididae. — Ann. and Mag. Natur. Hist., ser. 11, **9**: 304—314.

— (1942): The Locustopsidae and the phylogeny of the Acridodea (Orthoptera). — Proc. Roy. Entomol. Soc. London (B) **11**, N 1: 1—19.
— (1962): Fossil insects from the Lower Lias of Charmouth, Dorset. — Bull. Brit. Mus. (Nat. Hist.) Geol. **7**, No. 5: 155—171.

Anschrift des Autors:
Dr. rer. nat. W. ZESSIN
ERNST-THÄLMANN-Str. 30
DDR-2754 Schwerin

Dtsch. ent. Z. N. F. 34 (1987), 1—3, 77—84

Distribution, the special case of sex-linked wing dimorphism and phenology of the life cycle in Trichotichnus laevicollis and T. nitens
(Coleoptera, Carabidae)

By

KONJEV DESENDER

With 4 figures and 1 table in the text

Abstract

Data are presented on the distribution, wing and flight muscle development and the phenology of the life cycle in *Trichotichnus laevicollis* and *T. nitens* (Coleoptera, Carabidae) based on material collected in Belgium.

Both species are present in the more elevated parts of our country only, but *T. laevicollis* seems to have a more widely and more scattered distribution, also reflected in its larger total geographical range as compared to *T. nitens*.

Data on wing and flight muscle development are given and show that males are always longwinged, females always shortwinged.

Finally, phenology data on both species are presented. It appears that reproduction takes place during Spring — early Summer, while hibernation probably occurs in the adult stage.

Introduction

Trichotichnus laevicollis (DUFTSCHMID, 1812) and *T. nitens* (HEER, 1838) are closely related Carabid beetles with a Central European distribution. JEANNEL (1942) mentioned *T. nitens* as being fullwinged, with the exception of individuals living above 3500 m altitude which were sometimes apterous. RAVIZZA (1972) and BRANDMAYR (1983) on the other hand reported both species to show wing dimorphism, which seemed to be sex-linked. As far as known, only in one other Carabid genus, *Leistus*, the same peculiar phenomenon has been noted for one species, *Leistus nitidus* (BRANDMAYR, 1983). In all other Carabid genera so far studied wing dimorphism and polymorphism does not appear to be sex-linked (cf. DARLINGTON, 1936; LINDROTH, 1949; DEN BOER et al., 1980). Except for the large scale geographical distribution of these two *Trichotichnus* — species very little is known about the detailed morphology of wing morphs, distribution on national scales and different aspects of the life cycle. LAUTERBACH (1964) mentions *T. laevicollis* as reproducing during Autumn.

This paper is based on all available material from these species in Belgium, Besides distribution, quantitative data are presented on wing and flight muscle development and on phenology of the life cycle in both species.

Material and methods

In the framework of a detailed study on the distribution and ecology of Carabid beetles in Belgium, all available collections were checked. To this material many data were added from pitfall trap series at circa 60 different sites scattered all over the country in various habitat types. Especially wing and flight muscle development were checked in as many species as possible.

Biometric data on *T. laevicollis* and *T. nitens* were gathered from samples at three woodland sites (*T. laevicollis*: 'Burreken': UTM grid ref.: ES42; *T. nitens*: 'Buzenol': UTM grid ref.: FR80, 'Poupehan': UTM grid ref.: FR41). To obtain a relative measure of wing development the index relative wing size was calculated (DEN BOER et al., 1980), being wing size (wing length × wing width) divided by elytral size (elytral length × elytral width). Recently we could show that wing development in Carabid beetles shows a negative allometric relationship to beetle size; therefore a correction was furthermore made to the index relative wing size and the results presented as percentage of maximal realisable relative wing size (cf. DESENDER et al., in press). Values for this index not significantly deviating from 100% indicate that no reduction from maximal wing size has taken place during the past history of a given species. From all biometric data mean values and 95% confidence limits were calculated. In all measured beetles the development of flight muscles was also checked: distinction was only made between functional and non-functional flight muscles. Finally all measured females were checked for the state of ovarian development, i.e. only the presence or absence of ripe eggs in the ovaries. All data on seasonal occurrence were extrapolated into monthly periods. Distribution data are presented on maps using the UTM grid system (10 Km × 10 Km).

Results and discussion

1. Distribution

Fig. 1 and 2 summarize the distributional data on both species from our country and Luxembourg (MOUSSET, 1973). Distinction is made between data before 1950, after 1950 or data from both periods for a given UTM square.

In a first attempt to explain these distribution patterns they were analysed in comparison with different biotic and abiotic factors (soil types, orohydrography, woodland type and cover and climatological factors). These analyses will be more elaborated in the future (DESENDER, in prep.) and are basically performed by means of tests of independance (cf. SOKAL & ROHLF, 1969). Within our contry both species show a significant preference

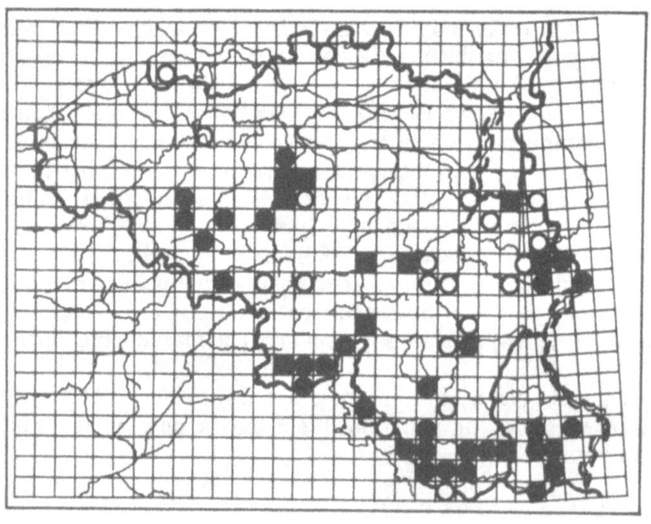

Fig. 1
Distribution of *Trichotichnus laevicollis* in Belgium. (UTM grid, open symbols: data from the time period before 1950; black dots: data after 1950; black squares: data from both time periods).

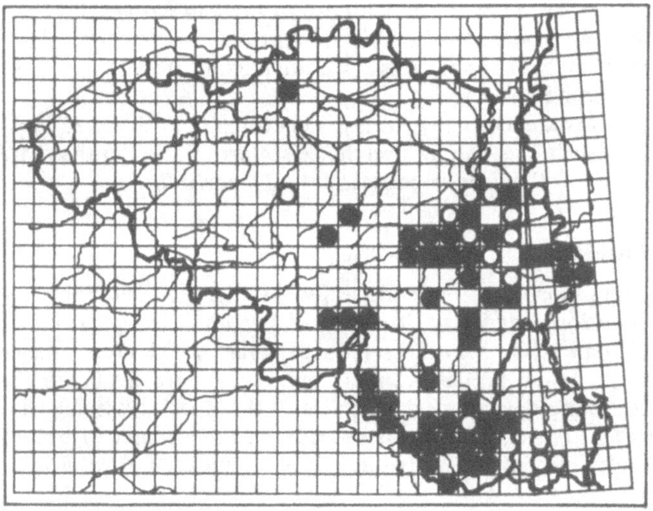

Fig. 2
Distribution of *Trichotichnus nitens* in Belgium. (see legend Fig. 1 for further explanation).

($p < 0.001$) for UTM squares with stony loam soil, an altitude of more than 200 meter above sea level and more than 20% woodland cover. *T. nitens* seems to prefer deciduous forest. *T. laevicollis* shows a preference for UTM squares with more than 800 mm precipitation per year, whereas *T. nitens* has been significantly more collected in UTM squares with more than 900 mm precipitation per year. Although these analyses are only based on reduced data (i.e. only presence or absence per UTM square of 10 Km × 10 Km), they show these species to occur especially in the more elevated woodland sites from our country with higher annual precipitation. As can be deduced from the distribution maps and the results obtained in our analyses, *T. laevicollis* shows a somewhat larger and more scattered distribution as compared to *T. nitens*.

When comparing these results to the total geographical distribution from both species, apparently a similar conclusion appears: e.g.:

- Tschechoslovakia (PULPAN, 1968): only the presence of *T. laevicollis*;
- Pannonian Plane, Balkan Peninsula and European part of USSR (TURIN, 1981): only the presence of *T. laevicollis*;
- Central Europe (DAHL, 1928; FREUDE et al., 1976; HORION, 1951; KOCH, 1968; MANDL, 1978): *T. laevicollis* occurs in the whole of Central Europe, whereas *T. nitens* only in the Western part;
- France (BONADONA, 1971; JEANNEL, 1942): both species occur especially in hilly country and mountains, but *T. laevicollis* is more widely distributed;
- The Netherlands (TURIN et al., 1977): *T. laevicollis* and *T. nitens* occur only in the extreme Southeastern part, while exceptionally *T. laevicollis* has been found in some other localities further West and North;
- Poland (BURAKOWSKI et al., 1973): *T. laevicollis* is rather widely distributed in the Central and Southern parts, whereas *T. nitens* has only been found in the extreme South-Western parts.

The total distribution is summarized as follows (FREUDE et al., 1976): *T. laevicollis*: distributed in mountains from the German central mountains (to the North till Hannover, the Harz Mountains and some individuals till Hamburg), till the Southern parts of the Alps; in Eastern direction till the Carpathes; on lower elevation local and rare. *T. nitens*: distributed in mountains in Western Central Europe; not in the North-Eastern Alps; in Eastern direction till The Erz mountains, Lausitzer Bergland and the Oder in Austria; mostly rare.

Koch (1968) further mentions that both species prefer woodlands but that *T. laevicollis* also can occur on grasslands and woodland edges.

We can conclude that *T. laevicollis* seems somewhat less stenotopic than *T. nitens* in its habitat choice and that on a large scale this habitat preference seems reflected in the more restricted geographical distribution of *T. nitens* as compared to *T. laevicollis*.

2) Wing and flight muscle development

Fig. 3 illustrates the different wing morphs in both species, while Fig. 4 presents the frequency distributions on wing development from all measured beetles. Clearly all males are always winged, whereas all females show very much reduced wings, which are a smaller version of male wings. Although fewer beetles from *T. laevicollis* were available for measuring, obviously the relative wing development of males in this species is somewhat smaller as compared to males of *T. nitens*. This seems reflected in the number of beetles possessing functional flight muscles: no females, only one out of 12 males of *T. laevicollis*,

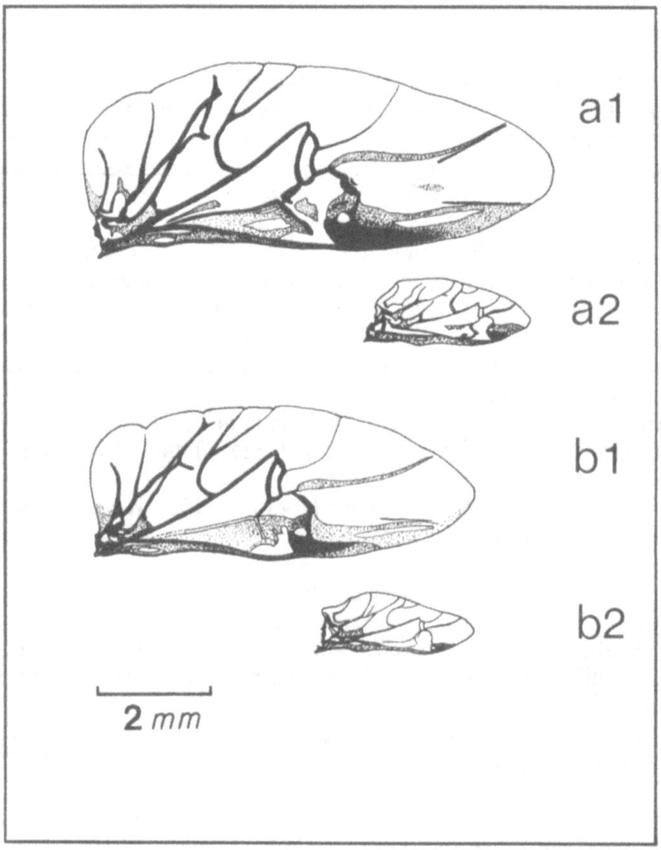

Fig. 3
Wing morphs in *Trichotichnus nitens* (a) and *T. laevicollis* (b); 1 = males, 2 = females.

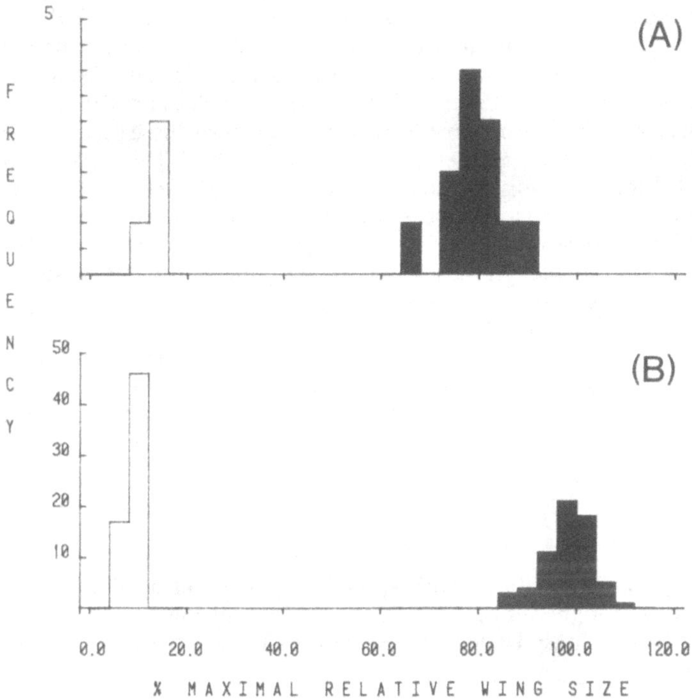

Fig. 4
Frequency distributions of relative wing development in males (black collumns) and females (open collumns) from *Trichotichnus laevicollis* (A) and *T. nitens* (B) in Belgium (relative wing development expressed as % of maximal realisable relative wing size; see text for further explanation).

but 59 out of 63 males of *T. nitens*. As already mentioned no detailed data on wing and flight muscle development were hitherto known.

Ravizza (1972) mentions that at the Italian side of the Alps all males of *T. laevicollis* and all males of *T. nitens* are winged, whereas all females of the former species are brachypterous. He mentions however the presence of a very low fraction of winged females in *T. nitens*. The same sex-linked wing dimorphism with the exception of very few winged females is also reported for *T. knauthi*, a species distributed all over the Alps, whereas *T. rimanus*, the only other species in this genus from Europe (Turin, 1981) shows brachyptery for males as well as females (Ravizza, 1972). It is further interesting to note that the lastmentioned species shows a very restricted distribution, living only in the Southern parts of the Pennine Alps.

Brandmayr (1983) was unable to give an explanation for this sex-linked wing dimorphism and poses the question what to think about the dispersal power of such species, because only the males are (apparently) able to spread. Although the inheritance schedule for wing development has not yet been studied for this species, we would like to present the following hypothesis. Under the assumption of genetic control of wing development in these Carabid beetles, assumption proven wright for the few thusfar studied other Carabid beetles (cf. Lindroth, 1946; Aukema, 1984; Desender & Maelfait, 1985), probably all the members of this genus have the genetic factors for wing development associated to the sex chromosomes. Resedent females are more likely to produce female offspring with reduced wing size if those flying away from populations would take away the genetic information for longer wings, without influencing wing size from resedent males. This could hold true if females in past history have shown more dispersal as compared to males and if mortality among dispersing beetles would be high. For some other Carabid species there seems to be evidence that females fly more often than males (cf. VAN HUIZEN, 1979). This explanation would mean that wing reduction processes as found in many Carabid beetles are in the first place the result of a gene flow process. Natural selection processes (e.g. adaptive value of dispersal power, possible difference in number of offspring from shortwinged or long-winged beetles) would then not be the primary cause of wing reduction processes in Carabid beetles. The fact that *T. rimanus* shows brachyptery for males and females might then be the effect of the extremely reduced relict distribution which has resulted in the long run in reduction of wings in both sexes. We would however expect that in the widely distributed *T. laevicollis* winged females would be discovered. In conclusion we can say that more data, especially on the genetic schedule and on wing development on other sites will be needed to support or bear out this hypothesis.

3) Phenology of the life cycle

Table I summarizes the phenology data in both species, based on all available data. Dissected females from *T. nitens* caught during April, May and June all contained ripe eggs in their ovaries. Data in Table I must be interpreted with caution (pooled data from

Table 1
Monthly captures of *Trichotichnus laevicollis* and *T. nitens* in Belgium

Month	T. laevicollis	T. nitens
1	0	1
2	1	0.5
3	0	5.1
4	7	18.8
5	11	46.2
6	20	57.1
7	24.3	30.3
8	9.3	3.9
9	1.7	0
10	1	0
11	2.3	0
12	0	0

different sites), but obviously reproduction must take place especially during Spring. Larvae probably occur during Summer while the new generation of beetles appears in Summer-early Autumn and will hibernate (teneral beetles from *T. nitens* were found during Summer). Although we have fewer data on *T. laevicollis* the pattern seems similar to the one in *T. nitens*, but the activity peak probably occurs somewhat later. Consequently these species should not be classified as 'Autumn-breeders' (cf. LAUTERBACH, 1964) without gathering more detailed data on ovarian development. Furthermore more data are needed on the life cycle of these species in other parts of their distribution area.

Achnowledgements

Prof. Dr. J. HUBLÉ is acknowledged for critical reading of the manuscript. Many thanks are also due to all people who provided their collected material or gave us access to collections in different institutes.

References

AUKEMA, B. (1984): Winglength determination in relation to dispersal by flight in two wing dimorphic species of *Calathus* BONELLI (Coleoptera, Carabidae). — XVII. International Congress of Entomology, Hamburg 20—26 August 1984, Abstract Volume, p. 367.

BONADONA, P. (1971): Catalogue des Coléoptères Carabiques de France. — Publications de la Nouvelle Revue d'Entomologie, Toulouse, 1—177.

BRANDMAYR, P. (1983): The main axes of the coenoclinal continuum from macroptery to brachyptery in Carabid communities of the temperate zone. — Report 4th Symp. Carab. '81: 147—169.

BURAKOWSKI, B., M. MROCZKOWSKI & J. STEFANSKA (1973): Katalog Fauny Polski. — **23** (2), Carabidae 1, Warszawa, 1—233.

DAHL, T. (1928): Die Tierwelt Deutschlands. — 7. Teil, I: Carabidae. Jena, 1—210.

DARLINGTON, P. J. (1936): Variation and atrophy of flying wings of some Carabid Beetles. — Ann. Soc. Ent. Americana **29**: 136—179.

DEN BOER, P. J., T. H. P. VAN HUIZEN, W. DEN BOER-DAANJE, B. AUKEMA & C. F. M. DEN BIEMAN (1980): Wing Polymorphism and Dimorphism in Ground Beetles as Stages in an Evolutionary Process (Coleoptera: Carabidae). — Entom. gen. **6** (2/4): 107—134.

DESENDER, K., J.-P. MAELFAIT & M. VANEECHOUTTE (in press): Allometry and Evolution of Hind Wing Development in Macropterous Carabid Beetles. — In: Carabid Beetles, their Adaptations, Dynamics and Evolution.

FREUDE, H., K. W. HARDE & G. A. LOHSE (1976): Die Käfer Mitteleuropas. — Band 2, Adephaga 1 — Carabidae. Krefeld, 1—302.

HORION, A. (1951): Verzeichnis der Käfer Mitteleuropas. — Bd. 1. Stuttgart, 1—53.

JEANNEL, R. (1942): Coléoptères Carabiques 2. — Faune de France **40**: 574—1173.

KOCH, K. (1968): Käferfauna der Rheinprovinz. — Decheniana Beihefte **13**: 1—376.

LAUTERBACH, A. W. (1964): Verbreitungs- und aktivitätsbestimmende Faktoren der Carabiden in sauerländischen Wäldern. — Abhandl. Landesmuseum für Naturkunde Münster, **26**: 5—103.

LINDROTH, C. H. (1946): Inheritance of wing dimorphism in *Pterostichus anthracinus* Ill. — Hereditas **32**: 37—40.

LINDROTH, C. H. (1949): Die Fennoskandischen Carabidae. Allgemeiner Teil. — Kungl. Vetensk. Vitterh. Samh. Handl. Ser. B **4** (3): 1—911.

MANDL, K. (1978): Catalogus Faunae Austriae XVb. Carabidae II. — Wien, 1—58.

MOUSSET, A. (1973): Atlas Provisoire des Insectes du Grand-Duché de Luxembourg, Coleoptera — cartes 1 à 226, Luxembourg.

PULPAN, J. (1968): Determination of areals and subareals of Czechosloakia with regard to faunistics of beetles of the familia Carabidae (Coleoptera). — Acta Mus. Reginae-hradecensis S.A. **9**: 95—146.

RAVIZZA, C. A. (1972): Contributo alla conoscenza dei Trichotichnus Mor. italiani (Coleoptera, Carabidae). — Boll. Soc. ent. ital. **104**: 68—74.

SOKAL, R. R. & F. J. ROHLF (1969): Biometry. The principles and practice of statistics in biological research. — San Francisco, 1—776.

TURIN, H. (1981): Provisional checklist of the European ground-beetles (Coleoptera: Cicindelidae & Carabidae). — Monografieën van de Nederlandse Entomologische Vereniging N° 9, Amsterdam, 1—249.

TURIN, H., J. HAECK & R. HENGEVELD (1977): Atlas of the Carabid beetles of the Netherlands. – Koninklijke Nederlandse Akademie van Wetenschappen, Verhandelingen Afdeling Natuurkunde, 2e reeks, **68**: 1–228.

VAN HUIZEN, T. H. P. (1979): Individual and environmental factors determining flight in Carabid beetles. – Miscellaneous papers Landbouwhogeschool Wageningen **18**: 199–211.

Authors address:

KONJEV DESENDER
Laboratorium voor Oecologie der Dieren,
Zoögeografie en Natuurbehoud.
K. L. Ledeganckstraat 35 B-9000
GHENT (BELGIUM).

Dtsch. ent. Z., N. F. 34 (1987) 1—3, 85—105

Untersuchungen der Dipterenfauna in natur- und industrienahen Rasenbiotopen Thüringens (DDR) mittels Bodenfallen

(Diptera Brachycera)

Von

RUDOLF BÄHRMANN

Mit 1 Abbildung und 11 Tabellen im Text

Abstract

11778 specimens of Diptera were caught in pitfall traps in two nearly natural grasslands and a grassland polluted by immissions of a phosphate-factory in Thuringia/GDR. The activity density (number of individuals caught in pitfall traps) of the families Chloropidae, Phoridae and Sphaeroceridae clearly dominate in each of the biotopes. In the surroundings of the phosphate-factory a high number of the halobiontic *Pelomyiella mallochi* (Tethinidae) and other halophilic species were caught. The investigations include tests of diversity, of RENKONEN, of time constance (persistence) and representance, i.e. the percentage of the total abundance of a species, in the number of the 6 catena units, selected in the industrial area. The zoophagous adults only represent 9.7%—17.8% of total specimens, but a higher number of zoophagous species were caught (14.7%—26.6%). Some remarkable species of brachypterous flies have been identified. The saisonality of dominant species caught by the pitfall trapping method exhibits a distinct relationship to the saisonality of these species caught by sweep net method in the Leutra valley near Jena/Thuringia.

1. Einleitung und Zielstellung

Zur Analyse der Dipterenfauna in Rasenökosystemen Thüringens liegen aus dem Leutratal bei Jena und aus durch Industrie-Emissionen beeinflußten Rasenbiotopen, ebenfalls in der Nähe von Jena, Ergebnisse mehrjähriger Kescherfänge vor (BÄHRMANN, 1984, 1985). Bekanntlich ist aber mit einer Fangmethode immer nur ein bestimmter Ausschnitt aus dem Gesamtspektrum der Fauna zu ermitteln. Deshalb sollen hier in Ergänzung der Kescherfangergebnisse als weitere Vorarbeit zu einer ökofaunistischen Darstellung der Dipteren in Rasenökosystemen die Ergebnisse von Bodenfallenuntersuchungen mitgeteilt werden, die ebenfalls aus dem Leutratal und dem Emissionsgebiet stammen. Einbezogen in den Vergleich der Bodenfallenergebnisse wird ein dritter Biotopkomplex, und zwar handelt es sich dabei um einen wechselfeuchten Rasenbiotop in der Nähe von Arnstadt/Thüringen, das Apfelstädter Ried. Auf diese Weise gelangen zwei durch unterschiedliche Bodenfeuchte und Vegetationsstruktur ausgezeichnete, naturnahe Rasenbiotope zur Gegenüberstellung mit einem anthropogen stark beeinflußten Rasenökosystem.

Bei diesem Vergleich geht es vor allem darum, durch die Bodenfallenfänge einen Einblick in die bodennahe Dipterenfauna zu erlangen, die mit dem Kescher unvollständig oder gar nicht erfaßt werden kann. Da aber die einzelnen Arten in Abhängigkeit von ihrer spezifischen Aktivitätsrhythmik mit unterschiedlicher Fangwahrscheinlichkeit in die Bodenfallen geraten, haften freilich auch dieser Fangmethode eine Reihe von Mängeln an, die bei der Deutung der Ergebnisse im einzelnen zu berücksichtigen sind.

Zu den Zielstellungen der vergleichenden Biotopuntersuchung gehört die Frage nach qualitativen Unterschieden zwischen den Fangergebnissen in den drei Biotopkomplexen. Geprüft wird, welche Fliegenfamilien auftreten, welche Arten übergreifend in den drei Gebieten erbeutet werden konnten und welche Arten möglicherweise für die einzelnen Biotope spezifisch sind. Leider lassen sich die Phoriden zur Zeit noch nicht genauer identifizieren, so daß diese Dipteren-Familie keinen weitergehenden ökofaunistischen Untersuchungen zugänglich ist. Während im Leutratal Aussagen zur räumlichen Einmischung der Arten nur in geringem Umfang möglich sind, wurde im Immissionsgebiet bei Jena eine Serie von Probeflächen untersucht, die aus 6 aneinandergrenzenden Katenagliedern besteht. Diese einzelnen Probeflächen zeichnen sich durch eine unterschiedliche Immissionsbelastung und demzufolge auch durch voneinander abweichende Pflanzengesellschaften aus. Eine besondere Bedeutung kommt der Frage zu, in welchem Umfang Sekundärkonsumenten unter den Zweiflüglern, d. h. räuberisch lebende Fliegen-Imagines, über die Probeflächen im Immissionsgebiet verteilt sind und welchen Anteil sie an der Gesamtheit der erbeuteten Zweiflügler in den drei Untersuchungsgebieten haben. Ferner soll der Frage nachgegangen werden, welche Arten stabile Faunenelemente darstellen, die jährlich nachgewiesen werden können. Die nach den Bodenfallen- und den Kescherfangergebnissen ermittelten saisonalen Abundanzen einiger Arten sollen Rückschlüsse auf die Vergleichbarkeit phänologischer Ergebnisse ermöglichen.

Auf Seite 19—21 werden diejenigen Arten in einer systematischen Übersicht zusammengestellt, die ,im Text bzw. in den Tabellen Erwähnung finden. Die Verwendung der Artnamen folgt bei den Acalyptrata dem Katalog der palaearktischen Dipteren (Soós & Papp, 1984).

Herrn J. Weipert, Roßlau, danke ich für die Überlassung des Dipterenmaterials aus dem Apfelstädter Ried.

2. Die Untersuchungsgebiete

Von den drei Untersuchungsflächen befinden sich zwei in der Nähe Jenas. Industriell belastet wird das 8 km nördlich von Jena in der Nähe der Ortschaft Steudnitz im Saaletal gelegene Untersuchungsgebiet, das den Emissionen eines Düngemittelwerkes ausgesetzt ist. Hier liegen die bereits erwähnten 6 Katenaflächen linksseitig von der Saale an einem Hang in Ostsüdostexposition, in unterschiedlichem Umfang durch Staubimmissionen beeinträchtigt. Sie repräsentieren verschiedene Biotope. Die am höchsten über der Hangkante gelegene Katenafläche (210 m ü. NN) stellt einen dreiseitig von Gebüsch umgebenen Trespenrasen dar (Probefläche 1, ca. 40×100 m^2). Mehrere Jahre hindurch wurde diese Fläche kurzzeitig als Schafweide genutzt. Bei dem flachgründigen Boden dieses Katenagliedes handelt es sich um eine Muschelkalkrendzina. Die hangabwärts folgenden Probeflächen 2 und 3, 200 bzw. 180 m ü. NN, stellen Trespen-Schwingel-Quecken-Rasen auf Löß über Kalk dar, durchsetzt von einzelnen Gebüschen (Cornus sanguineus, Rosa canina, Crataegus spec.). Der Umfang der Staubimmissionen nimmt hangabwärts zu. Das 4. Katenaglied liegt 170 m ü. NN in einem durch den Industriestaub verhältnismäßig stark belasteten nahezu einartigen Queckenrasen auf einer Lößrendzina. An die Probeflächen 2 bis 4, die eine Hangneigung von 2° bis 10° aufweisen, schließt sich die Probefläche 5 mit einer Hangneigung von 25° bis 35° an. Sie wird durch die Immissionen in besonders starkem Maße beeinträchtigt, so daß hier ausschließlich Salzschwaden, Puccinellia distans, gedeiht, der sich mehr oder weniger inselartig, zum Teil aber auch flächendeckend über den Hang ausbreitet. Auf dieser Fläche ehemals vorhandene Bäume wurden entfernt, da sie abgestorben waren. Im Anschluß an den Puccinellia-Rasen folgt zur Talsohle bei gleichbleibender Hangneigung vegetationsfreier, mit Industriestaub bedeckter Boden, auf dem eine 6. Probefläche ausgewählt wurde. Diese Beschreibung des Untersuchungsgebietes folgt der Darstellung Heinrichs (1984).

Das zweite in der Nähe Jenas befindliche Probenflächengebiet liegt, wie in der Einleitung angedeutet, im Leutratal, 7 km südlich von Jena. Die Sohle dieses linken Seitentales der Saale befindet sich 200 m ü. NN. Untersucht wurden hier vier Probeflächen von der Talsohle über den südexponierten Hang bis zur Hangkante (300 m ü. NN). Die in Bachnähe im Talgrund ausgewählte Probefläche B stellt ein Dauco-Arrhenatheretum dar. Es folgen bei einer mittleren Hangneigung von 15° hangaufwärts auf einer von Muschelkalk überrollten Rötfläche ein frisches Mesobrometum (A-Fläche), danach ein typisches Mesobrometum (M-Fläche). Das vierte Katenaglied befindet sich unterhalb der Hangkante innerhalb eines Teucrio-Seslerietums auf Muschelkalk bei einer Hangneigung von 30°—35°. Eine ausführliche Beschreibung dieses Untersuchungsgebietes findet sich bei MÜLLER et al. (1978).

Das Apfelstädter Ried liegt 7 km nordwestlich von Arnstadt am südlichen Rande des Thüringer Beckens zwischen dem innerthüringischen Trockengebiet und den Ausläufern des Thüringer Waldes. Es handelt sich bei dem Probenentnahmegebiet um eine von Baumgruppen umgebene wechselfeuchte Deschampsia-Wiese, reichlich durchsetzt von Alopecurus pratensis.

3. Zur Aufstellung der Bodenfallen

Verwendet wurden im Leutratal wie auch im Saaletal Einsatzbodenfallen nach DUNGER (1963) aus PVC-Material mit einer Höhe von 11 cm und einem Durchmesser von 4,5 cm. Im Apfelstädter Ried kamen Bodenfallen mit den Abmessungen 11 cm (Höhe) und 5,8 cm (Durchmesser) zum Einsatz. Als Tötungsflüssigkeit diente 3—4%iges Formalin. Im Leutratal wurden während der Jahre 1971—1973 in den Probeflächen A, M und S je 5 Fallen im Abstand von ca. 2 m hangparallel aufgestellt. Die Fallenfänge in der B-Fläche beschränkten sich auf das Jahr 1973. 1981 wurden in den beiden Katenaflächen A und M wiederum jeweils 5 Fallen eingesetzt, 1982 hingegen nur 2 × 5 Fallen in der M-Fläche. Jede Bodenfalle stand innerhalb eines Eklektors. Diese Eklektoren mit einem Flächenmaß von 1 m^2 befanden sich während der gesamten Vegetationsperiode am selben Platz. Durch die Aufstellung der Bodenfallen in diesen Dauereklektoren konnten freilich nur solche Dipteren gefangen werden, die sich innerhalb des Eklektorbereiches entwickelt hatten. Stets wurde darauf geachtet, daß sich die Bodenfallen ungefähr in der Mitte der Eklektoren befanden. Der Einsatz von Bodenfallen in Dauerelektoren wurde 1983 und 1984 wiederholt, und zwar nochmals mit 5 Fallen in den Katenaflächen A und M.

Im Immissionsgebiet bei Steudnitz/Saaletal standen von 1979—1981 in den Probeflächen 1—5 je 5 Fallen, ebenfalls hangparallel. Am 7. 4. 1980 wurden auch in der Fläche 6 noch 5 weitere Bodenfallen ausgebracht. Der Fallenabstand betrug jeweils 3—5 m. 1982—1984 beschränkte sich die Anzahl der Fallen auf eine je Fläche, und zwar erfolgte der Einsatz in den letzten drei Jahren wieder innerhalb von Dauereklektoren mit denselben Flächenmaßen wie im Leutratal. Der Fallenwechsel wurde regelmäßig im Abstand von 14 Tagen durchgeführt. Nach der letzten Leerung im November verblieben die Fallen im Bodeneinsatz, und erst ab März des Folgejahres begann dann die Leerung wieder im 14tägigen Rhythmus.

Im Apfelstädter Ried befanden sich 1984 24 Barberfallen, verteilt auf verschiedene Standorte der wechselfeuchten Deschampsia-Rasen. Der Fallenwechsel erfolgte auch hier regelmäßig zweimal im Monat, und zwar von März bis Dezember. Zwischen trockeneren und feuchteren Standorten dieses Untersuchungsgebietes bestehen keine Unterschiede in der Fängigkeit der Bodenfallen, so daß auf weitere Differenzierungen nach feuchteren und weniger feuchten Standorten innerhalb dieses Probenentnahmegebietes verzichtet werden konnte.

4. Ergebnisse

4.1. Gesamtzahlen

Insgesamt wurden mit Hilfe der Bodenfallen 11778 Dipteren (Brachycera) erbeutet. >50% der Individuen entstammen dem industrienahen Untersuchungsgebiet im Saaletal. Der geringsten Individuenzahl im Leutratal entspricht auch die niedrigste Artenzahl. Die meisten Arten liegen aus dem mit Feuchtflächen durchsetzten Apfelstädter Ried vor (Tab. 1). In bezug auf die nach der Shannon-Wiener-Formel berechnete Diversität ähneln das Apfelstädter Ried und das Untersuchungsgebiet im Saaletal einander. Noch deutlicher kommt diese Ähnlichkeit in der Äquität (H'/H_{max}) zum Ausdruck. Bemerkenswert ist die relativ hohe Diversität der naturnahen Rasenökosysteme im Leutratal, die im umgekehrten Verhältnis zur Individuenzahl/Species steht.

Tabelle 1
Individuenzahlen (n), Artenzahlen (sp), Diversität (H') und Äquität (H'/H_{max}) in den drei Untersuchungsgebieten

	Leutratal	Saaletal	Apfelstädter Ried
n	1173	6927	3678
sp	129	207	218
n/sp	9,09	33,49	16,87
H'	1,412	0,999	1,003
H'/H_{max}	0,290	0,187	0,186

Tabelle 2
Übersicht über die Anzahl der Familien in den drei Untersuchungsgebieten sowie die Individuenverteilung auf die einzelnen Familien

	Leutratal			Saaletal			Apfelstädt. Ried		
		n	%		n	%		n	%
1)	Sphaeroceridae	236	20,1	Tethinidae	1192	17,2	Phoridae	1385	37,7
2)	Phoridae	190	16,2	Opomyzidae	938	13,5	Sphaeroceridae	812	22,1
3)	Chloropidae	167	14,2	Empididae	695	10,0	Chloropidae	280	7,6
4)	Empididae	140	11,9	Chloropidae	675	9,7	Empididae	154	4,2
5)	Opomyzidae	109	9,3	Phoridae	655	9,5	Anthomyiidae	153	4,2
6)	Ephydridae	60	5,1	Ephydridae	531	7,7	Dolichopodidae	151	4,1
7)	Anthomyiidae	59	5,0	Sphaeroceridae	511	7,4	Drosophilidae	113	3,1
8)	Heleomyzidae	36	3,1	Dolichopodidae	415	6,0	Calliphoridae	107	2,9
9)	Dolichopodidae	29	2,5	Anthomyzidae	337	4,9	Sepsidae	85	2,3
10)	Anthomyzidae	25	2,1	Anthomyiidae	225	3,2	Anthomyzidae	59	1,6
11)	Calliphoridae	21	1,8	Lonchopteridae	133	1,9	Heleomyzidae	57	1,5
12)	Lonchopteridae	20	1,7	Sepsidae	104	1,5	Muscidae	51	1,4
13)	Drosophilidae	19	1,6	Carnidae	93	1,3	Ephydridae	48	1,3
14)	Sepsidae	11	0,9	Drosophilidae	79	1,1	Lonchopteridae	47	1,3
15)	Muscidae	7	0,6	Calliphoridae	77	1,1	Opomyzidae	39	1,1
16)	Tachinidae	6	0,5	Muscidae	58	0,8	Scatophagidae	25	0,7
17)	Sarcophagidae	6	0,5	Scatophagidae	57	0,8	Syrphidae	20	0,5
18)	Camillidae	5	0,4	Therevidae	27	0,4	Camillidae	15	0,4
19)	Syrphidae	4	0,3	Heleomyzidae	26	0,4	Sciomyzidae	14	0,4
20)	Rhinophoridae	4	0,3	Syrphidae	23	0,3	Agromyzidae	13	0,3
21)	Diastatidae	3	0,3	Tachinidae	15	0,2	Sarcophagidae	9	0,2
22)	Sciomyzidae	3	0,3	Camillidae	13	0,2	Lauxaniidae	7	0,2
23)	Platystomatidae	3	0,3	Agromyzidae	11	0,2	Rhagionidae	7	0,2
24)	Agromyzidae	2	0,2	Chamaemyiidae	11	0,2	Platystomatidae	6	0,2
25)	Stratiomyidae	2	0,2	Pipunculidae	9	0,1	Stratiomyidae	5	0,1
26)	Ulidiidae	1	0,08	Milichiidae	5	0,07	Tachinidae	5	0,1
27)	Lauxaniidae	1	0,08	Sarcophagidae	4	0,06	Ortalidae	3	0,08
28)	Asilidae	1	0,08	Diastatidae	1	0,01	Carnidae	2	0,05
29)	Pipunculidae	1	0,08	Stratiomyidae	1	0,01	Micropezidae	2	0,05
30)	Therevidae	1	0,08	Asilidae	1	0,01	Pipunculidae	1	0,03
31)	Scatophagidae	1	0,08	Hypodermatidae	1	0,01	Therevidae	1	0,03
32)				Micropezidae	1	0,01	Tabanidae	1	0,03
33)				Asteiidae	1	0,01	Piophilidae	1	0,03
34)				Psilidae	1	0,01			
35)				Rhagionidae	1	0,01			

4.2. Vergleich der Untersuchungsflächen auf Familienbasis

Trotz unterschiedlicher Dauer der Fangperioden in den drei Untersuchungsgebieten stimmen die Zahlen der jeweils registrierten Dipteren-Familien recht gut miteinander überein (Tab. 2). Das Dominanzgefälle, ausgedrückt in Individuen-Prozenten, weist jedoch auf deutliche Unterschiede zwischen den verschiedenen Biotopen hin. Die stärksten Differenzen zwischen den Individuen-Anteilen der ranghöchsten Familien sind im Apfelstädter Ried zu beobachten. Auf zwei sehr individuenreiche Familien, die Phoriden und die Sphaeroceriden, folgen die nächsten Familien, die Chloropiden und die Empididen, mit erheblich geringeren Individuenanteilen. Relativ gleichmäßig verläuft die Individuenabnahme bei den 6 ranghöchsten Familien im Leutratal. Eine ähnliche Dominanzstruktur auf Familienbasis liegt in der Saaletalkatena vor.

Zu den 6 individuenreichen Familien gehören in allen drei Sammelgebieten regelmäßig Chloropiden, Phoriden, Empididen, die hier im Sinne von Chvála (1983) als Empidoidea (vergl. S. 103) aufgefaßt werden. In den Rasenkatenen des Saaletales und des Leutratales treten darüber hinaus noch zwei weitere Familien innerhalb dieser Familiengruppe auf, die Opomyzidae und die Ephydridae. Stehen im Leutratal die Sphaeroceriden an erster Stelle, nehmen im industrienahen Untersuchungsgebiet des Saaletales die Tethiniden diese Position ein, während hier die Sphaeroceriden mit lediglich 7,4% Individuenanteilen erst an 7. Stelle erscheinen. Die 15 ranghöchsten Familien enthalten in allen drei Untersuchungsgebieten übereinstimmend >96% sämtlicher Individuen.

4.3. Dominante Arten

Die Anzahl der Arten, die mit >0,5% der Gesamtartenzahl in den drei verschiedenen Graslandschaften gefangen werden konnten, liegt zwischen 37% (Saaletal) und 44,8 (Apfelstädter Ried). Die Anzahl derjenigen Arten dieser Artengruppe, die in jeweils zwei von drei Biotopkomplexen erbeutet wurden, ist mit 7—9 nahezu gleich groß. 14 Arten, die >0,5% aller Individuen enthalten, kommen in allen drei Untersuchungsgebieten gleichzeitig vor. Bei ihnen handelt es sich vor allem um bodennah lebende Dipteren, die außerdem offensichtlich typisch für Rasenökosysteme sind (Tab. 3). Sie scheinen keine allzu hohen Ansprüche an die Bodenfeuchtigkeit zu stellen und sind mehr oder weniger euryök. Zu ihnen gehören die Chloropiden-Arten *Conioscinella frontella*, *Conioscinella zetterstedti*, *Oscinella frit*, ferner die Sphaeroceriden *Limosina ochripes* und *Pteremis fenestralis*, aber auch *Scaptomyza pallida* und *Lonchoptera furcata*. Unter den brachypteren bzw. den schmalflügligen Arten stellt neben *Conioscinella zetterstedti* auch *Anthomyza sabulosa* wahrscheinlich ein eurytopes Faunenelement dar. Von den biotopeigenen, den indigenen Arten, die nur in den Bodenfallen einer der Untersuchungsflächen enthalten waren, sind in der industrienahen Probeflächenkatena halophile bzw. halobionte Arten besonders hervorzuheben. Sie treten auch in Kescherfängen mit relativ hohen Abundanzen auf, die aus derselben Probenflächenkatena vorliegen. Zu ihnen gehören *Pelomyiella mallochi*, *Aphanotrigonum cinctellum* und *Scatophila cribrata* (Bährmann, 1982), die sich zudem durch hohe Individuenzahlen auszeichnen, während z. B. *Pelomyiella mallochi* an natürlichen Standorten meistens nur mit wenigen Individuen erbeutet werden konnte (Karl, 1930; Beschovski, 1972, 1975; Rald, 1976; Soós, 1978). Allein Czerny (1928) berichtet von einem Auftreten dieser Art in großen Mengen auf der Insel Borkum. Bemerkenswert sind ferner die hohen Individuenzahlen der Arten *Tachydromia arrogans* und *Anagnota bicolor* sowie *Anthomyza pallida* aus den Fallenfängen in der Nähe des Düngemittelwerkes. Entsprechend den Feuchteverhältnissen im Apfelstädter Ried liegen aus diesem Gebiet

Tabelle 3.
Sämtliche identifizierte Arten mit ≧0,5% der Gesamtindividuenzahl je Probegebiet; n, Individuenzahl; V, Vorkommen in weiteren Untersuchungsgebieten: L, Leutratal, S, Saaletal, A, Apfelstädter Ried; x, in allen drei Untersuchungsgebieten vorhanden.

Leutratal	n	%	V	Saaletal	n	%	V	Apfelstädter Ried	n	%	V
Stilpon nubila	113	9,6	S	*Pelomyiella mallochi*	1192	17,2		*Leptocera nigra*	236	6,4	
Pteremis fenestralis	104	8,9	x	*Geomyza venusta*	864	12,5	L	*Limosina ochripes*	129	3,5	x
Geomyza venusta	95	8,1	S	*Medetera truncorum*	413	6,0	L	*Pteremis fenestralis*	95	2,6	x
Conioscinella zetterstedti	71	6,0	x	*Stilpon nubila*	354	5,1	L	*Scaptomyza pallida*	93	2,5	x
Limosina talparum	31	2,6	A	*Scatophila cribrata*	323	4,7		*Oscinella frit*	91	2,5	x
Oscinella frit	30	2,6	x	*Conioscinella zetterstedti*	244	3,5	x	*Leptocera fontinalis*	83	2,3	
Limosina ochripes	28	2,4	x	*Tachydromia arrogans*	227	3,3		*Sepsis fulgens*	54	1,5	S
Anthomyza sabulosa	25	2,1	x	*Pteremis fenestralis*	145	2,1	x	*Oscinella pusilla*	53	1,4	
Conioscinella frontella	25	2,1	x	*Anagnota bicolor*	134	1,9		*Chrysotus microcerus*	49	1,3	
Nostima picta	24	2,0		*Anthomyza pallida*-Gruppe	130	1,9		*Lonchoptera furcata*	37	1,0	x
Delia pullula	20	1,7		*Lonchoptera furcata*	112	1,6	x	*Cynomyia mortuorum*	36	1,0	
Limosina pullula	18	1,5	A	*Limosina ochripes*	105	1,5	x	*Opacifrons coxata*	36	1,0	S
Suilla umbratica	17	1,4		*Sepsis fulgens*	95	1,4	A	*Poecilobothrus infuscatus*	32	0,9	
Scaptomyza pallida	16	1,4	x	*Oscinella frit*	93	1,3	x	*Oecothea fenestralis*	30	0,8	
Psilopa nitidula	15	1,3		*Aphanotrigonum cinctellum*	79	1,1		*Anthomyza cingulata*	28	0,8	
Lonchoptera furcata	15	1,3	x	*Meoneura flavifacies*	78	1,1		*Delia florilega-Gruppe*	27	0,7	x
Tricimba cincta	15	1,3		*Trimerina madizans*	77	1,1		*Themira annulipes*	27	0,7	
Crossopalpus nigritellus	14	1,2	A	*Delia florilega-Gruppe*	76	1,1	x	*Limosina talparum*	25	0,7	L
Copromyza nitida	13	1,1		*Scaptomyza pallida*	75	1,1	x	*Cetema cereris*	25	0,7	
Medetera truncorum	13	1,1	S	*Limnellia quadrata*	73	1,0		*Limosina clunipes*	24	0,6	L
Medetera micacea	12	1,0		*Anthomyza sabulosa*	57	0,8	x	*Anthomyza sabulosa*	23	0,6	x
Geomyza tripunctata	10	0,8	S	*Trachysiphonella scutellata*	53	0,8	L	*Limosina pullula*	23	0,6	L
Suilla affinis	10	0,8		*Opacifrons coxata*	53	0,8	A	*Incertella albipalpis*	22	0,6	
Copromyza stercoraria	10	0,8		*Pollenia rudis*	51	0,7	A	*Scatophaga stercoraria*	22	0,6	
Psilopa marginella	8	0,7		*Oscinimorpha albisetosa*	42	0,6		*Crossopalpus nigritellus*	20	0,5	L
Hylemyia nigrimana	8	0,7		*Geomyza tripunctata*	41	0,6	L	*Conioscinella zetterstedti*	20	0,5	x
Phorbia curvicauda	8	0,7		*Conioscinella frontella*	38	0,5	x	*Conioscinella frontella*	20	0,5	x
Trachysiphonella scutellata	7	0,6	S					*Limosina meijerei*	19	0,5	
Nostima semialata	7	0,6						*Pollenia rudis*	18	0,5	S
Tephrochlamys rufiventris	6	0,5									
Delia florilega-Gruppe	6	0,5	x								
Limosina clunipes	6	0,5	A								

mehrere meso- bis hygrophile als biotopspezfische Arten vor, die in den beiden anderen Untersuchungsgebieten nicht gefangen werden konnten, wie *Themira annulipes*, *Leptocera nigra*, *Leptocera fontinalis*, *Cetema cereris* und auch *Oecothea fenestralis*.

4.4. Die Fallenausbeute innerhalb der einzelnen Katenaglieder im Saaletal und im Leutratal

Da lediglich im Untersuchungsgebiet des Saaletales in den 6 Gliedern der Probeflächenkatena regelmäßig aller 14 Tage Fallenfänge entnommen worden sind, wird allein hier ein Vergleich zwischen den einzelnen Katenagliedern möglich. Im Leutratal läßt sich auf Grund der verhältnismäßig geringen Fangzahlen ein solcher Vergleich nur zwischen den mittleren Probeflächen A und M durchführen.

Die auf den Probeflächen 5 und 6 der Saaletalkatena ungefähr gleichgroßen Individuenzahlen nehmen über Fläche 4 zur Probefläche 3 erheblich ab und steigen über einen geringen Zuwachs in Fläche 2 in Probefläche 1, der am wenigsten durch die Industrie-Emissionen geschädigten Katenafläche, noch einmal stark an (Tab. 4). Fast $^1/_4$ sämtlicher

Tabelle 4
Arten- und Individuenzahlen sowie Diversität (H') und Äquität (H'/H_{max}) je Katenaglied im Untersuchungsgebiet des Saaletales und der beiden am gründlichsten untersuchten Katenaflächen A und M der Probeflächenserie des Leutratales

Saaletalkatena		Probeflächen					
		6	5	4	3	2	1
n	6927	1480 (21,3 %)	1520 (21,9 %)	884 (12,7 %)	630 (9,1 %)	792 (11,4 %)	1621 (23,4 %)
sp	207	102 (49,3 %)	103 (49,8 %)	72 (34,8 %)	72 (34,8 %)	64 (30,9 %)	85 (41,1 %)
H'	0,999	2,586	3,314	3,030	3,239	3,068	2,828
H'/H_{max}	0,187	0,559	0,715	0,708	0,757	0,738	0,636

Leutratalkatena		Probeflächen	
		A	M
n	1173	623 (53,1 %)	412 (35,1 %)
sp	129	81 (62,8 %)	63 (48,8 %)
H'	1,412	3,294	3,310
H'/H_{max}	0,290	0,750	0,799

Individuen wurde allein auf der Katenafläche 1 erbeutet. Im Unterschied zu dieser Verteilung der Individuen treten die höchsten Artenzahlen allein in den Katenagliedern 5 und 6 auf (49,8 % und 49,3 %), während die Artenzahl in Fläche 1 mit 41,1 % der Gesamtartenzahl deutlich unter den für die Flächen 5 und 6 erzielten Werten liegt. Diejenigen Arten, die die Individuenverteilung innerhalb der Katena entscheidend mitbestimmen, kommen in

Abbildung 1 zur Darstellung. Zu bemerken ist jedoch, daß zumindest in den Flächen 3 und 4 die nicht näher identifizierten Phoriden dominante Arten stellen dürften, wodurch sich bei Berücksichtigung einzelner Arten dieser Familie die Rangfolgen sicherlich noch verändern würden. Charakteristisch für die besonders stark immissionsbelasteten Probeflächen 5 und 6 sind die hohen Individuendichten der beiden Arten *Pelomyiella mallochi* und *Scatophila cribrata*, die auch in den von 1978 bis 1982 im gleichen Untersuchungsgebiet durchgeführten Kescherfängen mit hohen Abundanzen erbeutet werden konnten (BÄHRMANN, 1982) und die in der naturnahen Leutratalkatena vollständig fehlen. Typisch für die untersuchten Rasenbiotope sind weiterhin die folgenden in Abbildung 1 aufgeführten Arten: *Geomyza venusta*, *Medetera truncorum*, die dargestellten Sphaeroceriden-Arten mit Ausnahme von *Opacifrons coxata*. Unter den Dominanten sind schließlich vor allem solche Arten besonders zu erwähnen, die offensichtlich in Rasenbiotopen verhältnismäßig häufig vorkommen, mit der Streifkeschermethode aber gar nicht oder nur sporadisch erfaßt werden können, da es sich bei ihnen hauptsächlich um sehr kleine und zum Teil brachyptere Formen handelt, die in erster Linie in Erdbodennähe leben. Genannt seien *Conioscinella*

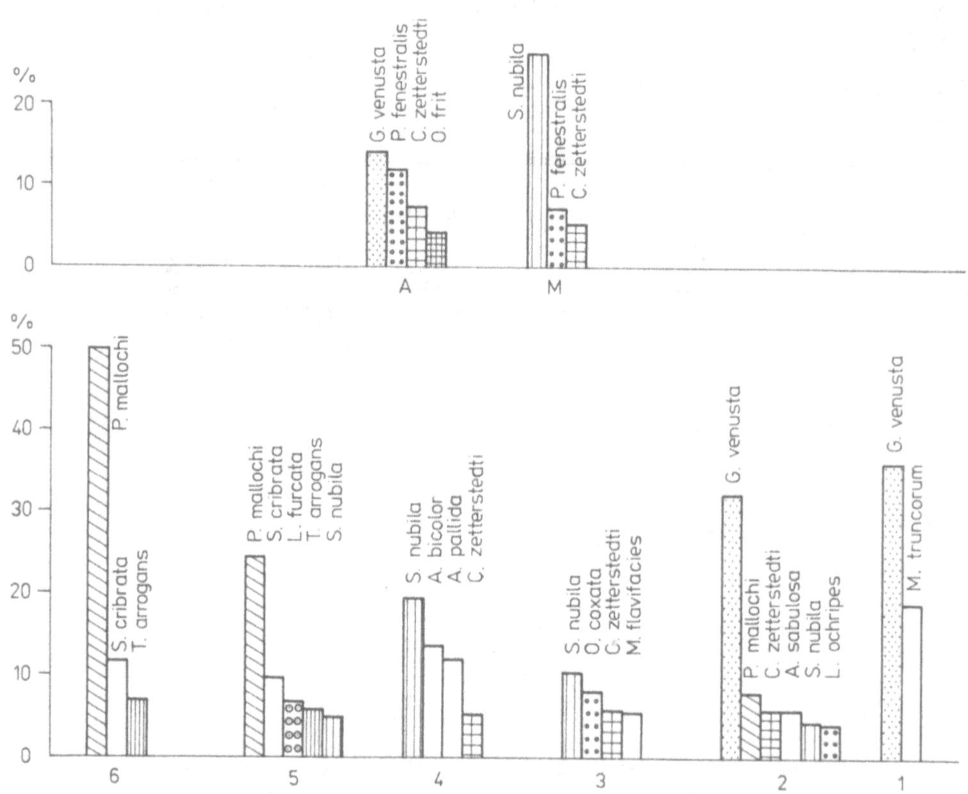

Abb. 1
Die in den einzelnen Probeflächen der Leutral- und Saaletalkatena vorkommenden dominanten Arten mit ≧4% der jeweiligen Gesamtindividuenzahl.

zetterstedti, Anthomyza sabulosa, Anagnota bicolor, Stilpen nubila und *Tachydromia arrogans.* Die beiden letzteren, räuberische Arten, könnten ihren Individuenreichtum den ebenfalls mit sehr hohen Abundanzen vorhandenen potentiellen Beutetieren, Aphiden und Collembolen (NAUMANN, 1984; FRITZLAR, 1985) verdanken. Andererseits dürfte die relativ große Beweglichkeit dieser räuberischen Fliegen, ihre Aktivitätsdichte, nicht ohne Einfluß auf die Fangergebnisse geblieben sein, so daß aus der mit den Bodenfallen ermittelten Individuendichte noch keine endgültigen Rückschlüsse auf die tatsächliche Abundanz gezogen werden können. Dasselbe gilt für die hohen Fangzahlen von *Stilpon nubila* im Mesobrometum (M-Fläche) des Leutratales. Die hohen Dominanzwerte der *Geomyza venusta* in der A-Fläche des Leutratales und den durch Immissionen verhältnismäßig wenig belasteten Probeflächen 1 und 2 der Saaletalkatena entsprechen den ebenfalls relativ hohen Abundanzwerten dieser im Leutratal dispersen Dipteren-Art in der Krautschicht (BÄHRMANN, 1984).

Mit >4% der Gesamtindividuenzahl stellen im Leutratal diejenigen Arten, mit Ausnahme von *Oscinella frit*, typische Vertreter von Rasenökosystemen, die auch in der Saaletalkatena zu den typischen Fallenarten gehören. In der Katenafläche A ist die Artendichte größer als in M. Dieses Ergebnis entspricht den Resultaten der Kescherfänge in beiden Probeflächen (BÄHRMANN, 1984).

Tabelle 5
Dominanten-Identität im Renkonen-Gitter und Renkonen-Summenwerte der einzelnen Probeflächen; a) der Bodenfallen- b) der Keschererergebnisse der Saaletalkatena im Vergleich

a)

	1	2	3	4	5	6	
1	—	52,3	21,8	16,9	17,3	12,4	120,7
2		—	26,0	21,4	23,6	16,8	140,1
3			—	29,0	18,0	7,7	102,5
4				—	17,5	7,8	92,6
5					—	47,7	124,1
6						—	92,4
							Ø 120,1

b)

	1	2	3	4	5	
1	—	51,7	42,0	26,0	24,2	144,0
2		—	66,8	38,3	30,3	187,1
3			—	49,7	40,2	198,7
4				—	37,6	151,7
5					—	132,3
						Ø 162,7

Ein Dominantenvergleich zwischen den 6 Probeflächen der industriellen Saaletalkatena mit Hilfe des Renkonen-Gitters (Tab. 5) liefert erwartungsgemäß niedrigere Zahlenwerte als das Renkonen-Gitter, in dem die Dominanten-Identität der Kescherarten erfaßt worden ist. Übereinstimmend weisen jedoch die Probeflächen 1 und 2 bei beiden Untersuchungsmethoden (Bodenfallen, Kescherfänge) besonders hohe Renkonen-Werte auf. Bemerkenswert ist auch die hohe Dominanten-Identität der Katenaglieder 5 und 6 bei den mit Bodenfallenfängen erzielten Untersuchungsergebnissen.

Die räumliche Einnischung der Arthropoden einer Rasenkatena läßt sich auf einfache Weise mit Hilfe der Repräsentanz, d. h. der prozentualen Verteilung der Individuen einer Art auf die einzelnen Glieder der Probeflächenkatena darstellen (MÜLLER et al., 1978). In Tabelle 6 findet die Repräsentanz derjenigen Artengruppen Berücksichtigung, die mit ≧90% ihrer Gesamtindividuenzahl höchstens über zwei Katenaglieder verteilt sind. Diese Arten lassen sich in folgende Gruppen unterteilen: Exklusive (≧90% der Individuen entstammen einem Katenaglied), inaequale Transgradiente (≧70% der Individuen treten in einem Katenaglied auf) und aequale Transgrediente (in keiner Probefläche sind ≧70% der

Tabelle 6
Repräsentanzwerte (%) und Verteilung der Exklusiven, aequalen und inaequalen Transgredienten über die Katenaglieder der Saaletalkatena; n, Individuenzahl der berücksichtigten Arten. Weitere Erläuterungen im Text

	n	Katenaglieder						
		6	5	4	3	2	1	
Pelomyiella mallochi	1192	61,9	31,1	0,3		5,4	1,3	
Scatophila cribrata	323	53,9	45,5	—		0,3	—	
Aphanotrigonum cinctellum	79	43,0	57,0	—		—	—	
Lonchoptera furcata	112	0,9	92,0	—	0,9	1,8	4,4	
Trachysiphonella scutellata	53	—	100	—	—	—	—	
Anagnota bicolor	134	—	7,5	90,3	—	1,5	0,7	
Opacifrons xocata	53	—	—	1,9	98,1	—	—	
Meoneura flavifacies	78	—	—	—	46,1	1,3	52,6	
Anthomyza sabulosa	57	—	1,7	—	8,8	82,5	7,0	
Geomyza venusta	864	—	—	0,1	1,2	29,5	69,2	
Exklusive			2	1	1			4
Transgrediente, aequale		3					1	4
Transgrediente, inaequale						1	1	2
								10 (= 4,8 %)

Individuen vorhanden). Der prozentuale Anteil der Individuen transgredierender Arten beträgt aber in zwei Probeflächen stets ≧90% der Gesamtindividuenzahl.

Zwei der vier exklusiven Arten, *Lonchoptera furcata* und *Trachysiphonella scutellata*, wurden in Fläche 5 gefangen, *Anagnota bicolor* in Fläche 4 und *Opacifrons coxata* in der Probefläche 3. Das häufige Vorkommen der beiden letztgenannten Arten in je einem Katenaglied ist besonders hervorzuheben, da *O. coxata* sonst überwiegend in Feuchtgebieten angetroffen wird und dort im allgemeinen keineswegs stenotop auftritt und für *A. bicolor* eine so hohe Fangquote wie in der Saaletalkatena aus anderen thüringischen Rasenbiotopen bisher nicht vorliegt.

4.5. Zoophage Arten

Der Anteil der erbeuteten zoophagen Dipteren-Arten bewegt sich in den drei Untersuchungsgebieten zwischen 14,7% und 26,6% sämtlicher gefangener Species. Der prozentuale Individuenanteil ist mit 9,7% im Apfelstädter Ried gegenüber den beiden anderen Probeflächenkomplexen auffällig gering (Tab. 7). Untersucht man die Individuen- und Artenanteile längs der Saaletalkatena, ergibt sich eine zunehmende prozentuale Häufung der räuberischen Fliegen-Imagines vom oberen zum unteren Katenaende, während die Artenzahlen, mit Ausnahme der beiden Probeflächen 5 und 6, ungefähr gleichmäßig über die anderen Katenaglieder verteilt sind (Tab. 8). Die verhältnismäßig hohe Anzahl der zoophagen Arten im Apfelstädter Ried hängt möglicherweise mit dem Ökosystemcharakter dieses wechselfeuchten Rasenkomplexes zusammen.

4.6. Zur Persistenz der Arten

Arten, die in den einzelnen Probeflächen während der jeweiligen Gesamtuntersuchungszeiträume jährlich erbeutet werden konnten, bringen damit zum Ausdruck, daß sie sich

Tabelle 7
Individuen- und Artenzahlen der zoophagen Dipteren-Imagines in den drei Untersuchungsgebieten: L, Leutratal, S, Saaletal, A, Apfelstädter Ried. Die Prozentzahlen beziehen sich auf die Gesamtindividuen- bzw. Gesamtartenzahlen

	L	S	A
Σ n	172	1232	357
	(14,7 %)	(17,8 %)	(9,7 %)
Σ sp	19	42	58
	(14,7 %)	(20,3 %)	(26,6 %)
Σ n/Σ sp	9,0	29,3	6,1

Tabelle 8
Die Verteilung der Individuen- und Artenzahlen der zoophagen Dipteren-Imagines auf die Probeflächen der industrienahen Saaletalkatena

	Σ n	6	5	4	3	2	1
n	1232	339	421	219	102	92	59
%	100	27,5	34,2	17,8	8,3	7,5	4,9
sp	42	22	18	11	14	11	13
%	100	21,6	17,5	15,3	19,4	17,2	15,3

über längere Zeit durch ein mehr oder weniger stabiles Vorkommen und damit durch einen relativ hohen Grad der Biotopbindung auszeichnen, der die Grundlage ihrer Persistenz darstellt. Gefragt wird nun nach der Anzahl solcher Arten, die während des Untersuchungszeitraumes von 1978—1981 in der industrienahen Saaletalkatena jährlich in den Bodenfallen aufgetreten sind. Da die Fangwahrscheinlichkeit für die einzelnen Arten in Abhängigkeit von deren Bewegungsaktivität, der jeweiligen Populationsdichte, der räumlichen Verteilung, den biologischen Besonderheiten der Arten und des Raumwiderstandes im Fallenbereich unterschiedlich groß ist, läßt sich an Hand der Fallenergebnisse nichts über die reale Anzahl persistenter Arten aussagen, wohl aber sind die kontinuierlichen Nachweise einzelner Arten eine Bestätigung für ihr regelmäßiges Vorhandensein. 7,3 % sämtlicher Bodenfallenarten treten mindestens in einer der 6 Probeflächen regelmäßig in jedem Jahr des Untersuchungszeitraumes auf. *Geomyza venusta* ließ sich als typische Graslandart jährlich in den drei wenig geschädigten Katenagliedern 1—3 nachweisen. Besonders hinzuweisen ist auf das zeitkonstante Vorkommen der räuberischen Arten *Tachydromia arrogans* und *Medetera truncorum* in den zwei stark immissionsbelasteten Flächen 5 und 6, in denen auch *Pelomyiella mallochi* jährlich gefangen werden konnte. Hervorzuheben ist auch der regelmäßige Nachweis von *Conioscinella zetterstedti*, und zwar zugleich in vier verschiedenen Katenagliedern, selbst in der von Pflanzenwuchs freien Probefläche 6. Offensichtlich handelt es sich bei dieser Chloropiden-Art um einen typischen Vertreter von Halbtrockenrasen, der auch in den beiden Probeflächen A und M des Leutratales zwischen 1971 und 1981 nachgewiesen werden konnte. Wegen der bodennahen Lebensweise von *Conioscinella zetterstedti* scheint diese verhältnismäßig eurytope Art leicht übersehen zu werden. Auch auf die Persistenz der Anthomyziden-Art *Anagnota bicolor* in der dichten mit Queckenrasen bedeckten Probefläche 4 des Saaletales sei in diesem Zusammenhang hingewiesen. In der Leutratalkatena ist die regelmäßig in den Bodenfallen vorhandene *Anthomyza sabulosa* als persistente Art zu erwähnen (Tab. 9).

Tabelle 9
Zusammenstellung derjenigen Arten unter Angabe der Individuenzahlen, die während der jeweiligen Untersuchungszeiträume jährlich/Fläche erbeutet werden konnten. Die für die Saaletalkatena angegebenen Prozentzahlen beziehen sich auf die Gesamtartenzahlen pro Fläche. Weitere Erläuterungen im Text.

Saaletal	Jahre																
Katenaflächen	6		5			4			3			2			1		
	1980	1981	1979	1980	1981	1979	1980	1981	1979	1980	1981	1979	1980	1981	1979	1980	1981
Pelomyiella mallochi	307	404	131	145	95												
Tachydromia arrogans	56	47	11	25	51												
Medetera truncorum	5	27	11	7	16										266	14	28
Oscinella frit	13	12	5	8	6												
Conioscinella zetterstedti	11	1				15	31	1				12	26	8	15	27	2
Scatophaga stercoraria	1	5	3	2	14												
Oscinimorpha albisetosa	2	1													10	18	4
Crossopalpus nigritellus			3	5	5				1	4	1						
Pteremis fenestralis			1	3	1	7	3	10	4	5	12				2	12	32
Anagnota bicolor						103	7	7									
Limosina ochripes						1	1	5	3	2	12	1	14	17	1	15	22
Geomyza tripunctata						2	2	2				8	3	1			
Geomyza venusta									6	2	2	216	14	18	545	35	17
Leptocera nigra															3	2	2
Artensummen			7 (=6,8 %)			5 (=6,9 %)			4 (=5,6 %)			4 (=6,2 %)			7 (=8,2 %)		

Leutratal	Jahre											
Katenaflächen	A						M					
	1971	1972	1973	1981	1983	1984	1971	1972	1973	1981	1983	1984
Conioscinella zetterstedti	21	17	4	4			12	3	4	2		
Geomyza venusta	12	10	10	60	3							
Anthomyza sabulosa	4	3	2	2	6	4						
Hylemyia nigrimana	1	1	3									
Conioscinella frontella							8	1	2	1		
Psilopa nitidula							8	1	1			

4.7. Bemerkenswerte Arten in Bodenfallen

Unter den mit Bodenfallen erbeuteten Arten befinden sich mehrere, die entweder in den Untersuchungsgebieten noch niemals gekeschert worden sind bzw. auch solche, die durch geringe Größe wie auch durch mehr oder weniger reduzierte Flügel auffallen. Besonders reichlich vorhanden sind diese Arten auf den relativ feuchten Wiesenflächen des Apfelstädter Riedes. In allen drei Untersuchungsgebieten kommen von den in Tabelle 10 aufgeführten 20 Arten 5 vor, die kurzflügelig bzw. die ganz und gar flügellos sind. Durch sehr geringe Größe zeichnen sich mindestens 10 Arten aus. Aufmerksam gemacht sei auf *Pteremis fenestralis* f. *brachyptera*, die nach ROHÁČEK (1975) verhältnismäßig selten gefunden wird. Sie dürfte aber wenigstens in den drei Untersuchungsgebieten weiter verbreitet sein, als bisher bekannt geworden ist. Lediglich auf das Feuchtgebiet des Apfelstädter Riedes begrenzt ist nach den vorliegenden Fangergebnissen das Vorkommen von *Limosina meijerei*, *Elachiptera brevipennis* und *Copromyza pedestris*. Von *C. pedestris* ist bekannt, daß ihre Larven von toten Schnecken leben (DEEMING & KNUTSON, 1966) und wohl deshalb eine besondere Beziehung zu Feuchtgebieten besteht (ROHÁČEK, 1980). Auch MOHRIG (1967) fand *C. pedestris* an feuchten Standorten, HEIMER (1983) stellte sie auf Feuchtwiesen sowie in Röhrichtzonen fest.

Die drei mitteleuropäischen *Stilpon*-Arten wurden zusammen nur im Apfelstädter Ried nachgewiesen. Die weiteste Potenzamplitude kommt innerhalb dieser Artengruppe offensichtlich *Stilpon nubila* zu. Erwähnenswert ist ferner das Auftreten von *Nostima semialata*, eine Art, die aus Thüringen bisher nur von den Halbtrockenrasen des Leutratales bekannt geworden ist.

Tabelle 10
Für die Faunengebiete bemerkenswerte Arten, die mit den Barberfallen erbeutet wurden; ×) besonders kleine, × ×) brachyptere oder aptere Fliegen. Die Prozentzahlen beziehen sich auf die Gesamtindividuenzahlen/Untersuchungsgebiet

		Leutratal		Saaletal		Apfelstädter Ried	
		n	%	n	%	n	%
Stilpon nubila	×	113	9,6	354	5,1	1	0,03
Conioscinella zetterstedti	× ×	71	6,0	244	3,5	20	0,5
Anthomyza sabulosa	× ×	25	2,1	57	0,8	23	0,6
Nostima picta	×	24	2,0	17	0,2	10	0,3
Nostima semialata	× ×	7	0,6				
Pteremis fenestralis f. *brachyptera*	× ×	1	0,08	10	0,14	4	0,1
Micromorphus albipes	×	1	0,08				
Themira nigricornis		1	0,08				
Geomyza breviseta		1	0,08	7	0,1		
Tachydromia arrogans	×			227	3,3	12	0,3
Anagnota bicolor				134	1,9	3	0,08
Oecothea fenestralis				12	0,2	30	0,8
Chrysotus microcerus						49	1,3
Anthomyza cingulata						28	0,8
Limosina meijerei	× ×					19	0,5
Copromyza pedestris	× ×					17	0,5
Stilpon graminum	×					12	0,3
Elachiptera brevipennis	× ×					9	0,2
Stilpon lunata	×					3	0,08
Trachyopella atoma	×					1	0,03

4.8. Zur saisonalen Verteilung der Bodenfallenarten

Überprüft werden soll, ob die in allen drei Untersuchungsgebieten vorhandenen Arten ein synchrones Verteilungsmuster über die saisonalen Fangperioden zeigen und ob die saisonale Verteilung der mit den Bodenfallen erbeuteten Individuen einer Art mit den saisonalen Ergebnissen der Kescherfänge in Übereinstimmung zu bringen ist, die im Leutratal von 1971—1974 während des Sommerhalbjahres ungefähr aller 14 Tage vorgenommen wurden. Zum Vergleich kommen deshalb nur solche Arten, die sowohl zur Bodenfallen- als auch zur Kescherausbeute gehören (Tab. 11) und die mindestens 0,5 % der Gesamtindividuenzahl pro Fläche ausmachen. Bei 14 der 15 in diesen Vergleich einbezogenen Arten liegen die

Tabelle 11
Saisonale Individuen-Verteilung derjenigen Arten, die in mindestens zwei Untersuchungsgebieten mit $\geqq 0{,}5\,\%$ in den Bodenfallen auftreten und von denen aus dem Leutratal Kescherfangergebnisse vorliegen. Maxima der Prozentverteilung sind unterstrichen; × : Maximale Individuenzahlen der ca. aller zwei Wochen durchgeführten Kescherfänge; A, Apfelstädter Ried; L, Leutratal; S, Saaletal

		M	A	M	J	J	A	S	O	N	D
Lonchoptera furcata	A		8,1	**40,5**	5.4	10,8	10,8		10,8	13,5	
	L							×			
Pteremis fenestralis	A		9,5	**40,0**	11,6	20,0	5,3	6,3	5,3	2,1	
	L	2,8	2,8	7,5	2,8	5,6	7,5	10,3 ×	**38,3**	23,4	
	S	3,6	5,4	4,8	8,4	3,6	11,4	14,4	22,9	**25,3**	
Scaptomyza pallida	A		1,1			7,5	10,7	**38,7**	23,7	16,1	2,1
	S	16,7	1,4				24,3	**42,4**	12,5	2,8	
	L						×				
Oscinella pusilla	A					**67,9**	20,7	9,4	1,9		
	L				×						
Stilpon nubila	L				30,6 ×	**49,5**	18,0	1,8			
	S				23,2	**41,4**	24,6	10,4	0,3		
Sepsis fulgens	A					7,4	**48,1**	42,6	1,8		
	S	10,3	2,6		20,5	**51,3**	12,0	1,7	1,7		
	L							×			
Limosina ochripes	A		2,3	16,3	11,6	**22,5**	13,9	20,1	8,5	3,1	1,5
	L	7,1	3,6	7,1		7,1	3,6 ×	17,9	**46,4**	7,1	
	S	9,8	6,9	1,0	6,9	3,9	2,9	22,5	**23,5**	22,5	
Conioscinella frontella	A			25,0	5,0	**35,0**	**35,0**				
	L		4,0	16,0	24,0	**36,0** ×	16,0	4,0			
	S		2,9	1,4	15,9	11,6	**46,4**	20,3		1,4	
Geomyza venusta	L			2,1	1,0	1,0	**33,7**	30,5 ×	31,6		
	S				4,2	0,6	5,9	**76,1**	13,0	0,1	
Leptocera nigra	A		3,0	0,8		13,1	**43,2**	16,5	11,0	12,3	
	S	15,0	15,0				5,0	5,0	**40,0**	20,0	
	L							×			
Oscinella frit	A			2,2	3,3	8,8	19,8	27,5	**31,9**	6,6	
	L		3,3	16,7	3,3	26,7	**30,0** ×	16,7	3,3		
	S			4,0	6,0	8,0	**36,0**	**36,0**	8,0	2,0	
Crossopalpus nigritellus	A		20,0	10,0		25,0	**40,0**	5,0			
	L							×			
Nostima picta	L						4,5	13,6 ×	**63,6**	18,2	
Limosina vitripennis	S	4,8	14,3	23,8			4,8	9,5	**38,1**	4,8	
	L							×			
Lonchoptera lutea	A	9,5						9,5	**52,4**	28,6	
	L									×	

Maxima der nach beiden Sammelmethoden ermittelten Fangzahlen im selben bzw. im angrenzenden Monat. Bei *Lonchoptera furcata* befinden sich die Maxima der Fangzahlen allerdings in entfernt voneinander gelegenen Monaten. Dies ist auch bei weiteren, in Tabelle 11 nicht enthaltenen Arten der Fall, von denen ein mindestens halb- oder gar ganzjähriges Auftreten im Imaginalstadium bekannt ist. Dazu gehören z. B. *Limosina clunipes*, *Themira annulipes*, *Opomyza germinationis* und *Geomyza tripunctata*. 5 der insgesamt berücksichtigten 15 Arten zeigen in zwei Untersuchungsgebieten das jeweilige Maximum der Fangzahlen in ein und demselben Monat. Bei mehreren Arten läßt sich demnach im großen und ganzen eine recht gute Übereinstimmung der Saisondynamik in voneinander entfernt gelegenen Biotopen feststellen. Außerdem entspricht das Sammelergebnis in den drei Untersuchungsgebieten im Hinblick auf die Abundanzschwankungen einzelner Arten dem durch Kescherfänge bekannten jahreszeitlichen Verteilungsmuster der Individuen dieser Arten und stützt auf diese Weise die Aussagefähigkeit der mit den Bodenfallen erzielten Resultate.

5. Diskussion

Bodenfallenfänge führen wegen der Spezifik dieser Fangmethode zwar vielfach nur bedingt zu realen quantitativen und qualitativen Aussagen (MÜLLER, 1984), für die Untersuchung der Dipterenfauna bietet diese Fangmethode, wie die Ergebnisse zeigen, aber recht brauchbare Möglichkeiten. Die sich in Diversität und Äquität widerspiegelnden Arten-Individuen-Relationen weisen zumindest auf typische Strukturen der Dipteren-Zönosen in den einzelnen Biotopen hin. So deutet sich bei allen Vorbehalten gegenüber den mit Bodenfallen erzielten Resultaten über Arten- und Individuendichte an, daß im Leutratal eine relativ hohe Mannigfaltigkeit der Dipterenfauna besteht, was auch aus entsprechenden Kescherfängen im Leutra- und im Saaletal hervorgeht (BÄHRMANN, 1984). Im Saaletal und im Apfelstädter Ried sind die Individuendichten einzelner Arten ganz offensichtlich größer als im Leutratal. Das läßt sich zwar nicht unmittelbar aus den Fangergebnissen ableiten, da mit den Bodenfallen in erster Linie die Aktivitätsdichte der in Bodennähe lebenden Arten registriert wird, auffällig ist jedoch, daß im Apfelstädter Ried in einem Jahr über zehnmal mehr Individuen pro Falle erbeutet wurden als im Leutratal. Diese Tatsache legt die Vermutung nahe, daß nicht allein die Aktivitätsdichte, sondern auch durchschnittliche Abundanz-Unterschiede zwischen den Dipteren-Zönosen beider Untersuchungsgebiete erfaßt wurden, die vor allem auf die in beiden Biotopkomplexen voneinander abweichenden Feuchteverhältnisse zurückgehen dürften. Auch Kescherfangergebnisse in feuchten, frischen und verhältnismäßig trockenen Rasenbiotopen sprechen für diese Deutung. Die Individuendichte einzelner Dipteren-Familien wird durch hohe Bodenfeuchte in besonderer Weise gefördert. Ein Beispiel dafür stellt die vergleichsweise hohe Individuenzahl der Phoriden im Apfelstädter Ried dar (Tab. 2), einer Familie, die mit hohen Abundanzen auch in anderen Feuchtgebieten angetroffen werden kann (HEIMER, 1983).

Die Übereinstimmung aller drei Biotopkomplexe im Vorhandensein derselben, relativ individuenreichen Fliegenfamilien, den Phoriden, Chloropiden, Empididen, die nach den Angaben in Tabelle 2 29 %—49,5 % der in den Untersuchungsgebieten erbeuteten Individuen enthalten, und das übereinstimmende Auftreten weiterer 13 Familien, die zu denjenigen mit >0,5 % der jeweiligen Gesamtindividuenzahl gehören, zeigt, daß sich die vor allem in Bodennähe befindlichen Arten, die auch am ehesten mit Bodenfallen erbeutet werden, im wesentlichen einer klar abgrenzbaren Gruppe von Familien zuzuordnen sind. Zu dieser Familiengruppe dürften vorrangig die in Tabelle 2 aufgeführten ersten 15 Familien für jedes Untersuchungsgebiet gehören. Hervorgehoben sei, daß die besonders individuenreichen Familien, die Sphaeroceriden, Phoriden und Chloropiden auch in anderen Untersuchungsgebieten bei einem Abundanzvergleich der Familien mit zuerst genannt werden (HEIMER, 1983). Eine Ausnahme bildet allerdings die im Immissionsgebiet des Saaletales ranghöchste Familie der Tethinidae, die durch eine Art, *Pelomyiella mallochi*, repräsentiert wird. Bezeichnenderweise treten die meisten Individuen dieser Art in den am stärksten durch die Staub-Emissionen des Düngemittelwerkes belasteten Katenagliedern 5 und 6 auf. Auch bei den im *Puccinellia*-Rasen durchgeführten Kescherfängen (BÄHRMANN, 1982) gehört *P. mallochi* mit 31,4% von 22270 gekescherten Dipteren-Individuen zu den hochdominanten Arten. 87,6% aller Individuen dieser Art wurden allein im *Puccinellia*-Rasen erbeutet. Die zuvor in Mitteleuropa nur von Küstenstandorten bekannte Art *P. mallochi* (CZERNY, 1928; KARL, 1930; SOÓS, 1978), ist mittlerweile aber auch an anderen Binnenlandstandorten nachgewiesen worden, z. B. in Polen, und zwar dort u. a. ebenfalls in einem durch industrielle Abprodukte belasteten Biotop, aber auch an natürlichen Salzstandorten (SZADZIEWSKI, 1983); ferner hat ROHÁČEK (1983a) das Vorkommen von *P. mallochi* in der Slowakei beschrieben. Untersucht werden müßte, ob diese halobionten bzw. halophilen Arten, zu denen ja außer *Pelomyiella mallochi* auch noch andere, wie z. B. *Aphanotrigonum cinctellum*, *Oscinimorpha albisetosa* oder *Scatophila cribrata* gehören, etwa auch in anderen Immissionsgebieten zusammen auftreten. Denkbar wäre, daß sie in anthropogen belasteten Rasenökosystemen einen Artenkomplex darstellen, der nicht nur die Dipteren-Zönose solcher Biotope charakterisieren kann, sondern dem auch ein gewisser Zeigerwert für spezifische Immissionen in Rasengesellschaften zukommt.

Von den in allen drei Probeentnahmegebieten verhältnismäßig häufigen Arten aus den Familien der Sphaeroceriden und Chloropiden verdienen die mehr oder weniger brachypteren Arten besonderes Interesse, was auch auf die allerdings weniger häufigen Arten mit verkürzten oder verschmälerten Flügeln aus anderen Familien zutrifft, z. B. den Anthomyziden, Opomyziden und Ephydriden. Hinzu kommen auffällig kleine Arten, insbesondere die zu den Tanzfliegen gehörenden *Stilpon*-Arten. Aus Tabelle 10 geht hervor, daß die beiden Arten *Stilpon nubila* und *Conioscinella zetterstedti* als Bewohner der trockenen Graslandflächen bei Jena häufiger, im feuchteren Apfelstädter Ried hingegen weniger individuenreich zu sein scheinen. Die nach den Ergebnissen der Kescherfänge im Leutratal in sämtlichen Probeflächen häufige *Nostima picta* (BÄHRMANN, 1978) kann als euryök bezeichnet werden, tritt, wie die vorliegenden Bodenfallenfänge beweisen, sogar in der immissionsbelasteten Probeflächenkatena des Saaletales auf. HEIMER (1983) bezeichnet diese kleine Ephydriden-Art zurecht als typischen Wiesenbewohner. Für eine relativ breite Potenzamplitude von *Nostima picta* sprechen auch die Untersuchungsergebnisse von PEŠKOVÁ-KARNECKÁ (1978), während sie in Nordeuropa nach DAHL (1959) in stärkerem Maße an Feuchtgebiete gebunden zu sein scheint. Im Unterschied zum häufigen Vorkommen von *N. picta* ist die mit ihr nahe verwandte *Nostima semialata* in Thüringen offensichtlich weitaus seltener zu finden.

Auffällig ist die Anzahl der besonders kleinen bzw. brachypteren Fliegenarten im weiteren Sinne, die nur im Apfelstädter Ried gefunden wurden (Tab. 10) und die möglicherweise in den beiden anderen Untersuchungsgebieten fehlen. Damit könnte es sich um stenöke Arten handeln, die feuchte Biotope bevorzugen, Halbtrockenrasen hingegen meiden. Für die beiden folgenden brachypteren Arten ist das Vorkommen in Feuchtbiotopen bereits nachgewiesen: *Elachiptera brevipennis* (RAPP, 1942) und *Copromyza pedestris* (Vergl. S. 97). Auch die im Apfelstädter Ried überwiegend als brachyptere Form (17 Brachyptere gegenüber 2 Macropteren) erbeutete *Limosina meijerei*, die in den beiden anderen Biotopkomplexen ebenfalls fehlt, dürfte vorzugsweise feuchte bzw. frische Rasenbiotope besiedeln. Dafür sprechen Nachweise dieser Art, die MOHRIG (1967) mitgeteilt hat. Bekannt ist sie weiterhin aus submontanen Wäldern (ROHÁČEK, 1983b).

Mit ROHÁČEK (1975) kann angenommen werden, daß sich kleine Fliegenarten vielfach in Anpassung an die bodennahe Lebensweise zwischen dichtem Pflanzenwuchs durch Brachypterie auszeichnen. Nahe Verwandte solcher brachypteren Fliegen, die zudem oft größer sind und daher nicht so leicht passiv mit Luftströmungen verfrachtet werden können, leben oftmals als normal geflügelte Arten in den oberen Bereichen der Krautschicht, wo sie mit dem Kescher auch ohne weiteres erreicht und entsprechend leicht nachgewiesen werden können. Beispiele dafür sind die mit *Conioscinella zetterstedti* nahe verwandte *C. frontella*, die der *Nostima semialata* nahestehende *N. picta*, die geflügelte Form von *Pteremis fenestralis* sowie die mit *Limosina meijerei* verwandte *L. pullula*, deren Weibchen aus dem Apfelstädter Ried allerdings auch in der Regel nur etwas über hinterleibslange Flügel besitzen. Es handelt sich um 22 Tiere, denen übrigens nur 1 Männchen gegenübersteht, das deutlich längere Flügel besitzt als die Weibchen. Das Überwiegen der weiblichen Tiere entspricht den Feststellungen ROHÁČEKS (1983b).

Im Unterschied zu der im großen und ganzen noch viel zu wenig bekannten vertikalen Einnischung der Dipteren in der Krautschicht, läßt sich über die horizontale Verbreitung innerhalb eines Rasenkomplexes, wie er durch die Probeflächenkatenen dargestellt wird, bereits mehr aussagen, wenn die Repräsentanz (MÜLLER et al., 1978) der einzelnen Arten untersucht wird. Die hohen Repräsentanz-Werte, die die halophilen Arten *Pelomyiella mallochi*, *Scatophila cribrata*, *Aphanotrigonum cinctellum* in den Probeflächen 4, 5 und 6 der Saaletalkatena erreichen, spricht dafür, daß die während ihrer Entwicklung an einen hohen Mineralgehalt des Entwicklungssubstrates angepaßten Dipteren in diesen Katenagliedern besonders günstige Entwicklungsbedingungen vorfinden. Die hohen Na-, K-, Mg- und F-Werte im Boden und oder in den dort gedeihenden Gräsern (HEINRICH, 1981) lassen sich zum Teil mit der Wirkung einer starken Düngung vergleichen, die nach OLECHOWICZ (1977) nicht nur eine Erhöhung der Individuenzahlen bei Fliegen zur Folge hat, sondern auch einen Anstieg der Diversität, eine Vermehrung der in Rasenökosystemen auftretenden Dipteren-Familien und eine Änderung der Dominanzstruktur bewirkt. Diese Kriterien treffen durchaus auch für die immissionsbelasteten Probeflächen zu. So zeigt der Puccinellia-Rasen in der Saaletalkatena in der Tat die höchste Diversität innerhalb der gesamten Probeflächenkatena und zugleich besonders hohe Individuenausbeuten in den Bodenfallen (Tab. 4). Demnach kann sich auch auf einem Einart-Rasen, wie der Puccinellia-distans-Fläche, als Produzentenbasis, eine sehr komplexe Stufenfolge von Konsumenten entwickeln, wofür die Dipterenfauna deutliche Hinweise liefert.

Erstaunlich ist schließlich auch, daß sich die infolge starker Industrie-Immissionen vegetationsfreie Fläche 6 der Saaletalkatena durch verhältnismäßig hohe Arten- und Individuenzahlen auszeichnet (Tab. 4, 6, 8, 9). Es erhebt sich die Frage, wie sich die nicht räuberisch lebenden und nicht als saprophag bekannten Dipteren in diesem Katenaglied überhaupt zu entwickeln vermögen. So läßt sich z. B. für die in den Tabellen 6 und 9 aufgeführten Chloropiden-Arten nur annehmen, daß sie entweder saprophag von hangabwärts eingeschwemmtem Detritus leben oder daß sich diese Arten, wie durch von TSCHIRNHAUS (1981, S. 122) beschrieben, von Bakterien möglicherweise auch von Pilzen und Algen ernähren.

Die während der einzelnen Untersuchungszeiträume mit den Bodenfallen pro Fläche jährlich erbeuteten Fliegenarten können zwar nicht den Umfang der tatsächlich persistenten, d. h., kontinuierlich vorhandenen, in Bodennähe lebenden Arten zum Ausdruck bringen, die Anzahl dieser Arten ist mit hoher Wahrscheinlichkeit viel größer als aus den Fallenfängen hervorgeht. Zumindest kann aber der Nachweis erbracht werden, welche Arten zu den persistenten gehören und demzufolge die Stabilität der Dipteren-Zönose mitbestimmen (Tab. 9). Da nur die Fangzahlen in den einzelnen Probeflächen der Saaletalkatena groß genug sind, um weiterführende Untersuchungen zur Persistenz der Arten vorzunehmen, seien hier auch nur die Prozentzahlen derjenigen Arten miteinander verglichen, die jährlich in den einzelnen Flächen dieser Katena erbeutet wurden. Bemerkenswert ist die ungefähr gleiche Verteilung der Zahl persistenter Arten über die gesamte Katena, die durch die Prozentzahlen der Artensummen in Tabelle 9 verdeutlicht wird. Sie bringt eine gewisse Ähnlichkeit der Stabilität dieser Dipteren-Zönose im gesamten Katenabereich zum Ausdruck.

Vorteilhaft für ökofaunistische Untersuchungen sind ferner Aussagen zu einzelnen

Lebensformtypen innerhalb des Konsumentenspektrums. Deshalb soll geprüft werden, wie hoch der Anteil der zoophagen Dipteren-Imagines in den drei Probeentnahmegebieten ist, da die räuberischen Fliegen einen relativ wichtigen ökologischen Faktor in der Krautschicht darstellen können. Der Prozentsatz räuberischer Fliegen in den drei Biotopen bewegt sich zwischen den von DĄBROWSKA-PROT & KARG (1974), DOSKOČIL & HŮRKA (1962) und KOVALIK (1983) mitgeteilten Werten (Tab. 7). Festgestellt werden muß aber auch, daß die Prozentzahl räuberischer Fliegen in Bodennähe, wenigstens im Immissionsgebiet des Saaletales, offensichtlich größer ist als im oberen Bereich der Krautschicht, was aus einem Vergleich mit Kescherfangergebnissen deutlich hervorgeht (BÄHRMANN, 1984). Besonders hinzuweisen ist auf die hohe Individuenzahl der Zoophagen in der Saaletalkatena und hier insbesondere in den durch die Immissionen am meisten beeinträchtigten Probeflächen 4, 5 und 6 (Tab. 8). Diese Feststellung gilt übrigens nicht nur für zoophag lebende Dipteren, sondern trifft auch für die räuberisch lebenden Chilopoden in der Saaletalkatena zu (PETER, 1984), ebenso für die zoophagen Spinnentiere (SCHÄLLER, persönliche Mitteilung). Eine Erklärung für die großen Anteile der Räuber an der gesamten Arthropodenfauna in diesen Probeflächen bietet die erstaunlich hohe Abundanz, mit der saprophag (mikrophag) lebende Insekten, Collembolen, Dipteren z. B. *Pelomyiella mallochi* u. a. in diesem Bereich der Saaletalkatena auftreten.

Die Befunde zur zeitlichen Einnischung der Dipteren-Arten in den drei Untersuchungsgebieten sollen mit den Kescherfangergebnissen im Leutratal verglichen werden, um den Aussagewert der Einzelergebnisse auf diese Weise besser begründen zu können. So lassen sich bei einer Reihe von Arten tatsächlich aus den vorhandenen Übereinstimmungen der zeitlichen Lage ihrer Abundanzmaxima Rückschlüsse auf den Aussagewert der Bodenfallenfänge zur Populationsdynamik ziehen. Diese Ergebnisse stellen eine wertvolle Ergänzung der durch Kescherfänge erzielten Resultate zur Untersuchung der saisonalen Entwicklung der Dipterenfauna dar.

6. Zusammenfassung

In zwei naturnahen Rasenökosystemen und einer durch Immissionen eines Düngemittelwerkes belasteten Rasenkatena in Thüringen wurden mit Bodenfallen insgesamt 11778 brachycere Dipteren gefangen, die sich 35 verschiedenen Familien zuordnen lassen. Zu den individuenreichsten Familien gehören in jedem Untersuchungsgebiet die Chloropiden, Phoriden und Empididen. In der Nähe des Düngemittelwerkes stehen die nur hier vorkommenden Tethiniden mit der halobionten Art *Pelomyiella mallochi* an erster Stelle der Familienrangliste. Die Artenzahlen schwanken zwischen 129 und 218 je Untersuchungsgebiet. Die Anzahl der Arten, die $\geqq 0{,}5\,\%$ der Gesamtindividuenzahl je Biotopkomplex enthalten, ist mit 27—32 in allen drei Gebieten ungefähr gleich groß. Die in den Arten-Individuen-Relationen zum Ausdruck kommende Mannigfaltigkeit (Diversität) zeigt in den naturnahen Biotopen durchschnittlich höhere Werte als in der industrienahen Katena. Dominanten-Identität und Repräsentanz gewähren ergänzende Einblicke in die mittels Bodenfallenfängen erkennbare Faunenstruktur der Dipteren.

Die räuberischen Dipteren-Imagines stellen 9,7 %—17,8 % aller Individuen dar. Höher sind die Artenanteile der Zoophagen, die sich zwischen 14,7 % und 26,6 % bewegen. In der industrienahen Probeflächenkatena treten 7,3 % der Bodenfallenarten mindestens in einer der 6 Probeflächen regelmäßig in jedem Untersuchungsjahr auf. Faunistisch bemerkenswert sind u. a. mehrere brachyptere bzw. aptere und auch verhältnismäßig kleine Dipteren-Arten. Die zeitliche Lage der saisonalen Abundanzmaxima einiger relativ häufiger Arten zeigt gute Übereinstimmungen mit der jahreszeitlichen Individuenverteilung dieser mit Hilfe der Keschermethode erbeuteten Arten.

Systematische Übersicht über die im Text bzw. in den Tabellen erwähnten Dipteren-Arten

Therevidae

Thereva plebeja (LINNAEUS, 1758)

Empidoidea (ohne Dolichopodidae)
Crossopalpus nigritellus (ZETTERSTEDT, 1842)
Stilpon graminum (FALLÉN, 1815)
Stilpon lunata (WALKER, 1851)
Stilpon nubila COLLIN, 1926
Tachydromia arrogans (LINNAEUS, 1761)
Dolichopodidae
Chrysotus microcerus KOWARZ, 1874
Medetera micacea LOEW, 1857
Medetera truncorum MEIGEN, 1824
Micromorphus albipes (ZETTERSTEDT, 1845)
Poecilobothrus infuscatus (STANNIUS, 1831)
Lonchopteridae
Lonchoptera furcata (FALLÉN, 1823)
Lonchoptera lutea PANZER, 1809
Sepsidae
Sepsis fulgens MEIGEN, 1826
Themira annulipes (MEIGEN, 1826)
Themira nigricornis (MEIGEN, 1826)
Heleomyzidae
Oecothea fenestralis (FALLÉN, 1820)
Suilla affinis (MEIGEN, 1830)
Suilla umbratica (MEIGEN, 1838)
Tephrochlamys rufiventris (MEIGEN, 1830)
Anthomyzidae
Anagnota bicolor (MEIGEN, 1838)
Anthomyza cingulata (HALIDAY, 1855)
Anthomyza pallida (ZETTERSTEDT, 1838)
Anthomyza sabulosa (HALIDAY, 1837)
Opomyzidae
Geomyza breviseta (CZERNY, 1928)
Geomyza hendeli (CZERNY, 1928)
Geomyza tripunctata FALLÉN, 1823
Geomyza venusta (MEIGEN, 1830)
Sphaeroceridae
Copromyza nitida (MEIGEN, 1830)
Copromyza pedestris (MEIGEN, 1830)
Copromyza stercoraria (MEIGEN, 1830)
Leptocera fontinalis (FALLÉN, 1826)
Leptocera nigra OLIVIER, 1813
Limosina clunipes (MEIGEN, 1830)
Limosina ochripes (MEIGEN, 1830)
Limosina pullula ZETTERSTEDT, 1847
Limosina meijerei DUDA, 1918
Limosina talparum (RICHARDS, 1927)
Limosina vitripennis ZETTERSTEDT, 1847
Opacifrons coxata (STENHAMMAR, 1854)
Pteremis fenestralis (FALLÉN, 1820)
Pteremis fenstralis (FALLÉN, 1820) f. *brachyptera*
Trachyopella atoma (RONDANI, 1880)
Tethinidae
Pelomyiella mallochi (STURTEVANT, 1923)
Carnidae
Meoneura flavifacies COLLIN, 1930
Ephydridae
Limnellia quadrata (FALLÉN, 1813)
Nostima picta (FALLÉN, 1813)

Nostima semialata (COLLIN, 1913)
Psilopa marginella FALLÉN, 1823
Psilopa nitidula (FALLÉN, 1813)
Scatophila cribrata (STENHAMMAR, 1844)
Trimerina madizans (FALLÉN, 1813)

Drosophilidae

Scaptomyza pallida (ZETTERSTEDT, 1847)
Scaptomyza pallida (ZETTERSTEDT, 1847)

Chloropidae

Aphanotrigonum cinctellum (ZETTERSTEDT, 1848)
Cetema cereris (FALLÉN, 1820)
Conioscinella frontella (FALLÉN, 1820)
Conioscinella zetterstedti ANDERSSON, 1966
Elachiptera brevipennis (MEIGEN, 1830)
Incertella albipalpis (MEIGEN, 1830)
Oscinella frit (LINNAEUS, 1758)
Oscinella hortensis COLLIN, 1946
Oscinella pusilla (MEIGEN, 1830)
Oscinimorpha albisetosa (DUDA, 1932)
Trachysiphonella scutellata (VON ROSER, 1840)
Trichimba cincta (MEIGEN, 1830)

Scatophagidae

Scatophaga stercoraria (LINNAEUS, 1763)

Anthomyiidae

Delia florilega-Gruppe
Delia pullula (ZETTERSTEDT, 1845)
Hylemyia nigrimana (MEIGEN, 1826)
Phorbia curvicauda (ZETTERSTEDT, 1845)

Calliphoridae

Cynomyia mortuorum (LINNAEUS, 1761)
Pollenia rudis (FABRICIUS, 1786)

7. Literatur

BÄHRMANN, R. (1978): Ökofaunistische Untersuchungen an Ephydriden verschiedener Rasenbiotope in Thüringen (DDR). — Dtsch. Ent. Z., N. F. **25**: 337—348.

— (1982): Zum Vorkommen sogenannter halophiler Dipteren-Arten in einem industriell belasteten Immissionsgebiet. — Ent. Nachr. Ber. **26**: 75—78.

— (1984): Die Zweiflügler (Diptera Brachycera) der Kraut- und Strauchschicht des Leutratales bei Jena/Thüringen — ein ökofaunistischer Vergleich. — Zool. Jb. Syst. **111**: 175—217.

— (1985): Untersuchungen zur Diversität und Stabilität der Dipterenfauna einer naturnahen und einer anthropogen beeinflußten Rasenkatena bei Jena/Thüringen. — Zool. Jb. Syst. **112**: 235—248.

BESCHOVSKI, V. L. (1972): A contribution to the Diptera fauna (Diptera, Brachycera) in the region of the Bulgarian blacksea coast. — Bull. Inst. Zool. Mus. KH. **34**: 5—14.

— (1975): (Ökologische Untersuchungen über Vertreter von Diptera — Brachycera von den Salzbiotopen der bulgarischen Schwarzmeerküste). — Ecology (Sofia) **1**: 64—74.

CHVÁLA, M. (1983): The Empidoidea (Diptera) of Fennoscandia and Denmark. II. General Part. The families Hybotidae, Atelestidae and Microphoridae. — Fauna Entomologica Scandinavica **12**: 1—281.

CZERNY, L. (1928): Tethinidae, in: LINDNER, E.: Die Fliegen der palaearktischen Region **VI** (1), **55**: 1—8.

DĄBROWSKA-PROT, E., KARG, J. (1974): Preliminary analysis of Diptera of rye and potato fields. — Bull. Acad. pol. Sci., Sér. Sci. biol. **22**: 385—391.

DAHL, R. G. (1959): Studies on scandinavian Ephydridae (Diptera Brachycera). — Opusc. ent. Suppl. **XV**: 1—224.

DEEMING, J. C., KNUTSON, L. V. (1966): Ecological notes on some Sphaeroceridae reared from snails, and a description of the Puparium of *Copromyza (Apterina) pedestris* MEIGEN (Diptera). — Proc. ent. Soc. Wash. **68**: 108—112.

DOSKOČIL, J., HŮRKA, K. (1962): (Entomofauna der Wiese (Verband Arrhenatherion elatioris) und ihre Entwicklung). — Rozpr. Čsl. akad. věd. **72**: 1—100.

DUNGER, W. (1963): Praktische Erfahrungen mit Bodenfallen. — Ent. Nachr. (Dresden) **4**: 41—46.

FRITZLAR, F. (1985): Untersuchungen an Collembolen im Immissionsgebiet eines Düngemittelwerkes. — Diplomarbeit, Jena.

HEIMER, W. (1983): Auswirkungen von Wasserstandsschwankungen auf Diptera/Brachycera (Insecta) in Naturschutzgebieten der Hessischen Rheinaue. — Dissertation, Darmstadt.

HEINRICH, W. (1981): Floristisch-vegetationskundliche Untersuchungen im Immissionsgebiet von Dorndorf-Steudnitz (Kreis Jena-Land). Manuskript, Jena.

— (1984): Über den Einfluß von Luftverunreinigungen auf Ökosysteme. III. Beobachtungen im Immissionsgebiet eines Düngemittelwerkes. — Wiss. Z. FRIEDRICH-SCHILLER-Univ. Jena, Nat. R., **33**: 251—289.

KARL, O. (1930): Thalassobionte und thalassophile Diptera Brachycera, in: GRIMPE, G. und W. WAGLER: Die Tierwelt der Nord- und Ostsee XIe: 33—84.

KOVALIK, A. I. (1983): Insekten der Agrobiozönosen in der Levoberezhye von der Ukraine. — X. Int. Symp. Entomofaunistik Mitteleuropas, Budapest, 1983: 32—33.

MOHRIG, W. (1967): Beitrag zur Ökologie und Verbreitung brachypterer Dipteren in norddeutschen Biotopen. — Dtsch. ent. Z., N. F., **14**: 169—184.

MÜLLER, H. J., BÄHRMANN, R., HEINRICH, W., MARSTALLER, R., SCHÄLLER, G., WITSACK, W. (1978): Zur Strukturanalyse der epigäischen Arthropodenfauna einer Rasen-Katena durch Kescherfänge. — Zool. Jb. Syst. **105**: 131—184.

MÜLLER, J. K. (1984): Die Bedeutung der Fallenfang-Methode für die Lösung ökologischer Fragestellungen. — Zool. Jb. Syst. **111**: 281—305.

NAUMANN, J. (1984): Abundanzdynamik und Biomasse-Umsatz des Puccinellia distans-Aphiden-Coccinelliden-Komplexes. Diplomarbeit, Jena.

OLECHOWICZ, E. (1977): Changes in the composition and numbers of Diptera under the influence of mineral fertilization of meadows. — Ekol. Pol. **25**: 467—490.

PEŠKOVÁ-KARNECKÁ, H. (1978): Ephydridae (Diptera) from different meadow communities. — Dipterologica bohem. (Bratislava) **1**: 205—228.

PETER, H.-U. (1984): Über den Einfluß von Luftverunreinigungen auf Ökosysteme. IV. Isopoda, Diplopoda, Chilopoda, Collembola und Auchenorrhyncha aus Bodenfallenfängen in der Umgebung eines Düngemittelwerkes. — Wiss. Z. FRIEDRICH-SCHILLER-Univ. Jena, Nat. R., **33**: 291—307.

RALD, E. (1976): De danske saltfluer (Diptera, Tethinidae). — Entomol. Meddr. **44**: 111—117.

RAPP, O. (1942): Die Fliegen Thüringens unter besonderer Berücksichtigung der faunistisch-oekologischen Geographie. — Erfurt.

ROHÁČEK, J. (1975): Die Flügelpolymorphie bei den europäischen Sphaeroceridenarten und Taxonomie der *Limosina heteroneura*-Gruppe (Diptera). — Acta ent. bohemoslov. **72**: 196—207.

— (1980): Sphaeroceridae (Diptera) sbirané metodou zemnich pasti v podhorských oblastech severni Moravy (ČSSR). — Čas. slez. Muz. Opava (A) **29**: 145—160.

— (1983a): New records of Tethinidae (Diptera) from Slovakia. — Biológia (Bratislava) **38**: 1021—1023.

— (1983b): A monograph and re-classification of the previous genus *Limosina* MACQUART (Diptera, Sphaeroceridae) of Europe. Part II. — Beitr. Ent., Berlin **33**: 3—195.

SOÓS, Á. (1978): Tethiniden aus der Mongolei mit einem Verzeichnis der paläarktischen Arten (Diptera: Acalyptratae). — Acta zool. Sci. Hung. **24**: 407—413.

SOÓS, Á., PAPP, L. (eds.) (1984): Catalogue of palaearctic Diptera. — Vol. **9, 10**.

SZADZIEWSKI, R. (1983): Flies (Diptera) of the saline habitats of Poland. — Pol. Pismo Entomol. **53**: 31—76.

TSCHIRNHAUS, M. VON (1981): Die Halm- und Minierfliegen im Grenzbereich Land-Meer der Nordsee. Eine ökologische Studie mit Beschreibung von zwei neuen Arten und neuen Fang- und Konservierungsmethoden (Diptera: Chloropidae et Agromyzidae). — Spixiana, Suppl. **6**: 1—405.

Anschrift des Verfassers:

Doz. Dr. sc. RUDOLF BÄHRMANN,
Sektion Biologie, WB Ökologie,
FRIEDRICH-SCHILLER-Universität,
6900 Jena, Neugasse 23.

Buchbesprechung

ESCHENBACH, KLAUS-PETER: **Alternatives Rechtschreibungswörterbuch der Medicin und Pharamacie.** 264 S., Format 18,8 × 12,7 cm, 1. Februar 1985, DM 26,80. JUNGJOHANN Verlagsgesellschaft m.b.H. Neckarsulm. ISBN 3-88454-835-2.

Der Autor entwickelt ein System der Fremdwortschreibung im medizinisch-pharmazeutischen Bereich, das willkürliche Abweichungen und einander widersprechende Schreibweisen beenden soll, indem alle Wörter konsequent auf ihre Stammform zurückgeführt werden, ganz gleich, in welcher Zusammensetzung. In den Fällen, in denen sich ein Wort in anderen Sprachen von der Stammform weit entfernt hat, wird dies berücksichtigt. Daraus ergeben sich Regeln für die Entscheidung über die Verwendung z. B. von c/k/z und ph/f. Sie versuchen, die nicht mehr eindeutig abzuleitenden Wörter ebenfalls zu erfassen.

Sicher würde die Durchsetzung dieser Reform für die Schriftsprache den Studenten, praktizierenden Ärzten und Pharmazeuten Erleichterungen erbringen, vor allem im internationalen Austausch. Darüber hinaus möchte der Autor ganz allgemein die Schreibung von Fremdwörtern im Deutschen der in anderen Sprachen anpassen („internationale Harmonisierung"). Hiergegen lassen sich einige Einwände vorbringen. Jede Schriftsprache ist künstlich, jedoch organisch gewachsen. Daher sind einerseits viele „Fremdwörter" schon vor Jahrhunderten in die deutsche Sprache aufgenommen worden und nur noch für Fachwissenschaftler als solche erkennbar. Andererseits sind viele unserer heutigen „Fremdwörter" weder von den Griechen noch von den Römern benutzt worden. Der ständigen Sprachentwicklung wird der „Duden" gerecht, indem jede neue Auflage die vorige kritisiert und verbessert. Der Vorteil des „Duden" besteht doch darin, daß jeder Schüler ein Fremdwort richtig schreiben lernt, ohne es von seiner Ursprungsform ableiten zu können. Außerdem ermöglicht der „Duden" gerade auch den Nichtdeutschen den Zugang zum Schriftdeutsch.

HANNEMANN

Dtsch. ent. Z. N. F. 34 (1987) 1—3, 107—111

Die Gattung Ardis KONOW, 1886[1])
(Hym., Tenthredinidae)

Von

FRANK KOCH

Mit 2 Abbildungen im Text

Abstract

The genus *Ardis* has two species — the holarctic *A. brunniventris* (HARTIG) and the nearctic *A. atrata* (HARRINGTON). The type of *A. sulcata* (CAMERON) was investigated and as *A. brunniventris* identified.

Einleitung

Der Literatur nach zu urteilen umfaßt die Gattung *Ardis* derzeit drei Arten und ist außerdem holarktisch anzutreffen. Die ausschließlich nearktische Art *Ardis atrata* (HARRINGTON, 1884) konnte bisher nur im Westen der USA und Kanadas gefangen werden (SMITH, 1969). Für *Ardis brunniventris* (HARTIG, 1837) liegen Funde aus Europa, Zentralasien, Japan und Nordamerika mit transkontinentaler Verbreitung vor. Die dritte Art, *Ardis sulcata* (CAMERON, 1882) gehörte nach BENSON (1952) sowohl zur nearktischen als auch westpaläarktischen Faunenregion.

Bei der taxonomischen Trennung der beiden europäisch verbreiteten Arten ergaben sich einige Probleme, die in der vorliegenden Arbeit geklärt werden sollen.

Diskussion der einzelnen Arten

Bei der faunistischen Bearbeitung des nördlichen Harzvorlandes (KOCH, 1982) fielen zwei *Ardis*-Männchen auf, von denen eines die typische *brunniventris*-Färbung aufwies und das andere völlig schwarz war, jedoch weiße Tibien besaß und sich daher nicht eindeutig zuordnen ließ. Auch die genitalmorphologische Begutachtung erbrachte keine trennenden Merkmale. Damit machte sich die Untersuchung von möglichst umfangreichem Museumsmaterial sowie die Überprüfung der betreffenden Typen erforderlich, wobei schließlich Material aus mehreren Teilen West- und Mitteleuropas, den USA, Sibiriens und der Mongolei zur Verfügung stand.

Damit gelang es auch, die Weibchen hinsichtlich ihrer Artzugehörigkeit zu überprüfen.

---

[1]) Herrn Professor em. Dr. JOHANNES OTTO HÜSING zum 75. Geburtstag.

Ardis sulcata (CAMERON, 1882), syn. nov.

Der Typus dieser Art befindet sich im British Museum (Natural History) und ist wie folgt mit zwei Schildchen etikettiert:
„B. M. Type, Hym. 1.566“ und „*Blennocampa sulcata* CAM. Type“
Der Autor besaß für die Originalbeschreibung Material aus Deutschland und England.

Das Typusexemplar, ein Weibchen, ist völlig schwarz, wobei die Ecken des Pronotums schwach hell durchscheinen. Die Knie und Tibien der Vorder- und Mittelbeine sind schmutzigweiß bis hellbraun. Nach ENSLIN (1918), BENSON (1952) und MUCHE (1969) unterscheidet sich *A. brunniventris* deutlich von dieser Art durch den Besitz weißer Pronotumecken, Tegulae, Knie, Tibien und eine weiße Basis der hinteren Tarsen. Anhand dieser Zeichnung wäre eine Trennung des Museumsmaterials in die beiden Arten mit einiger Sicherheit möglich, gäbe es nicht die Exemplare, die die Farbmerkmale beider Arten aufweisen. Sämtliche Tiere wurden einer biometrischen und genitalmorphologischen Auswertung unterzogen, wobei sich zwischen den als typisch zu bezeichnenden *A. sulcata* und allen anderen Tieren keine Unterschiede ergaben, die nicht innerhalb der Variationsbreiten gelegen hätten. Gleiches gilt für die Oberflächenskulptur.

Auf Grund dieser Ergebnisse wird *A. sulcata* als Art eingezogen und als neues Synonym zu *A. brunniventris* gestellt.

Ardis brunniventris (HARTIG, 1837)

Diese Art beschrieb ursprünglich KLUG (1814) als *Tenthredo bipunctata*. Dieser Name wurde jedoch von *Tenthredo bipunctata* GMELIN (1790) präokkupiert, so daß nach dem Prioritätsgesetz der von HARTIG als Synonym gegebene Name gilt. Der Typus von HARTIG's *Tenthredo brunniventris* muß wahrscheinlich als verschollen betrachtet werden, wie Herr E. DILLER freundlicherweise mitteilte.

Der Typus dieser Art befindet sich im Museum für Naturkunde der HUMBOLDT-Universität zu Berlin und ist wie folgt mit 4 Schildchen etikettiert:
„14113“, „♀ Genitalpräparat 1/4“, „*Ardis brunniventris* (HARTIG) det.: F. KOCH 86“ und „Lectotypus des.: F. KOCH 86“. Unter der Katalognummer 14113, ist nachfolgende Notiz zu finden:
Tenthredo bipunctata Kl.; 2. German. Kl.
Bei dem zweiten Exemplar, das die gleiche Katalognummer besitzt handelt es sich jedoch um ein Weibchen von *Periclista lineolata* (KLUG), das demnach falsch determiniert ist.

Geht man von der für *A. brunniventris* typischen Färbung aus, so zeigt sich ein Trend der Verdunkelung bei den Tegulae beginnend über das Pronotum in Richtung Beine, bis schließlich ein völlig schwarzes Tier vorliegt. Ein Männchen, bei dem nur die Pronotumecken schmal hell gezeichnet sind, gilt daher als Ausnahme dieser wahrscheinlichen Gesetzmäßigkeit (USA, Oregon). In den alten Sammlungen bleichen die Tiere etwas aus und erscheinen dann braun.

Betrachtet man die Farbvarianten hinsichtlich ihrer zoogeographischen Verbreitung, so findet man die hellsten Tiere — das heißt, Pronotum, Tegulae und Beine weiß — in der Ostpaläarktis, dafür stehen die mongolischen Tiere und das Belegmaterial aus Sibirien. Völlig schwarze Tiere liegen aus Norditalien, Österreich, Südwestengland und dem heutigen Territorium der DDR vor. Wertet man diesbezüglich noch die Literatur aus und deutet dort die *A. sulcata* als die völlig schwarzen Tiere, so erweitert sich das Areal auf Spanien (CEBALLOS, 1956), Frankreich (CHEVIN, 1981), Ungarn (ZOMBORI, 1981), Rumänien (SCOBIOLA-PALADE, 1981) und etwas ungewöhnlich auf Finnland (HELLÉN, 1935). Darüberhinaus stammen aus Frankreich und der Schweiz Tiere mit nur hellen Beinen. Individuen, bei denen sich die Verdunkelung auf die Tegulae einschränkt kennt man vom Territorium der beiden deutschen Staaten, aus England, dem Kaukasus, der Schweiz und aus Frankreich.

Verwertet man auch hier die *A. brunniventris* betreffenden Literaturanagaben, so kommen Funde aus der Türkei (BENSON, 1968), Ungarn (ZOMBORI, 1981), Lappland (HELLÉN, 1960), Rumänien (SCOBIOLA-PALLADE, 1981, Schottland (LISTON, 1984) und Japan (TAKEUCHI, 1952) hinzu. Bemerkenswert ist, daß entgegen allen Erwartungen in Österreich bisher Hinweise auf weiß gezeichnete Exemplare fehlen, so auch SCHEIBELREITER (1973) und SCHEDL (1983). Anhand dieser zoogeographischen Daten läßt sich eine Linie erkennen, die die völlig schwarzen von den weiß gefärbten *A. brunniventris* trennt, und die etwa von Südost- nach Nordwesteuropa verläuft.

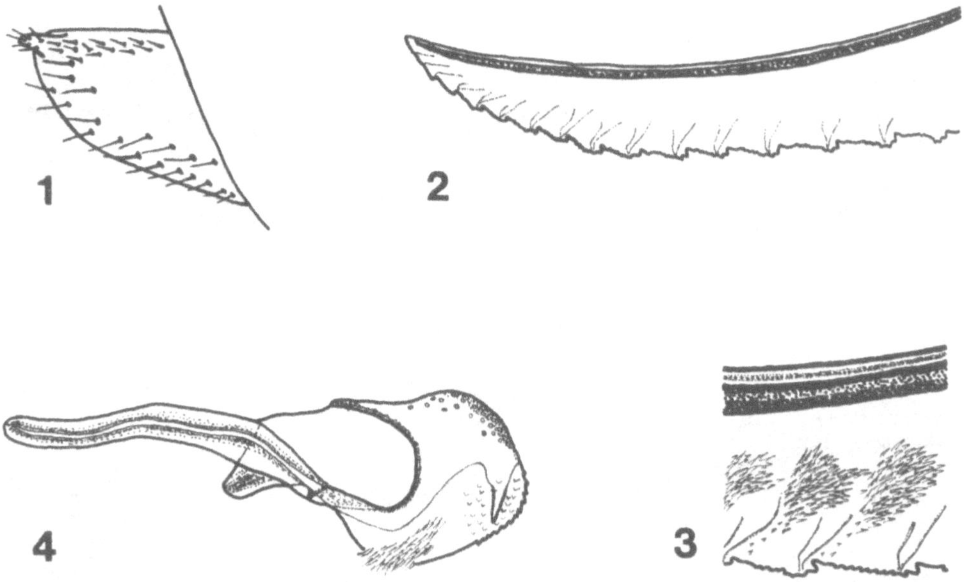

Abb. 1
Ardis brunniventris ♀, — 1) Sägescheide, 2) Sägevalve, 3) 9.—10. Hauptzahn der Sägevalve; A. brunniventris ♂, — 4) Prenisvalve.

Zu ähnlichen Fehlinterpretationen gelangte man auch in den USA, wofür beispielsweise das bereits erwähnte Männchen aus Oregon stehen könnte, die später SMITH (1965) korrigierte. Bei allen anderen aus Oregon stammenden Tieren, die zur Bearbeitung vorlagen, waren die Tibien schwarz mit scharf abgegrenztem weißen Basisdrittel und ebenso gerandeten Tegulae. Vom Nordosten der USA (Maine) existieren 3 Weibchen, die die helle Färbung der ostpaläarktischen Vertreter dieser Art aufweisen. Damit lassen sich auch hier sehr helle Tiere der Ostnearktis von dunklen der Westnearktis unterscheiden.

Die männlichen und weiblichen Genitalien gibt die Abb. 1 wieder. Eine leichte Variabilität im distalen Bereich der Penisvalve, dem sogenannten Valviceps und dem Pseudoceps (WONG, 1963), gilt als normal und ließ sich nicht zoogeographisch eingrenzen, jedoch fallen die 3 Männchen aus Oregon durch einen besonders dünnen, den dorsalen Rand des Pseudoceps erreichenden Valviceps auf.

Ardis atrata (HARRINGTON, 1894)

Den Typus dieser Art beschrieb HARRINGTON als *Monophadnus atratus* und dessen Begutachtung sich im Rahmen dieser Arbeit erübrigte, findet man mit der Typus-Nr. 86 in der Canadian National Collection.

Ardis atrata ist nach Smith (1969) bisher nur im äußersten Westen der USA und Kanadas bestätigt worden, sie unterscheidet sich von der vorhergehenden Art dadurch, daß der Hinterrand des Pronotums sowie die Tegulae nicht weiß gezeichnet sind. Dagegen entspricht die Beinfärbung den hellen Varianten von *A. brunniventris*. Ein abgestutzter Clypeus und linienförmige Malarräume sind unter anderen die morphologischen Kennzeichen von *A. atrata*. Bei *A. brunniventris* ist der Clypeus über seine ganze Breite schwach ausgerandet und bei den Westpaläarkten sogar dreieckig ausgeschnitten. Die Malarräume erreichen die Länge des vorderen Ocellendurchmessers. Hinzu kommen die verschieden gestalteten Genitalien (Abb. 2), wobei vor allem die Sägescheide ein gutes äußeres Merkmal zur Artentrennung darstellt.

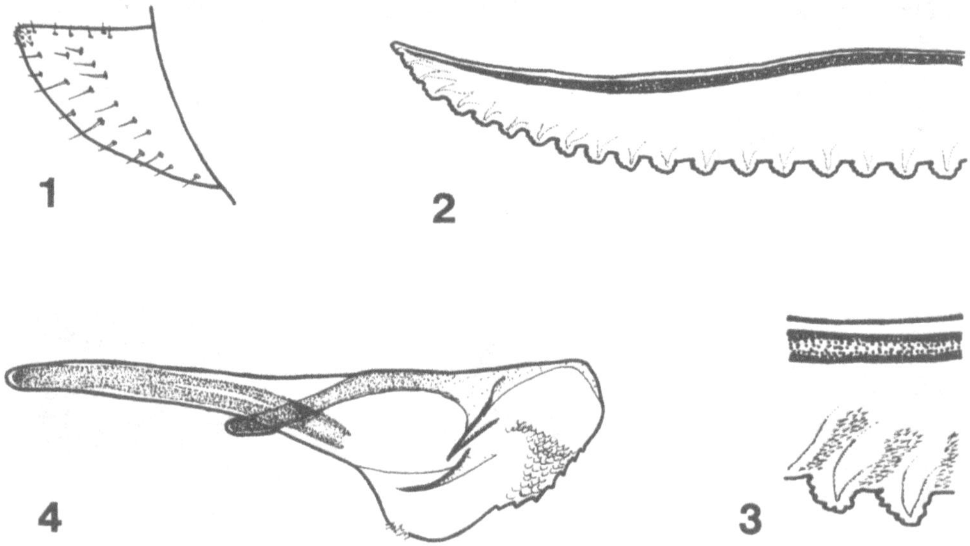

Abb. 2
Ardis atrata ♀, — 1) Sägescheide, 2) Sägevalve, 3) 9.—10. Hauptzahn der Sägevalve; A. atrata ♂, — 4) Penisvalve.

Danksagung

Für die Förderung dieser Arbeit durch Bereitstellung von Typus- und Belegmaterial sei den Herren E. Diller, Zoologische Staatssammlung, München; W. H. Muche, Radeberg; Prof. Dr. H. Pschorn-Walcher, Zoologisches Institut der Universität Kiel; Dr. R. D. Smith, Smithsonian Institution, Washington; N. D. Springate, British Museum (Natural History) and A. Taeger, Institut für Pflanzenschutzforschung, Abteilung Taxonomie, Eberswalde, herzlich gedankt.

Literatur

Benson, R. B. (1952): Handbk. Ident. Br. Insects; Hymenoptera, Symphyta. — R. Ent. Soc. London VI (2c).

— (1968): Hymenoptera from Turkey; Symphyta. — Bull. Br. Mus (Nat. Hist.) **22**, 109—207.

Cameron, P. (1882): Notes on Tenthredinidae. — Ent. Month. Mag. **18**, 271—272.

Ceballos, G. (1956): Catálogo de los Himenópteros de España. — Trat. Inst. Exp. Ent. Madrid.

CHEVIN, H. (1981): Inventaire des Hymenopteres Symphytes du departement des Yvelines. — Bull. Soc. Versaillaise Sc. Nat. **8**, 41—62.

ENSLIN, E. (1918): Die Tenthredinoidea Mitteleuropas. — Beihefte Dt. Ent. Z. 1912—1917.

HARTIG, T. (1837): Die Familien der Blattwespen und Holzwespen, nebst einer allgemeinen Einleitung zur Naturgeschichte der Hymenopteren. — Berlin.

HELLÉN, W. (1935): Mitteilungen über einige Tenthredinoiden Finnlands. — Not. Ent. **15**, 15—26.

— (1960): Mitteilungen über einige Tenthredinoiden Finnlands III. — Not. Ent. **40**, 109—111.

KOCH, F. (1982): Ein Beitrag zur Symphytenfauna (Hym., Insecta) des Hakel-Waldes im nördlichen Harzvorland. — Hercynia N. F. Leipzig **19**, 97—102.

LISTON, R. D. (1984): Sawfly fauna of a woodet park within the city of Edinburgh (Hym.: Symphyta). — Ent. Rec. **96**, 17—21.

MUCHE, W. H. (1969): Die Blattwespen Deutschlands. III. Blennocampinae (Hym.). — Ent. Abh. Mus Tierk. Dresden **36**, 97—155.

SCHEDL, W. (1983): Die Pflanzenwespen (Hym.: Symphyta) des Landesmuseums Joanneum in Graz. Teil 5: Tenthredinoidea: Fam. Tenthredinidae, Unterfam. Blennocampinae. — Mitt. Abt. Zool. Landesmus. Joanneum, Heft 30, 65—78.

SCHEIBELREITER, G. (1973): Die Tenthrediniden der Rose (Rosa spec.). — Z. angew. Ent. **72**, 225—259.

SCOBIOLA-PALADE, X. G. (1981): Fauna Republicii Socialiste România. — Insecta. **9**, Hymenoptera, Symphyta. Subfam. Blennocampinae, Nematinae. Acad. Rep. Socialiste România.

SMITH, D. R. (1965): A. name change and new synonym for a species of *Ardis* in North America (Hym.: Tenthr.). — Pan-Pacific Ent. **41**, 9—10.

— (1969): Nearctic sawflies. I. Blennocampinae: Adults and larvae (Hym.: Tenthr.). — Tech. Bull. 1397, U.S. Dept. Agric.

TAKEUCHI, K. (1952): A generic classification of the Japanese Tenthredinidae (Hym.: Symphyta). — Kyoto.

WONG, H. R. (1963): A external morphology of the adults and ultimate larvae instar of the Larch Sawfly, *Pristiphora erichsoni* (HTG.) (Hym.: Tenthr.). — Can. Ent. **95**, 897—921.

ZOMBORI, L. (1981): A check-list of Symphyta from the Carpathian Basin (Hym.) II. — Folia Ent. Hung. **42**, 259—262.

Anschrift des Verfassers:

Dr. FRANK KOCH
Museum für Naturkunde
der HUMBOLDT-Universität
zu Berlin
Bereich Zoologisches Museum
DDR-1040 Berlin
Invalidenstraße 43

Dtsch. ent. Z., N. F. 34 (1987) 1—3, 112

Buchbesprechung

GUTMANN, W. F., & BONIK, K. (1981): **Kritische Evolutionstheorie.** Ein Beitrag zur Überwindung altdarwinistischer Dogmen. — Hildesheim (GERSTENBERG-Verlag); 227 S., 43 Abb.; brosch. —

Bisher wurde Selektion nur als äußere S. aufgefaßt. Das Evolutionsverständnis wird von den Verff. durch die Einbeziehung der inneren S. vertieft. Aufbauend auf früheren Arbeiten der sog. GUTMANN-Schule wird das Evolutionsgeschehen durch das Hydraulik-Prinzip (alle lebenden Systeme sind hydraulische Gebilde) und andere physikalische Gesetze sowie die Unterstreichung der Bedeutung der Lesrichtung in der Evolution besser verständlich, wofür bisheriges Evolutionsverständnis oft nicht ausreicht. Evolution wird als Optimierung und Ökonomisierung erklärt; der Ordnungszustand eines Organismus wird durch dauernde Selektion mittels Ausmerzung aufrechterhalten. Auch das biogenetische Grundgesetz wird kritisiert („Eine Abbildung der Phylogenese findet in der Ontogenese nie statt" . . . embryonale Selektionsdrücke schließen eine Nachzeichnung der Stammesgeschichte völlig aus) (S. 119); wohl aber kann es (in manchen Fällen) etwas wie Rekapitulation, also teilweise Wiederholung der Stammesgeschichte, geben (S. 114). Das normale Funktionieren eines Organismus wird als „seine Bionomie" bezeichnet. Die aufgestellten Entwicklungslinien werden durch recht anschauliche Zeichnungen verdeutlicht. Insgesamt bietet das Buch eine wohlgelungene, geradezu sprunghafte Bereicherung unserer Evolutionsvorstellungen. Das Hauptanliegen der Autoren kann vielleicht durch folgendes Zitat am prägnantesten ausgedrückt werden (S. 191): « In der Evolutionsbiologie sprach man weiter von Fitness, wo die Organverbesserung hätte erklärt werden müssen. Man erfand komplexe Begriffsapparate, um die Unzulänglichkeiten der letztlich nicht haltbaren Außenselektion auszugleichen. Man sprach weiter von Anpassung als von außengeleitetem Geschehen. Um zu beschreiben, daß in der gleichen Umwelt verschiedene Entwicklungen von Systemen ablaufen konnten, bemühte man wenig (oder nichts) erklärende Begriffe wie „multiple pathways" als die Vorstellung vielfacher (äußerer) Anpassungswege. Von Präadaptation, einer geradezu mystischen Eigenschaft von Organismen, sprach man nur, um klarzulegen, daß eine als Anpassung nicht erklärbare Nebeneigenschaft der Organismen neue Wege der Anpassung eröffnen konnte. Diese und andere Begriffskompositionen schoben sich so als Abdeckung vor eine in der Technik selbstverständliche Einsicht (die natürlich auch die Grundlage von Physiologie, klinischer Medizin und Pathologie ist), daß nämlich kein funktionierendes System von den Umweltbedingungen her erklärt und als reines Gefüge von Außenanpassungen verständlich gemacht werden kann.» Dabei gehen die Autoren in ihrer Darstellung zumeist davon aus, daß „an der hydraulischen Rahmenkonstruktion (der Organismen) . . . die stammesgeschichtliche Vorgeschichte am leichtesten festzumachen" ist (S. 193). Das ganze Buch liest sich in diesem Sinne natürlich als ein einziger Protest darüber, daß im Darwinismus im allgemeinen, insbesondere aber auch in der „Synthetischen Theorie" immer wieder nur die Ähnlichkeiten und fast nie die wirklichen Begründungen für den Übergang und den Wandel der Organismen als das Entscheidende herausgestellt werden. Dabei verweisen die Autoren vornehmlich auch auf die Bedeutung der „Theorieentwicklung" für das Verständnis der Evolution. Dies geschieht zwar im großen und ganzen allzusehr in Anlehnung und unter Berufung auf den kritischen Rationalismus von POPPER, enthält in den detaillierten philosophischen und theoriegeschichtlichen Darlegungen und Argumentationen aber eine ebensogroße Fülle von wichtigen Überlegungen, Hinweisen und Denkanstößen wie ihre unmittelbar biologische Darstellung und Diskussion biotischer „Objektentwicklungen". Wie man auch immer ihre philosophische Position in diesem Zusammenhang beurteilen mag, so kann doch kein Zweifel daran bestehen, daß die Autoren mit diesem Beitrag eine ausgesprochen fruchtbare Parteiung innerhalb der Theorieentwicklung zum modernen Evolutionsverständnis etabliert haben.

WD. & B. H. J. EICHLER (beide Berlin).

Dtsch. ent. Z., N. F. 34 (1987) 1—3, 113—139

Zur Orthopterenfauna Nepals
(Orthoptera)

Von

SIGFRID INGRISCH

Mit 6 Abbildungen im Text und 2 Tafeln

Abstract

On a trekking tour in Central Nepal (Lamjung Himal) and in the Terai (Chitawan) 84 species of Saltatoria (16 Tettigonioidea, 3 Gryllacridoidea, 18 Grylloidea, 4 Tridactyloidea, 10 Tetrigoidea, 1 Eumastacoidea, and 32 Acridoidea) and 5 species of Mantodea were collected. 8 species (4 Tettigonioidea, 2 Grylloidea, 1 Tridactyloidea and 1 Eumastacoidea) are new to science. Each description of a new species is supplemented by short diagnosis in German and English.

Einleitung

Die Geradflüglerfauna Nepals ist noch immer unzureichend bekannt. Im Oktober 1983 unternahm der Autor eine Reise nach Zentral-Nepal (Lamjung Himal) und ins Terai. Dabei konnten 84 Heuschrecken-Arten (Saltatoria) und 5 Gottesanbeter-Arten (Mantodea) nachgewiesen werden. Im Gegensatz zu anderen Zusammenstellungen (CHOPARD & DREUX 1966), BEI-BIENKO 1968, 1971), denen Aufsammlungen im Frühjahr zugrunde lagen, fand die eigene Tour im Herbst statt.

Die folgende Artenliste erweitert die Kenntnisse um die Orthopterenfauna des Himalaya-Königreiches teilweise beträchtlich, besonders bezüglich der Ensifera und Tetrigidae. Ferner sind 8 Arten neu für die Wissenschaft: 4 Tettigoniidae, 2 Gryllidae, 1 Tridactylidae und 1 Eumastacidae.

Aufgrund der fortgeschrittenen Jahreszeit konnten Orthopteren nur bis in Höhenlagen von etwa NN + 2500 m gefunden werden. Höher im Gebirge — die eigene Trekkingtour führte bis etwa NN + 4000 m — traten bereits Nachtfröste auf; dort ließen sich keine Heuschrecken mehr nachweisen. Daher ist auch kein Vergleich mit der Hochgebirgsfauna des Mt. Everest-Gebietes möglich, von wo UVAROV (1922, 1925, 1927) einige Orthopteren beschrieb.

Um einerseits einen Eindruck von den Habitaten und der vertikalen Verbreitung der Arten zu vermitteln, andererseits die Artenliste nicht übermäßig lang werden zu lassen, wird dieser eine Zusammenstellung der Fundorte vorangestellt. Die Funde der jeweiligen Arten werden dann anhand eines Buchstaben-Zahlencodes wiedergegeben.

Die Nepal-Reise gliederte sich in 2 Teile: 1. eine Trekkingtour im Lamjung Himal östlich von Pokhara (L) und 2. eine Schlauchbootfahrt auf dem Trisuli mit anschließendem Aufenthalt im Terai (T). Die Fundorte zum Teil 2 liegen alle unterhalb NN + 1000 m (Ausnahme T 21).

Herrn Dr. A. KALTENBACH danke ich für die Möglichkeit, einige Tiere mit der Sammlung des Naturhistorischen Museums Wien vergleichen zu können.

Die Holotypen wurden der Zoologischen Staatssammlung München übergeben. Die Paratypen und die übrigen Belege befinden sich in meiner Collection.

Fundortliste (vgl. Abb. 1)

L1 östlich Pokhara, ca NN+700 m, 13./14. X.; kiesig-sandiges Flußbett; verkrautete Ruderalfläche zwischen Reisfeldern.
L2 Bergwald nördlich Tholuswanra, NN+800—1100 m, 14. X.
L3 Modi Khola-Tal bei Thak, ca NN+900 m, 14. X.; grasbewachsene Sandbänke am Fluß; Waldlichtungen am Osthang.
L4 Modi Khola-Tal bei Namarjung, ca NN+1000 m, 15. X.
L5 zwischen Namarjung und Tangting, NN+1100—1700 m, 15. X.; Hirsefelder und Urwald.
L6 Aufstieg nordöstlich Tangting, NN+2000—2500 m, 16. X., Bergwald.
L7 nördlich Ghanpokhara, NN+2000—2300 m, 20. X.; kurzrasige Weiden mit Tümpeln, verkrauteter Wegrand.
L8 südlich Ghanpokhara, ca NN+2000 m, 20. X.
L9 zwischen Ghanpokhara und Kapurgaon, ca NN+2000 m, 21. X.; dicht verbuschte Hänge in Ost- und West-Exposition.
L10 zwischen Kapurgaon und Baglungpani, NN+1550—2000 m, 21. X.; verbuschte Hänge in Ost- und West-Exposition.
L11 Baglungpani, ca NN+1550 m, 21. X.; kurzrasige Weiden (stark beweidet); angrenzendes Buschwerk und Wald.
L12 zwischen Baglungpani und Nalma, NN+1000—1500 m, 22. X.; Waldlichtungen und verbuschte Hänge.
L13 Abstieg von Nalma zum Midim Khola, NN+700—1000 m, 22. X.; Waldwege auf Steilhängen.
L14 Unterlauf des Midim Khola bis Chisankhu, NN+400—700 m, 22. X.
L15 Chisankhu, ca NN+400 m, 22. X.; grasbewachsene Sandbänke am Fluß.
L16 westlich Chisankhu, NN+400—600 m, 23. X.; Sandbänke am Fluß.
L17 Syaklung (Sarka Bhanjyang), NN+700—1000 m, 23. X.; Waldlichtungen entlang von Bächen; sandig-felsiges Bachufer.
L18 nordöstlich Rupa Tal (Rupa-See), NN+600—700 m, 23./24. X.; Kies- und Sandbänke mit spärlicher Grasnarbe am Fluß; lichter Wald auf Westhang.
L19 südlich Begnas Tal, NN+600—800 m, 24. X.; bewaldete Hänge; Gärten und Ruderalflächen.
T21 Kirtipur (Paßhöhe westlich Kathmandu), 13. X.
T22 östlich Charaudi, 13. X.; Wiese; Gebüsch.
T23 Trisuli zwischen Fishling und Mugling Bazar, 26. X.; Sandbänke am Flußufer; verbuschte Hänge.
T24 Mugling Bazar, 26. X. (auch 13. X.); Sandufer am Trisuli; verkrauteter und verbuschter Nord- bis Westhang.
T25 zwischen Mugling Bazar und Jugedee, 27. X.
T26 Jugedee, 27./28. X.; Sandufer; kurzrasige Weide mit nassen Stellen neben Bach; Ruderalfläche mit Büschen und einzelnen Bäumen.
T27 Terai: Chitawan, Gaida-Camp, 28./29. X.; Elefantengras am sandigen Flußufer; Gebüschsaum am Waldrand; Urwaldlichtungen.

Artenliste

Ensifera (Grylloptera)

Tettigonioidea

Phaneroptera gracilis BURMEISTER, **1838**
L17 (1 ♀).

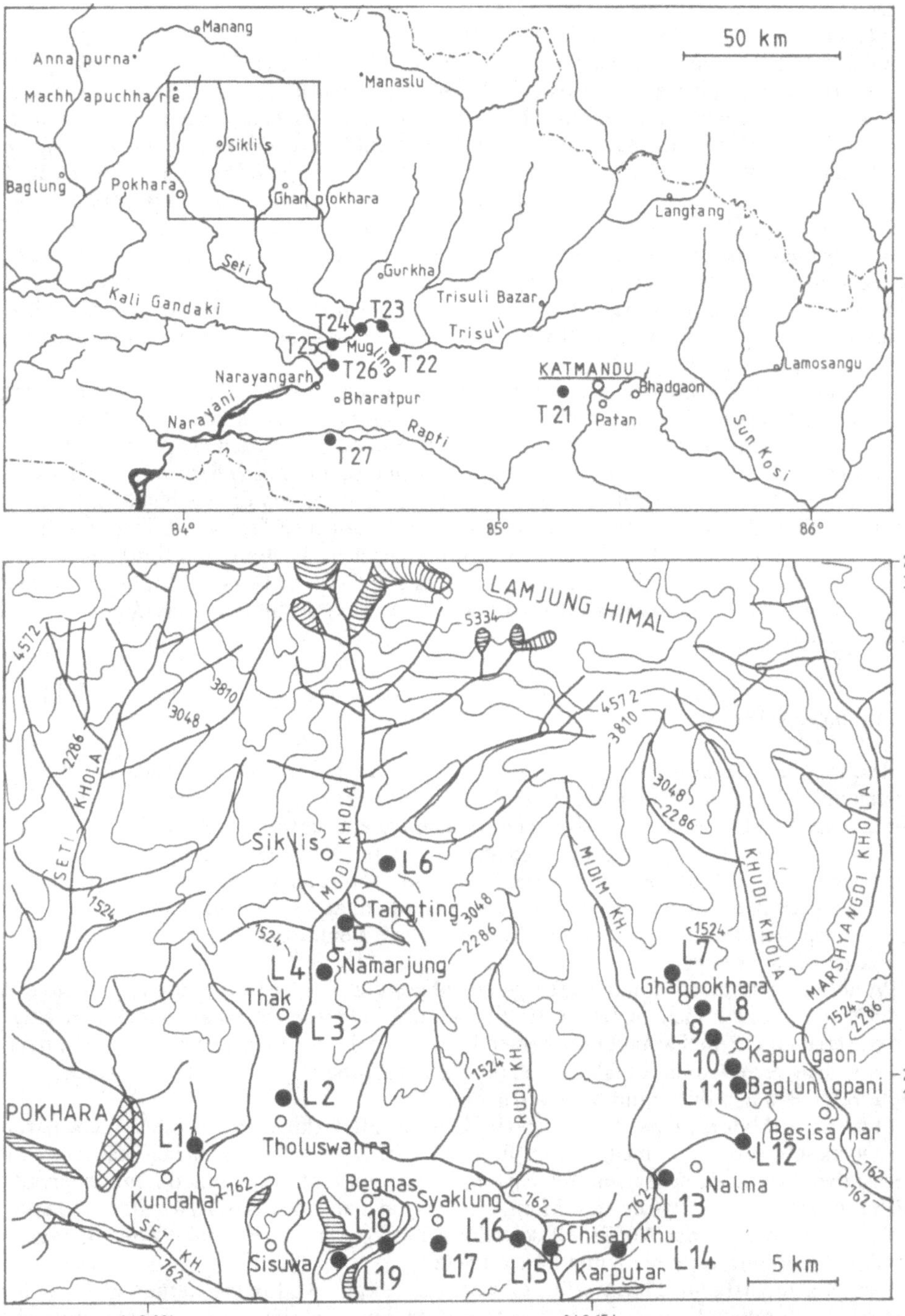

Abb. 1
Übersicht des Untersuchungsgebietes und Lage der Fundorte L1—L19 (unten) und T21—T27 (oben).

Letana nigrovittata (BRUNNER V. W., **1878**)

L17 (1 ♀), T23 (1 ♂), T25 (1 ♀), T26 (1 ♂), T27 (1 ♂).

Bei den Männchen von Arten der Gattung *Letana* WALKER, 1869 (*Pyrrhicia* STÅL, 1873) ist das Hinterleibsende stark modifiziert. Die Subgenitalplatte ist bis nahe zur Basis gespalten, wobei die beiden resultierenden Loben zunächst divergieren, später wieder konvergieren. Das 9. Tergit ist nach hinten verlängert und verdeckt den dorsalen Teil des 10. Tergits. Dieser ist modifiziert und läuft seitlich in langgestreckte, am Ende gezähnte Fortsätze aus. Diese werden als Charakteristikum für *L. nigrovittata* von BRUNNER V. W., (1878) vermerkt. Die Form des 10. Tergits beschreibt er aber nicht. Sie wird in Abb. 2j—k wiedergegeben. Wie anhand der beiden neu zu beschreibenden Arten gezeigt werden kann, ist die Form des modifizierten dorsalen Teils des 10. Tergits artspezifisch und daher als wichtiges taxonomisches Merkmal in der Gattung *Letana* zu werten. Bisherige Artbeschreibungen, z. B. von BRUNNER V. W. (1878), BEI-BIENKO (1956) oder CHOPARD & DREUX (1966) berücksichtigen dies noch nicht.

Das modifizierte Hinterleibsende der *Letana*-Männchen steht im Dienste der Paarung, wie die Freilandaufnahme eines kopulierenden *L. nigrovittata*-Pärchens zeigt (Tafel 3A). Die Loben der männlichen Subgenitalplatte umklammern seitlich den Ovipositor, wobei die Form der „Öffnung" in der Subgenitalplatte dem Querschnitt des Ovipositors angepaßt ist. Die Cerci und die Anhängsel des 10. Tergits umgreifen seitlich die weibliche Subgenitalplatte. Ob und ggf. welche Funktion dem modifizierten dorsalen Teil des 10. Tergits während der Paarung zukommt wäre noch zu klären. Desgleichen die Funktion des kleinen sägeartigen Fortsatzes (Abb. 3i), welcher dem Phallus aufsitzt und dessen Zahnreihe caudad gerichtet ist. Dieser sägeartige Fortsatz findet sich bei den Männchen aller 3 untersuchten *Letana*-Arten.

Letana nigropoda n. sp.

Beschreibung: Kopf grün, Occiput mit breiter schwarzbrauner Längsbinde, vorn bis zum Fastigium ziehend, nach hinten auf dem Diskus des Pronotums fortgesetzt, in der Mitte durch eine feine Längsnaht unterbrochen; manchmal ein schwarzbrauner Fleck hinter den Augen; Spitze des Frontalapex und medianer Rand der Antennenbasen geschwärzt, Frons und Clypeus mit je 2 rotbraunen Flecken; Genae mit rotbrauner Linie oberhalb der Mandibeln, nicht ganz die Augen erreichend; Apex der Maxillarpalpen geschwärzt; Scapus grün mit großem schwarzen Fleck, übrige Antennenglieder einfarbig schwarz oder (bei einem Weibchen) gelb geringelt.

Pronotum: Discus vorn und hinten gerade abgestutzt, mit schwarzbrauner Mittelbinde, seitlich von hellen Linien eingefaßt, im Bereich des Sulcus leicht erhaben, dahinter eingesenkt, verrundet in die Paranota übergehend, oberhalb des deutlich ausgebildeten Humeralsinus jedoch rechtwinklig abfallend; Paranota nach hinten etwas erweitert, Vorder- und Unterrand gerade, Hinterrand breit verrundet.

Elytren den Abdomenapex überragend und fast die Hinterknie erreichend, im Leben grün, die Oberkante (bei zusammengelegten Flügeln) gebräunt, beim Männchen stärker braun überlaufen, bei 1 Männchen sind die Elytren völlig gebräunt mit deutlich kontrastierender gelber Aderung; die Elytren der Männchen tragen nahe der Basis zwischen CuIa und CuIb sowie am Ende der Analis je 1 schwarzen Fleck; Alae die Elytren etwas überragend, am Apex gebräunt, etwa die Hinterknie erreichend.

Körpergrundfarbe im Leben grün, schwarz gepunktet; Abdominalsternite gelb, seitlich von schwarzbraunen Längslinien begleitet; Vorder- und Mittelfemora unterseits unbewehrt (bei einem Weibchen ist 1 Mittelfemur auf beiden Unterkanten mit je einem Dörnchen versehen!), Postfemur unten auf der Innen- und Außenkante mit je (1—) 4—8 Dörnchen; Femora grün, im Apikaldrittel schwarz überlaufen (besonders bei Männchen); Tibien dor-

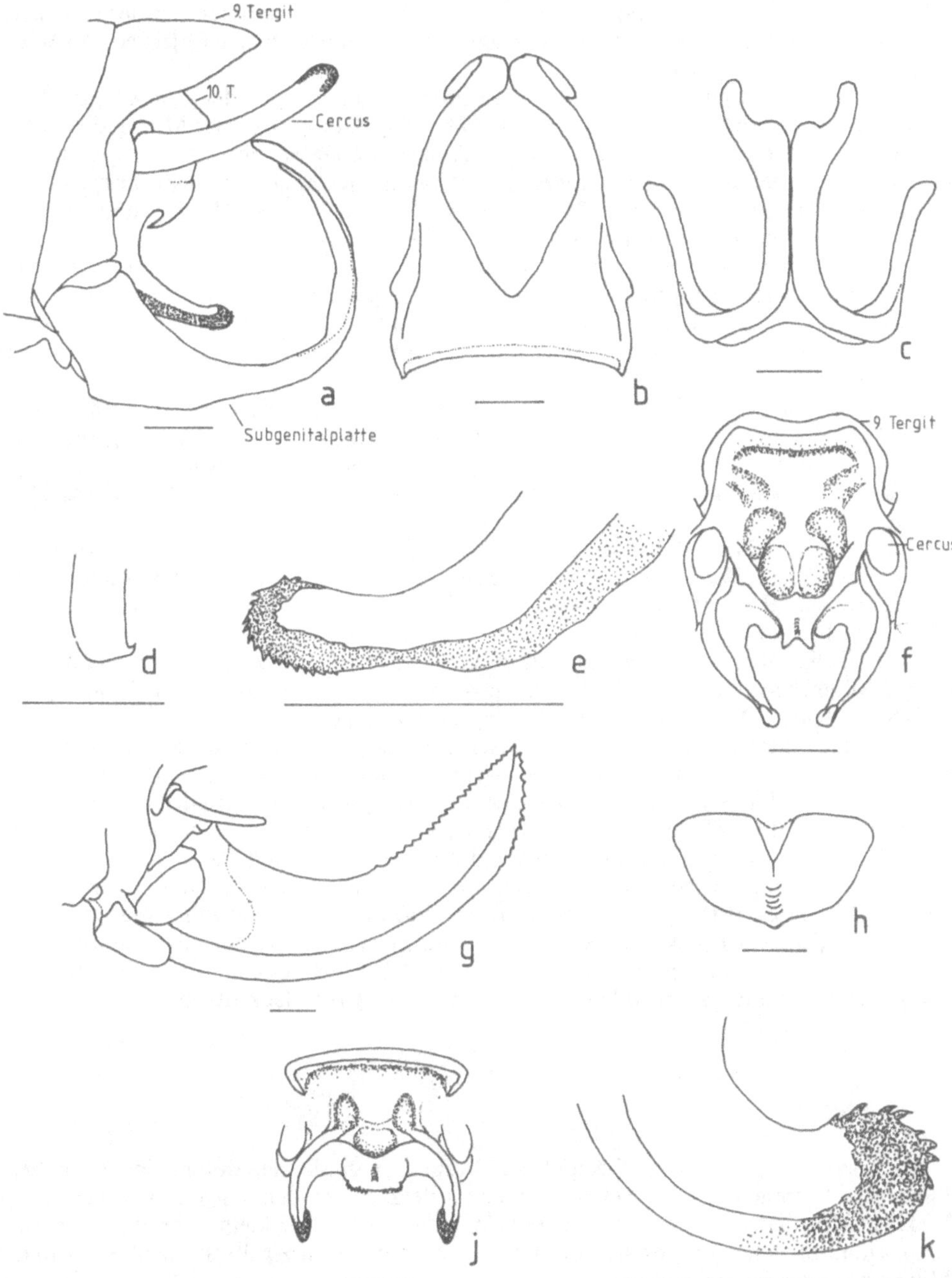

Abb. 2
a—h) *Letana nigropoda* n. sp.: a) Abdomenapex des Männchens, Lateralansicht; b) Subgenitalplatte des Männchens, Ventralansicht; c) dto. Aufsicht auf den Apikalteil; d) Apex des linken männlichen Cercus, Aufsicht; e) Anhängsel des 10. Tergits in Außenansicht; f) medianer Teil des 10. Tergits des Männchens, Aufsicht; g) Ovipositor; h) Subgenitalplatte des Weibchens, Ventralansicht. j—k) *Letana nigrovittata* (BRUNNER v. W., 1878): g) medianer Teil des 10. Tergits des Männchens, Aufsicht; k) dessen Anhängsel in Außenansicht. Der Maßstab entspricht jeweils 1 mm.

sal, schwächer auch lateral und ventral gefurcht; Pro- und Mesotibien auf der Oberseite, Posttibien völlig schwarz (bei Männchen) oder rotbraun mit schwarzen Flecken (bei Weibchen); Tarsen lateral geschwärzt.

Männchen: 9. Tergit am Ende stark bogenförmig vorgezogen, der Fortsatz am Ende leicht konkav. Dorsaler Teil des 10. Tergits (Abb. 2f) mit doppelt-ovaler Mulde, die seitlich von 2 Höckern begleitet wird; Hinterrand V-förmig, stärker sklerotisiert und geschwärzt, ganz am Apex aber zweizipfelig ausgezogen; lateral in zwei lange, etwas einwärtsgebogene, säbelartige Fortsätze ausgezogen, deren Unterrand sklerotisiert, geschwärzt und am Ende gezähnt ist, der obere Teil häutig (Abb. 2e). Phallus mit sägeartigem Fortsatz. Cerci leicht mediad und dorsad gebogen, am Ende mit kleinem, einwärtsgerichteten Zähnchen (Abb. 2d), gelb, Apex schwarz. Subgenitalplatte (Abb. 2a—c) gelb, bis nahe zur Basis gespalten, die beiden Loben zunächst stark divergierend, dorsad gebogen, später wieder annähernd, parallel verlaufend und caudad umbiegend, am Apex erweitert, dann stark verschmälert und divergierend.

Weibchen: Subgenitalplatte (Abb. 2h) an der Basis V-förmig eingesenkt, dahinter angedeutet gekielt, am Ende abgestutzt und in der Mitte leicht vorgezogen, gelb; Cerci schlank, leicht eingebogen, hinter der Mitte stärker verjüngt, zugespitzt, am Apex geschwärzt. Ovipositor gebogen, am Apex gezähnt (Abb. 2g), die Hinterknie etwas überragend.

Längenmaße: Körper der Männchen 18,5 mm, Weibchen 19,5—20 mm; Pronotum der Männchen 3,5 mm, Weibchen 4 mm; Elytra der Männchen 16—17 mm (bis zum Ende der Alae gemessen 19,5—20,5 mm), Weibchen 16,5—17,5 mm (19—20 mm); Postfemora der Männchen 16,5—17,5 mm, Weibchen 17—17,5 mm; Ovipositor 9,5—10,5 mm.

Material: Nepal, Lamjung Himal, südlich Ghanpokhara, ca NN + 2000 m, 20. X. 1983 (L8), 2 Männchen (Holotypus und Paratypus); zwischen Ghanpokhara und Kapurgaon, ca NN + 2000 m, 21. X. 1983 (L9), 2 Weibchen (Paratypen).

Diagnose: Unterscheidet sich von anderen *Letana*-Arten durch die mäßig verkürzten Elytra, welche die Postfemora nicht überragen. Sie sind aber nicht so stark verkürzt wie bei *L. despecta* (BRUNNER V. W., 1878) und *L. brachyptera* n. sp., sondern erreichen fast die Hinterknie. Die Männchen sind ferner durch die spezifische Form des 10. Tergits und seiner Anhängsel charakterisiert, sowie durch die schwarzen Tibien.

L. nigropoda differs from other *Letana* species in having elytra which do not reach beyond the apicies of the postfemora. They are, however, not so strongly shortened as in *L. despecta* (BRUNNER V. W., 1878) and in *L. brachyptera* n. sp., but reach almost at the hind knees. Moreover, males can be recognized by the specific form of the tenth abdominal tergit and its appendages (fig. 2e—f), and by the black tibiae.

Letana brachyptera n. sp.

Beschreibung: Kopf grün, Occiput mit brauner Längsbinde, durch eine feine helle Linie geteilt, manchmal ein weiterer brauner Fleck hinter den Augen; Endglieder der Maxillarpalpen lateral gebräunt; Genae beim Männchen mit 2 kleinen braunen Flecken; Scapus mit braunen oder schwarzen Flecken, Antennen schwarz-gelb geringelt, etwa ab der Mitte einfarbig schmutziggelb.

Discus des Pronotums am Vorderrand gerade (oder ganz leicht konkav), am Hinterende aufgebogen und leicht konkav, davor grubig eingesenkt, mit brauner Mittelbinde, die beim Männchen lateral von verwaschenen, nur am Ende deutlichen hellen Linien eingefaßt wird; verrundet in die Paranota übergehend. Paranota nach hinten etwas verbreitert, am Vorderrand gerade oder leicht konkav, am Unterrand gerade, am Ende verrundet, Humeralsinus schwach ausgebildet.

Körpergrundfarbe grün, schwarz punktiert; die braune Mittelbinde des Pronotums setzt sich beim Männchen auf dem Oberrand der Elytren und auf den Hinterleibstergiten fort, beim Weibchen nur angedeutet. Abdominalsternite gelb, seitlich braun eingefaßt. Elytren stark verkürzt, nur bis zum Ende des 4. oder 5. Tergits reichend. Alae so lang wie die Elytren, nicht vorragend.

Pro- und Mesofemora unterseits unbewehrt; Postfemora unten auf der Außen- und Innenkante mit je 3—8 Dörnchen versehen; Tibien dorsal, lateral und ventral gefurcht; Femora ganz grün (nur Weibchen), ganz rotbraun (nur Männchen) oder in der Basalhälfte grün, in der Apikalhälfte rotbraun; Tibien und Tarsen grün (nur Weibchen), gelbbraun oder rotbraun.

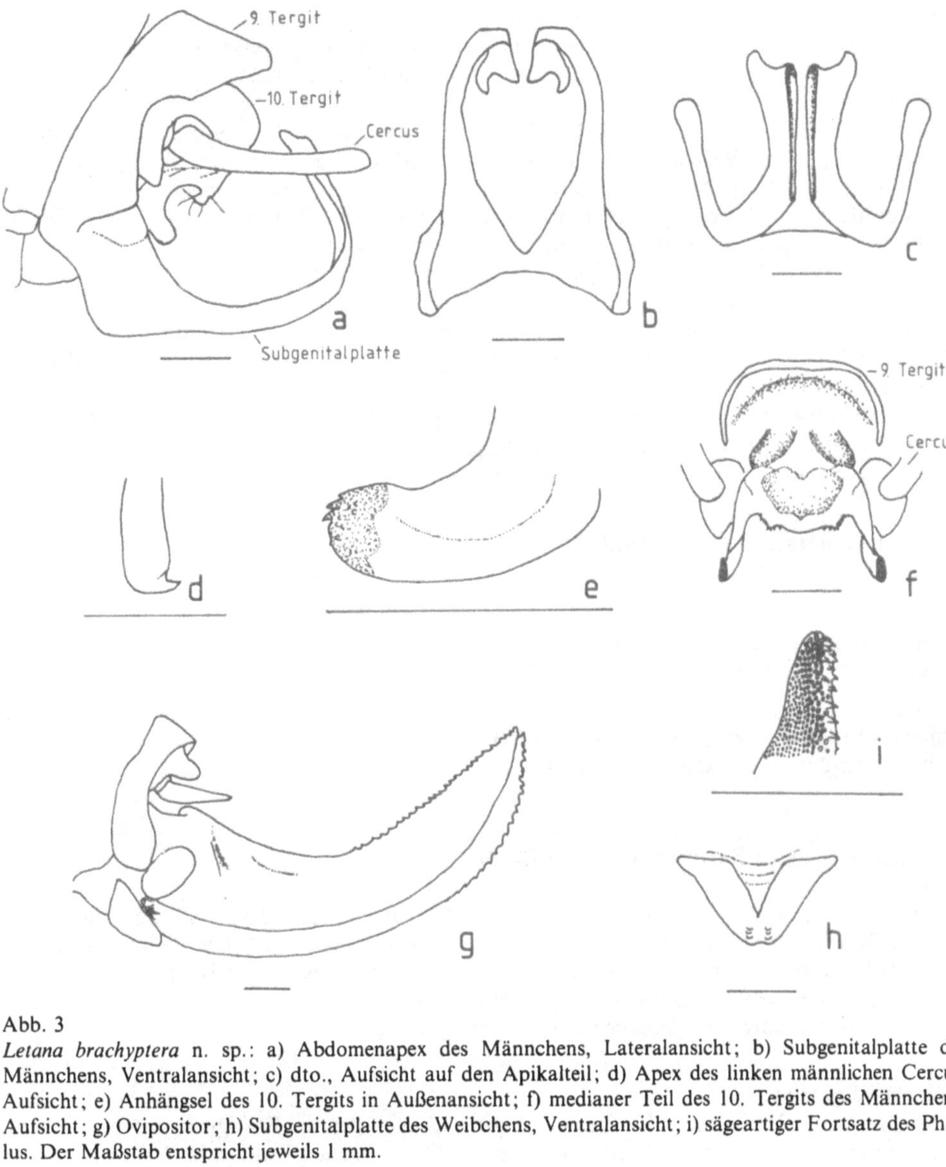

Abb. 3
Letana brachyptera n. sp.: a) Abdomenapex des Männchens, Lateralansicht; b) Subgenitalplatte des Männchens, Ventralansicht; c) dto., Aufsicht auf den Apikalteil; d) Apex des linken männlichen Cercus, Aufsicht; e) Anhängsel des 10. Tergits in Außenansicht; f) medianer Teil des 10. Tergits des Männchens, Aufsicht; g) Ovipositor; h) Subgenitalplatte des Weibchens, Ventralansicht; i) sägeartiger Fortsatz des Phallus. Der Maßstab entspricht jeweils 1 mm.

Männchen: 9. Tergit am Ende bogenförmig vorgezogen, der Fortsatz leicht grubig eingesenkt, am Apex abgestutzt. Dorsaler Teil des 10. Tergits (Abb. 3f) mit trapezförmiger Vertiefung, davor 2 Höcker; am Ende geschwärzt, etwas vorgezogen, abgestutzt, medial aber leicht konvex, die Ecken gezähnelt; lateral in 2 kurze, gänzlich versteifte, am Apex geschwärzte und schwach gezähnte Fortsätze ausgezogen (Abb. 3e). Phallus mit sägeartigem Fortsatz (Abb. 3i). Subgenitalplatte (Abb. 3a—c) gelb, bis nahe zur Basis gespalten, die beiden Loben zunächst stark divergierend, dorsad gebogen, wieder zusammenlaufend und parallel, caudad gebogen; die parallel verlaufenden Endabschnitte sind zur Mitte hin ausgehöhlt, am Apex abgestutzt, mediad leicht vorgezogen, lateral zunächst etwas erweitert, dann hakenförmig vorgezogen. Cerci leicht einwärtsgebogen, terminal innen gezähnt (Abb. 3d).

Weibchen: Cerci leicht eingebogen, zum Ende hin verjüngt und leicht zugespitzt. Subgenitalplatte dachförmig, von der Basis her weit V-förmig eingesenkt, am Apex verrundet und etwas ausgerandet (Abb. 3h). Ovipositor gebogen, die Hinterknie etwas überragend, grün, am Apex schwarz gezähnt (Abb. 3g).

Längenmaße: Körper der Männchen 17—18 mm, Weibchen 18—19 mm; Pronotum der Männchen 3,5 mm, Weibchen 3,5 mm; Elytra der Männchen 7—8 mm, Weibchen 8 mm; Postfemora der Männchen 15—16 mm, Weibchen 14,5—16 mm; Ovipositor 9,5 mm.

Material: Nepal, Lamjung Himal, nördlich Ghanpokhara, NN + 2000—2300 m, 20. X. 1983 (L7), 2 Männchen (Holotypus und Paratypus), 2 Weibchen (Paratypen); nordöstlich Tangting, NN + 2000—2500 m, 16. X. 1983 (L6), 1 Männchen (Paratypus).

Diagnose: Unterscheidet sich von allen anderen bisher beschriebenen *Letana*-Arten durch die stark verkürzten Elytra, die nur etwa die Hälfte des Abdomens bedecken; Männchen können auch anhand der spezifischen Form des 10. Abdominaltergits und seiner Anhängsel erkannt werden.

Differs from all other *Letana* species by the very short elytra which cover only about half of the abdomen. Moreover, males can be recognized by the specific form of the tenth abdominal tergits and its appendages (fig. 3e—f).

Himertula kinneari (Uvarov, 1923)
L19 (1 ♀), T24 (1 ♀).

Ducetia japonica (Thunberg, 1815)
L1 (2 ♂♂, 1 ♀), L7 (1 ♂), L9 (1 ♀).

Elimea (Orthelimea) insignis (Walker, 1869)
(syn. *E. annulata* Brunner v. W., 1878)
L3 (1 ♀).

Holochlora japonica Brunner v. W., 1878 (?)
L10 (1 ♀).

Das vorliegende einzige Weibchen paßt recht gut auf die Beschreibung von Ebner (1939). Damit würde diese Art, die bisher nur von Japan, dem östlichen China und Nordvietnam bekannt war (Bei-Bienko 1965), noch viel weiter westlich verbreitet sein. Solange kein Männchen vorliegt kann vorläufig nicht entschieden werden, ob es sich nicht vielleicht um eine eigenständige, *H. japonica* ähnliche Art handelt.

Holochlora gaida n. sp.

Beschreibung (Weibchen): Körper groß, grün, Augen braun; Fastigium dorsal gefurcht, nach hinten etwas erweitert; Antennensockel mediad zwischen Fastigium und Frontalapex vorspringend; Scapus und 2. Antennenglied grün, die übrigen Glieder hellbraun; Discus des Pronotums vorn leicht gewölbt, nach hinten ansteigend, vor dem letzten Drittel stärker nach hinten gebogen, anschließend flach und eben, am Ende breit verrundet; entlang der Mittellinie mit schwacher Naht; auf den verrundeten Seitenkanten mit unterbrochenen rotbraunen Längsbinden. Der Sulcus kreuzt die Mittellinie kurz vor dem Ende des 2. Drittels der Pronotumlänge, im vorderen Drittel eine weitere Querfurche. Paranota etwas höher als lang (6:5 mm), Vorderrand leicht konkav, Unter- und Hinterrand breit verrundet, Humeralismus deutlich, verrundet.

Mesosternalloben terminal-lateral dreieckig ausgezogen; Metasternalloben halbkreisförmig, am Ende aber mehr oder weniger abgestutzt, mediad fast rechtwinklig.

Elytren grün mit kleinen rotbraunen Flecken zwischen Radius und Media, etwa viermal so lang wie in der Mitte breit, Vorder- und Hinterrand leicht konvex, im letzten Fünftel stärker verschmälert; Costa deutlich; Radiussektor hinter der Mitte entspringend. Alae die Elytren um 6 mm überragend. Profemora unten auf der Innenkante mit 4 Dörnchen, Mittelfemora unten auf der Außenkante mit 7 Dörnchen; Protibia unten auf der Außen- und Innenkante mit je 3, Mitteltibia mit je 7—8 und oben-innen mit 4 Dörnchen; Postfemora unten auf der Außen- und Innenkante mit je 6—8 Dörnchen. Beine grün, Posttibia oben braun.

Cerci einwärtsgebogen, in der Apikalhälfte stark verjüngt und zugespitzt, schwarz. Subgenitalplatte (Abb. 4f) mit Mittelkiel, am Ende um mehr als ein Drittel ihrer Länge gespalten, die beiden Loben spitz endigend. Ovipositor kurz, stark sichelförmig gebogen. Gonangulum und der dahinter gelegene Teil des Ovipositors weiß, oberhalb schwarz, der übrige Teil des Ovipositors rotbraun; im Apikalteil gezähnt; dorsale Valven hinter der Mitte mit 4 nach dorsad kürzer werdenden Längsreihen von am Apex breit verrundeten schwarzen Zähnchen, die ventralen Valven mit einer solchen Reihe am Oberrand.

Männchen unbekannt.

Maße: Körperlänge 28 mm; Pronotumlänge 8 mm, Breite am Hinterrand 5,5 mm; Elytrenlänge 57 mm, Breite in der Mitte 14 mm; Postfemurlänge 31 mm; Ovipositorlänge 9 mm.

Material: Nepal, Terai, Chitawan, Gaida-Camp, 28./29. X. 1983 abends am Licht (T27), 1 Weibchen (Holotypus).

Diagnose: sehr ähnlich *H. albida* Brunner v. W., 1878 und *H. hebardi* Karny, 1926; unterscheidet sich von ersterer durch den kürzeren Ovipositor, von letzterer durch die längeren und schlankeren Elytra.

Very similar to *H. albida* Brunner v. W., 1878 and *H. hebardi* Karny, 1926; differs from the first by the shorter ovipositor, from the second by longer and more slender elytra.

Conocephalus maculatus (le Gouillou, **1841**)
L3 (1 ♂), L14 (1 ♀).

Conocephalus laetus (Redtenbacher, **1891**)
T27 (1 ♂).

Diese Art war bisher aus der austro-orientalischen Region und dem tropischen Afrika bekannt (Pitkin, 1980). Das vorliegende Männchen stellt somit den bisher nördlichsten Fund dar.

Conocephalus gladiatus (Redtenbacher, **1891**)
L12 (1 ♂).

Diese Art wurde ursprünglich von Japan beschrieben, nach Pitkin (1980) ist sie aber in der orientalischen und austro-orientalischen Region weiter verbreitet.

Conocephalus melaenus (DE HAAN, **1842**)
T27 (1 ♂).

Hexacentrus unicolor SERVILLÉ, **1831**
T24 (2 ♂♂), T26 (1 ♀), T27 (1 ♂, 2 ♀♀).

Xiphidonema n. gen.

In der vorliegenden Ausbeute befindet sich 1 Männchen einer Meconeminae, das verwandtschaftliche Beziehungen zu den Gattungen *Xiphidiopsis* REDTENBACHER, 1891 und *Alloteratura* HEBARD, 1922, zu der BEIER (1966) die unter *Amytta* KARSCH, 1888 beschriebenen Arten aus Asien stellt, aufweist, aber keiner von beiden eindeutig zugeordnet werden kann. Nun handelt es sich bei beiden um Sammelgattungen. Die afrikanischen *Amytta*-Arten hat BEIER (1965) revidiert und auf 9 Gattungen verteilt. Es erscheint somit gerechtfertigt, für das vorliegende Männchen eine neue Gattung aufzustellen.

Beschreibung: Fastigium verticis gewölbt, schwach linear gefurcht, dorsal mit schwarzbrauner Längslinie; Fühlerbasis einfarbig hell. Pronotum nach hinten verlängert, die Basis der Elytren verdeckend; Discus mit dunkler Zeichnung, verrundet in die Paranota übergehend; Paranota am Unterrand schwach konvex, Humeralsinus nur angedeutet; Elytren grün, undeutlich blaßbraun gefleckt; etwa bis zum Ende des Abdomens reichend; Alae etwa gleich lang, hyalin, am Apex grün; Pro- und Mesofemora unbewehrt; Genicularloben der Vorderfemora grün; Vordertibien unten auf der Innen- und Außenkante mit je 4 mäßig langen Dornen, die längsten etwa so lang wie die Breite der Vordertibien im Bereich der Tympanalöffnung. Subgenitalplatte des ♂ mit einfachen Styli, ohne weitere Fortsätze. Männliches Endtergit mit gespaltenem medianen Fortsatz, der bogenförmig nach hinten, unten, und ventral wieder etwas nach vorn verläuft. Cerci des Männchens dorsal und ventral lappenförmig erweitert. Weibchen unbekannt.

Typus generis: *Xiphidonema arcuata* n. sp.

Diagnose: Charakteristisch für die neue Gattung ist der schwach ausgebildete Humeralsinus kombiniert mit mäßig langen Dornen auf der Unterseite der Vordertibien und Flügeln, welche die Hinterknie nicht überragen; ferner der lange, bogenförmige Medianfortsatz des männlichen Endtergits.

The new genus is characterized by the week humeral sinus combined with comparatively short pro-tibial spines (the longest are about as long as the width of the fore tibiae at the tympanal organs) and wings that do not reach beyond the apex of the postfemora; the last tergit of males has a long arcuated median process, bent downwards.

Xiphidonema arcuata n. sp.

Beschreibung (Männchen): Grundfarbe lindgrün; Fastigium verticis gewölbt, dorsal schwach linear gefurcht, mit schwarzbrauner Längslinie. Pronotum gewölbt, verrundet in die Paranota übergehend, im Bereich der Querfurche etwas eingezogen; Discus vorn, hinten und seitlich braun gerandet, Paranota am Unterrand leicht konvex, Humeralsinus nur angedeutet (Abb. 4c). Elytren subtransparent, grün, zwischen Radiussegment und Media mit undeutlichen blaßbraunen Flecken; Radiussegment (Rs) hinter der Mitte entspringend, 1- (rechtes Elytron) bis 2mal (linkes Elytron) gegabelt. Alae hyalin, am Apex grünlich, die Elytra um 0,3 mm überragend.

Vordertibien unten auf der Innen- und Außenkante mit je 4 Dornen, innere länger als äußere; Länge nach apikal abnehmend; die längsten Dornen etwa so lang wie die Breite der

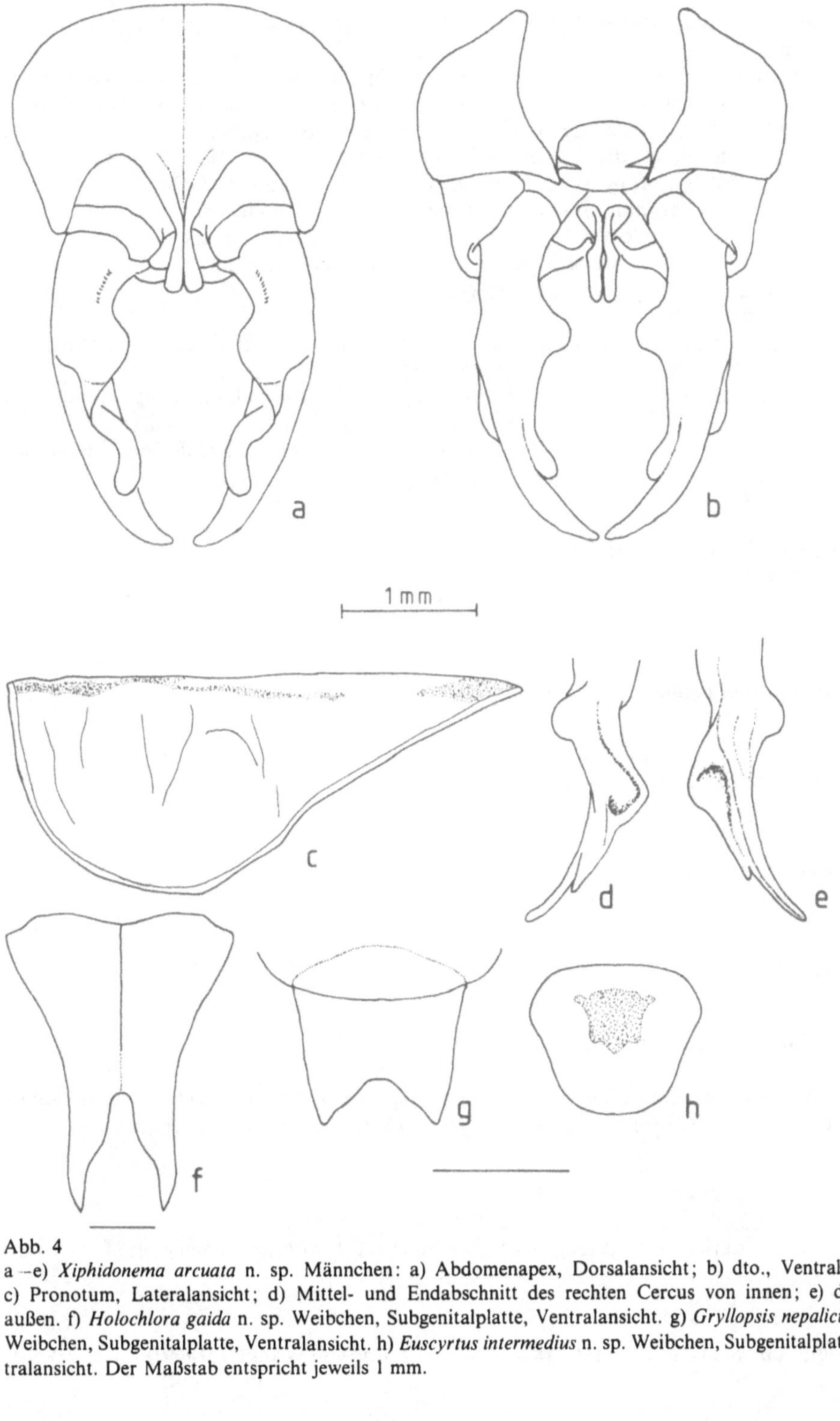

Abb. 4

a–e) *Xiphidonema arcuata* n. sp. Männchen: a) Abdomenapex, Dorsalansicht; b) dto., Ventralansicht; c) Pronotum, Lateralansicht; d) Mittel- und Endabschnitt des rechten Cercus von innen; e) dto. von außen. f) *Holochlora gaida* n. sp. Weibchen, Subgenitalplatte, Ventralansicht. g) *Gryllopsis nepalicus* n. sp. Weibchen, Subgenitalplatte, Ventralansicht. h) *Euscyrtus intermedius* n. sp. Weibchen, Subgenitalplatte, Ventralansicht. Der Maßstab entspricht jeweils 1 mm.

Protibia im Bereich der Tympanalöffnung. Mesotibien: Verhältnis der distalen zur proximalen Dicke wie 2:3.

Männliches Endtergit (Abb. 4a—b) beinahe ringförmig, die konkaven Seitenkanten auf der ventralen Körperseite stark angenähert; über den Cerci eingebuchtet; median in einen linear gefurchten Fortsatz auslaufend, der bogenförmig ventral, später caudal umbiegt und in 2 flachen Loben endigt, die fast die Subgenitalplatte berühren. Subgenitalplatte oval, lateral mit zugespitzten, einwärts gerichteten Styli. Cerci (Abb. 4) nahe der Basis mit caudal gebogenem Innenzahn; Innenseite in eine ventrale und eine dorsale undulierende Membran erweitert: ventrale mit 1 Lobus, dorsale mit 1 einwärts (caudal), 1 auswärts und dann wieder 1 einwärts (distal) gerichteten Lobus, letzterer endigt in ein kleines stumpfes Zähnchen; Endzahn kräftig, leicht mediad gebogen.

Weibchen unbekannt.

Längenmaße: Körper 11 mm; Pronotum 3,8 mm; Elytra (einschließlich der vom Pronotum verdeckten Basis) 8,6 mm; Postfemora 8,4 mm.

Diagnose: wie alle Arten aus den Gattungsgruppen *Amytta* und *Xiphidiopsis* durch die Form des männlichen Endtergits und der männlichen Cerci gut charakterisiert.

Characterised by the structure of the male terminal tergit and the male cerci, like other species of the *Amytta/Xiphidiopsis* genus komplex.

Mecopoda elongata (LINNAEUS, **1758)**
L18 (1 ♂, 1 ♀), T24 (1 ♂).

Gryllacridoidea

Eugryllacris panteli poultoniana (GRIFFINI, **1909)**
L18 (1 ♀).

Anabropsis miser BEI-BIENKO, **1968**
L6 (1 ♂).

Eremus spec.
L11 (2 Larven).

Grylloidea

Tarbinskiellus portentosus (LICHTENSTEIN, **1796)**
L2 (1 ♀).

Diese Art war bis vor kurzem in der Gattung *Brachytrupes* SERVILLE, 1839 untergebracht. GOROCHOV (1983) hat für sie die eigene Gattung *Tarbinskiellus* errichtet.

Teleogryllus occipitalis (SERVILLE, **1838)**
L1 (1 ♂, 1 ♀), L5 (1 ♀), L15 (1 ♂, 1 ♀), L18 (1 ♂).

Diese Art wird in früherer Literatur oft fälschlich als *T. mitratus* bezeichnet (TOWNSEND 1980).

Teleogryllus mitratus (BURMEISTER, **1838)** (syn. *T. testaceus* (WALKER, 1869))
T27 (1 ♀).

Velarifictorus flavifrons CHOPARD & DREUX, **1966**
L18 (1 ♀), T24 (1 ♀).

Loxoblemmus detectus (SERVILLE, **1839)**
L18 (1 ♂).

Loxoblemmus equestris SAUSSURE, **1877**
T27 (2 ♂♂, 2 ♀♀).

Ferner besitzte ich je ein Weibchen von L11 und L17, die wahrscheinlich ebenfalls zu dieser Art gehören; ohne Männchen ist aber eine sichere Artdiagnose nicht möglich.

Gryllopsis nepalicus n. sp.

Beschreibung (Weibchen): Körper zylindrisch, spärlich behaart. Kopf rundlich, wenig breiter als das Pronotum; oben schwarzbraun, Occiput mit 6 hellen Längsbinden und breitem hellen Hinterrand; Genae, Frons bis zum Mittelocellus, Mundwerkzeuge und Palpen gelblich; Augen mediad, Seitenocellen gänzlich hell gerandet; Clypeofrontalnaht schwach gebogen; 5. Glied der Maxillarpalpen wenig länger als das 3.; Scapus gelblich mit braunem Fleck, Antennen braun. Pronotum leicht konvex, breiter als lang, in der Mitte am breitesten, nach vorn und hinten leicht verjüngt, Vorder- und Hinterrand fast gerade; Discus dunkelbraun mit 2 unregelmäßigen hellbraunen Binden seitlich sowie einer unvollständigen medianen Binde; verrundet in die Paranota übergehend; Paranota in der oberen Hälfte schwarzbraun, unten gelb, der etwas nach hinten ansteigende, gerade Unterrand aber ganz fein dunkel gerandet. Abdomen gelb, Tergite mit 2 lateralen und 1 medianen dunkelbraunen Längsbinde, letztere mit heller Mittellinie; Cerci dunkelbraun, nicht ganz den Apex des Ovipositors erreichend. Elytren kurz, median weit voneinander getrennt, das Metanotum nicht überragend, dorsal braun, lateral gelblich. Beine gelbbraun; Postfemora sehr kräftig, außen und innen bräunlich gestreift; Posttibia dorsal innen mit 6, außen mit 7 Dornen; Metatarsus lang, oben auf Innen- und Außenkante mit je 5—7 Dörnchen. Subgenitalplatte (Abb. 4g) klein, konvex, terminal dreieckig ausgerandet, Spitzen und Innenwinkel aber verrundet. Ovipositor mäßig lang, gerade, Apikalvalven lanzettlich, wenig hervortretend.

Männchen unbekannt.

Längenmaße: Körper 17 mm; Pronotum 3,7 mm, Breite 4,5 mm; Elytra 1,5 mm; Postfemora 12,5 mm; Posttibia 10,5 mm; Metatarsi 3,8 mm; Ovipositor 10 mm.

Material: Nepal, Terai, Chitawan, Gaida-Camp, 28./29. X. 1983 (T27), 1 Weibchen (Holotypus).

Diagnose: ähnlich *G. falconetti* (SAUSSURE, 1877) und *G. histrio* (SAUSSURE, 1877), unterschieden durch die Körperzeichnung, Größe, Länge des Ovipositors und die Anzahl der Dornen auf den Posttibiae.

Similar to *G. falconetti* (SAUSSURE, 1877) and *G. histrio* (SAUSSURE, 1877), differs by colouration, body-size, length of ovipositor and number of posttibial spines (6 internal and 7 external in *G. nepalicus*).

Pteronemobius heydeni f. concolor (WALKER, **1871)**
T27 (1 ♀).

Pteronemobius fascipes (WALKER, **1869)**
L1 (1 ♂), T24 (2 ♂♂, 1 ♀).

Pteronemobius rufipes CHOPARD, **1969 f. alboapicalis nov.**

P. rufipes ist sehr gut durch den glänzend-schwarzen Körper und die damit kontrastierenden hellbraunen Beine gekennzeichnet. Das vorliegende einzelne Weibchen paßt sehr gut auf die Beschreibung von CHOPARD (1969), unterscheidet sich aber auffallenderweise durch die kontrastierende, weiße Querbinde am Hinterleibsende, die vom 9. Tergit bis zur Basis der Supraanalplatte und den Cerciansatzstellen reicht. Es müßten aber noch mehr Tiere vorliegen um zu entscheiden, ob dieser Unterschied von spezifischem oder subspezifischem Wert ist. Zumal von dieser Art bisher noch keine Männchen bekannt sind.

Material: Nepal, Lamjung Himal, nordöstlich Tangting, ca NN + 2000 m, 16. X. 1983 (L6), 1 Weibchen.

Diagnose: Unterscheidet sich von *P. rufipes* durch das weißgefärbte Hinterleibsende.

Differs from *P. rufipes* by the abdominal apex only, being white.

Homoeoxipha lycoides (WALKER, **1869)**
T27 (3 ♂♂, 2 ♀♀).

Trigonidium cicindeloides RAMBUR, **1839**
T26 (1 ♀).

Amusurgus oedemeroides (WALKER, **1871)**
T27 (1 ♀).

Oecanthus indicus SAUSSURE, **1878**

T24 (1 ♂).

Patiscus cephalotes (SAUSSURE, **1878)**

T27 (1 ♀).

Euscyrtus hemelytrus (DE HAAN, **1842)**

T27 (1 ♂).

Euscyrtus intermedius n. sp.

Beschreibung (Weibchen): Größenmäßig zwischen den großen und kleinen Arten der Gattung vermittelnd. Farbe gelblich. Kopf ganz wenig breiter als das Pronotum; Occiput mit 3 nur an ihren Rändern deutlichen braunen Längsbinden und je 1 braunen Strich und 1 gelblichweißen Längsbinde hinter den Augen. Genae mit brauner Längsbinde. Fastigium verticis schmaler als der Scapus mit schwach konkaven Seiten; Medianocellus etwas vom Apex entfernt. Komplexaugen rundlich, vorstehend. Maxillar- und Labialpalpen kurz, ihre Endglieder braun. Pronotum am Ende des vorderen Drittels am schmalsten, caudal und proximal leicht erweitert, Vorderrand leicht konkav, Hinterrand sinusförmig; Discus konvex, vorne leicht aufgebogen, mit undeutlichem, breiten braunen Mittelband und gelblichweißen Seitenbändern; Paranota mit braunem Längsband, Vorderrand verrundet, Unterrand leicht sinusförmig. Abdomen gelblich, Ober- und Unterseite mit je einem braunen Mittelband, das sich auf dem Thorax fortsetzt. Vorder- und Mittelbeine kurz, Femora gedrungen; Protibiae basal wenig erweitert, mit großen ovalen Tympanalöffnungen innen und außen. Postfemora lang, aber basal ziemlich dick, gelblich, Ober- und Außenseite braun gestrichelt; Posttibiae mit 8 äußeren und 9—11 inneren Preapikalspornen. Elytra das Abdomen fast bedeckend, dorsal und lateral mit braunen, an der Umbiegestelle aber mit weißen Adern; Dorsalfeld mit 4 Schrägadern (oblique veins), Queradern unregelmäßig. Alae die Elytra weit überragend, Längsadern im Dorsalfeld braun gestrichelt.

Subgenitalplatte (Abb. 4h) konvex, mit braunem Mittelfleck, am Hinterrand breit verrundet. Ovipositor gelblich, apikal rotbraun, Seitenkanten braun, basal leicht nach oben gebogen, dann ganz schwach bogenförmig, fast gerade; ohne Apikalvalven.

Männchen unbekannt.

Längenmaße: Körper 10.5 mm, mit Flügeln 18 mm; Pronotum 1.6 mm; Postfemora 9.5 mm; Ovipositor 10 mm.

Material: Nepal, Terai, Chitawan, Gaida-Camp, 28./29. X. 1983 (T27), 1 Weibchen (Holotypus).

Diagnose: Aufgrund des schmalen Fastigiums mit vom Apex entfernten Medianocellus, der langen Flügel und des fast geraden Ovipositors gleicht die neue Art am ehesten kleinen Exemplaren von *E. necydaloides* (Walker, 1871) von Sri Lanka, unterscheidet sich aber durch die Flügeladerung und den viel kürzeren Ovipositor.

Similar to small examples of *E. necydaloides* (Walker, 1871) from Sri Lanka in the rather narrow fastigium with the median ocellus inserted at some distance from the apex, in the long wings, and in the almost straight ovipositor. It differs however, in the elytral venation and in the much shorter ovipositor.

Gryllotalpa fossor Scudder, **1869**
T27 (1 ♂, 1 ♀).

Caelifera (Orthoptera s. str.)

Tridactyloidea

Bruntridactylus brunneri (Saussure, **1896)**
T27 (1 ♂).

Bruntridactylus saussurei Chopard, **1933**
L3 (1 ♀).

Xya marmorata (Chopard, **1928)**
T24 (1 ♂).

Xya nobile n. sp.

Beschreibung: kleine Art; Körper schwarzbraun, glänzend, kontrastierend gelb und weiß gezeichnet. Kopf schwarz, Genae oberhalb der Antennen gelb; Occiput und Frons mit

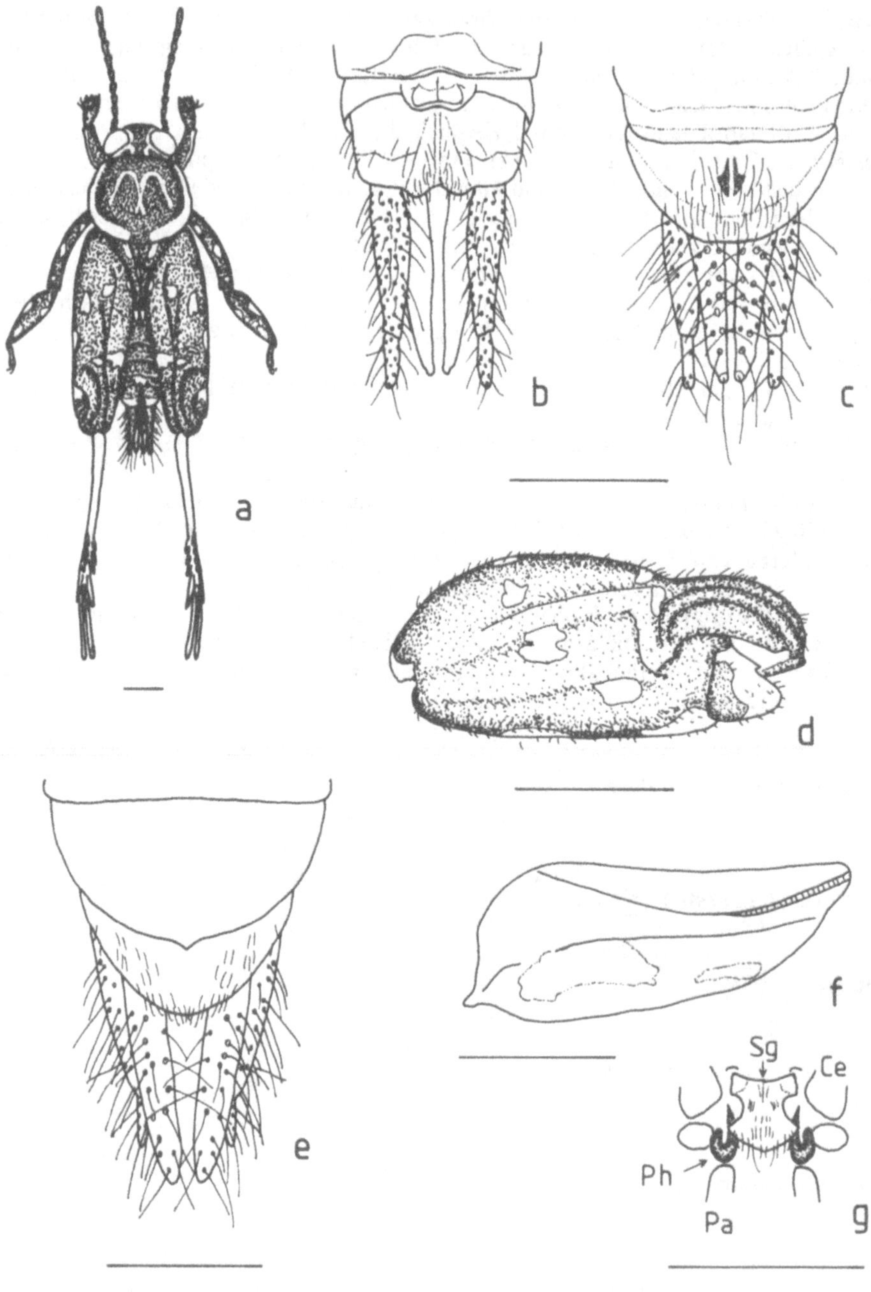

Abb. 5

Xya nobile n. sp.: a) Habitus des Männchens; b) Abdomenapex des Männchens, Dorsalansicht; c) dto., Ventralansicht; d) linker Postfemur des Männchens, Außenansicht; e) Abdomenapex des Weibchens, Ventralansicht; f) Unterseite des linken Elytrons des Männchens; g) Abdomenapex des Männchens von hinten, Abkürzungen: Ce Cercus, Pa Paraproctfortsatz, Ph Paraprocthaken, Sg Subgenitalplatte. Der Maßstab entspricht jeweils 0,5 mm.

zusammenhängender gelber Bindenzeichnung: 2 Binden vom Hinterrand des Occiput, entlang des Augeninnenrandes bis zur Clypeofrontalnaht, 2 Querbinden entlang der Augenhinterränder und bei Männchen eine breite Querbinde oberhalb der braunen Clypeofrontalnaht, bei Weibchen durch einen medianen weißen Fleck angedeutet; Medianocellus gelb; Clypeus weiß, bei Weibchen in der oberen Hälfte braun; Labrum braun, Maxillar- und Labialpalpen braun-weiß-gescheckt. Antennen zehngliedrig, braun, Antennengrube weiß. Pronotum gewölbt, Hinterrand deutlich konvex, Seitenränder schwach konkav; schwarz mit breiter weißer Binde an den Seitenrändern und am Hinterrand, median am Hinterende unterbrochen; dorsal mit gelber, M-förmiger Zeichnung, bei 1 Männchen etwas unterbrochen (Abb. 5a). Elytra kurz, terminal leicht zugespitzt, schwarz mit 2 weißen Flecken; Subcosta am Ende verstärkt, sie trägt beim Männchen auf der Elytren-Unterseite 20 Schrillzäpfchen. Alae die Elytra wenig überragend, hyalin, der vorragende Apex weiß. Tergite dunkelbraun, vordere am Hinterende schmal, hintere breit weiß gesäumt; Sternite dunkelbraun, kurz vor dem distalen Rand mit weißer Querbinde. Vorderbeine schwarz, Profemora mit gelber Längsbinde am Oberrand, Protibiae mit 4 distalen Dornen. Mittelbeine etwas abgeflacht, schwarz, Mesofemora mit 3 gelben Flecken, 1 gelben Längslinie distal auf der Oberkante und weißem Unterrand im etwas verbreiterten apikalen Drittel; Mesotibiae mit 3 großen gelben Flecken und 1 kleines weißes Fleckchen an der Basis auf der Oberkante, Tarsus in der Mitte mit breitem weißen Ring. Postfemora schwarz, mit weißer und gelber Fleckenzeichnung wie in Abb. 5d. Metatibiae hyalin, äußere Dorsalkante mit 4 kleinen Zähnchen und 4 Schwimmblättchen, innere Dorsalkante mit 3—5 kleinen Zähnchen und 3 Schwimmblättchen. Metatarsi klein, stummelförmig, bei seitlicher Betrachtung unwesentlich über die Dorsalkanten der kleinen Metatibialsporne hinausragend. Paraproktfortsätze mit weißer Oberseite.

Männchen: vom 9. Tergit ist ein leicht erhöhter Medianteil abgegliedert; 10. Tergit median mit tiefer Längsfalte; Abdomenapex wie in Abb. 5b—c. Epiproct pfeilförmig (Abb. 5g). Paraprocthaken kräftig, U-förmig gebogen, der terminale Teil etwas länger als der basale. Subgenitalplatte etwas breiter als lang, am Hinterende breit verrundet. Vor der Basis der Paraproktfortsätze liegen 2, besonders aus lateraler Sicht, etwa dreieckiger, caudal zugespitzter Sklerite (Abb. 5c). Der Phallus weist keine stärker sklerotisierten Teile auf.

Weibchen: 9. und 10. Abdominaltergit median tief eingefaltet. Epiproct zungenförmig. Subgenitalplatte (Abb. 5e) am Hinterrand breit verrundet, weiß gesäumt, median ganz leicht vorgezogen.

Längenmaße: Körper der Männchen 3,5 mm, Weibchen 4,5 mm; Pronotum der Männchen 1,0 mm, Breite 1,3 mm, Weibchen 1,2—1,3 mm, Breite 1,6 mm; Elytra der Männchen 1,0—1,2 mm, Alae um 0,1 mm vorstehend, Weibchen 1,0—1,2 mm, Alae um 0,2 mm vorstehend; Postfemora der Männchen 2.6 mm, Weibchen 3.0 mm; Posttibiae der Männchen 2.0 mm, Weibchen 2.2—2.4 mm; große Metatibialsporne der Männchen 0.8—0.9 mm, Weibchen 1,0 mm; kleine Metatibialsporne der Männchen 0,3 mm, Weibchen 0,35 mm; Interoculardistanz der Männchen 0,29 mm, Weibchen 0,34—0,38 mm.

Material: Nepal, Lamjung Himal, östlich Pokhara, kiesig-sandiges Flußbett, ca NN + 700 m, 13./14. X. 1983, 2 Männchen (Holotypus und Paratypus), 2 Weibchen (Paratypen), 3 Larven im letzten Larvenstadium.

Diagnose: Das Fehlen stärker skulerotisierter Teile im Phallus hat *X. nobile* mit *X. hauseri* (GÜNTHER, 1974) gemeinsam, ebenso die kontrastreiche Färbung. Das Zeichnungsmuster unterscheidet aber beide Arten deutlich. Es ist bei allen vorliegenden Exemplaren von *X. nobile* identisch ausgeprägt, auch bei den Larven, und scheint somit konstant zu sein. Charakteristisch ist besonders die M-förmige Zeichnung auf dem Pronotum. Die Form des männlichen Epiprocts, der Paraprocthaken und der weiblichen Subgenitalplatte unterscheidet beide Arten ebenfalls.

The lacking of chitineous parts in the male phallus *X. nobile* has in common with *X. hauseri* (GÜNTHER, 1974), as well as the contrastig coloration. Its pattern, however, differs markedly between both species. All speciesmen of *X. nobile* studied showed an identically coulor pattern, also the larvae. The M-shaped pattern on the pronotum is most characteristic. Moreover, the new species differs from others by the shape of the male epiproct and male paraproct-horns, as well as by the female subgenital plate.

Tetrigoidea

Eucriotettix grandis (HANCOCK, **1912)**
L3 (1 ♂), L4 (1 ♀), L17 (1 ♂, 2 ♀♀).

Systolederus gravelyi GÜNTHER, **1939**
L17 (1 ♂), T23 (1 ♀).

Systolederus greeni BOLIVAR, **1892**
L17 (1 ♀).

Bolivaritettix lativertex (BRUNNER V. W., **1893)**
L10 (1 ♀).

Paratettix curtipennis (HANCOCK, **1912)**
L14 (1 ♂).

Hedotettix costatus HANCOCK, **1912**
L1 (1 ♀ Übergangsform), L7 (2 ♂♂ macropter), L8 (1 ♂ brachypter). L9 (1 ♀ brachypter), L11 (1 ♂ macropter, 2 ♂♂ brachypter, 5 ♀♀ brachypter). Diese Art trat, auch an derselben Fundstelle in Morphen mit unterschiedlicher Pronotumfortsatz- und Alae-Länge auf: macropter = Pronotumfortsatz die Hinterknie deutlich überrangend, Alae noch länger, fast den Apex der ausgestreckten Posttibiae erreichend; brachypter = Pronotumfortsatz etwa bis zum Ende der Hinterknie reichend, Alae geringfügig länger oder kürzer.

Hedotettix gracilis (DE HAAN, **1871)**
L18 (1 ♀ brachypter).

Ergatettix crassipes (HANCOCK, **1912)**
L1 (3 ♂♂, 3 ♀♀), L3 (1 ♀), L18 (1 ♂), T26 (1 besonders kleines ♀ und 1 ♀ der var. A. aff. HANCOCK 1912).
STEINMANN (1970) stellt diese Art zu *Euparatettix*.

Coptotettix annandalei HANCOCK, **1915**
L1 (1 ♂), T24 (3 Larven), T26 (1 ♀), T27 (1 ♂).

Coptotettix conspersus HANCOCK, **1915**
T26 (1 ♀).

Eumastacoidea

Butania metallica n. sp.

Beschreibung: Grundfarbe im Leben metallisch glänzend: Männchen grün, Weibchen kupfer (präparierte Tiere oliv bis schmutzigbraun). Kopf: Fastigium über die Augen vorstehend, am Apex abgestutzt, vorn und seitlich schwach gekielt, Mittelkiel angedeutet; Occiput mit schwarzer Mittelbinde und 2 schwarzen Binden hinter den Komplexaugen; Frontalcosta oben wenig erhaben, kurz oberhalb der Seitenocellen kräftig vorspringend und stark konvergierend, unter den Ocellen divergierend und seitlich umgebogen, unter dem Medianocellus wieder verflachend und leicht konvergierend, kurz oberhalb der Clypeofrontalnaht divergierend und diese dann lateralwärts begleitend; Frons unterhalb der Antennen mit je einem Kiel entlang der inneren Augenränder, der sich mit einem Unteraugenkiel vereinigt; Antennen kurz, zwölfgliedrig. Pronotum kompreß, mit kräftigem, in Seitenansicht geraden oder am Ende wenig aufgebogenen Mittelkiel, Diskus gekörnelt und leicht gerunzelt, Vorderrand leicht konkav, Hinterrand konvex, Discus mit 2 schwarzen Seitenbinden, die bei Weibchen auch fehlen können, ungekielt in die Paranota abfallend. Elytra von Körpergrundfarbe, kurz, Basalhälfte mit stark erweitertem Costal- und Analfeld, Apikalhälfte mit mehr oder weniger parallel verlaufendem Vorder- und Hinterrand, am Apex schwach verrundet, fast abgestutzt. Alae etwa so lang wie die Elytra, hyalin, Vorderrand bis zur Analis, mit Ausnahme eines schmalen weißen Saumes, und Apikaldrittel gänzlich schwarz überlaufen, mit 2 kontrastierenden weißen Flecken am Beginn des Apikalviertels. Verhältnis der Breite eines Mesosternallobus zur Breite des Zwischenraumes wie 2:2,6 bis 3,1; Metasternalloben berühren einander. Abdominaltergite mit jeweils kurz vor dem Hinterende endenden Mittelkiel, auf dem 8. und 9. Tergit nur angedeutet. Tympanalöffnung fehlt.

Äußere Unterkante des Profemur schwach gezähnelt, Prägenicularlappen nur angedeutet. Postfemur dorsal am Mittelkiel und Außenkiel mit je 8—12 Dörnchen. Hinterknie: oberer Mittelkiel in kräftigen Dorn endigend, 2 weitere Dörnchen apical am Oberrand und Unterrand der Gelenkschnecke, jeweils innen und außen (bei 1 Männchen (Paratypus) fehlt das innere obere Dörnchen). Posttibia rotbraun, innen mit schwarzem Apikalfleck, Dörnchen auf der oberen Innenkante deutlich größer als auf der oberen Außenkante, Spitzen der Dörnchen schwarz. 1. Glied des Posttarsus auf der oberen Innen- und Außenkante mit kleinen Dörnchen.

Männchen: 9. Tergit lateral dreieckig nach hinten vorgezogen, lateral in der Apikalhälfte und ein medianer Basalfleck grün; 10. Tergit lateral sichtbar aber hauptsächlich dorsal ausgebildet, fast bis zur Basis gespalten (Abb. 6a), grün, breit schwarz gerandet. Supraanalplatte klein, lanzettlich. Cerci (Abb. 6a) schwarz, dicht behaart, stark hakenförmig gebogen mit breitem Basalteil. Subgenitalplatte bis zur Basis in 3 Teile gespalten; medianer Teil klein, dreieckig; laterale Teile gelappt-löffelförmig, wie in Abb. 6b—c. Epiphallus (Abb. 6d—e) ankerförmig, dreilappig, basal mit einem großen hakenförmigen und darüber einem etwas kleineren zugespitzten Fortsatz. Ectophallus in Seitenansicht schnabelförmig (Abb. 6e), stark sklerotisiert, mit zahlreichen Fortsätzen.

Weibchen: 8. Tergit mit großem schwarzen Fleck auf beiden Seiten. 10. Tergit apical dreieckig ausgerandet und median bis zur Basis gespalten. Supraanalplatte lanzettlich, die Basis des Ovipositors median verdeckend. Cerci kurz, zugespitzt, behaart, schwarz. Subgenitalplatte (Abb. 6f) lang, lateral an der Basis etwas vom 8. Tergit bedeckt, am Ende breit verrundet, am Apex leicht eingedellt und kurz dreieckig vorgezogen. Ovipositor

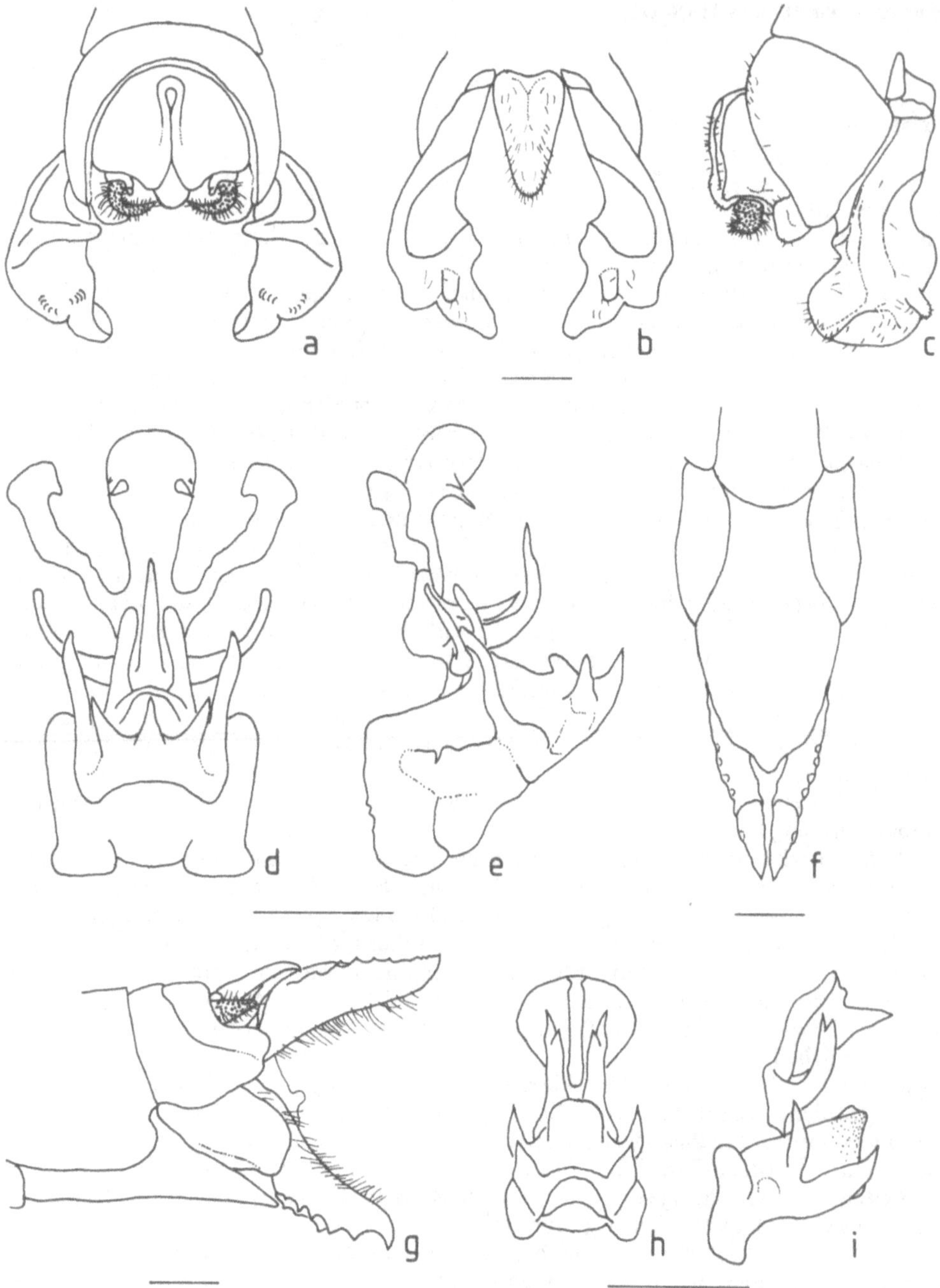

Abb. 6
a—g) *Butania metallica* n. sp.: a) Abdomenapex des Männchens, Dorsalansicht; b) dto. Ventralansicht; c) dto. Lateralansicht; d) Phalluskomplex des Männchens, Aufsicht; e) dto., Lateralansicht; f) Abdomenapex des Weibchens, Ventralansicht; g) dto. Lateralansicht. h—i) *Khaserianthus acutipennis* (SAUSSURE, 1903): h) Phalluskomplex des Männchens, Aufsicht; i) dto., Lateralansicht. Der Maßstab entspricht jeweils 1 mm.

(Abb. 6g) lang, kräftig, Valven mit kräftigen Zähnchen an den äußeren lateralen und schwachen Zähnchen an den äußeren medianen Kanten; dorsale Valven unten, ventrale oben dicht behaart.

Längenmaße: Körper der Männchen 20—24 mm, Weibchen 28—31 mm; Pronotum der Männchen 2,6—2,9, Weibchen 3,0—3,5 mm; Elytra der Männchen 8,5—9,5 mm, Weibchen 6,5—9,5 mm; Postfemora der Männchen 13 mm, der Weibchen 13—15 mm; Posttibia der Männchen 14 mm, der Weibchen 14—16 mm; Ovipositor 2,7—3,3 mm.

Material: Nepal, Lamjung Himal, zwischen Baglungpani und Nalma, NN + 1000 bis 1500 m, 22. X. 1983 (L12), 2 Männchen (Holotypus und Paratypus), 1 Weibchen (Paratypus); Bergwald nördlich Tholuswanra, NN + 800—1100 m, 14. X. 1983 (L2), 1 Weibchen (Paratypus); zwischen Ghanpokhara und Kapurgaon, ca NN + 2000 m, 21. X. 1983 (L9), 2 Weibchen (Paratypen).

Diagnose: Die neue Art fällt im Leben durch ihre metallisch grüne (Männchen) beziehungsweise kupferne (Weibchen) Färbung auf. Sie ist nächstverwandt mit *Butania lugubris* (BRUNNER v. W., 1898), unterscheidet sich aber durch die viel kürzeren Flügel und den männlichen Phalluskomplex (vgl. hierzu DESCAMPS, 1973).

When alive, the species is striking for its metallic green (males) or copper (females) colour. It is similar to *Butania lugubris* (BRUNNER v. W., 1898), but differs in having much shorter wings and in the male phallus complex (fig. 6d—e, compare with DESCAMPS, 1973).

Acridoidea

Tagasta indica indica BOLIVAR, **1905**
L1 (1 ♂, 1 ♀), L2 (1 ♂), T22 (1 ♂, 1 ♀).

Chrotogonus trachypterus trachypterus BLANCHARD, **1836**
L13 (1 ♂), L18 (1 ♂, 1 ♀), T21 (1 ♂, 1 ♀).

Atractomorpha angusta KARSCH, **1888**
L16 (1 ♀), T22 (1 ♂, 1 ♀), T24 (2 ♀♀), T26 (1 ♂, 1 ♀).
A. angusta war lange Zeit mit *A. crenulata* (FABRICIUS, 1793) synonymisiert und erst von KEVAN et al. (1972) als selbständige Art wieder anerkannt worden.

Stenocatantops splendens (THUNBERG, **1815)**
L3 (1 ♀, L4 (1 ♂).

Xenocatantops humilis humilis (SERVILLE, **1839)**
L1 (1 ♀), L2 (1 ♀), L12 (1 ♂).

Catantops pinguis innotabilis (WALKER, **1870)**
T27 (1 ♀).

Chondacris rosea (DE GEER, **1773)**
L17 (1 ♀).

Pachyacris vinosa (WALKER, **1870**)
L14 (1 ♂).

Peripolus pedarius (STÅL, **1878**)
L2 (1 ♂, 2 ♀♀), L4 (1 ♂), L9 (1 ♂).

Euprepocnemis alacris (SERVILLE, **1839**)
L2 (1 ♀).

Heteracris robusta (SERVILLE, **1839**)
L4 (1 ♀), L19 (1 ♀).

Eucoptacra praemorsa (STÅL, **1860**)

L3 (1 ♂, L4 (1 ♀).

Apalacris varicornis WALKER, **1870**
L1 (3 ♂♂, 1 ♀), L2 (1 ♂), L9 (1 brachypteres ♀), L14 (1 ♀), L19 (1 ♂), T22 (1 ♂), T24 (1 ♀), T27 (1 ♂).
Von L9 liegt mir ein Weibchen vor, daß sich durch die kürzeren Flügel (Elytrenlänge nur 13 mm) von den übrigen auffällig unterscheidet.

Oxya fuscovittata (MARSCHALL, **1836**)
T26 (1 ♂, 2 ♀♀).

Oxya hyla hyla SERVILLE, **1831**
L1 (1 ♂, 5 ♀♀).

Oxya japonica japonica (THUNBERG, **1824**)
T26 (1 ♂), T27 (2 ♂♂, 1 ♀).

Spatosternum prasiniferum (WALKER, **1871**)
L1 (2 ♀♀), L3 (1 ♂), L9 (1 ♀), T22 (2 ♀♀), T26 (1 ♂).

Acrida exaltata (WALKER, **1859**)
L1 (1 ♀), L3 (1 ♂), L15 (1 ♀), T24 (1 ♂).

Ceracris nigricornis nigricornis WALKER, **1870**
L2 (1 ♀), L3 (1 ♀), L9 (2 ♂♂, 1 ♀).

Cerarcris deflorata (BRUNNER V. W., **1893**)
T27 (1 ♂).

Phlaeoba infumata Brunner v. W., **1893**
L2 (1 ♂, 1 ♀), T26 (1 ♂).

Phlaeoba sikkimensis Ramme, **1940**
L9 (1 ♀).

Sikkimiana darjeelingensis (Bolivar, **1914)**
L2 (1 ♂), L4 (1 ♂, 1 ♀).

Gelastorrhinus tonkiensis Willemse, **1951**
L15 (1 ♀).

Oedaleus abruptus (Thunberg, **1815)**
L18 (1 ♀).

Gastrimargus africanus (Saussure, **1888)**
L18 (1 ♂, 1 ♀).

Trilophidia annulata (Thunberg, **1815)**
L2 (1 ♂, 1 ♀), L9 (1 ♂, 1 ♀), L11 (1 ♀).

Sphingonotus longipennis Saussure, **1884**
T23 (1 ♂).

Pusana laevis (Uvarov, **1921)**
T23 (2 ♂♂, 1 ♀).

Aswatthamanus cylindricus Kirby, **1914**
T27 (2 ♂♂).

Aulacobothrus luteipes (Walker, **1871)**
L3 (3 ♂♂).

Aulacobothrus sinensis Uvarov, **1925**
L15 (1 ♂, 1 ♀).

Mantodea
Statillia nemoralis (Saussure, **1870)**
L3 (1 ♂).

Statilia maculata (THUNBERG, **1784**)
T27 (1 ♂).

Tenodera aridifolia aridifolia (STOLL, **1813**)
L3 (1 ♂), L5 (1 ♀), L12 (1 ♂).

Hierodula saussurei KIRBY, **1904**
L3 (1 ♀), L12 (1 ♀).

Creobroter gemmatus (STOLL, **1813**)
L4 (1 ♀), T27 (1 ♂).

Anhang

Beschreibung des Männchens von *Khaserianthus acutipennis* (SAUSSURE, 1903) (Eumastacoidea):

Von dieser Art war bislang nur der Holotypus, ein Weibchen, bekannt, für das DESCAMPS (1975) in seiner Revision des Genus *Erianthus* ein eigenes Genus, *Khaserianthus*, aufgestellt hat. Vor einigen Jahren erhielt ich von Herrn Dr. P. PLOCH ein Männchen einer *Erianthus* (s. lat.)-Art von Shillong, Nordostindien*. Bezüglich der äußeren Morphologie stimmt dieses, mit Ausnahme geschlechtsspezifischer Unterschiede, weitgehend mit der Beschreibung des Weibchens von *K. acutipennis* überein. Beide stammen aus den Khasi-Hills.

Beschreibung des Männchens: Kopf und Pronotum gerunzelt; Antennen kurz, zwölfgliedrig; Fastigium die Augen überragend, zugespitzt, mit deutlichem Mittelkiel und schwachen Seitenkielen. Pronotum kompress, Metazona etwas erweitert; Mittelkiel deutlich, distal verflachend, in der Prozona leicht sinusförmig, in der Metazona eben; Discus zum Sulcus schwach eingesenkt. Elytra mit basal erweitertem Costalfeld, vor der Mitte am schmalsten, zum Apex verbreitert; Apex schräg abgestutzt, ganz wenig konkav; Medianfeld mit dunklen Fleckchen, im Apikalviertel am Vorder- und Hinterrand mit je einem Glasfleck. Alae hyalin, basal blaßgelb, Außen- und Hinterrand schmal braun gesäumt. Äußere Unterkante der Profemora gerade, kurz vor dem Apex schulterartig verschmälert, vorher nicht erweitert. Abdominaltergite dorsal gekielt. 10. Tergit bis nahe zur Basis gespalten, die beiden medianen Loben bilden zwei lange, etwa in der Mitte abwärts gebogene, am Apex verrundete Lappen; 10. Tergit lateral sehr schmal, aber unter den Cerci spatelartig verbreitert und diese überragend. Supraanalplatte basal verdeckt, Apex lanzettlich zugespitzt. Cerci basal kräftig, kurz vor dem Apicaldrittel stark verschmälert und um mehr als 90° einwärtsgebogen. Subgenitalplatte bis zur Basis in 3 Loben gespalten; medianer Lobus breit lanzettlich, im Apikalviertel zugespitzt; laterale Loben löffelförmig, basale Hälfte gerade mit fast parallelen Seitenrändern, apicale Hälfte innen ausgehöhlt, außen mit Grat und Mulde, apical kurz gespalten: dorsal kurz zugespitzt, ventral einen einwärtsgebogenen Haken bildend. Phalluskomplex wie in Abb. 6h—i; Epiphallus discusförmig mit nasenartigem Fortsatz median; Ektophallus schiffchenförmig, lateral mit großen, zugespitzten Fortsätzen.

Längenmaße: Körper 23 mm; Pronotum 3,5 mm; Elytra 20 mm; Postfemora 12 mm.

Material: Indien, Assam, Umgebung Shillong, V. 1973, 1 Männchen.

Diagnose: Bezüglich der äußeren Morphologie kann die Art nach dem Schlüssel von

*) Herrn Dr. P. PLOCH danke ich für die Überlassung der Tiere.

DESCAMPS (1975) gut diagnostiziert werden. Der männliche Phalluskomplex ist deutlich von denjenigen der übrigen Arten der Erianthinae verschieden.

The species may be determined after the key from DESCAMPS (1975). The male phallus komplex differs significantly from that of other species of the Erianthinae.

Diskussion

Obgleich die vorliegende Liste sicher nur ein sehr unvollständiges Bild der Orthopterenfauna Nepals liefert, ist sie doch artenreich genug, um einige biogeographische Betrachtungen anzuschließen. Dabei ist aber zu berücksichtigen, daß aufgrund der fortgeschrittenen Jahreszeit Hochgebirgsformen in der vorliegenden Aufsammlung nicht vertreten sind. Unter den Saltatoria haben die in Südostasien weit verbreiteten Arten den größten Anteil, nämlich 54%. Rechnet man die (bisher) nur vom indischen Subkontinent bekannten Arten hinzu, erhöht sich der Anteil auf 65%. Eine Art, *Holochlora japonica*, war bisher nur aus dem östlichen China und Japan bekannt. Es ist dies die am weitesten verbreitete Art der Gattung *Holochlora*, deren Schwerpunkt ebenfalls im tropischen Südostasien liegt. Den zweitgrößten Anteil haben die osthimalayanischen Arten mit 20%. Sie sind meist aus Sikkim, Assam oder den vorgelarten Ebenen wie Bengal beschrieben worden. Hierzu zählen *Letana nigrovittata*, *Eugryllacris poultoniana*, *Eremus spec. (?)*, *Pteronemobius rufipes*, *Patiscus cephalotes*, *Bruntridactylus saussurei*, *Xya marmorata*, *Hedotettix costatus*, *Peripolus pedarius*, *Heteracris robusta*, *Ceracris nigricornis* (kommt aber bis Nord-Thailand vor), *Phlaeoba sikkimensis*, *Sikkimiana darjeelingensis*, *Gelastorrhinus tonkiensis* (von Tonking beschrieben), *Pusana laevis*, *Aswatthamanus cylindricus* und *Aulacobothrus sinensis*. Im Gegensatz hierzu sind lediglich 2 Acridoidea, *Oxya fuscovittata* (kommt auch in Südindien vor) und *Sphingonotus longipennis*, im gesamten Himalaya verbreitet. Bisher nur aus Nepal bekannt sind 10 Arten der vorliegenden Ausbeute (12%), davon 5 nur aus dem Lamjung Himal (*Letana nigropoda*, *L. brachyptera*, *Xiphidonema arcuata*, *Xya nobile* und *Butania metallica*), 3 nur aus dem Chitawan (*Holochlora gaida*, *Gryllopsis nepalicus* und *Euscyrtus intermedius*) und 2 sind im Bergland Zentral- und Ostnepals weiter verbreitet (*Anapropsis miser* und *Velarifictorus flavifrons*). Die 5 Mantodea Species sind sämtlich in Südostasien weiter verbreitet.

DIERL (1970) konnte zeigen, daß eine faunistische Gliederung des Himalaya auf der Basis der Verbreitung der Sphingidae der Gliederung auf floristischer und klimaökologischer Grundlage entspricht. Die Orthopterenfunde weisen den Lamjung Himal in Zentralnepal als noch zum Osthimalaya gehörig aus, speziell zum Sikkim-Himalaya (vgl. TROLL, 1968). Übereinstimmungen zur Orthopterenfauna des westlichen Punjab-Himalaya sind sehr gering. Die Listen von MANI et al. (1955) und SINGH & GUPTA (1956) nennen nur 6 mit der vorliegenden Aufsammlung übereinstimmende Arten, nämlich *Ducetia japonica*, *Spatosternum prasiniferum*, *Xenocatantops humilis*, *Acrida exaltata*, *Sphingonotus longipennis* und *Aulacobothrus luteipes*; Hinzu kommt noch *Oxya fuscovittata* (HOLLIS, 1971). Auch von der Orthopterenfauna Tibets weichen die vorliegenden Funde in beträchtlichem Maße ab. So sind der Liste der Acridoidea von Xizang (FUSHENG et al., 1981) und der vorliegenden nur 5 Arten gemeinsam: *Tagasta indica*, *Catantops pinguis*, *Gastrimargus africanus*, *Trilophidia annulata* und *Sphingonotus longipennis*. Bei Berücksichtigung der Hochgebirgsformen wäre auf der Basis der Gattungen aber eine etwas höhere Übereinstimmung zu erwarten.

Interessant ist auch ein Vergleich der eigenen Aufsammlungen mit den Arbeiten von CHOPARD & DREUX (1966) (Aufsammlungen vom Mt. Januw, Kangchenjunga) und BEI-BIENKO (1968) (Aufsammlungen aus dem Khumbu Himal), denen Funde aus dem Frühjahr (März—Juni) zugrunde liegen (Tab. 1). Diese Sammelgebiete liegen zwar etwas weiter östlich, gehören aber demselben Faunenbezirk an. In den meisten Überfamilien sind die

Tabelle 1
Anzahl gemeinsamer und verschiedener Arten im Frühjahrsaspekt (nach CHOPARD & DREUX, 1966 und BEI-BIENKO, 1968) und im Herbstaspekt (nach den eigenen Aufsammlungen) in den verschiedenen Orthopteren-Überfamilien

Überfamilie	Anzahl von Arten im		Anzahl gemeinsamer Arten
	Frühjahrsaspekt	Herbstaspekt	
Tettigonioidea	6	16	2
Gryllacridoidea	3	3	1
Grylloidea	14	18	6
Tridactyloidea	2	4	1
Tetrigoidea	18	10	3
Eumastacoidea	0	1	0
Acridoidea:			
tropische Arten	24	21	17
himalay. Arten	5	11	3
Mantodea	3	5	0

Unterschiede bezüglich der gesammelten Arten beträchtlich. Eine Ausnahme bilden die tropischen bis subtropischen Acridoidea, die bisher offenbar als einzige Gruppe einigermaßen repräsentativ erfaßt worden sind. Es lassen sich aber auch phänologische Unterschiede zwischen den verschiedenen Orthopteren-Gruppen erkennen. Diese könnten allerdings von Effekten überlagert sein, die auf Unterschiede im Kleinklima an den verschiedenen Sammelstellen zurückzuführen sind. Die Tetrigoidea sind im Frühjahr häufiger und hauptsächlich durch andere Arten vertreten als im Herbst. Tettigonioidea und himalayanische Acridoidea wurden ganz überwiegend im Herbst gefunden. Grillen sowie tropische und subtropische Acridoidea traten dagegen im Frühjahr und Herbst etwa gleich häufig auf. Bei ersteren handelt es sich offenbar hauptsächlich um Arten, die im Eistadium überwintern, während letztere entweder an geeigneten Stellen ganzjährig in allen Stadien vorhanden sind oder aber um solche, die den Winter beziehungsweise die winterliche Trockenperiode als Imago überdauern. Nach SCHMIDT & MELBER (1980) können die somalischen Acridoidea die Trockenzeit als ältere Larve oder Imago überleben, nicht aber als Ei. Tettigoniiden haben dagegen Anpassungen bezüglich der Embryogenese entwickelt, die es ihnen erlaubt, auch längere Trockenheit im Eistadium zu überdauern (INGRISCH, in Vorbereitung).

Zusammenfassung

Während einer Trekkingtour in Zentralnepal (Lamjung Himal) und im Terai (Chitawan) konnten 84 Saltatorien-Arten (16 Tettigonioidea, 3 Gryllacridoidea, 18 Grylloidea, 4 Tridactyloidea, 10 Tetrigoidea, 1 Eumastacoidea und 32 Acridoidea) sowie 5 Mantodea-Arten gesammelt werden. 8 Arten (4 Tettigonioidea, 2 Grylloidea, 1 Tridactyloidea und 1 Eumastacoidea) sind neu für die Wissenschaft. Den Neubeschreibungen sind Kurzdiagnosen in deutscher und englischer Sprache beigefügt.

Literatur

BEIER, M. (1965): Die afrikanischen Arten der Gattungsgruppe „*Amytta*" KARSCH. — Beitr. Entom. **15**: 203—242.

— (1966): Tettigoniidae: Subfam. Meconematinae, Mecopodinae, Phyllophorinae. — in: BEIER, M. (Ed.): Orthopterorum Catalogus **9**, 's-Gravenhage.

BEI-BIENKO, G. J. (1965): Phaneropterinae. Fauna of the USSR, N. S. 59; English translation, Jerusalem.
— (1956): Two new species of the genus *Letana* WALK. (Orthoptera, Tettigoniidae) from tropical Asia. — Rev. Entom. URSS **35**: 648—651.
— (1968): On the orthopteroid insects (Orthopteroidea) from eastern Nepal. — Rev. Entom. URSS **47**: 106—130.
— (1971): On the orthopteroid insects from eastern Nepal. — in: HELLMICH, W. (ed.) Khumbu Himal **4**: 55—57, Innsbruck—München.
BRUNNER v. W., C. (1878): Monographie der Phaneropteriden. Wien 1878 (Brockhaus).
CHOPARD, L. (1969): Orthoptera Vol. 2 Grylloidea. The fauna of India and the adjacent countries, Delhi—Calcutta.
CHOPARD, L. et DREUX, P. (1966): Contribution a l'étude des orthopteroides du Népal. — Ann. Soc. Ent. France N. S. **2**: 601—616.
DESCAMPS, M. (1973): Révision des Eumastacoidea (Orthoptera) aux échelons des familles et des sous-familles (genitalia, répartition, phylogénie). — Acrida (Paris) **2**: 161—298.
— (1975): Révision du genre *Erianthus* STÅL, 1875 (Orth., Eumastacoidea, Erianthinae). — Ann. Soc. ent. France N. S. **11**: 91—136.
DIERL, W. (1970): Grundzüge einer ökologischen Tiergeographie der Schwärmer Ostnepals (Lepidoptera: Sphingidae). — in: HELLMICH, W. (ed.): Khumbu Himal **3**: 313—359, Innsbruck—München.
EBNER, R. (1939): Tettigoniiden (Orthoptera) aus China. — Lignan Sci. J. **18**: 293—302.
FUSHENG, H., H. CHUNMEI, L. JUPENG (1981): Studies on the acridoid fauna of Xizang and its evolution. — Entomotaxonomia **3**: 157—170.
GOROCHOV, A. V. (1983): To the knowledge of the cricket tribe *Gryllini* (Orthoptera, Gryllidae). — Rev. Entom. URSS **62**: 314—330.
HOLLIS, D. (1971): A preliminary revision of the genus *Oxya* Audinet-Serville (Orthoptera: Acridoidea). — Bull. Br. Mus. nat. Hist (Ent.) **26** (No. 7): 269—343.
KEVAN, D. K. McE., S. S. AKBAR and Y.-C. CHANG (1972): The concealed copulatory structures of the Pyrgomorphidae (Orth. Acridoidea) part V. — Eos (Madrid) **48**: 203—294, 7 Tafeln.
MANI, M. S., S. SINGH, V. K. GUPTA and H. N. BAIJAL (1955): First annotated check-list of insects from the North-West (Punjab) Himalayas. — Agra Univ. J. Res. (Sci.) **4**: 471—512.
PITKIN, L. M. (1980): A revision of the Pacific species of *Conocephalus* THUNBERG (Orthoptera: Tettigoniidae). — Bull. Br. Mus. nat. Hist. (Ent.) **41** (5): 315—355.
SCHMIDT, G. H. und A. MELBER (1980): Überlebensstrategien tropischer Saltatorien (Ins., Orth.) als Bewohner arider Dünengebiete der ostafrikanischen Republik Somalia. — Z. angew. Zool. **67**: 413—447.
SINGH, S. and V. K. GUPTA (1956): Third annotated check-list of insects from the North-West Himalaya. — Agra Univ. J. Res. (Sci.) **5**: 383—440.
STEINMANN, H. (1970): Check-list of the Tetricidae (Orthoptera) of the Oriental faunal region. — Acta Zool. Acad. Sci. Hung. **16**: 215—240.
TOWNSEND, B. C. (1980): A taxonomic study of two similar species of *Teleogryllus* (Orthoptera: Gryllidae). — J. Nat. Hist. **14**: 153—162.
TROLL, C. (1967): Die klimatische und vegetationsgeographische Gliederung des Himalayasystems. — in: HELLMICH, W. (ed.): Khumbu Himal **1**: 353—388, Innsbruck—München.
UVAROV, B. P. (1922): An interesting new grasshopper from Mount Everest. — Ann. Mag. Nat. Hist. (Ser. 9) **9**: 551—553.
— (1925): Grasshoppers (Orthoptera, Acrididae) from the Mount Everest. — Ann. Mag. Nat. Hist. (Ser. 9) **16**: 165—173, pl. 11.
— (1927): *Podisma kingdoni*, sp. n. (Orthoptera Acrididae). A contribution to the zoogeography of the Himalayas. — Ann. Mag. Nat. Hist. (Ser. 9) **20**: 481.

Anschrift des Verfassers:

Dr. SIGFRID INGRISCH
Institut für Zoologie der RWTH
Kopernikusstr. 16
D-5100 Aachen

Buchbesprechungen

FILIPPOVA, N. A. (1985): **Taežnyj klešč Ixodes persulcatus** SCHULZE **(Acarina, Ixodidae) Morfologija, Sistematika, Ėkologija, medicinskoe Značenie.** — Leningrad (Izd. „Nauka"); 420 S., 114 Abb. (z. T. auch Fotos), 97 Tab. (1—97), 2 Farbtaf. (I—II), 24 Schwarzweißtaf. (I—XXIV), 43 S. Lit.; geb. 3.70 Rbl. —

Neben FILIPPOVA als Herausgeber werden 18 weitere Mitarbeiter dieses gediegenen Bandes genannt; die Aufteilung der Autoren auf die einzelnen Kapitel sind aus dem Inhaltsverzeichnis auf S. 411 (das auch in englisch wiedergegeben ist) ersichtlich. Das Buch wird im Rahmen des UNESCO-Programms „Man and Biosphere" vorgestellt, gleichzeitig als aus dem „Severcov-Institut für Evolutions-Morphologie und Tierökologie" hervorgegangen (und noch in andere Gremien eingebunden). — Die Taiga-[Zecken-]Enzephalitis gehört zu den Naturherdkrankheiten par excellence und wird mit der weiteren Erschließung Sibiriens zunehmend an Bedeutung gewinnen. Ihr Überträger ist *Ixodes persulcatus*, „die Taiga-Zecke", und die vorliegende gediegenen Monographie aus berufenem Munde kann unzweifelhaft als hervorragendes parasitologisches Werk von beispielhaftem Charakter bezeichnet werden. Man vermerkt auch mit Freude die gediegene Ausstattung auf durchaus annehmbarem Papier. Was die Abbildungen betrifft, so sind nicht nur die Farbtafeln lobenswert, sondern es ist auch die Tatsache vieler schwarzweißer REM-Fotos anzuerkennen. Das Buch ist in folgende Hauptkapitel gegliedert: I. Morphologie und Physiologie; II. Systematik und Evolution (mit Differentialdiagnose der Arten der *persulcatus*-Gruppe, zu der auch die „europäische Waldzecke" *Ixodes ricinus* gehört; einige weitere Arten leben am Rande des *persulcatus*-Verbreitungsgebietes und verhalten sich allopatrisch, was als Evolutionsproblem reizvoll ist; alle diese verwandten Arten werden ebenfalls gründlich taxonomisch behandelt; taxonomische Zeichnungen, viele Maße unterschiedlicher Herkünfte); III. Areal (verhältnismäßig kurz); IV. Ökologie (Entwicklungszyklus, Saisondynamik, Wirtsbeziehungen); V. Anzahl; VI. natürliche Feinde; VII. medizinische Bedeutung (Übertragung der Taiga-Zeckenenzephalitis!); VIII. Methoden des individuellen und Gruppenschutzes des Menschen vor dem Angriff der Taigazecke. Bei der Abbildung der einzelnen Entwicklungsstadien der Zecken (Farbtafel I) wäre es nützlich gewesen, dazu jeweils eine Maßstablinie einzuzeichnen.

WD. EICHLER (Berlin).

EICHLER, WOLFDIETRICH: **Gift in unserer Nahrung.** Die Brisanz der Umweltgifte in Nahrungsketten. 216 S., 48 Abb., Format 21,5 cm × 14,5 cm. Preis: 1 Rubel. 1986. Verlag Mir in Moskau (in Russisch).

Die 1. Auflage dieses Buches, die 1982 im KILDA-Verlag erschien, wurde in der Dtsch. Ent. Z. N. F. 30 (1983): 378 rezensiert. Die russische Ausgabe weist nachfolgende Änderungen und Erweiterungen auf: Hinter dem Titelblatt schließt sich ein „Vorwort des Redakteurs der Übersetzung" an, in dem die Bedeutung und der Charakter des Buches sowie die Umweltpolitik der UdSSR erläutert werden. Die Abb. 5 (S. 29), Abb. 8 (S. 33), Abb. 12 (S. 39), Abb. 14 (S. 44), Abb. 15 (S. 44), Abb. 17 (S. 52), Abb. 19 (S. 68), Abb. 20 (S. 70), Abb. 21 (S. 73), Abb. 24 (S. 87), Abb. 24a (S. 87) und Abb. 39 (S. 127) fehlen in der deutschen Ausgabe, sind also zusätzlich in der russischen enthalten. Der Text wurde erweitert, z. B. auf den Seiten 100, 107, 115, 116, 140, 157 und 164, dementsprechend weist das Literaturverzeichnis mehr Titel auf. Das in der deutschen Ausgabe enthaltene Glossarium fehlt.

Die Tatsache, daß schon nach kurzer Zeit eine russische Übersetzung des Buches vorliegt, spricht für die Aktualität der hier behandelten Probleme, die nicht mehr allein nationalen sondern internationalen Charakter hat.

HANNEMANN

Dtsch. ent. Z., N. F. 34 (1987) 1—3, 141—148

Zur Kenntnis der Gattung Schwiebea OUDEMANS, 1916
(Acarina, Sarcoptiformes).

Von

WOLFGANG KARG

Mit 3 Abbildungen im Text

Abstract

Species of the genus *Schwiebea* OUDEMANS inhabit microhabitats of woodlands, the rhizosphere and humid habitats near waters. Out of feeding tunnel of clearwing *Aegeria tipuliformis* at red currant a new species is described: *Schwiebea cepa* n. sp. A key is given for 30 species of the genus *Schwiebea.*

Überblickt man das Auftreten von Milbenarten der Gattung *Schwiebea* OUDEMANS, 1916, so lassen sich zwei typische Gruppen von Lebensräumen unterscheiden. Eine Gruppe von Arten besiedelt Mikrohabitate an Gehölzen. Dazu gehören Spalten und Hohlräume unter der Rinde von Bäumen und Sträuchern, Gangsysteme von Borkenkäfern, Hohlräume in abgestorbenen Bäumen und in Baumstümpfen sowie das Hohlraumsystem der Rhizosphäre von Pflanzen. Das letzte Habitat leitet über zum Vorkommen einzelner Arten in humusreichen Ackerböden, in sich zersetzenden Pflanzenmaterialien im Boden bzw. an der Bodenoberfläche. Die andere Gruppe von Lebensräumen umfaßt sehr feuchte Habitate. Dazu gehören Quellmoose, Torfmoose, feuchte, sich zersetzende Pflanzenreste an Uferrändern von Teichen und Bächen, nasse Substrate in Grotten, Höhlen und unterirdischen Wasserläufen.

Die Arten ernähren sich überwiegend von toter organischer Substanz. Jedoch können die Tiere offensichtlich zur phytophagen Lebensweise übergehen. ZACHER (1949) berichtete über Fraßschäden an den Wurzeln von Taraxacum-Arten durch eine *Schwiebea*-Art (*S. talpa* OUDEMANS). Zusammen mit zwei anderen Milbenarten, *Tyrophagus putrescentiae* (SCHRANK) und *Histiostoma feroniarum* (DUFOUR), wurde eine 2jährige Löwenzahnkultur fast vollständig zerstört. Auch andere Compositae kommen besonders als Wirtspflanzen in Betracht. Charakteristisch für die Arten der Gattung *Schwiebea* ist weiterhin die Phoresie der Deuto-Nymphen. Dieses Stadium läßt sich von Ameisen, Tausendfüßlern, Laufkäfern, Rüsselkäfern, Hirschkäfern und verschiedenen im Holz lebenden Käfern und von Zikaden von einem Biochorion zum anderen transportieren.

Der vorliegenden Untersuchung liegt der Fund einer *Schwiebea*-Art zugrunde, die im Inneren eines Zweiges der Roten Johannisbeere (Ribes rubrum L.) fraß. Jedoch muß die Milbe in diesem Falle als sekundärer Schaderreger eingestuft werden. Primär war das Mark durch die Larve des Johannisbeerglasflüglers (*Aegeria tipuliformis* CL.) ausgefressen worden.[1]) Der Vergleich der ermittelten Art mit bisher beschriebenen Arten ergab, daß es sich um eine nova species handelt. Im folgenden soll die Art beschrieben und in eine Bestimmungstabelle der bekannten Arten eingeordnet werden.

[1]) Ich danke hiermit besonders Frau Dr. SERMANN von der HUMBOLDT-Universität Berlin (Sektion Gartenbau), die mir den Milbenfund zusandte.

Schwiebea (Jacolietta) cepa n. sp.

Vorkommen: Im Inneren eines Zweiges der Roten Johannisbeere an einer toten Larve des Johannisbeerglasflüglers (*Aegeria tipuliformis*), Obstanlage des Volkseigenen Gutes Werneuchen, Betriebsteil Wesendahl bei Berlin, Holotypus ♀ Dezember 1985.

Diagnose: Genu von Bein I mit 2 Solenidien von unterschiedlicher Länge, Dorsalhaarpaar d2 fehlt, keine vorderen Analhaare ausgebildet, Propodonotalschild länger als breit, Hinterrand des Schildes gerade, Epimeren III und IV verbunden, Tarsen I bis IV fast gleich lang, Spermatheca eiförmig, mit zwei Schlauchteilen im Inneren.

Beschreibung: Weibchen, Idiosoma 340 bis 400 µm lang, 160 bis 200 µm breit, weiß gefärbt, Extremitäten und Gnathosoma hellbraun, Propodonotalschild deutlich länger als breit, fein punktiert und mit geradem Hinterrand, Scapularhaare (sc = 90 µm lang) fast doppelt so lang wie die Vertikalhaare (vi = 50 µm lang), Opisthosoma mit den Dorsalhaarpaaren d3, d4 (d3 = 15 µm, d4 = 40 µm lang) und den Lateralhaarpaaren l2 (= 17 µm), l3 (=80 µm), l4 (=50 µm) und l5 (=50 µm), ventral Epimeren von Bein III und IV verbunden, Genitalsaugnäpfe mit geringelten Stielen (Abb. 1b), Tarsen I und II 34 µm lang

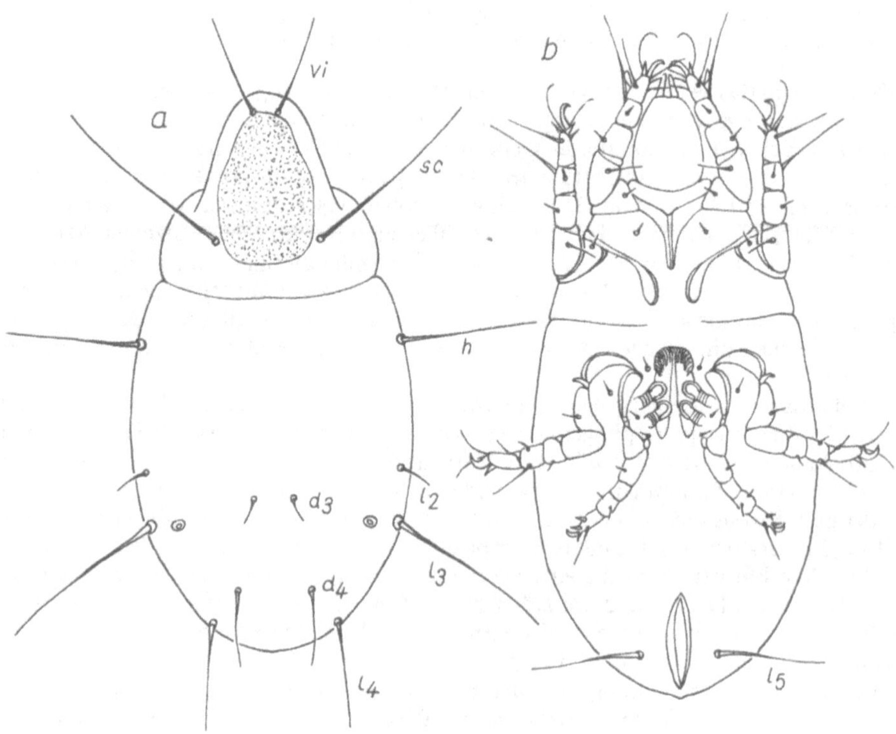

Abb. 1
Schwiebea cepa n. sp., Weibchen, a) dorsal, b) ventral.

(einschließlich Klaue), Tarsus III = 33 µm, Tarsus IV = 32 µm lang, Sinneskolben Omega 1 an Tarsus I groß, keulenförmig (=13 µm lang), Omega 2 kleiner (=6 µm lang), Omega 3 lang und dünn (=11 µm lang), das dornförmige Haar ba = 6 µm lang, die Sinneshaare am Genu I deutlich unterschiedlich lang, Sigma 1 = 25 µm, Sigma 2 = 14 µm lang (Abb. 2a), Spermatheca oval (25 µm lang, 15 µm breit), im Inneren ein zwiebelförmiger und ein schmaler Schlauchteil, an der Verbindung beider Teile ein Ring, die Bursa (ca. 18 µm lang) am Anfang ein dünner Schlauch, der sich zum Eingang an der Spermatheca erweitert, am Eingang 2 Sklerite (8 µm lang), die terminal gegabelt sind (Abb. 2b), Digitus fixus der Chelicere mit 3 + 3 gegeneinander versetzten Zähnen, Digitus mobilis 2zähnig (Abb. 2c).

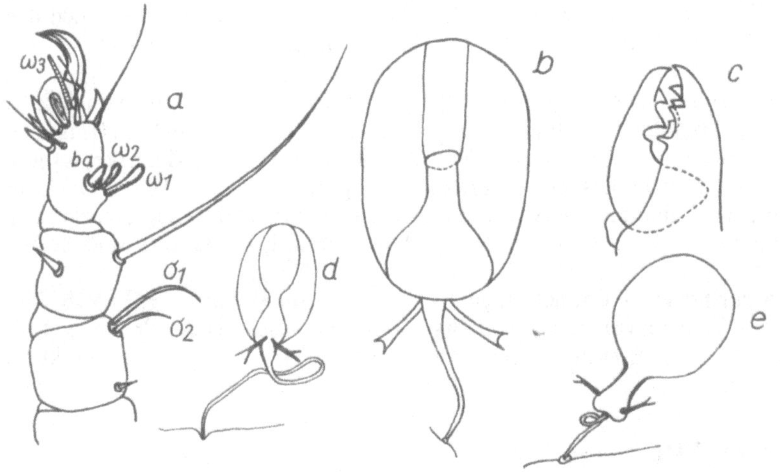

Abb. 2
a, b, c) *Schwiebea cepa* n. sp., Weibchen, a) Bein I, b) Spermatheca mit Bursa, c) Chelicere; d) *Schwiebea subterranea* FAIN, Weibchen, Spermatheca mit Bursa; e) *Schwiebea lebruni* FAIN, Weibchen, Spermatheca mit Bursa (d, e nach FAIN 1977, 1982).

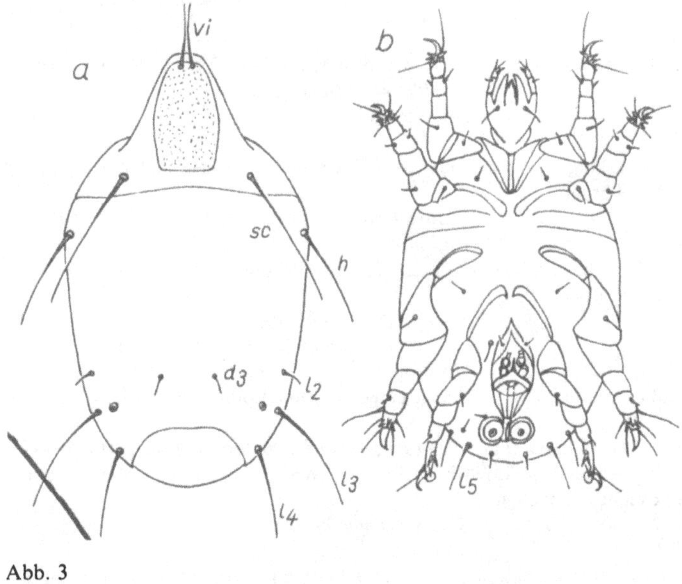

Abb. 3
Schwiebea cepa n. sp., Männchen, a) dorsal, b) ventral.

Männchen, Idiosoma 250 bis 300 μm lang, 120 bis 160 μm breit, Färbung wie beim Weibchen, Verticalhaare (ve) = 60 μm, Scapularhaare (sc) = 105 μm, Humeralhaare (h) = 75 μm, Längenverhältnisse der Lateralhaare ähnlich wie beim Weibchen, l2 = 12 μm, l3 = 70 μm, l4 = 60 μm, l5 = 45 μm lang, von den Dorselhaaren ist nur d3 ausgebildet (= 12 μm lang), kaudal ein kleiner Dorsalschild (Abb. 3a), Sinneskolben am Tarsus I relativ groß, Omega 1 = 13 μm, Omega 2 = 7 μm, Omega 3 = 12 μm, ba = 6 μm lang, die beiden Sinneshaare am Genu I 10 und 20 μm lang, ventral sind im Gegensatz zum Weibchen die Epimeren III und IV getrennt, Tarsus III trägt als eine heteromorphe Ausbildungsform eine abnorm verdickte Klaue, Tarsus IV in der distalen Hälfte mit 2 Saugnäpfen, zwischen den Trochanteren von Bein IV 2 Paare von kleinen Genitalsaugnäpfen, kaudal ein großes anales Saugnapfpaar (Abb. 3b).

Differentialdiagnose: Durch die zwei ungleichen Solenidien am Genu von Bein I, die längliche Form des Propodonotalschildes, die verbundenen Epimeren von Bein III und IV steht die neue Art *Schwiebea lebruni* FAIN, 1977 nahe. Bei dieser Art ist die Spermatheca anders ausgebildet. Sie besteht aus einem proximalen, großen, ovalen Teil und einem kurzen, keulenförmigen Anhang, in den die Bursa mündet (Abb. 2e). Die Haarlängenrelationen sind anders, d3 = l2 = 8 μm, l3 (= 25 μm) und h (= 33 μm) sind relativ kurz.

Die Spermatheca der neuen Art ähnelt dagegen *Sch. subterranea* FAIN, 1982 (Abb. 2d). Jedoch sind die beiden Teile im Inneren oval. Dorsal weist bei dieser Art der Propodonotalschild am Hinterrande einen Einschnitt auf. Die Haarpaare d3 und l2 sind sehr kurze Mikrohaare (5 μm lang).

Schwiebea OUDEMANS, 1916

1 (12) Genu I trägt ein alleinstehendes Solenidion.
Untergattung *Schwiebea* OUDEMANS

2 (9) Prodonotale am Hinterrand nicht eingeschnitten, Epimeren III und IV frei

3 (4) Haarpaar d3 und l2 fehlen, Idiosoma etwa 2 mal so lang wie breit, 360 bis 465 μm lang, 180 bis 245 μm breit
S. tschernyshevi ZACHVATKIN, 1941
UdSSR

4 (3) Haarpaar d3 und l2 vorhanden

5 (6) Große Art, Körper mehr als 2 mal so lang wie breit, 590 bis 630 μm lang, 235 bis 260 μm breit
S. ipidis VITZTHUM, 1932
Deutschland

6 (5) Art deutlich kleiner

7 (8) Idiosoma annähernd 2 mal so lang wie breit, 305 bis 465 μm lang, nur das äußerste Ende der Cheliceren überragt vorn den Körper
S. cavernicola VITZTHUM, 1932
Jugoslawien

8 (7) Idiosoma breiter, weniger als 2 mal so lang wie breit, 295 bis 360 μm lang, ein großer Teil der Cheliceren überragt vorn den Körper
S. talpa OUDEMANS, 1916
(= *S. pachyderma* ZACHVATKIN, 1941)
Kosmopolit

9 (2) Prodonotale am Hinterrand bis zur halben Schildlänge eingeschnitten, Epimeren III—IV verschmolzen oder eng angrenzend

10 (11) Idiosoma etwa 420 μm lang, Tarsus I und II mit 4 einfachen Haaren, hintere Region des Opisthonotums mit punktiertem Schild, Genitalsaugnäpfe sehr klein, Epimeren III—IV verschmolzen, Spermatheca und Bursa kupulatrix nicht beobachtet
S. pendotsugae WOODRING, 1966
USA

11 (10) Idiosoma 555 bis 670 μm lang, 290 bis 360 μm breit, Tarsus I—II mit 3 einfachen Haaren, hintere Region des Opisthonotums glatt, Genitalsaugnäpfe groß, Epimeren III—IV unvollständig ver-

schmolzen, nur bisweilen durch einen schmalen Streifen verbunden, der schwach sklerotisiert ist, Spermatheca ein geschlossener, fast kugelförmiger Sack, Bursa schmal, 60 bis 75 µm lang

S. danielopoli FAIN, 1982
Österreich

12 (1) Genu I mit 2 Solenidien (Sigma 1 und 2, Abb. 2a)

Untergattung *Jacolietta* FAIN

13 (14) Solenidien an Genu I sehr ungleich, das eine 7 mal länger als das andere

S. wainsteini KADZHAYA, 1961
UdSSR

14 (13) Länge der Solenidien an Genu I nicht so extrem unterschiedlich, z. T. gleich lang

15 (16) Haarpaar d2 vorhanden, Hinterrand des Propodonotale nicht eingeschnitten, Solenidien an Genu I gleichlang und parallel, Idiosoma 520 bis 550 µm lang

S. barbei COOREMAN, 1955
Frankreich

16 (17) Haarpaar d2 fehlt, andere Merkmale abweichend

17 (28) Vorn am Anale ein Paar Analhaare vorhanden

18 (19) Epimeren III und IV verschmolzen, Tibia I mit einem alleinstehenden Haarpaar, Propodonotalschild durch ein glattes Längsband in zwei Teile geteilt, Haarpaare d3 und 12 nicht ausgebildet, Spermatheca schwach sklerotisiert

S. rossica ZACHVATKIN, 1941
UdSSR

19 (18) Epimeren III und IV frei, Tibia I mit 2 Haarpaaren, Propodonotalschild einheitlich, mindestens ist Haarpaar d3 oder 12 ausgebildet, Solenidien an Genu I fast gleich, Spermatheca mit sklerotisierter Wandung (ausgenommen *S. zingiberi*)

20 (23) Hinterrand des Propodonotalschildes mit einem deutlichen Mitteleinschnitt

21 (22) Spermatheca in eine Anzahl Zellen mit dick sklerotisierten Wandungen geteilt, Bursa kurz, Mündung mit einer konischen Papille zur Kopulation, Idiosoma 480 bis 570 µm lang, 205 bis 305 µm breit

S. athiasae FAIN, 1977
Algerien

22 (21) Spermatheca nicht sklerotisiert, Papille zur Kopulation sehr klein, Idiosoma 483 bis 694 µm lang, 296 bis 454 µm breit

S. zingiberi MANSON, 1972
China, Malaisia

23 (20) Hinterrand des Propodonotalschildes ohne Einschnitt

24 (25) Spermatheca aus schirmartig angeordneten Zellen, Zellen proximal größer als distal, Idiosoma 439 bis 547 µm lang, 260 bis 454 µm breit

S. similis MANSON, 1972
Hong Kong

25 (24) Zellen der Spermatheca von einheitlicher Größe

26 (27) Haarpaar 12 kurz (9 bis 11 µm), Idiosoma etwa so lang wie 3 mal die Länge von Bein I (Bein I = 166 µm), Idiosoma $\bar{x}$ = 492 µm lang

S. elongata MANSON, 1972
USA

27 (26) Haarpaar 12 länger (17 bis 24 µm), Idiosoma kürzer als 3 mal Länge von Bein I (Bein I = 191 µm), Idiosoma $\bar{x}$ = 550 µm lang

S. receptacula MANSON, 1972
Japan

28 (17) Vorn am Anale kein Haarpaar ausgebildet (Abb. 1b)

29 (42) Hinterrand des Propodonotalschildes nicht eingeschnitten

30 (31) Propodonotalschild viel breiter als lang, Solenidien des Genu I gleich

S. humicola JACOT, 1939
USA

31 (30) Propodonotalschild so lang wie breit oder länger als breit

32 (33) Propodonotalschild fast so breit wie lang und kaudal wenig sklerotisiert, Haarpaar d3 fehlt, Solenidien an Genu I fast gleich, Epimeren III und IV frei

S. mertzis WOODRING, 1966
USA

33 (32) Propodonotalschild deutlich länger als breit und meist punktiert (Ausnahme *S. rocketti* bzw. Punktierung im hinteren Schildteil weniger deutlich)

34 (39) Epimeren III und IV verbunden

35 (36) Spermatheca ohne innere Strukturen, aber in einen großen proximalen, fast kugelförmigen und einen distalen, kürzeren zylindrischen, schmalen Abschnitt geteilt, Bursa kurz, Propodonotalschild in den hinteren zwei Dritteln deutlich verbreitert, Solenidien an Genu I ungleich, hinterer Teil des Opisthonotums mit einem punktierten Schildchen, Haarpaare d3 und 12 vorhanden, Idiosoma 333 bis 400 µm lang

S. lebruni FAIN, 1977
Belgien

36 (35) Spermatheca mit Innenstruktur

37 (38) Spermatheca oval, im Inneren proximal mit einem geraden Schlauchteil, distal mit einem zwiebelförmigen Schlauchteil, Bursa kurz, am Eingang zur Spermatheca erweitert und mit 2 Skleriten (8 µm lang, Abb. 2b), hintere 2/3 des Propodonotalschildes verbreitert, Dorsalhaarpaare d3 und 12 kurz (15 bis 17 µm), 13 = 5 mal, 14 = 3 mal so lang (Abb. 1a), Idiosoma 340 bis 400 µm lang, 160 bis 200 µm breit

S. cepa n. sp.
Mitteleuropa

38 (37) Proximaler Teil der Spermatheca mit runden Zellen, die kräftig sklerotisierte Wandungen haben, distaler Teil zylindrisch, Bursa lang und gewickelt, Propodonotalschild im hinteren Drittel oder in der hinteren Hälfte verbreitert

S. ruienensis FAIN et WAUTHY, 1979
Belgien

39 (34) Epimeren III und IV deutlich getrennt

40 (41) Haarpaar d3 5 bis 9 mal länger (28 bis 45 µm) als 12, Solenidien an Genu I fast gleich, Idiosoma 405 bis 495 µm lang

S. italica OUDEMANS, 1924
Italien

41 (40) Haarpaar d3 und 12 als Mikrohaare ausgebildet, Solenidien an Genu I ungleich (Sigma 2 ist 2 oder 3 mal länger als Sigma 1), Idiosoma 260 µm lang

S. terrana JACOT, 1937
USA

42 (29) Hinterrand des Propodonotalschildes eingeschnitten

43 (46) Hinterrand vom Propodonotalschild mit einem Einschnitt, der 4/5 der Schildlänge erreicht, Bursa sehr lang und eingerollt, Epimeren III—IV verbunden

44 (45) Spermatheca mit 2 großen Säcken im Inneren, Haarpaar 12 fehlt, Tibia I bis II mit einem alleinstehenden Haar, Solenidion Omega 3 lang und gekrümmt, Opisthonotum hinten ohne Schild, Idiosoma 295 µm lang

S. falticis WOORDING, 1966
USA

45 (44) Spermatheca innen mit einer einzigen Tasche, Haarpaar 12 ausgebildet, Tibia I—II mit 2 Haaren, Solenidion Omega 3 kurz und schmal, Opisthosoma hinten mit einem punktierten Schild, Idiosoma 480 µm lang

S. longibursata FAIN et WAUTHY, 1979

46 (43) Einschnitt am Hinterrand des Propodonotalschildes nimmt weniger als 3/5 der Schildlänge ein, Bursa nicht anormal lang

47 (48) Spermatheca mit einem proximalen, eiförmigen Teil, der in seinem distalen Pol 7 bis 9 Zellen enthält, und einem distalen, keulenförmigen Teil, Bursa kurz, Einschnitt am Hinterrande des Propodonotalschildes nimmt etwa 1/3 der Schildlänge ein, Tarsen I bis IV fast gleich lang, Epimeren III bis IV verschmolzen, Idiosoma 295 µm lang, 168 µm breit

S. isotarsis FAIN, 1977
Frankreich und Belgien

48 (47) Spermatheca anders geformt, Tarsen unterschiedlich lang

49 (50) Spermatheca im Inneren mit 2 großen eiförmigen Taschen, Bursa an der Mündung zur Spermatheca eiförmig erweitert, Epimeren III bis IV verschmolzen, Einschnitt am Hinterrande des Propodonotalschildes erreicht fast die halbe Schildlänge, Haarpaare 12 und d3 sind Mikrosetae,

Länge der Solenidien am Genu I sehr unterschiedlich, Haarpaar sc etwas länger als Haarpaar vi, Idiosoma 345 bis 411 µm lang, 170 bis 215 µm breit

S. subterranea FAIN, 1982
Österreich

50 (49) Spermatheca anders geformt

51 (54) Einschnitt am Hinterrande des Propodonotale erreicht etwa die Hälfte der Schildlänge, Epimeren III bis IV durch eine Brücke verbunden, Spermatheca mit Zellen im Inneren, die schwach sichtbar sind,

52 (53) Haar ba am Tarsus I ebenso lang wie Omega 1, Haarpaar d3 fehlt, Spermatheca klein, eiförmig, schwach sklerotisiert, ohne Innenstruktur, Bursa sehr kurz und schmal

S. rocketti WOODRING, 1966
USA

53 (52) Haarpaar d3 vorhanden, Haarpaar ba an Tarsus I kürzer als Omega 1, Spermatheca groß und kugelförmig mit radialen, leistenartigen Verstärkungen, die basal und apical zusammen verschmelzen, Bursa ein langer, dünner Schlauch, der in einen becherförmigen Hohlraum der Spermatheca führt, an der erweiterten Mündung der Bursa 2 lange Sklerite, Idiosoma 660 bis 800 µm lang, 350 bis 440 µm breit

S. hibernica PURVIS et EVANS, 1982
Irland

54 (51) Einschnitt am Hinterrande des Propodonotale deutlich länger als die halbe Schildlänge, Epimeren III bis IV durch eine Brücke verbunden, Spermatheca mit Zellen im Inneren, die schwach sichtbar sind oder mit einem Ring

55 (56) Spermatheca fast kugelförmig und sehr klein (Durchmesser 15 µm), an der Basis mit 2 Skleriten, die apikal gegabelt sind (Abstand 2 µm), Bursa sehr kurz (12 bis 15 µm), Kaudalrand des Körpers mit einem kleinen, dreieckigen Schlitz, der bis zum Anus reicht, Haarpaar d3 fehlt, Idiosoma 340 bis 420 µm lang, 180 bis 240 µm breit, Länge der Tarsen I, II, III, IV: 30, 30, 22, 22 µm

S. araujoae FAIN, 1977
Frankreich

56 (55) Spermatheca größer, kugelförmig oder in Form einer Kuppel, bis 30 bis 45 µm groß, an der Basis der Spermathecaöffnung ein sklerotisierter Ring oder 2 kleine gabelförmige Sklerite (Abstand 9 bis 15 µm), Bursa länger (40 bis 55 µm), kaudal ohne Mitteleinschnitt, Haarpaar d3 vorhanden

57 (58) Körper länglich, Idiosoma 375 bis 450 µm lang, 190 bis 225 µm breit (Verhältnis ungefähr 2:1), kaudaler Einschnitt am Propodosomatalschild = 3/4 der Schildlänge, Länge der Tarsen I, II, III, IV: 26, 27, 15, 15 µm, Spermatheca sackförmig (30 bis 35 µm groß), an der Basis der Öffnung ein großer, eiförmiger Ring (25 bis 30 µm groß), daran 2 kleine gespaltene Sklerite (Abstand 13 bis 15 µm), Länge der Bursa 40 bis 45 µm

S. meerdaelensis FAIN, 1977
Belgien

58 (57) Körper breiter, Idiosoma 490 bis 570 µm lang, 240 bis 325 µm breit (Verhältnis 1,8:1), Länge der Tarsen I, II, III, IV: 39, 39, 30, 30 µm, der kaudale Einschnitt am Propodonotalschild erreicht etwa die halbe Schildlänge, Spermatheca kugelförmig (Durchmesser 40 bis 45 µm), basal mit einem kleinen, ovalen Ring (bis 12 µm), der 2 gespaltene Sklerite trägt (Abstand 9 bis 11 µm), Bursa 45 bis 55 µm lang

S. aquatilis FAIN, 1982
Österreich

Typenmaterial

Der Typus befindet sich in meiner Milbensammlung am Institut für Pflanzenschutzforschung Kleinmachnow, DDR-1532 Kleinmachnow, Stahnsdorfer Damm 81.

Zusammenfassung

Arten der Gattung *Schwiebea* OUDEMANS besiedeln Mikrohabitate an Gehölzen, die Rhizosphäre sowie feuchte Habitate an Gewässern. Aus dem Fraßgang der Glasflüglers *Aegeria tipuliformis* an Roter Johannisbeere wird eine neue Art beschrieben: *Schwiebea cepa* n. sp. Eine Bestimmungstabelle für 30 Arten der Gattung *Schwiebea* wird aufgestellt.

Literatur

FAIN, A. (1977): Notes sur le genre *Schwiebea* OUDEMANS, 1916 (Acarina, Astigmata, Acaridae). — Bull. Ann. Soc. r. belge Ent. **113**, S. 251—276.

— (1982): Cinq espèces du genre *Schwiebea* OUDEMANS, 1916 (Acari, Astigmata) dont trois nouvelles découvertes dans des sources du sous-sol de la ville de vienne (Austriche) au cours des travaux du métro. — Acarologia, t. **XXIII**, 4, S. 359—371.

MANSON, D. C. M. (1971): A contribution to the study of the genus *Rhizoglyphus* CLARAPEDE, 1869 (Acarina: Acaridae). — Acarologia **XIII**, S. 621—650.

— (1972): Three new species and a redescription of mites of the genus *Schwiebea* (Acarina: Tyroglyphidae). — Acarologia **XIV**, S. 71—80.

PURVIS, G. & EVANS, G. O. (1982): Astigmatic mites of the genera *Schwiebea* OUDMS. and *Nanacarus* OUDMS. from S. E. Ireland. — J. Nat. Hist. **16**, S. 815—821.

TÜRK, E. & TÜRK, F. (1957): Systematik und Ökologie der Tyroglyphiden Mitteleuropas. Beiträge zur Systematik und Ökologie mitteleuropäischer Acarina. Bd. I: Tyroglyphidae und Tarsonemini, Teil 1, Leipzig.

ZACHER, F. (1949): Arachnoidea, Spinnentiere. In: SORAUER, Handb. Pflanzenkrankh. **4**, 1. Liefg., 5. Aufl. Berlin, 449 S.

Anschrift des Verfassers:

Dr. sc. nat. WOLFGANG KARG
Institut für Pflanzenschutzforschung Kleinmachnow
Akademie der Landwirtschaftswissenschaften der DDR
Stahnsdorfer Damm 81
DDR-1532 Kleinmachnow

Dtsch. ent. Z., N. F. 34 (1987) 1—3, 149—153

The status of the milliped genus Merodesmus COOK, 1897[1])
(Polydesmida: Gomphodesmidae)

By

RICHARD L. HOFFMAN

With 4 figures in the text

Abstract

It is suggested that *Merodesmus compactilis* (GERST.), a not uncommon gomphodesmid in southeastern Kenya known so far only from females, is conspecific with the later-named *Sigodesmus monocerus* COOK, known only from males. Cook's name is thereby considered a junior subjective synonym of *compactilis*, and provides the opportunity to include genitalic characters in an emended diagnosis of *Merodesmus*.

In most species of Gomphodesmidae, male specimens are by far more often collected than females, and for this reason the taxonomy of this family has been largely spared the difficulty of generic names based on species known only from the female sex. There is, in fact, only a single gomphodesmid genus so stigmatized, namely *Merodesmus* COOK, 1897, proposed for a rather distinctive species described from southeastern Kenya.

Merodesmus has come down to the present sometimes as a valid generic name, sometimes as a synonym of *Astrodesmus*, without any knowledge of the male sexual and peripheral modifications of its type species, *Eurydesmus compactilis* GERST. 1873. Although *compactilis* can be easily recognized, and has been reported several times since its description, heretofore no male specimes have been unequivocally identified and the status of *Merodesmus* has remained in limbo. I think that evidence now exists for a satisfactory solution of this long-standing mystery.

Thanks are due the late Dr. W. CROME, who made it possible for me to study material in the HUMBOLDT Museum in 1966, and Dr. E. S. ROSS who loaned critical material from the California Academy of Sciences.

Merodesmus

Merodesmus COOK, 1897, Brandtia, no. 16, p. 66. Type species: *Eurydesmus compactilis* GERST., 1873, by monotypy and original designation. — COOK, 1899, Proc. U. S. Nat. Mus., vol. 21, p. 717.

The original proposal of this generic name referred *Merodesmus* to a "series" (=tribe) Astrodesmi (characterized by 10 apical antennal sensory cones) which included also *Sphenodesmus*, *Sigodesmus*, and *Astrodesmus*. The diagnosis further stated "Female with the coxae of the second pair of legs produced ventrad into cylindrical processes which exceed in length the second joints of the legs and are densely setose with very long hairs."

[1]) A contribution from studies supported by grant DEB 77-13471 from the U. S. National Science Foundation, Washington, D. C.

The other three genera of "Astrodesmi" were separated from *Merodesmus* by the statement "Females of *Astrodesmus*, the only other genus comparable in size and habit, with coxae not produced." As COOK noted in his subsequent (1899) monograph of the Gomphodesmidae, he had studied the adult female and immature male syntypes of KARSCH's *Eurydesmus compactilis* and he provided a thorough verbal description of the female as well as a drawing of its second pair of legs. BROLEMANN (1920) reported a female from Voi, and expressed the view that *Merodesmus* should be combined with *Astrodesmus*. This position was supported by Attems in his 1938 treatment of the Gomphodesmidae, and *Merodesmus* was not reinstated until 1980 in my classification of the Diplopoda.

The difficulty afflicting this situation has always been ignorance of the male characters of compactilis, upon which the generic affiliation had to depend. It is my opinion, after a decade of reflection upon the existing information, that the problem can be solved with reasonable confidence by the resort to indirect evidence as set forth in the following account of *M. compactilis*.

Merodesmus compactilis (GERSTÄCKER)

Figures 1—4

Eurydesmus compactilis GERSTÄCKER, 1873, in: VAN DER DECKEN's Reise in Deutsch. Ost-Afrika, Zool., vol. 3, p. 519. Female holotype (ZMB 624) from „Sansibar, Mombasa", KLAUS VAN DER DECKEN, leg.
Aulodesmus compactilis: COOK, 189, Proc. U. S. Nat. Mus., vol. 18, p. 91.
Merodesmus compactilis: COOK, 1897, Brandtia, no. 16, p. 67. — 1899, Proc. U. S. Nat. Mus., vol. 21, p. 718.
Astrodesmus compactilis: BROLEMANN, 1920, in: ALLUAUD & JEANNEL, Voy. Afr. Orient., Myr., Diplopoda, p. 217, figs. 122—127. — ATTEMS, 1938, Das Tierreich, lief. 69, p. 447.
Sigodesmus monocerus COOK, 1899, Proc. U. S. Nat. Mus. vol. 21, p. 724, fig. 3. Male holotype (ZMB 2924) from Mombassa, Kenya, F. THOMAS leg. — ATTEMS, 1938, Das Tierreich, lief. 69, p. 450. New Synonymy!

The status of this specific name has been uncertain since the time of its description as indicated by the succession of four different generic allocations.

COOK's 1896 reference of *compactilis* to *Aulodesmus* was entirely provisional. At the time he noted that "The peculiar processes of the coxae of the second legs of the female indicate the probability that it constitutes a generic type." He shortly thereafter formalized this liklihood by proposing the monotypic new genus *Merodesmus*, which he distinguished from *Astrodesmus* (". . . the only other large genus with 10 olfactory cones . . .") on the basis of the female coxal processes. Species of *Tymbodesmus*, in which the coxae are similar, have only four antennal sensory cones.

Subsequently *compactilis* was referred to *Astrodesmus* by BROLEMANN (1920) who examined a female from Voi, Kenya, about 120 km west of Mombassa, and expressed the view that the modified coxa was not a sufficient basis for separating *compactilis* from the species of *Astrodesmus* at the generic level. ATTEMS later (1938) accepted this position.

It is my belief that COOK himself inadvertantly settled the problem of *compactilis* in 1899, with his description of *Sigodesmus monocerus* (the type coming from Mombassa). *Sigodesmus* had been published two years earlier (1897) with *S. indiguus* COOK as the type and only known species. In 1899, COOK again proposed the genus and species as new (no doubt the result of delays in publication), but added three named species (viz., *contortus* POCOCK, *ruspolii* and *innotatus* SILVESTRI) and another new species, *monocerus*. Now most species of *Sigodesmus* are small animals, but COOK was at some pains to point out that *monocerus* "Differs from the preceeding in the much greater size and somewhat more robust habit" and noted also that the gonopods are ". . . strikingly distinct in the shorter and more robust flagellum . . ." from those of *indiguus*. Clearly, there is ample

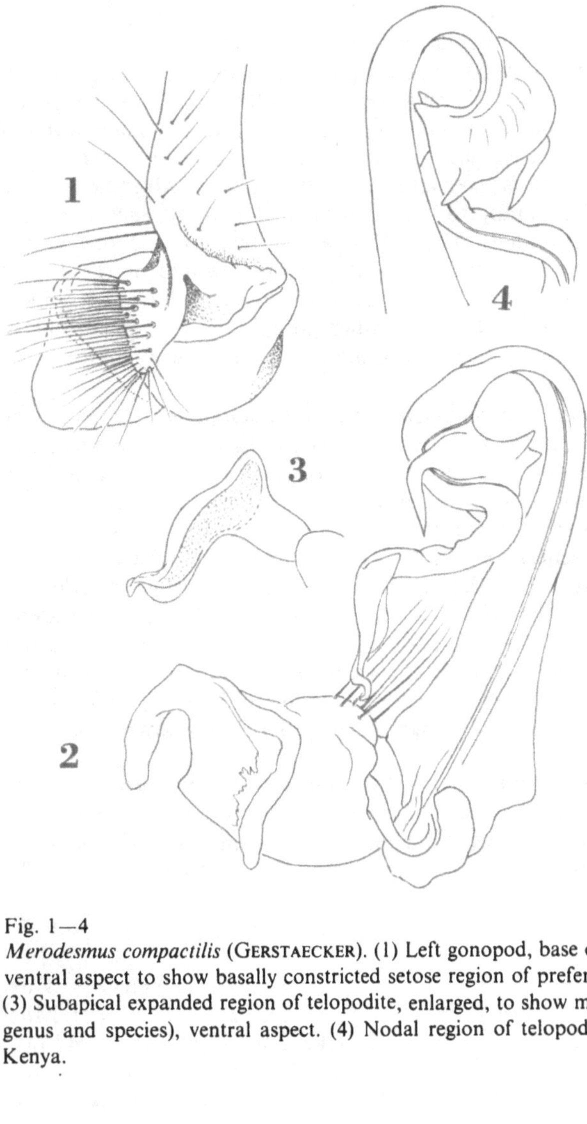

Fig. 1—4
Merodesmus compactilis (GERSTAECKER). (1) Left gonopod, base of telopodite and distomedian end of coxa, ventral aspect to show basally constricted setose region of prefemur. (2) Entire left gonopod, mesal aspect. (3) Subapical expanded region of telopodite, enlarged, to show membranous surface (an apomorphy of this genus and species), ventral aspect. (4) Nodal region of telopodite, lateral aspect. Specimen from Tsavo, Kenya.

reason to regard *monocerus* as an alien element amongst the more typical forms of *Sigodesmus* (although admittedly COOK rarely combined discordant taxa within one genus!).

Material from East Africa loaned by the California Academy of Sciences contains a pair of gomphodesmids — taken at the same time and place in southeastern Kenya — the male of which agrees exactly with COOK's account and drawings for *S. monocerus*, whilst the female corresponds to the description of *compactilis*. Insofar as one can determine from external characters, these two appear to be strictly conspecific. In 1966 I was able to examine the type material of *S. monocerus* in the Berlin collection (ZMB 2924) and, at least insofar as the male holotype is concerned, could confirm my earlier identification. The two female syntypes of *monocerus* lack coxal processes entirely, otherwise they might be considered conspecific with the male. As the three specimens were collected during the last century and doubtless under less rigorous conditions than prevail more lately, there is no way to be sure or even suspect they were all taken at the same place and time.

My personal reaction to the foregoing apparent contradiction is to place more reliance upon the recently obtained material in the California Academy. Although the two were not specifically labeled as having been found in copula, they were both in the same vial and the precision of the collector, E. S. Ross, virtually assures they were taken together.

Females of *compactilis* (in the traditional sense) have been found at Mombassa, Voi, and Maktau in Kenya, and at "Kilimandjaro" in Tanzania. Males of *monocerus* are known from virtually the same area in southeastern Kenya: the two are known together from the collection cited above. Even without the matched pair, it would be reasonable to assume that the two names are synonyms, and that in consequence, the two female syntypes of *monocerus* are in fact referable to some other gomphodesmid species. Until evidence to the contrary is adduced, I think the most practical option now available is the synonymy proposed above.

The species now defined as *Merodesmus compactilis* has been adequately described by COOK in the several references cited above (chiefly 1899, as *compactilis* and *monocerus*). I wish to add here only some more detailed drawings of gonopod structure, made from aspects which facilitate comparisons with those of other gomphodesmid genera. It is difficult and in fact pointless to speculate on the relationships of the taxon when so many undescribed gomphodesmid genera remain to be found in East Africa. The lack of a prominent fossa on the median side of the gonopod prefemur certainly excludes the genus from any close association with *Astrodesmus*, and the relatively short and "pleated" postnodal region of the gonopod, with its large, subtriangular subapical expansion is not approached among any of the established genera known to me. Certainly there is ample justification to accept *Merodesmus* as a monobasic genus endemic to the Kenya—Tanzania region but not closely related to any of the other genera currently known from that region.

The apparent contradiction or ambiguity in the labeling of the type specimen may perhaps explained by the fact that during the previous century, up until the time of European colonization, not only the island of Zanzibar was so named, but also a broad coastal extent of the mainland extending at least from Dar es Salaam to Mombassa. The latter city may reasonably be taken as the correct type locality.

I have been able to examine the following material considered to be conspecific with the holotype:

Kenya: Mombassa, holotype (ZMB 624). "Tsavo East" 7 males, 31 December 1981 (Mus. Copenhagen). Roaring Rocks, Tsavo National Park, male, 1 December 1965 (Amer. Mus. New York). Mombassa, male holotype of *S. monocerus* (ZMB 2924). 11 miles south of Maktau, Teita District, male, female, 2 November 1957 (Cal. Acad. Sci.). 3 miles east of Maktau, male, 1 November 1957 (Cal. Acad. Sci.). 11 km west of Kinango, Kwale District, male, 18 September 1976 (Mus. Copenhagen).

Tanzania: "Kilima-Ndjaro", female, 1902 (Mus. Budapest).

References

ATTEMS, C. (1938): Polydesmoidea 2. Fam. Leptodesmidae, Platyrhacidae, Oxydesmidae, Gomphodesmidae. — In: Das Tierreich, lief. 69, pp. 1—487.

COOK, O. F. (1896): East African Diplopoda of the suborder Polydesmoidea, collected by Mr. WILLIAM ASTOR CHANLER. — Proc. U. S. Nat. Mus., vol. 18, pp. 81—111.

— (1987): New Gomphodesmidae. — Brandtia, no. 17, pp. 65—67.

— (1899): African Diplopoda of the family Gomphodesmidae. — Proc. U. S. Nat. Mus., vol. 21, pp. 677—739.

Brolemann, H. W. (1920): Diplopoda, in: Voy. Alluaud et Jeannel in Afr. orient. (1911—1912). Myriapoda III, pp. 49—298.
Hoffman, R. L. (1980): Classification of the Diplopoda. Geneve, Museum d'Histoire naturelle, pp. 1—237.

Author's address:
Prof. Dr. R. L. Hoffman

Radford University
24142 Radford, Virg.
USA

Buchbesprechungen

BLV Dreipunkt-Buch Gefährdete Pflanzen. 63 S., 55 Farbfotos. 1986. ISBN 3-405-13239-8.
BLV Dreipunkt-Buch Heilpflanzen. 63 S., 55 Farbfotos. 1986. ISBN 3-405-13237-1.
BLV Dreipunkt-Buch Schmetterlinge. Heimische Tag- und Nachtfalter. 63 S., 57 Farbfotos, 1 Zeichnung. 1986. ISBN 3-405-13249-5.
Alle Bücher mit flexiblem Kunststoffeinband zum Preis von je DM 9,75. Gesamtbearbeitung: D. EISENREICH. BLV Verlagsgesellschaft München—Wien—Zürich.

In der bekannten Reihe der BLV Dreipunkt-Bücher liegen die oben genannten neuen Titel vor. Der erste stellt aus der „Roten Liste" der ausgestorbenen, verschollenen bzw. bedrohten oder potentiell gefährdeten Pflanzen eine nach Lebensräumen geordnete Auswahl vor. Der kurz gefaßte Text informiert über Merkmale, Vorkommen und Eigenheiten der betreffenden Pflanze. Vorzügliche Farbfotos ermöglichen ihr schnelles Erkennen.

Der zweite Band bringt mit farbigen Fotos die häufigsten heimischen Heilpflanzen, die nach Standorten, wie z. B. Wegränder, Schutt- und Kiesplätze, Fettwiesen und -weiden, Moore, Sümpfe, Wälder und Waldränder gruppiert sind. Auch hier gibt der Text die wichtigsten Informationen über Vorkommen, Heilwirkung, sowie Anwendung und Zubereitung der jeweiligen Heilpflanze.

Der dritte Band bietet in farbigen Fotos mit kurzem Begleittext eine kleine Auswahl bekannter heimischer Tag- und Nachtfalter.

Alle Bändchen werden zweifellos großen Anklang finden und dem interessierten Naturfreund das Finden, Bestimmen und Kennenlernen der dargestellten Pflanzen und Schmetterlinge ermöglichen.

HANNEMANN

HORION, A.: **Opera coleopterologica e periodicis collata Curatoribus** ALFONS M. J. EVERS et WILHELM LUCHT. — GOECKE & EVERS, 1983 Krefeld, 916 S., 1 Foto, Preis.

Msgr. Dr. rer. nat. h. c. ADOLF HORION (1888—1977) hat mit seinem kritischen zwölfbändigen Werk über die „Faunistik der mitteleuropäischen Käfer" eine hervorragende Enzyklopädie geschaffen, in der Berufszoologen wie Laienforscher Angaben über die Verbreitung Tausender von Käferarten in Mitteleuropa finden. Zur schnellen Orientierung dient sein „Verzeichnis der Käfer Mitteleuropas". Nachdem die über lange Zeit populären Bestimmungsbücher einheimischer Käfer von E. REITTER immer mehr veralteten, schuf HORION einen Nachtrag-Band zum „REITTER". Für den Liebhaber der Natur schrieb er eine leicht verständliche, aber interessant dargestellte „Käferkunde für Naturfreunde". Allein diese Werke sind ein grandioses Denkmal für den im Alter von 89 Jahren verstorbenen Nestor der Käferkunde Mitteleuropas. Aber damit war das Schaffen von HORION nicht erschöpft. In zahlreichen lokalen und überregionalen Fachzeitschriften publizierte er noch so viele Artikel faunistischen, taxonomischen und ökologischen Inhalts, daß sie, zusammengetragen zu einem Buch — die zu besprechende Opera coleopterologica — nicht weniger als 842 Seiten füllen. Niemand hat gezählt, zu wie vielen Käferarten HORION auf diesen Seiten Hinweise zur Verbreitung, Lebensweise oder zum taxonomischen Status gab. Das Register der lateinischen Käfernamen am Ende des Buches, die erwähnt werden, umfaßt jedenfalls volle 65 Seiten! HORION hat ja nicht nur unzählige eigene Beobachtungen mitgeteilt, sondern auch die Fachzeitschriften des In- und Auslandes auf Nutzbares für die Käferfaunistik Mitteleuropas hin ausgewertet.

A. EVERS und W. LUCHT haben die in vielen, oft schwer zugänglichen Zeitschriften publizierten Artikel aus HORIONS Hand, auch seine zwölf Nachträge zum „Verzeichnis der Käfer Mitteleuropas", zusammengetragen, mit einem Vorwort, einer Liste aller Publikationen HORIONS sowie dem Namensregister versehen und als Opera coleopterologica herausgebracht.

Diese Unternehmung kann nicht hoch genug eingeschätzt werden, weil sie HORIONS Werk voll erschließt. Mit einem Griff ist es nun möglich festzustellen, was HORION neben und nach Abschluß seiner Hauptwerke zu einer bestimmten Käferart noch mitgeteilt hat.

Wer sich mit der Faunistik der mitteleuropäschen Käfer zu befassen hat, braucht dieses Buch und wird EVERS und LUCHT dankbar für ihre Mühe sein.

F. HIEKE

Dtsch. ent. Z., N. F. 34 (1987) 1—3, 155—159

Zum Vorkommen von Zodarion rubidum SIMON, 1914, im Berliner Gebiet
(Araneae, Zodariidae)

Von

B. v. BROEN u. M. MORITZ

Mit 2 Abbildungen im Text

Abstract

Zodarion rubidum SIMON, 1914 is recorded to occur widely distributed in the area of Berlin. The available findings are compiled. Morphological characteristics of the species are depicted. The 550 specimens collected by PLATEN and us have been found mainly in dry ruderal places sparsely covered by plants. Adult animals are detectable from April up to September, with a main activity period of males in June and in July.

Das Genus *Zodarion* WALCKENAER, 1847 ist mit etwa 60 Arten im südlichen Europa reich vertreten. Auch in jüngerer Zeit haben Arbeiten von WEISS (1982), WIEHLE (1964) und WUNDERLICH (1973, 1980) die Kenntnis über das Artenspektrum und die Verbreitung der Spezies noch wesentlich erweitert. Für Jugoslawien nennt der Faunenkatalog (NIKOLIC und POLENEC 1981) das Vorkommen von 10 Arten. In Österreich kommen neben *Z. germanicum* (C. L. KOCH) zumindest noch *Z. italicum* (CANESTRINI, 1868) und *Z. rubidum* SIMON, 1914 vor (WUNDERLICH 1973). Für die Gebiete nördlich der Donau galt *Z. germanicum* herkömmlich als einziger Vertreter der Gattung (WIEHLE 1953, WUNDERLICH 1973). Vor wenigen Jahren meldete jedoch PLATEN (1982/83) das Vorkommen von *Z. rubidum* SIMON für Berlin (West). Für das Gebiet der DDR lag bisher kein Nachweis der Spinne vor, obwohl die ökologischen Bedingungen für ihr Vorkommen örtlich gegeben sind.

Bei Erhebungen über den derzeitigen Araneenbestand im Berliner Raum wurden nun auf dem Gelände des Tierparks Berlin (Berlin-Friedrichsfelde) ebenfalls Tiere von *Z. rubidum* gefunden. Die vorliegenden Funddaten (PLATEN 1982/83 und eigene Fänge) zeigen, daß *Z. rubidum* im Berliner Raum weit verbreitet ist. Diese südeuropäische Spezies ist zweifelsfrei Bestandteil unserer Fauna. Mit dem Nachweis in anderen Gebieten, vor allem in der Mark Brandenburg, ist zu rechnen. Deshalb werden die näheren Fundumstände und die für die sichere Erkennung der Art wesentlichen Merkmale mitgeteilt. Für die morphologische Charakterisierung wurden alle im Berliner Raum gefangenen Exemplare der Art ausgewertet. Es liegen 412 ♂, 131 ♀ und 7 inadulte Tiere vor.

Belegmaterial befindet sich in der Sammlung des Zoologischen Museums der Humboldt-Universität Berlin (ZMB) und in den Kollektionen B. v. BROEN und R. PLATEN.

Herrn Dr. Ralph PLATEN, Institut für Biologie der Technischen Universität Berlin (West), möchten wir an dieser Stelle sehr herzlich dafür danken, daß er uns im Interesse einer durchgehenden Artdokumentation für einen ökologisch einheitlichen Großstadtraum das von ihm in den vergangenen Jahren zusammengetragene reichhaltige Material von *Z. rubidum* sowie die dazugehörigen phänologischen Daten zur Verfügung gestellt hat.

Material und Fundorte

Berlin-Lichtenberg, Friedrichsfelde, Tierpark Berlin, spärlich bewachsene Sandfläche (Corynephoretum) von etwa 600 qm; zwischen den einzelnen Grasbülten tritt diluvialer Schwemmsand zutage, eine Humusauflage fehlt. Barberfallen: 5 ♂, 6 ♀, 6 inadulte Tiere, V—VI 1984 und VI—IX 1985 (leg. et Coll. v. BROEN, ZMB 27254—27261).*) Fußnote

Berlin-Kreuzberg, Anhalter Güterbahnhof, ehemaliges Bahngelände, *Corynephorus canescens*-Bestand. Barberfallen: 51 ♂, 4 ♀, V—VII 1981 (leg. et Coll. PLATEN, ZMB 27262). — Derselbe Standort, *Calamagrostis epigeios*-Bestand. Barberfallen: 21 ♂, 3 ♀, V—VII 1981 (leg. et Coll. PLATEN.) — Derselbe Standort, *Betula pendula*-Bestand, 2 ♂, VI 1981 (leg. et Coll. PLATEN).

Berlin-Schöneberg, Südgüterbahnhof am Priesterweg, vegetationsfreier Gleisschotter. Barberfallen: 8 ♂, 1 ♀, VI—VII 1981 (leg. et Coll. PLATEN). — Derselbe Standort, Gleisschotter mit geringer Vegetation. Barberfallen: 35 ♂, 14 ♀, V—VII 1981 (leg. et Coll. PLATEN). — Derselbe Standort, trockene Fläche mit *Festuca trachyphylla*-Bewuchs. Barberfallen: 41 ♂, 3 ♀, VI—VII 1981 und 1 ♂, 1 ♀, IX 1981 (leg. et Coll. PLATEN).

Berlin-Schöneberg, Bahngelände am S-Bahnhof Yorckstraße, *Artemisia vulgaris*-Bestand. Barberfallen: 89 ♂, 50 ♀, V—IX 1983 (leg. et Coll. PLATEN). — Derselbe Standort, Waschanlagengelände. Barberfallen: 49 ♂, 12 ♀ (leg. et Coll. PLATEN).

Berlin-Schöneberg, Ringbahngelände an der General-Pape-Straße südlich der Kolonnenbrücke, *Sarothamnus scoparius*-Bewuchs. Barberfallen: 35 ♂, 26 ♀, 6 inad. Exemplare, V—VII 1983 (leg. et Coll. PLATEN). — Derselbe Standort, *Malus*-Bewuchs. Barberfallen: 68 ♂, 1 ♀ (leg. et Coll. PLATEN). — Derselbe Standort, Böschungen an der General-Pape-Straße, 300 m südlich der Kolonnenbrücke, mit Gehölzbewuchs, eine Krautschicht fehlt weitgehend. Barberfallen: 5 ♂, 9 ♀, 1 inadultes Exemplar, VI—VIII 1983 (leg. et Coll. PLATEN).

Berlin, Fritz-Schloßpark, Trümmerschutt-Deponie, Osthang mit *Acer platanoides* und *Philadelphus coronarius*. Barberfalle: 1 ♀, VI 1982 (leg. et Coll. PLATEN). — Derselbe Standort, Nordwest-Unterhang mit *Acer pseudoplatanus* und *Symphoricarpus albus*. Barberfalle: 1 ♂, VI 1982 (leg. et Coll. PLATEN).

Berlin-Rudow, Müllkippe am Hahneberg, *Solidago gigantea*-Bestand. Barberfalle: 1 ♂, VII 1983 (leg. et Coll. PLATEN).

— Zu Vergleichszwecken konnte das folgende Material untersucht werden:**)

Frankreich, Mt. Aigonal 1911, 1 ♂ Syntypus (Coll. SIMON Nr. 13192). — Frankreich, La Preste Mont Louis, 1 ♂, 3 ♀ Syntypen (Coll. SIMON Nr. 5633). — Frankreich, Canigou, 1 ♂, 10 ♀, 2 inad. ♀ (Coll. SIMON Nr. 24874). — Frankreich, Montpellier, 4 ♀ Syntypen (Coll. SIMON ohne Nummer).

Österreich, Purgstall, Bezirk Scheibbs, 1 ♂, 1 ♀ (leg. RESSL, Coll. WUNDERLICH).

Diagnose: Das Männchen ist durch die kurze breite Tibialapophyse und deren abgesetzte dunkle stumpfe Spitze sowie durch die hakenförmige Medianapophyse (Retinaculum) am Tasterbulbus gekennzeichnet. Beim Weibchen ist der helle plattenförmige Mittelabschnitt der Epigyne, der länger als breit ist, charakteristisch.

Beschreibung: Die Körpermaße (in mm) beziehen sich auf die Tiere des Berliner Raumes. Gesamtlänge: (♂) 2,2—2,7; (♀) 3,1—3,7. Prosoma-Länge: (♂) 1,05—1,31; (♀) 1,1—1,5. Prosoma-Breite: (♂) 0,84—0,99; (♀) 0,88—1,2. Prosoma-Breite in Höhe der hinteren Mittelaugen: (♂) 0,48—0,5; (♀) 0,54—0,62.

Färbung: Grundfarbe des Prosoma dorsal ein helles Braun, das mit schwärzlichem Pigment überraucht ist. Vor, zwischen und hinter den großen vorderen Mittelaugen dunkel pigmentiert. Die Umgebung der hinteren Mittelaugen fast pigmentlos (Abb. 1a). Hinter dem Augenfeld ist der Prosoma-Rücken fein netzartig verdunkelt, Radiärstreifen sind nur angedeutet. Von oben gesehen ist der Rand des Rückenschildes verdunkelt (Verdunkelung teilweise aber auch fehlend). Die häutigen pleuralen weißlichen Teile des

---

*) Dem Direktor des Tierparks Berlin, Herrn Prof. Dr. Dr. h. c. H. DATHE, sei auch an dieser Stelle herzlich für die Unterstützung der Studien auf dem Gelände des Tierparks gedankt.

**) Wir danken Mdm. Dr. J. HEURTAULT, Muséum National d' Hist. Naturelle, Paris, und Herrn J. WUNDERLICH, Straubenhardt, BRD, für das so bereitwillig ausgeliehene Vergleichsmaterial.

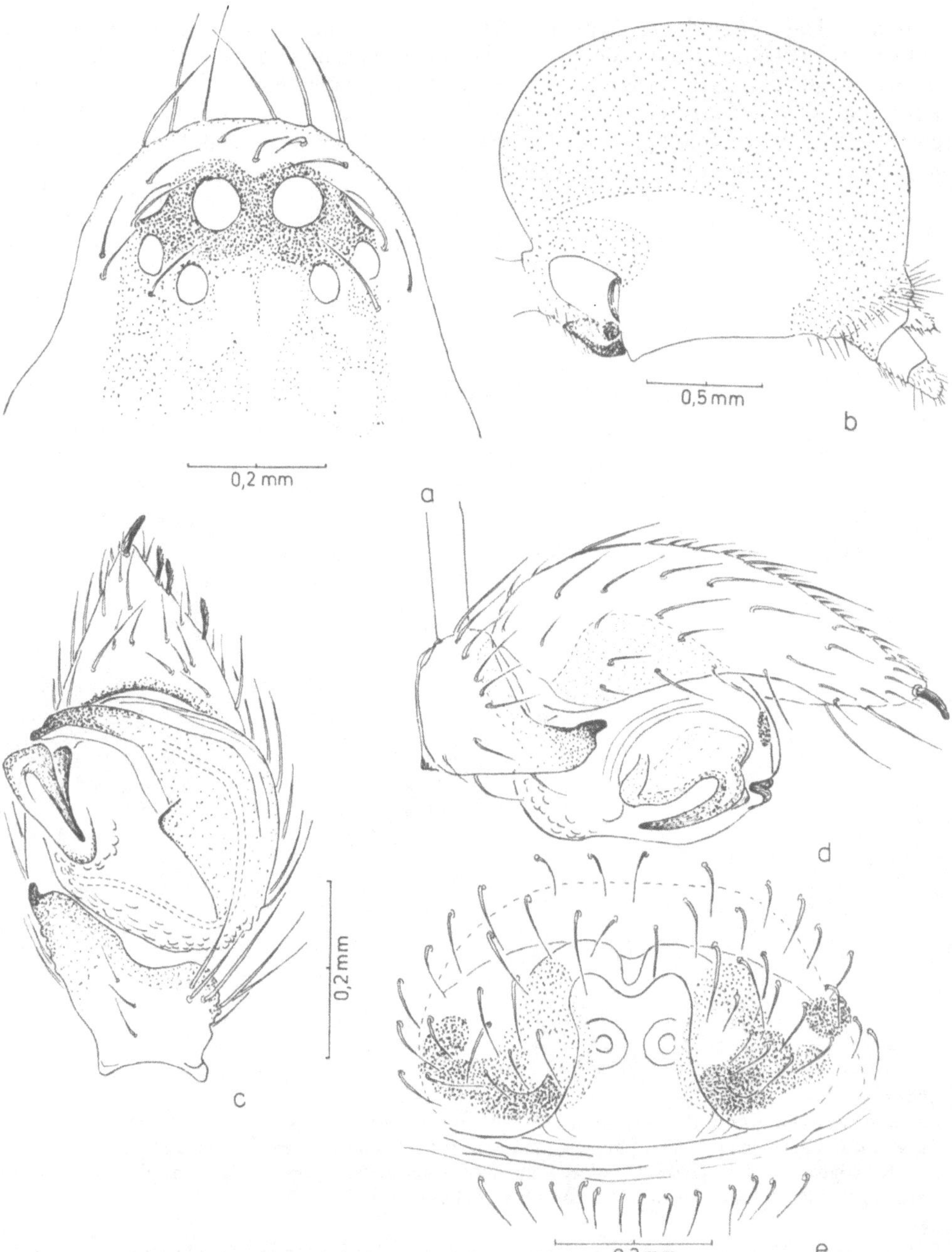

Abb. 1
Zodarion rubidum SIMON. — **a.** Augenstellung eines Weibchens. **b.** Hinterleib eines Weibchens lateral. **c.** Rechter ♂-Palpus ventral. **d.** Rechter ♂-Palpus retrolateral. **e.** Epigyne.

Prosoma sind braunviolett pigmentiert. Unterlippe, Gnathocoxen und Sternum sind hell gelbbraun. Unterlippe am Grunde, Gnathocoxen in der distalen Hälfte, Sternum im vorderen Drittel durch feine Pigmentflecken verdunkelt. Cheliceren hell kastanienbraun, ihre mediane Vorderfläche dunkler. Taster des Weibchens und Laufbeine einfarbig bernsteingelb bis hell gelbbraun. Die Hüften dorsal deutlich heller. — Rücken und Seiten des Opisthosoma dicht mit braunviolettem Pigment bedeckt, zwischen dem netzartig feine helle Punkte freibleiben (Abb. 1b). Die Unterseite zwischen Genitalspalte und Stigma unpigmentiert hell. Die helle Zone von unten auf die Seiten und flügelartig nach vorne übergreifend, so daß hier eine charakteristische Zeichnung entsteht (Abb. 1b). Lungendeckel und Spinnwarzen hell, unpigmentiert. Spinnwarzensockel mit Pigmentflecken.

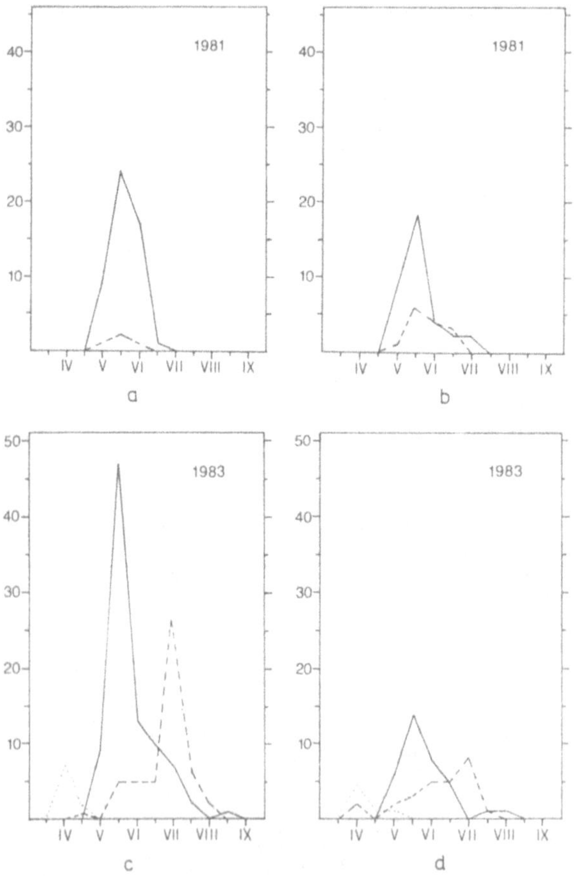

Abb. 2
Zodarion rubidum SIMON. Aktivitätsphasen nach Barberfallenfängen (leg. R. PLATEN). ♂ ausgezogene Linien, ♀ gestrichelte Linien, inad. Tiere gepunktete Linien. **a.** Anhalter Güterbahnhof, Bahngelände, Corynephoretum. **b.** Südgüterbahnhof, Gleisschotter. **c.** S-Bahnhof Yorckstraße, *Artemisia*-Bewuchs. **d.** S-Bahngelände General-Pape-Straße, *Sarothamnus*-Bewuchs (Orig. R. PLATEN).

Prosoma: Kopfteil stark verschmälert, in Höhe der hinteren Mittelaugen ca. 0,6 Prosoma-Breite. Durchmesser der vorderen Mittelaugen 0,09—0,112 mm, der hinteren Mittelaugen 0,048—0,064 mm. Vordere Mittelaugen um ihren Radius, die hinteren Mittelaugen um ihren dreifachen Radius getrennt (Abb. 1a). Taster des Weibchens mit einer sichelförmigen Kralle, die 11 bis 12 Zähne trägt und mindestens doppelt so groß wie die Beinkrallen ist (Gattungsmerkmal).

Laufbeine: IV, I, II, III. Mit winziger Hauptkralle und 2 Nebenkrallen, die je 7 Zähne tragen. Bis auf eine dorsale Stachelborste in der Mitte der proximalen Hälfte der Femora I,

II und III sind die Beine stachellos. Die Borsten auf der Unterseite des Tarsus I und II sind verstärkt und scopulaartig angeordnet.

Opisthosoma: eiförmig, beim Männchen ohne Scutum.

Genitalorgane: ♂-Palpus Abb. 1c und 1d. Tibia kurz, mit breiter Apophyse gleicher Länge, die distal und dorsal unter plötzlicher Verschmälerung in eine stumpfgerundete dunkle Spitze ausläuft. Cymbium mit einer Endklaue, der am Medianrand (prolateral) 3 verdickte und gezähnte Borsten folgen (Abb. 1c). Am Bulbus eine rückwärts gerichtete hakenförmige Apophyse (Retinaculum). Embolus-Spitze dunkel sklerotisiert, seine Basis sehr dick, am Außenrand mit einer rechtwinklig stumpfen Spitze (Abb. 1d).

Epigyne Abb. 1e. Im hellen Bauchfeld dunkel abgesetzt. Charakteristisch das große helle Mittelfeld mit einem Paar kreisrunder Vertiefungen, deren Rand stärker kutikularisiert ist. Seitlich der Mittelplatte scheinen die schwarzbraunen Rezeptakula durch.

Zur Phänologie und Ökologie

Die Fangdaten der erbeuteten adulten Tiere verteilen sich auf die Monate April bis September. Die Hauptaktivitätsphasen der Männchen fallen in die Monate Juni und Juli (Abb. 2a—d). Einzelne Männchen wurden noch im August und September gefangen.

Hinsichtlich der ökologischen Ansprüche der Art ist eindeutig die Präferenz offener Standorte mit Ruderalcharakter erkennbar. Im Hinblick auf die starke Lichtexposition dieser Standorte mit regelmäßig auftretenden hohen Temperaturen am Boden könnte die Spinne als photo- und thermophil eingestuft werden, falls die Tiere tagaktiv sind. Der Beweis dafür steht aber noch aus. Aufgrund von Handfängen (v. BROEN) ist jedoch sicher, daß sich die Spinnen bei ungünstiger Witterung in einem Gespinstsäckchen verbergen, wie auch Vertreter anderer *Zodarion*-Arten. Auch kann die naheliegende Vermutung (DENIS 1951, 1962), daß sich *Z. rubidum* von den im Biotop zahlreich vorkommenden Ameisen ernährt, durch Augenschein noch nicht bestätigt werden.

Literatur

DENIS, J.: Contribution à l'étude des araignées du genre *Zodarion* WALCKENAER. — Festschr. Strand **3** (1937), 1—50, T 1—8, Fig. 1—68.

—: Essai biogéographique sur les Araignées du genre *Zodarium* WALCK. — Bull. Soc. d'Hist. nat. Toulouse **86** (1951), 156—158.

—: Eléments d'une faune arachnologique de Vendée. — Bull. Soc. Sci. Bretagne **37** (1962), 225—255.

NIKOLIC, F. und A. POLENEC: Catalogus Faunae Jugoslaviae **3** (4) Aranea (1981) 1—135.

PLATEN, R.: Beitrag zur Verbreitung und zum Rückgang der Spinnen (Araneae) von Berlin (West) („Rote Liste"). — Landschaftsentwicklung u. Umweltforschung, Berlin, Nr. 11 (1982), 327—342.

—: Ökologie, Faunistik und Gefährdungssituation der Spinnen (Araneae) und Weberknechte (Opiliones) in Berlin (West) mit dem Vorschlag einer roten Liste. — Zool. Beitr. N. F. **28** (1982/83), 445—487.

WEISS, I.: Konstruktions- und Funktionsanalyse der Kopulationsorgane von *Zodarion aurorae* n. sp. aus Rumänien (Arachnida, Araneae, Zodariidae). — Reichenbachia **20** (1982), 77—83.

WIEHLE, H.: Zodariidae. In DAHL: Die Tierwelt Deutschlands **42** (1953), 9, 47—52.

—: Spinnen aus Slovenien II. — Senckenbergiana biol. **45** (1964), 641—652.

WUNDERLICH, J.: Beschreibung einiger bisher unbekannter Arten der Gattung *Zodarion* WALCKENAER aus Südeuropa (Arachnida: Araneae: Zodariidae). — Senckenbergiana biol. **54** (1973), 171—176.

—: Zur Gattung *Zodarion* WALCKENAER 1847 mit Neubeschreibungen (Arachnida: Araneae: Zodariidae). — Senckenbergiana biol. **60** (1980), 229—240.

Anschrift der Verfasser:
Dr. BODO VON BROEN
DDR-1017 Berlin
Fürstenwalder Straße 17
Dr. MANFRED MORITZ
Museum für Naturkunde
Zoologisches Museum DDR-1040 Berlin
Invalidenstraße 43

Buchbesprechung

YOSHIMOTO, C. M.: **The families and subfamilies of Canadian Chalcidoid wasps (Hymenoptera, Chalcidoidea).** In: The insects and arachnids of Canada, part 12, Biosystematics Research Institute, Ottawa, 1984, 149 pp., 7.15 $, ISBN 0-660-11482-8.

Die Chalcidoidea oder Erzwespen stellen eine umfangreiche Gruppe von überwiegend kleinen bis sehr kleinen Arten der Unterordnung Apocrita dar. Die Zahl der bisher bekannten Arten entspricht ungefähr der der Ichneumonidae. Nach Schätzungen verschiedener Autoren muß weltweit mit über 100000 Arten gerechnet werden. Die Arten der Chalcidoidea sind zum überwiegenden Teil Parasitoide. Für viele Wirtsarten, besonders bei den Lepidoptera, gelten sie als die wichtigsten natürlichen Antagonisten, denen eine entscheidende Rolle bei der Regulation der Populationsdichte zukommt. Diese Leistung der Parasitoide gewinnt praktische Bedeutung, wenn es sich bei den Wirten um forst- bzw. landwirtschaftlich bedeutsame Schaderreger handelt. Die Entwicklung im Pflanzenschutz zielt weltweit auf die Einführung von integrierten Pflanzenschutzsystemen. Diese verlangen explizite die Einbeziehung von natürlichen Regulations- und Begrenzungsfaktoren. Für diesen ökologischen Ansatz sind die Chalcidoidea eine der wichtigsten Parasitoidengruppen. Ihre gezielte und effektive Nutzung ist jedoch nur in dem Maße möglich, wie es der Stand der taxonomischen und ökologischen Bearbeitung zuläßt. In diesem Sinne ist das vorliegende Buch nicht nur für den Spezialisten sondern auch für die angewandte Entomologie von Bedeutung. Es enthält Bestimmungsschlüssel (in englisch und französisch) für alle supragenerischen Kategorien der Chalcidoidea. Die Artenfülle und die besondere Problematik der Gruppe lassen zweifellos vorerst keine umfassendere Arbeit zu. Es wäre aber sehr zu begrüßen, wenn in ähnlicher Weise, wie das F. SCHMID bei den Trichoptera Kanadas praktiziert, in den nächsten Jahren Revisionen der einzelnen Familien folgen würden.

W. MEY

Dtsch. ent. Z., N. F. 34 (1987) 1—3, 161—168

Anomalien in der Geschlechtsrealisierung bei Köcherfliegen
(Trichoptera)

Von

F. KLIMA und W. MEY

Mit 10 Abbildungen und 1 Tabelle im Text

Abstract

Anomalies of sex realization in caddisflies (Trichoptera) were described and pictured: A bilateral gynandromorphe from *Ceraclea annulicornis* STEPH., intersex individuals from *Anabolia nervosa* CURT. and *Chaetopterygopsis maclachlani* STEIN as well as a possible supermale from the last species.

All findings of gynandromorphes and intersexes with caddisflies known untill now are listed and biological foundations as well as recognition of such genetic defects are briefly discussed.

1. Einleitung

Biologische Grundlagen

Bei Köcherfliegen tritt weibliche Heterogametie auf, d. h. die ♀♀ sind in bezug auf die Geschlechtsbestimmung heterogametisch, während die ♂♂ homogametisch sind. Alle Spermien enthalten ein Z-Gonosom, während die Eizellen zu 50% Z- und zu 50% W-Gonosomen besitzen. Ob nun aus der Keimzelle, die noch bisexuelle Potenz besitzt, die Entwicklung zum ♂ oder ♀ vonstatten geht, hängt vom Dominanzverhältnis der geschlechtsbestimmenden Gene ab. Im Normalfall entsteht nach Verschmelzung eines Spermiums mit einer Z-Eizelle ein ♂, wird eine W-Eizelle befruchtet, ein ♀ Individuum. Geschlechtsbestimmende Gene sind aber nicht nur auf den Gonosomen lokalisiert, sondern kommen auch auf Autosomen vor.

Bei Anomalien in den Autosomensätzen entscheidet die Gonosomenzahl nicht allein über das Geschlecht, sondern die Verhältniszahl von Gonosomen zu Autosomen ist ausschlaggebend für die Richtung der weiteren Entwicklung. Da die ♀-determinierenden F-Gene in den W-Gonosomen die entscheidende Rolle bei der Geschlechtsbestimmung spielen (ZW ergibt im Normalfall immer ein ♀), ist letztendlich das Geschlecht das Ergebnis der Wirkungen der W-Chromosomen und der Autosomen.

Sind F-Gene (W) und ♂-determinierende M-Gene (Z und/oder Autosomen) in ihrer Wirkung etwa gleichwertig, entstehen sexuelle Zwischenformen. Diese Intersexe sind anomale Geschlechtszwischenstufen, die keine sexuell verschieden determinierte Körperregionen besitzen. Bei anderen Konstellationen der F- und M-Gene können normale ♂♂ und ♀♀ oder Tiere mit Überbetonung von Merkmalen des einen oder anderen Geschlechts (Übermännchen, Überweibchen) entstehen.

Treten dagegen später, jedoch noch in frühen Entwicklungsstadien Kernteilungsfehler auf, die zu einer irregulären Verteilung von Chromosomen führen, können in ein und demselben Organismus weibliche und männliche Zellen entstehen, die mosaikartig (Mosaikgynander) oder bilateral (Halbseitengynander) verteilt sind bzw. werden. Eine Möglichkeit der Erklärung ist, daß ein W-Chromosom während der Anaphase einer Kernteilung verlorengeht. Das Ergebnis sind Zellen mit ZW (♀) und solche nur mit Z (♂). Besonders bei weiblicher Heterogametie ist jedoch noch eine zweite Entstehungsvariante zu berücksichtigen. Bleibt der Richtungskörper im Zytoplasma der Oozyte liegen, eine Erscheinung, die bei Insekten häufig vorkommt, können Eier mit einem normalen Kern (W) und einem Richtungskern (ohne W) entstehen. Penetrieren mehrere Spermien in die Eizelle und werden beide Kerne befruchtet, entstehen ZW-Zellen (♀) sowie ZO-Zellen (♂).

Die Entstehungsrate für solche gynandromorphe Individuen wurde von PATTERSON (1931) für *Drosophila* unter experimentellen Bedingungen mit ca. 0,03% angegeben, so daß nur sehr selten mit Funden im Freiland zu rechnen ist.

Bisher bekanntgewordene Gynander und Intersexe Echte Gynander, die nur bei Tieren vorkommen, bei denen die Geschlechtsbestimmung nicht hormonell beeinflußt wird, sind von vielen Insektenordnungen bekannt (MEISENHEIMER 1930), vor allem jedoch von Großschmetterlingen bei insgesamt über 200 Arten beschrieben worden (HEINIG 1981, SCHULTZE 1896, TAZIMA 1964).

Von Köcherfliegen sind bisher erst sehr wenige Gynandromorphen bekannt geworden. Eine Übersicht ist in Tabelle 1 ersichtlich. Das Exemplar von *Anomalopterygella alacerrima* SCHMID scheint eher ein Intersex zu sein, da sowohl im Genitalbereich als auch an den Flügeln Merkmale vorhanden sind, die weder eindeutig ♂ noch ♀ sind.

Intersexe bei Köcherfliegen sind gelegentlich beschrieben worden und scheinen häufiger zu sein. Die bisherigen Funde sind ebenfalls in Tabelle 1 angegeben.

Individuen mit einer Überbetonung von Merkmalen eines Geschlechtes sind von Köcherfliegen bisher noch nicht beschrieben worden. Ihre Erkennung ist sicherlich nur bei extremen Fällen möglich. Wie auch bei den sexuellen Zwischenformen ist ein Erkennen abhängig von der Größe der betroffenen Abschnitte, sicherlich aber auch davon, welche Strukturen erfaßt werden.

2. Eigenes Material und Beschreibung der Fälle

Von den folgenden Arten liegen neue Anomalien vor, die anschließend beschrieben werden.

Gynander:

Ceraclea annulicornis STEPH.	Stepenitz bei Perleberg, 24. 6. 83, leg. MEY

Intersexe:

Anabolia nervosa CURT.	Damsdorf, Krs. Brandenburg, 3. 10. 85, leg. MEY
Chaetopterygopsis maclachlani STEIN	Quelle oberhalb Wedelbachteich, T.-Dietharz, 680 m N. N., 22. 10. 85, leg. KLIMA

Übermännchen:

Chaetopterygopsis maclachlani STEIN	Quelle oberhalb Wedelbachteich, T.-Dietharz, 680 m N. N., 22. 10. 85, leg. KLIMA

Ceraclea annulicornis STEPH. (Abb. 1—4)

Das vorliegende Exemplar ist mit Ausnahme einiger Details im Genitalbereich ein Halbseitengynander. Auf der rechten Seite sind die ♂ Charakteristika ausgebildet. Sie sind deutlich erkennbar durch die äußere Genitalmorphologie (Abb. 1—3) sowie Flügeläderung und -größe (Abb. 4). Die Vorderflügellänge beträgt auf der rechten (♂) Seite 10 mm, auf der linken (♀) Seite 8,3 mm. Die Hinterflügel sind ebenfalls unterscheidbar, jedoch nur in der Größe, ein Geschlechtsdimorphismus in der Äderung wie bei den Vorderflügeln existiert nicht.

Tabelle 1
Bisher bekannt gewordene Gynander und Intersexe bei Köcherfliegen

Art	Ausprägung	Literatur
Hydroptila angustata MOSELY	Mosaikgynander	DIA u. BOTOSANEANU (1982)
Hydroptila simplex NIELSEN	Intersex	NIELSEN (1948)
Brachycentrus subnubilus CURTIS	Mosaikgynander	MCLACHLAN (1968)
Anomalopterygella alacerrima SCHMID	Gynander oder Intersex	SCHMID (1956)
Limnephilus nigriceps ZETT.	Gynander	MALICKY (1973) (in lit.)
Anabolia furcata BRAUER	Halbseitengynander	MEY (1982)
Trichosetodes meghawanabaya SCHMID	Intersex	SCHMID (1958)
Oecetis hamata ULMER	Intersex	SCHMID (1958)
Setodellina punctatissima SCHMID	Intersex	SCHMID (1958)
Psychomyia flavida HAGEN	Intersex	SWEGMAN (1978)

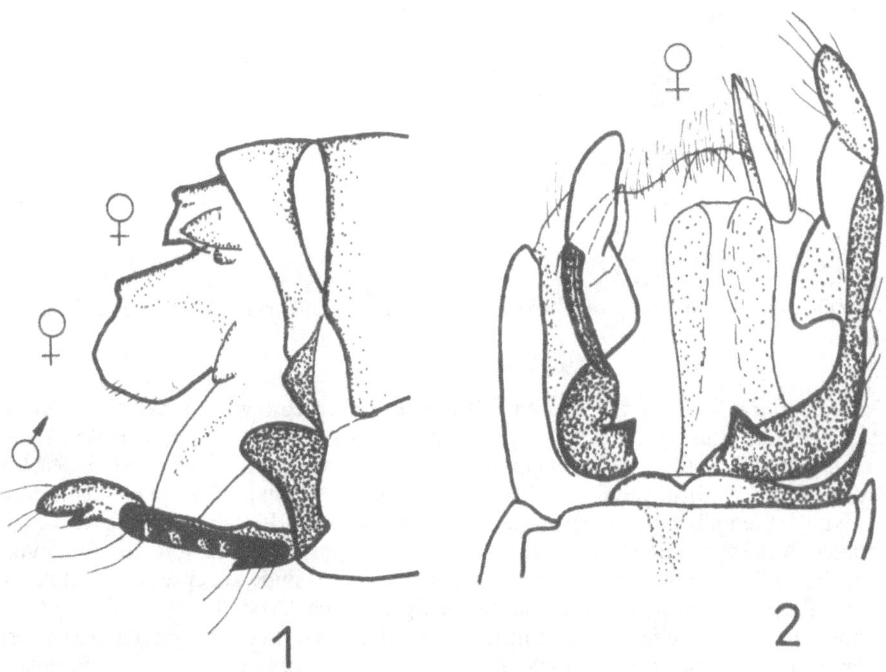

3

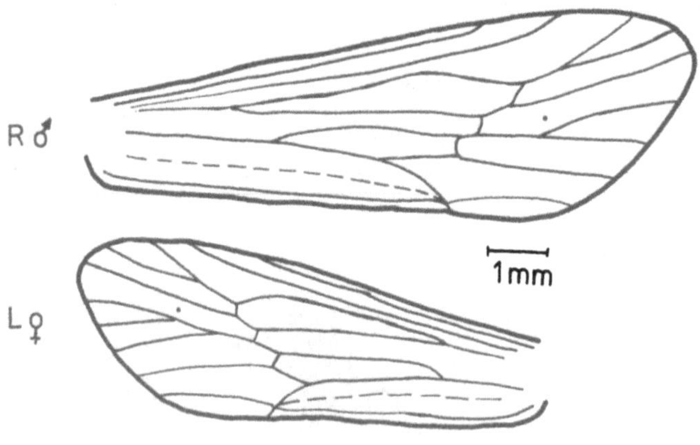

4

Abb. 1—4
Gynandromorphe von *Ceraclea annulicornis* STEPH. 1 — Genitalapparat lateral, 2 — ventral, 3 — dorsal. 4 — Vorderflügel rechts (R) und links (L).

Am Genitalapparat sind die Strukturen nicht exakt durch eine von dorsal nach ventral verlaufende mediane Linie nach ♂ und ♀ getrennt. Aus Kaudalsicht ergibt sich als Trennlinie zwischen ♂ und ♀ etwa eine Diagonale von rechts oben nach links unten. Rechts und unten sind die ♂ Strukturen zu finden (Genitalfüße, Penis). Der linke Genitalfuß (auf der ♀ Seite) ist jedoch verkümmert. Die Rückenschuppe des 10. Segmentes fehlt ebenso wie die oberen Anhänge. Lateral sind, auch von der rechten Seite aus, gut die ♀ Genitalstrukturen, die auf der linken Seite und dorsal ausgebildet sind, zu erkennen (Abb. 1). Die dorsalen Teile des 10. Segmentes sind beidseitig weiblich (Abb. 1—3).

Das Abdomen enthält eine große Anzahl Eier. Auf eine weitere Untersuchung der inneren Geschlechtsorgane wurde jedoch zugunsten der Erhaltung des Tieres verzichtet.

Anabolia nervosa CURT. (Abb. 5—6)

Das abgebildete Exemplar wird als Intersex gedeutet. Die oberen Anhänge (Appendices superiores) und die Klauen des 10. Segmentes (App. interiores) sind etwas asymmetrisch (rechts kleiner), aber normal ausgebildet. Die Genitalfüße (App. inferiores), Penis und Titillatoren fehlen. Ventral (Abb. 6) ist im unteren Genitalbereich ein Gebilde zu erkennen, das an die Subgenitalplatte des ♀ erinnert. Deutlich ♀ Strukturen sind aber nicht ausgebildet.

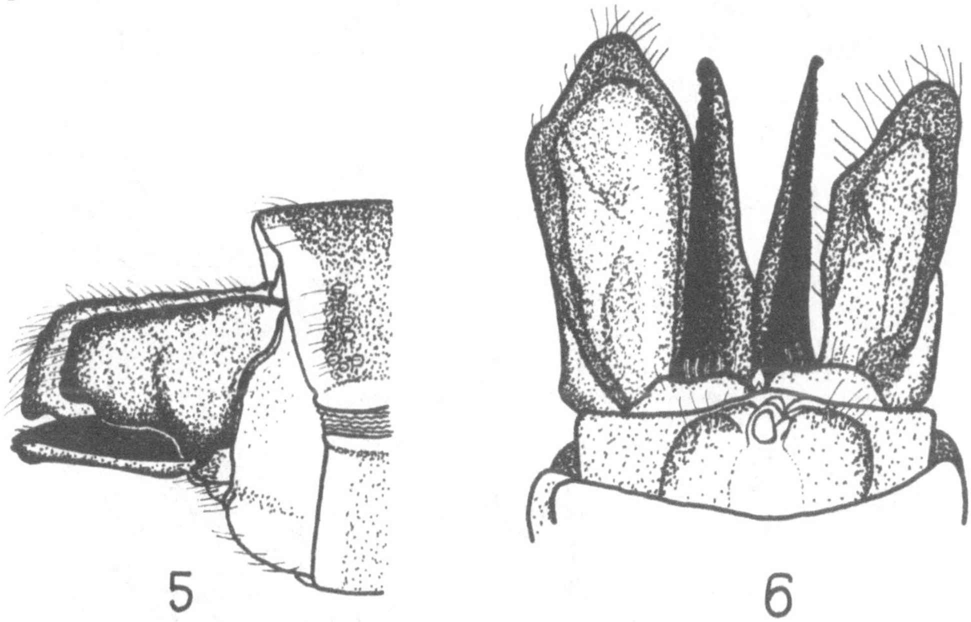

Abb. 5—6
Intersex von *Anabolia nervosa* CURT. 5 — Genitalapparat lateral, 6 — ventral.

Chaetopterygopsis maclachlani STEIN (Abb. 7—10)

In einer Population dieser Art, von der 129 ♂♂ und 44 ♀♀ eingetragen wurden, befand sich ein Exemplar, das hier als Intersex beschrieben wird (Abb. 7—8). Wie bei dem *Anabolia nervosa*-Intersex fehlen Penis und Genitalfüße völlig (Titillatoren besitzen die ♂♂ dieser Art nicht). Die oberen Anhänge und die Klauen des 10. Segmentes sind normal ♂ ausgebildet. Das 8. Sternit zeigt ähnlich wie bei dem vorher beschriebenen Intersex die Andeutung einer Subgenitalplatte, die jedoch nicht ganz so deutlich wie bei dem vorher beschriebenen Exemplar ausgeprägt ist.

Ein zweites Exemplar derselben Population zeigt eine besonders interessante Genitalmorphologie. Die oberen Genitalstrukturen dieses ♂ sind normal entwickelt, während der untere Teil des Genitalapparates einige zusätzlichen Strukturen aufweist (Abb. 9—10). So sind anstelle eines Penis zwei vollständig ausgebildete Penisse vorhanden, deren Lage jedoch nicht median, sondern jeweils etwas nach lateral verschoben ist (Abb. 10). Dazwischen befindet sich ein dritter zusätzlicher Genitalfuß, der in seiner Form etwas verändert und seiner ungewöhnlichen medianen Lage damit besser angepaßt ist. Obwohl nur eine Chromosomenanalyse Klarheit schaffen kann, wird dieses Exemplar mit Vorbehalt als ein Übermännchen bezeichnet. Auf Grund ihrer Entstehung dürfte die Häufigkeit eines solchen Phänomens ähnlich wie bei Intersexen zu erwarten sein, das heißt statistisch gesehen eher dadurch zustande kommen als durch eine später auftretende Mutation. Die Mutationsrate beträgt lediglich 10^{-5} bis 10^{-9} pro Gen und Generation (GÜNTHER 1984).

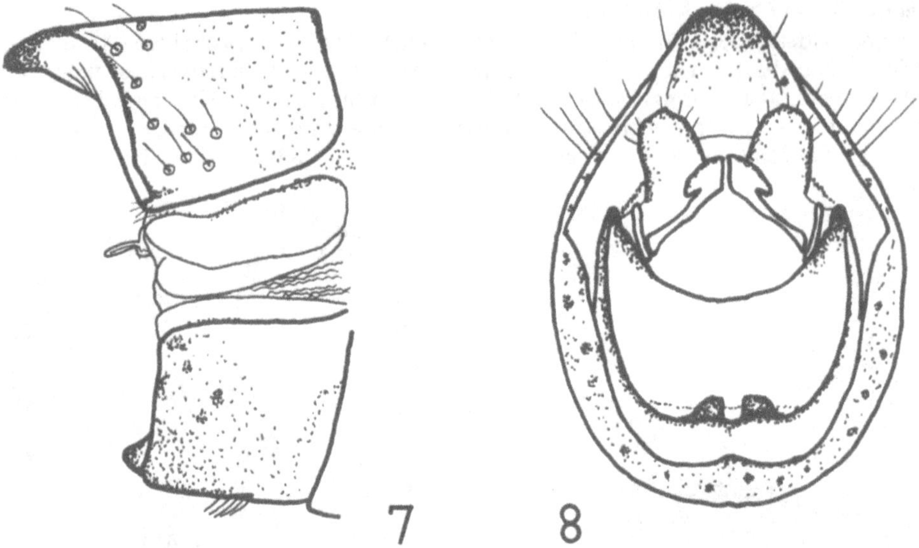

Abb. 7–8
[illegible] von *Chaetopterygopsis maclachlani* STEIN. 7 — Genitalapparat lateral, 8 — kaudal.

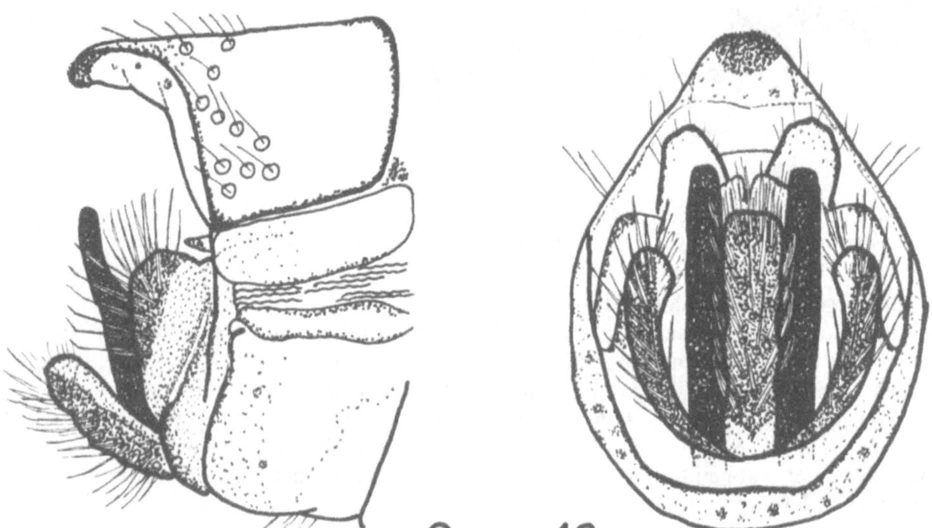

Abb. 9–10
Übermännchen von *Chaetopterygopsis maclachlani* STEIN. 9 — Genitalapparat lateral, 10 — kaudal.

Es sei hier bemerkt, daß diese *Ch. maclachlani* — Population zumindest in noch zwei weiteren Charakteristika auffiel. Betreffs der Spornzahl wird bei dieser Art eine große Variabilität angegeben (MALICKY 1983). Von den ♂♂ sind die Spornformeln 022, 023 und 033 bekannt, bei den ♀♀ kommt 023, 122, 123 und 133 vor. Von der untersuchten Population besitzen bei den ♂♂ 89,1 % die Spornformel 022, 3,1 % weisen 033 auf und 7,8 % — 032. Ein sehr ähnliches Verhältnis ist bei den ♀♀ zu finden; 81,8 % — 122, 91,% — 133 und ebenfalls 9,1 % — 132. Der Fall 3 Sporne an den Mittelschienen bei zwei Spornen an den Hinterschienen ist sowohl für ♂♂ als auch für ♀♀ neu. Die beiden beschriebenen Exemplare besitzen die Spornformel 022.

Eine zweite Auffälligkeit war im Verhalten der Tiere festzustellen. Nur sehr wenige Exemplare saßen einzeln oder in Kopula auf der Vegetation. Die überwiegende Mehrheit war in ca. 1 cm großen kugeligen Klumpen zu je ca. 10 bis 30 Exemplaren beiden Geschlechts vereint auf den Enden von Grashalmen zu finden, ein Verhalten, das noch nicht erklärt werden kann.

Große Variabilität (der Sporne, aber auch anderer Strukturen), der Fund von 2 Geschlechtsanomalien bei 173 Individuen können eine gemeinsame Ursache in einem hohen genetischen Austausch (Rekombination) innerhalb dieser Population haben. Aber gerade stenöke Arten, zu denen *Ch. maclachlani* als Quell- und Quellbachbewohner zu rechnen ist, zeichnen sich allgemein durch einen niedrigen Rekombinations-Index aus, der ein Maß für die Höhe der genetischen Rekombination einer Population (Art) ist (KIAUTA 1984). Sicherlich sind solche Feststellungen aber nicht generell zu verallgemeinern.

3. Diskussion

Die Identifizierung von Gynander scheint im Vergleich zu anderen Zwischenformen noch relativ einfach zu sein. Voraussetzung dafür ist, daß an einem Individuum einer durch Geschlechtsdimorphismus ausgezeichneten Art äußerlich sichere Merkmale beider Geschlechter erkennbar sind. Die Bezeichnung von Individuen mit unsymmetrischer Prägung von ♂ und ♀ Merkmalen und Mosaikzwittern als Intersexe (DABROWSKI 1971) ist nicht richtig. Auch bei ihnen kann es sich von der Genese her nur um Gynander handeln.

Schwieriger ist das Erkennen von Intersexen. Hier müssen zunächst solche Individuen eingestuft werden, die einen eher fließenden Übergang von ♂ zu ♀ darstellen, also keine deutlich nebeneinander ausgeprägten ♂ und ♀ Strukturen besitzen. Das heißt, bestimmte Organe oder Strukturen, die im Normalfall deutlich geschlechtsspezifisch ausgebildet sind, besitzen intermediären Charakter. Auf die Geschlechtsorgane bezogen, würde also das Fehlen von Penis, Titillatoren und Genitalfüßen als die typischen ♂ Strukturen und die Andeutung, aber nicht vollständige Ausbildung der ♀ Subgenitalplatte darunter einzuordnen sein. Auf eine Untersuchung der inneren Geschlechtsorgane wurde bei dem vorliegenden Material vorläufig verzichtet, um eine Zerstörung der Tiere zu vermeiden.

Theoretisch könnte es auch Kombinationen von Gynandromorphismus und Intersexen geben (*A. alacerrima* SCHMID ?), jedoch ist dafür die Wahrscheinlichkeit noch wesentlich geringer als für das Auftreten einer der beiden Phänomene.

Die Deutung als Übermännchen oder -weibchen dürfte am schwierigsten sein. Nur eine Chromosomenanalyse kann Sicherheit bringen. Dazu müßte der zu untersuchende Zellkern sich jedoch in einem Teilungsstadium (Metaphase bis frühe Telophase) befinden, der die einzelnen Chromosomen erkennen läßt. Der beschriebene Fall von *Ch. maclachlani* könnte einen solchen genetischen Defekt darstellen (Verdoppelung bzw. Erhöhung der Zahl der ♂ Strukturen Penis und Genitalfüße), jedoch kann auch eine Genom-(Hyperploidie) oder Chromosomenmutation zu einem späteren Zeitpunkt als auslösende Ursache nicht ausgeschlossen werden. Eine Genmutation ist mit großer Wahrscheinlichkeit auszuschließen, da angenommen werden muß, daß für die Realisierung von Penis und Genitalfüßen eine große Anzahl von Genen verantwortlich zeigt. Hyperploidie oder eine bzw. sogar mehrere Duplikationen (Tandem- oder versetzte Duplikation) müßten von Mutationen am ehesten in Betracht gezogen werden. Die phänotypischen Effekte von Duplikationen sind in der Regel aber nicht sehr stark und auch von hyperploiden Organismen sind keine Verdoppelungen von Organen oder Strukturen als Kennzeichen bekannt (HAGEMANN 1984).

Ob nun ein anomaler Chromosomenbestand mit Einfluß auf die Geschlechtsdetermination oder später eine spontane Mutation, in beiden Fällen rechtfertigt diese interessante Expression eines genetischen Defektes ihre Beschreibung.

Herrn Dr. L. BOTOSANEANU (Amsterdam) danken wir für seine erwiesene Unterstützung und wertvollen Literaturhinweise.

Zusammenfassung

Es werden Anomalien in der Geschlechtsrealisierung bei Köcherfliegen (Trichoptera) beschrieben und abgebildet: Ein Halbseitengynander von *Ceraclea annulicornis* STEPH., Intersexe von *Anabolia nervosa* CURT. und *Chaetopterygopsis maclachlani* STEIN sowie ein mögliches Übermännchen der zuletzt genannten Art. Alle bisher bekannt gewordenen Funde von Gynandromorphen und Intersexen bei Köcherfliegen werden aufgelistet und die biologischen Grundlagen sowie die Erkennung solcher genetischen Defekte kurz diskutiert.

Literatur

DABROWSKI, J. S. (1971): Ein Fall von Gynandromorphismus bei *Zygaena carniolica* SCOP. (Lep., Zygaenidae). — Ent. Nachr. 15: 124—127.

DIA, A. & L. BOTOSANEANU (1982): Un cas de gynandromorphisme chez un trichoptère hydroptilide du Liban (Trichoptera: Hydroptilidae). — Entomol. Ber. 42: 140—141.

GÜNTHER, E. (1984): Lehrbuch der Genetik. — GUSTAV FISCHER Verlag, Jena.

HAGEMANN, R. (1984): Allgemeine Genetik. — GUSTAV FISCHER Verlag, Jena.

HEINIG, S. (1981): Ein Gynander bei *Amorpha populi* (Lep., Sphingidae). — Ent. Z. 91: 193—197.

KIAUTA, B. (1984): Aktuelle Probleme der Zytotaxonomie, erläutert an Beispielen bei südasiatischen Prachtlibellen (Odonata: Chlorocyphidae) und schweizerischen Köcherfliegen (Trichoptera: Limnephilidae) mit Bemerkungen über die Bedeutung der Zytotaxonomie für die Umweltforschung. — Opusc. zool. flumin. 1: 1—20.

MALICKY, H. (1973): Trichoptera (Köcherfliegen), in: Handbuch der Zoologie, IV. Band, 2. Hälfte, 2. Aufl., 2. Teil, p. 93.

— (1983): Atlas der europäischen Köcherfliegen, — JUNK Publishers, The Hague, Boston, London.

MEISENHEIMER, J. J. (1930): Geschlecht und Geschlechter im Tierreich, II. Die allgemeinen Probleme, GUSTAV FISCHER, Jena.

MEY, W. (1982): Eine bilaterale Gynandromorphe von *Anabolia furcata* BRAUER (Insecta, Trichoptera). — Zool. Anz. 209: 394—396.

MCLACHLAN, R. (1968): A monographic revision and synopsis of the Trichoptera of the European fauna. — CLASSEY, Reprint.

NIELSEN, A. (1948): Trichoptera, Caddisflies. With description of a new species of Hydroptila. — In: BERG, K.: Biological studies on the river Susaa. Fol. Limn. Scand. 4: 123—144.

PATTERSON, J. T. (1931): The production of gynandromorphs in *Drosophila melanogaster* by X-ray. — J. exper. Zool. 60: 173—211.

SCHMID, F. (1956): La sous-famille des Drusinae (Trichoptera, Limnephilidae). — Mem. Inst. R. Sc. nat. Belg. 55: 1—92.

SCHMID, F. (1958): Trichoptères du Ceylan. Arch. Hydrobiol. 54: 1—173.

SCHULTZE, E. (1896): Verzeichnis der palaearktischen Macrolepidopteren-Species, bei welchen bisher die Erscheinung des Gynandromorphismus beobachtet worden ist. — Berl. ent. Z. **41**: 409—412.

SWEGMAN, B. G. (1978): The occurence of an intersex individual of *Psychomyia flavida* HAG. (Trichoptera). — Ent. News. 89: 187—188.

TAZIMA, Y. (1964): The genetics of the silkworm, Logos Press, London.

Anschrift der Verfasser:
Dr. FRANZ KLIMA
DDR-1250 Erkner
Karl-Marx-Str. 72
Dr. WOLFRAM MEY
Mus. f. Naturkd. der
Humboldt-Universität Berlin
Bereich Zool. Mus.
Invalidenstr. 43
DDR-1040 Berlin

Dtsch. ent. Z., N. F. 34 (1987) 1—3, 169—177

Ekisius vitreus gen. n., sp. n., the first representative of apterous Cleridae in Oriental Region

(Coleoptera)

By

JOSEF R. WINKLER

With 2 figures in the text and 1 plate

Abstract

This communication deals with a new representative of apterous Cleridae from Pe-Yen-Tsin, Yunnan Province of China, *Ekisius vitreus* gen. n., sp. n. The only hitherto known specimen, holotype female, is described on the basis of surface characters as well as dissected terminalia, and discussed.

Introduction

The European type trip of the American Clerid specialist Dr. GINTER EKIS in February 1979 enabled our very useful personal meeting. During the informal session held at Podmolí near Znojmo, Czechoslovakia, Dr. EKIS presented me with an apterous Clerid specimen from Yunnan, China.

Appreciation of his excellent gift is due as the Chinese specimen prima facie suggested a new genus, and the opinion of its probable being new was upheld also by him. Aptery in the family Cleridae is a very scarce phenomenon, the described genera are only few, their general facies is always uninterchangeably uncommon, and on the top of it the apterous new Clerid described below displays such a particular appearance rendering a confusion with any hitherto known wingless representative of the family Cleridae impossible.

Material, methods and terminology

The examined slightly defective specimen, now designated as holotype, originally pinned, was rehydrated, taken down off the insect pin, its abdomen was separated, terminalia dissected, boiled in 10% KOH, passed through acetic acid, examined microscopically and pictured in glycerol, rinsed in water, then dehydrated and mounted on a paper card in a drop of Caedax, the beetle after dissection was washed in an ultrasonic cleaner, dried and longitudinally pointed on a natural bristle mounting segment (so called "bristle mounting"; new mounting technique-WINKLER, unpublished till now), protecting paper card and paper card with Caedax mount of terminalia added, thus the object restored as a two-storeyed constituent mount appropriately labelled. (For additional data on holotype see below.) The photographs of the holotype were taken by means of 35 mm camera with doubled extension tubes, and lateral lighting of an electronic flash after final adjustment of the holotype, guide number of the flash 20 in 1 meter, distance of the flash from object ±150 mm; film 21 DIN (=100 ASA).

Terminology used in following description was unified (with few small modifications) with terms used in the cited work of EKIS, 1977.

Acknowledgements

Besides Dr. GINTER EKIS I am obliged with my sincere thanks also to Mr. KAREL MAJER, Chair of Forest Protection, Agricultural University, Brno, Czechoslovakia, for his valuable assistance, mainly for picturing of illustrations accompanying this communication.

Ekisius gen. n.

(Type-species: *Ekisius vitreus* sp. n.)

Distribution: Yunnan Province of China.

Range: Only one representative of the genus, the type-species, known till now.

Derivatio nominis: The new genus is named in honour of Dr. GINTER EKIS, an outstanding specialist of the family Cleridae, whose pioneer work opened a new era of Clerid taxonomy. Masculine in gender.

Differential diagnosis: From all hitherto known apterous Clerid genera easily distinguishable by its hyaline, semi-transparent elytra, so that some kind of surface of darker bodyparts, chiefly of abdominal tergites may be observed through the closed elytra.

Description

Subfamily Clerinae (in a revised sense-see WINKLER, 1982), medium-sized, with eleven-segmented filiform, not clubbed antennae, head relatively flat, short and broad, inclusive contour of eyes broader than pronotum on its broadest spot, with raised massive ledge-like antennal carinae connected with a transverse ledge accompanying the epistomal suture, eyes of normal size, located apparently laterad, strongly protruding off the outline of head, kidney-shaped, moderately vaulted, coarsely faceted, black with silvery lustre, very moderately emarginate in front, ocular notch insignificant, poorly developed, resembling a mere curved line. Maxillary palpi cylindrical, labial palpi broadly securiform, ventral side of cranium with extremely strong, raised, ledge-like transverse wrinkles covering all the surface from submental region to occipital foramen, gular sutures not developed, so that the separate gula not developed at all and fully anchylosed with genae as one wrinkled glittering plate. Pronotum distinctly longer than broad, pronotal arch little distinguished from pronotum, proper broadest at apex and in half of its length (breadth on these spots is practically the same), constricted in anterior third of its length and near its basis. Anterior coxal cavities broadly open. Scutellum small, oblong. Elytra (in contradistinction of more heavily sclerotized and pigmented head and pronotum) extremely feebly sclerotized, fine, thin, and poorly pigmented, pale, semi-transparent, with large entirely unpigmented, glassy transparent, areae, so that the bodyparts covered by elytra, mainly the abdominal tergites, are visible through them; oval in shape, with free, not connate suture, dehiscent in pre-apical part and leaving thus a part of pygidium uncovered, with apices bluntly pointed and terminating individually. Membraneous wings not developed (eventual wing rudiments not studied). Legs of normal length, with rather stout femora, chiefly in forelegs, and conspicuously large tarsal lobes. Claws with bisetose empodium.

Ekisius vitreus sp. n.

Derivatio nominis: vitreus (Latin) = glassy, vitreous; the epithet refers to the hyaline, semi-transparent elytra of this beetle.

Material and distribution

Type material: Holotype female, here pictured, labelled as follows:*) Yunnan / SO 24° N / Pe-Yen-Tsin / (Mines de sel) / (Père SIMÉON TEN) / P. GUERRY 1924 [white, printed] // Décembre [white, printed] // *Ekisius vitreus* / gen. n., sp. n. / HOLOTYPE / J. R. WINKLER det., 1983 // [red, printed, complemented with handwriting].

Holotype deposited in J. R. WINKLER Collection.

No additional material known till now.

Description

Body length: 10.2 mm.

Head darkbrown, dully glossy, with epicranium flattened and very coarsely and irregularly punctuated, with distinct interocular depression. Antennal carinae as well as transverse ledge parallel with epistomal suture being broadest in corners where is coalescent with antennal carinae, and concave in the middle of the same type of punctuation, but much lighter. Clypeus narrow, transversely triangular, ivory, quite smooth and lustrous, with exception of a transverse line-like series of very tiny pits parallel with the straight anterior margin, Labrum lightbrown, deeply bilobate, mandibles large, very dark, nearly black. Antennae of normal length, not clubbed, redbrown, scape and ultimate segment paler, i.e. yellowish. Scape large, stout, bent, punctuated with shallow, longitudinal dots; pedicel (and all succeeding segments) unpunctuated, short, cylindrical, flattened, with a small, probably sensorial depression bordered with several tiny tubercles, third-to eight segments similar in length and shape, broadest distally. Ninth segment long, triangular in shape, tenth segment shorter and distally broader than the preceding one. Tenth segment oval, truncated and terminating inwards with a blunt projection. The latter three antennal segments might be eventually denotated as loose and very indistinct club that could not be stated by distinction in shape, but only in form more flattened and appearance dull due to dense brown microtrichies not developed in preceding segments. Cranium dorsally brown, with coarse irregular sculpture, transverse ledge in front somewhat paler, deeply and more regularly punctured, ventrally of the same hue of colouring, glossy, mouthparts pale. Pronotum somewhat paler than head, chiefly the strongly convex anterior contour of the pronotal arch, that is brown and intensively glossy in the middle, and raised tuberculate formation in the shape of the letter V running longitudinally on the pronotum proper, that is rusty, sides of pronotum darker, the hue is nearly as dark as that of the head. Punctuation of pronotum fine, deeply punctured, however, here and there with larger, oblong or irregular dots. Pubescence of pronotum composed of pale, golden hairs. Scutellum very small, transversely elliptical. Elytra, long, covering all abdominal tergites, oval, without humeral bulges, broadest in a half of their length, with a free suture, moderately dehiscent in a posterior half of their length, dehiscence then wider only in pre-apical part concerning apices terminating individually and narrowing conically. Integument of elytra extremely thin, malacoderm and fragile. Pigmentation very feeble: the only darker portion (approximately of the same hue as pronotum) is a square macule in a basal part of elytra surrounding the paler scutellum, reaching from suture to third longitudinal stria; further more pigmented (but much ligther than the mentioned circumscutellar macule) spots are the raised, ledge-like sutural margin, inconspicuous longitudinally elliptical circumsutural macule in posterior half of elytra, and indistinct macule near the outer elytral margin, in posterior half, too. Remaining surface nearly/or entirely unpigmented, with glassy, semitransparent places being either without any pigmentation or dimmed with inconspicuous yellowish hue. Longitudinal striae in original, unmodified figure are to be found only in basal part of elytra: dots there are circular, rather regular, and deeply punctuated, as

*) The mark / means the ending of a line on a label, the mark // means the ending of the whole label.

broad as intervals among them. More caudally the microsculpture is disintegrated into a number of small, irregular and very shallow dots in each stria, and only fifth and sixth striae keep their initial appearance in a much longer course. The intervals are very distinct, as broad as dots in their initial phasis, lustrous and distinct, flattened (e.g. the first interval) or raised (e.g. the third, fifth intervals, and chiefly the raised, keel-like sixth interval running all along the elytral surface to the pre-apical region). Apices terminating individually, inner margins dehiscent, outer margins obliquely truncated, pointed. Pubescence of elytra composed of golden hairs. Legs of normal length, pale, only distal parts of femora and proximal parts of tibiae darker. Lower bodyparts chestnut brown, dully glossy, punctuation minute. Female terminalia: Ovipositor without ventral lamina, with peculiar chaetotaxy of coxites, coxital plates and coxital styli. For additional details of ovipositor as well as for pygidium and abdominal sterna VII. and VIII. see Fig. 2. (Male unknown.)

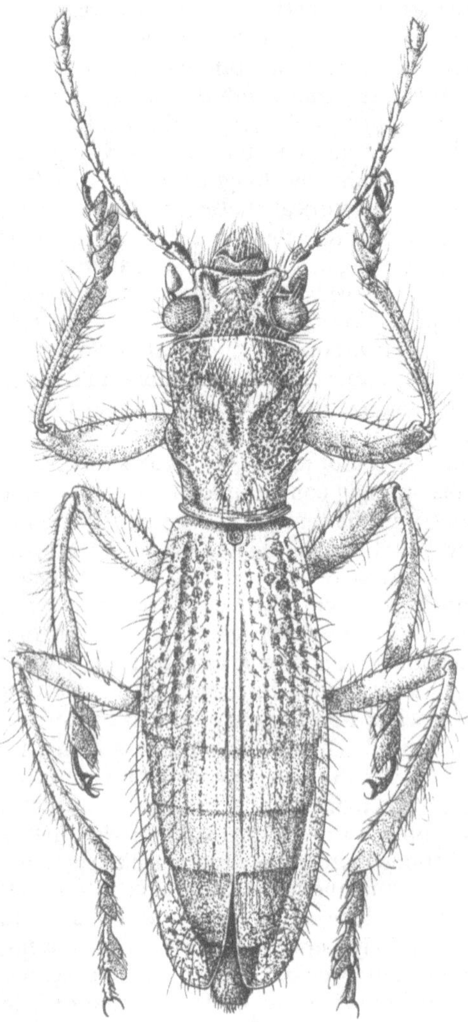

Fig. 1
Ekisius vitreus gen. n., sp. n. Holotype female, dorsal view. The habitus picture displays the shape and location of abdominal tergites before dissection.

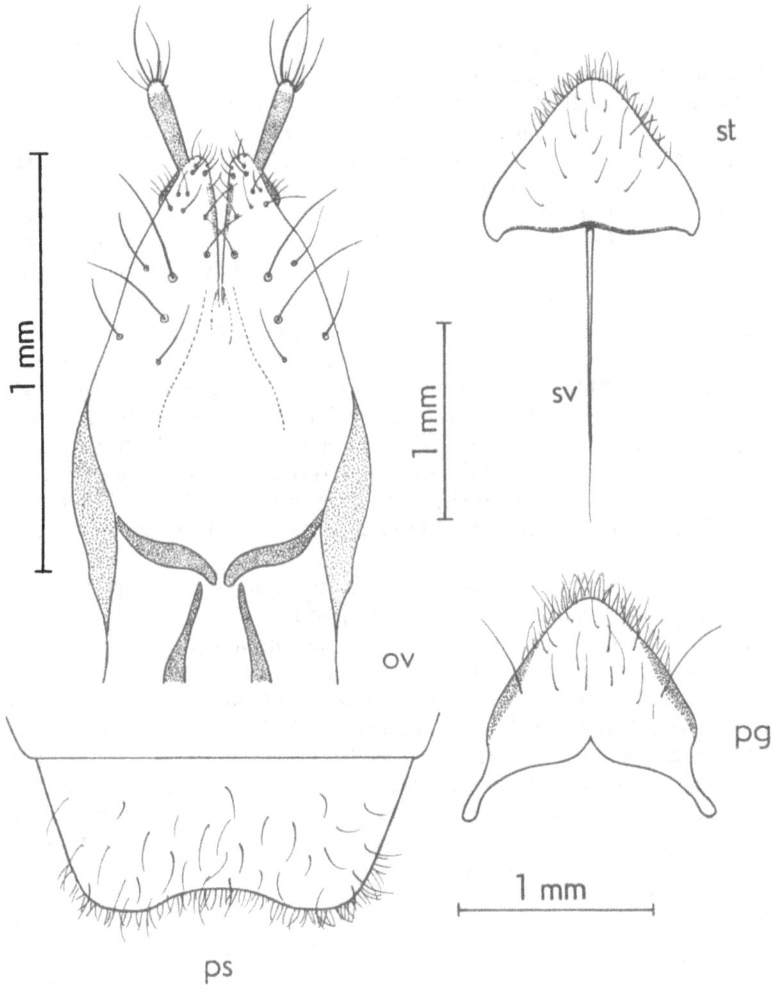

Fig. 2
Ekisius vitreus gen. n., sp. n. Holotype female. ov-ovipositor supine; st-sternum VIII with spiculum ventrale (sv); ps-sternum VII; pg-pygidium.

Discussion

Aptery in the family Cleridae (even as in the whole superfamily Cleroidea) is a scarce and exceptional phenomenon. It is never in correlation with sexual dimorphism in contradistinction e.g. to the superfamily Cantharoidea. (For additional data see GEISTHARDT, 1977). Number of apterous species of the family Cleridae amounts to less than 1 per cent of known species, as regards generic composition, the number of apterous genera does not amount 3 per cent of total of taxa described on this categorical level. These data are only approximate and cannot be indicated more exactly. Ratio of winged and apterous Cleridae recorded e.g. in the catalogue of CORPORAAL (1950) indicates the capacity older in the present already more than thirty years. The following section References introduces, with other citations, the complete bibliography of papers posterior to the mentioned catalogue, involving any kind of description, redescription, discussion, or taxonomic re-classification of an apterous Clerid taxon. These papers are marked with an asterisk. In the present times, in addition, several specialists started a qualitatively new morphological activity which can introduce some new ascertainments. Nevertheless, nor in the future more substantial modification of the above mentioned per cent data can be expected. The per cent ratio of generic and specific appurtenance of apterous Cleridae is informative. It places them forward as a group of small genera involving one, two, or at most few species. The genus comprehending the richest range of species is *Dozocolletus* CHEVROLAT, 1842 (Clerinae; Africa) with 5 species, and *Allelidea* G. R. WATERHOUSE, 1832, (Phyllobaeninae; Australia, Tasmania) even with 7 species, it was never examined by anyone, however, whether all these species are apterous indeed. MJÖBERG (1932), who was the author of one of hitherto described species of the latter genus, did use unsuitable examination method (clearing of specimen 'in toto') and when describing, he was not able to state convincingly whether his species was apterous or winged. With the exception of five cases — SOLERVICENS (1975) on *Inhumeroclerus*; WINKLER (1980, 1982), MENIER (1981, 1981a) on *Cormodes* and *Sedlacekius*, GEISTHARDT & GNADT (1982) and GEISTHARDT (1984) on *Apteroclerus* and *Microclerus*- the older taxa were never revised nor redescribed. Even this Discussion is a first aggregative reference to the apterous Cleridae as an entirety in the history of Entomology.

Aptery is a quite particular complex of apotypic modifications, in a very characteristical way stigmatizing individual cases which have a bearing upon it.

I comprehend the term aptery when applied in Cleridae in a wider interpretation than MENIER (1981), who designates his species *Sedlacekius pountianus* MENIER, 1981, as micropterous with reference to tiny rudimentary scale-like relic with only residual wing-vein, which cannot be homologized. With regard to the microptery I hold the cases of wings with membrane being substantially smaller, enabling the flight, however, or even those non-functional, but with wing-venation still conserved in such a degree that it cannot be homologized with a macropterous model also if certain reductions occur. Concerning the family Cleridae, the microptery like this is unknown to me, and this is why I distinguish the representatives of the last mentioned family as fully winged (alate) or wingless (apterous) only. (For terminology of pterologic phenomena see the above mentioned paper of GEISTHARDT, 1977.)

Distinct characters of aptery in Cleridae are first of all the conspicuously constricted basis of elytra, lacking humeral bulges, and in coherence with that usually elliptical, barrel-, or drop-shaped bodyform, eyes coarsely faceted, usually diminished or flattened, colouring unvariegated, dim and earthy in an impoverished colour scale yellow → lightbrown → darkbrown → black. If a colour pattern is developed, it is usually composed of irregularly sprinkled macules (e.g. in *Caridopus* SCHENKLING, 1908) not exceeding the above mentioned colour scale, or of larger zones of very similar hues, within the mentioned colour scale again, inconspicuously passing one in another. Only the above mentioned genus *Allelidea* is somewhat different. These small insects correspond rather well to the shape model of apterous Cleridae, their colouring exceeds the colour scale, however. Ground colouring of dorsum is dully darkgreen or black with greenish or bluish metallic lustre, and with conspicuous colour pattern, e.g. contrasty light, ivory or yellowish, transverse fasciae. But at all events not even these beetles are too variegated, due to their minute measurements they give, on the contrary, dark and inconspicuous impression. Nevertheless, they differ from the colour type of apterous Cleridae, MJÖBERG's quondam doubtfulness was fully comprehensible. Utterly variegated representative of apterous Cleridae, with brightly clear, vivid colouring is unknown until now.

As regards taxonomic appurtenance and geographic distribution, the aptery in the family Cleridae is developed very inequably. Nearly all the representatives (with one exception) belong to the phyletic stock Cleridae carentes (WINKLER, 1982), with greates number of described genera and species in the subfamily Clerinae. The subfamily Phyllobaeninae succeeds as the second one. The subfamily Cleropiestinae involves only 2 genera with 4 species in my conception different of that of MENIER (1981, 1981 a). The most sporadical occurence of aptery was ascertained in Tillinae; no genus, 1 species. (The genus *Aradamicula* SEDLACEK & WINKLER, 1975, belongs to the subfamily Phyllobaeninae-see WINKLER, 1982.)

In the phyletic stock Cleridae peltatae, as mentioned above, the sole case, *Viticlerus formicinus* MIYATAKE, 1977, is known. With taxonomic alternatives of this case I deal with on another place (WINKLER, 1982).

As regards geographic range, the apterous Cleridae are dominant in Africa, their further occurence is known in Australia and Papuan subregion of Oceania, America (only 2 records, 1 from North-, 1 from South America). Till lately, they have been entirely unknown in Palaearctic and Oriental regions. Palaearctic region remains henceforth without any record, *Ekisius vitreus*, new genus, new species, here described, represents the first record from Oriental region.

The apterous Cleridae are a group of often very unrelated taxa, I daresay, very important from the viewpoint of the theory of taxonomy.

The complex of apotypic characters produces convergences which fashion all apterous Cleridae into rather similar shape (see above). Various unrelated apterous Cleridae display therefore in many ways irrespective of kinship conforming general bodyform being, on the contrary, unlike their immediately related winged kindred. No wonder that nearly each discovery of an apterous Clerid from area without any record of that kind resulted a description of a new genus. As regards this taxonomic practice, the case of North American species *Cymatodera ovipennis* LE CONTE, 1859, is quite isolated and exceptional. This apterous Clerid was never assigned as a new genus, tolerated within the genus with related winged species, however. The apterous species *Cymatodera ovipennis* lives in the center of distribution of numerous winged species of this genus, coincidentally on the territory which is noted for an indigent distribution of other representatives of the subfamily Tillinae, able to be eventually considered as potential kindred. If we compare other apterous Cleridae with *Cymatodera ovipennis* we must state the degree of apotypic modifications in the latter species is not lesser than in those which were described as new genera. Only the possibility to state the relationship in *Cymatodera ovipennis* was easier. In other cases it was very easy to distinguish a sharply different new apterous Clerid taxon (small number, dispersed distribution) generally, but very uneasy to state its closer genealogical relations with other taxa in the studied fauna. (Typical examples: *Apteroclerus* WOLLASTON, 1867, *Aptinoclerus* KUWERT, 1893, *Dozocolletus* CHEVROLAT, 1842, *Brinckodes* WINKLER, 1960, etc.) Foregoing taxonomic criteria did not enable such statements. In the contemporary system of the family Cleridae even a number of erroneously classified winged, quite unmodified taxa is to be found yet; some random examples of them are quoted in my paper (WINKLER, 1982). When comparing the taxonomic practice used in the above mentioned case of *Cymatodera ovipennis* on one hand, and all apterous Clerid taxa on the other hand, paradoxially enough we cannot forecast whether the future competent taxonomist using the newest precisions of knowledge and confronting aprioristic tenets with aposterioristic ones will practicize, when classifying, the evolutional or synthetic conception of taxonomy stressing the main importance to the cladogenesis and anagenetic shift or merely descriptive taxonomy recording above all the ascertained differences. Such a possibility of a free choice of taxonomic conception may be in some cases extremely limited if none at all. The impulse to aptery seems to originate in olden days of the history of Earth, and the statement of kinship or generic reclassification may be in some cases very difficult, or even impossible at all, if the examined taxon is a descendent of extinct ancestors with lacking fossil record and larvae as a rule unknown.

The genus *Ekisius* gen. n. displays rather close relationship with the genus *Orthrius*

GORHAM, 1876. Both genera display a number of coincident characters if we consider those subjected to the changes brought about by aptery. The genus *Orthrius* is a numerous, dominant genus in its region. There is, on the contrary, no other genus which could be considered as immediately related with the genus *Ekisius* gen. n. The comparison of the new genus with a greater number of representatives of the genus *Orthrius*, first of all with both species endemic in Yunnan Province of China, *O. abruptepunctatus* SCHENKLING, 1932, and *O. disjunctus* PIC, 1926 was performed. Especially the latter species is very important for the comparison. Beside equal type of longitudinal striae of elytra in *Ekisius* gen. n., and *Orthrius* (it refers to all the species) in *O. disjunctus* we find the tendency to conspicuous enfeebling of elytral sclerotization and pigmentation, and even-coincidentally with genus *Ekisius*, new, — it is possible to find elytra with small areae entirely lacking pigment and being semi-transparent, too. Besides that this species displays extremely pale membraneous wings with distinct reduction of pigmentation of wing membrane as well as of individual wing-veins. These characters indicate conspicuous evolutional tendency to aptery, although in the genus *Orthrius* no apterous species is known.

The genus *Ekisius* gen. n. displays — in comparison with the related genus *Orthrius*-some conspicuous apotypic changes of ventral side of thorax. (I make this ascertainment known in this section, not in the description, as I was not able to descry within the framework of this paper whether these modifications are peculiarities of the new genus or characters which may occur also in other apterous representatives of the family Cleridae in correlation with aptery.)

These characters are as follows:

Mesosternum proximally strongly elongated, pointed apex is formed as a raised collar. On the sides of mesosternum there are segments of the same length as mesosternum, at apex forming a collar common with raised collar of mesosternum. Elongated segments on the sides of mesosternum probably are anchylosed mesepimeron + mesepisternum, and their collar at apex probably is not homologous with mesepisternum (?). Discriminal line developed rather well. Ventral condyle conspicuously developed, its notch broad, nearly rectangular.

If we follow the evolutional tenet, the most important character in the genus *Ekisius* gen. n. is an entire absence of gular sutures and in continuity with that impossibility to distinguish gula from genae (see the preceding description), however. Gula and gular sutures, in no case being in correlation with aptery, are developed as a basic morphological element to my knowledge perhaps in all representatives of the family Cleridae (and in majority of Coleoptera in general; their absence appears more commonly only in some taxonomically rather distant coleopterous groups, e.g. in Nitidulidae) inclusive of apterous taxa (e.g. in the species *Inhumeroclerus thomsoni* PIC, 1955; they were described in excellent redescription of SOLERVICENS, 1975). The loss of gular sutures in the genus *Ekisius*, new, must be held for a quite unexpected interference with characters usually specified as distinctly plesiotypic.

The latter character in my opinion is the most important one in a complex of characters described in preceding section of this paper. Its represents a piercing deviation from a basic plan of "*Orthrius*-like" ancestors and constitutes raison d' être to establish for this new apterous Clerid a taxon on the generic categorical level.

References

(*-Papers marked with an asterisk are those involving new taxonomic information in apterous Clerid taxa posterior to the catalogue of CORPORAAL, 1950. For details see the preceding section Discussion.)

CORPORAAL, J. B. (1950): Cleridae. In: Coleopterorum Catalogus, Suppl. ed. a W. D. Hincks, Pars 23 (Ed. Secunda). Dr. W. Junk, Haag, 373 pp.

EKIS, G. (1977): Classification, phylogeny, and zoogeography of the genus *Perilypus* (Coleoptera: Cleridae). — Smithsonian Contrib. to Zoology, No. 227, IV + 138 pp.

GEISTHARDT, M. (1977): Bemerkungen zur Frage der Mikropterie und Apterie sowie zur Biologie einiger heimischer Cantharoidea (Coleoptera). — Mitt. Int. Ver. e. V. Frankfurt a. M. **3** (5): 84—91.

*GEISTHARDT, M. (1984): Zur Kenntnis der Käfer der Kapverden. Ergebnisse der Sammelreise 1982 (Insecta: Coleoptera). — Cour. Forsch.-Inst. Senckenberg **68**: 57—94 [Cleridae: 74—78, 79].

*GEISTHARDT, M. & W. GNADT (1982): Die Cleridae der Kapverden (Coleoptera). — Nachrichtenblatt d. Bayer. Ent. **31** (4/5): 73—78.

*MENIER, J. J. (1981): Description de *Sedlacekius pountianus*, n. sp. Remarques sur la morphologie du genre (Coleoptera, Cleridae). — Revue fr. Ent. (N. S.) **3**: 108—112.

*MENIER, J. J. (1981a): Opinion sur la sous-famille Cleropiestinae WINKLER, (Coleoptera, Cleridae). Designations des lectotypes. — Revue fr. Ent. (N.S.) **3**: 138—142.

*MIYATAKE, M. (1977): A new genus of the subfamily Thaneroclerinae from Fiji (Coleoptera: Cleridae). — Trans. Shikoku Ent. Soc. **13** (3—4): 105—107.

MJÖBERG, E. (1932): Results of Dr. E. MJÖBERGS Swedish scientifical expedition to Australia 1910—1913. — Ark. Zool. **24 A** (2): 1—9.

*PIC, M. (1955): Nouveaux Coléoptères de la Collection Oberthur.-Revue fr. Ent. **22**: 232.

*SEDLACEK, J. & J. R. WINKLER (1975): *Aradamicula monteithi* gen. n., sp. n. (Coleoptera: Cleridae) from the Territory of Papua and New Guinea.-Acta Univ. Carolinae-Biologica **1973**: 147—154.

*SOLERVICENS A. J. (1975): Redescripcion del genero y la especie y anotaciones ecologicas y distribucionales de *Inhumeroclerus thomsoni* PIC 1955 (Coleoptera-Cleridae). — Ann. Mus. Nat. Valparaiso **8**: 76—80.

*WINKLER, J. R. (1960): Coleoptera: Cleridae. In: South Afr. Animal Life **7**: 128—162.

WINKLER, J. R. (1961): Die Buntkäfer (Cleridae). Ziemsen Verl. Wittenberg-Lutherstadt, 108 pp.

*WINKLER, J. R. (1972): *Sedlacekius rex* n. gen. n. sp. (Col. Cleridae). Un noveau Cléride aptère de Somalie. — Bull. Soc. Ent. Mulhouse, juillet-août — sept. **1972**: 38—41.

*WINKLER, J. R. (1980): A revision of the new subfamily Cleropiestinae subf. n. (Coleoptera: Cleridae). — Acta Univ. Carolinae-Biologica **1978**: 437—456.

WINKLER, J. R. (1982): Subfamilies and neutral terms proposed for groups higher than subfamily in Cleridae (Coleoptera)-purpose, definitions, identification key. — Acta Univ. Carolinae-Biologica **1980**: 517—531.

Author's address:
Dr. Josef R. WINKLER
Podmolí 87
669 02 Znojmo
Czechoslovakia

Dtsch. ent. Z., N. F. 34 (1987) 1—3, 179—195

Liste commentée des Lépidoptères Diurnes européens (Aparasternia)
(Lepidoptera)

Par

Eugen V. Niculescu

Abstract

The paper deals with all the European species of the Nymphalidae family, including their geographic distribution. Evolutionary relationships of the family, subfamilies and genera are discussed. The morphology of the exoskeleton serves as a basis to justify all the classification changes.

Fam. Nymphalidae

Les Nymphalidés se séparent aisément des autres familles par la structure de l'exosquelette; l'armature génitale, extrêmement diversifiée, ne peut nous procurer aucun caractère général au niveau familial. Voici les caractères généraux des Nymphalidae fournis par l'exosquelette.

1. Les ailes latérales du proscutellum sont courtes et entièrement concaves.
2. Les bras latéraux du mesosternum sont absents seulement chez les Acraeinae et Apaturinae, tandis, que, dans les autres sous-familles ils sont présents soit courts, à peine indiqués, soit bien développés.
3. La suture mésosternale[1]) est ou absente ou présente et dans ce dernier cas, elle est courbe, dirigée vers le mesomerum.
4. Le peristernum est large et toujours séparé par une suture du mesepisternum.

Dans la présentation des sous-familles, des tribus et des genres nous avons toujours adopté, le même ordre à savoir depuis le taxon le plus évolué jusqu'au plus primitif.

Familia Nymphalidae[2]) Swainson, 1827
1. Subfamilia Acraeinae[3])
Tribu Melitaeini

Genus Melitaea[4]) F., 1807

Ce genre comprend deux sous-genres: *Melitaea* s. str. et *Euphydryas*.

---

[1]) Nommée à tort praecoxale par J. P. Brock (1971)

[2]) La présente classification de la famille des Nymphalidae diffère de celle publiée dans un travail antérieur (1985) puisque nous tenons compte ici de toutes les sous-familles et tribus du Globe.

[3]) Cette sous-famille comprend trois tribus: Acraeini, Melitaeini et Apaturini, donc Acraeinae sensu Niculescu n'a pas la même signification que Acraeinae auct.

[4]) Selon L. G. Higgins (1975) les espèces de ce genre doivent être réparties en six genres: 1. *Hypodryas* (avec 5 espèces); 2. *Occydryas* (4 espèces); 3. *Eurodryas* (4 espèces); 4. *Euphydryas* (1 espèce); 5. *Mellicta*; 6. *Melitaea*. Donc l'ancien genre *Euphydryas*, renfermant 14 espèces, a été scindé en 4 genres! Les

1. Melitaea (Melitaea) trivia DEN. et SCHIFF.**, 1775**

Cette espèce manque dans presque toute la partie occidentale de l'Europe, mais elle vole dans la péninsule ibérique.

Melitaea trivia trivia DEN. et SCHIFF. existe en Europe centrale et orientale ainsi que dans les Balkans.

M. trivia ignasiti SAG., 1926, en Espagne et en Italie.

Genitalia: VERITY, 1950, XV, 16; NICULESCU, 1965[a], 112; HIGGINS, 1975, 263; FERNANDEZ-RUBIO, 1977, 36.

2. Melitaea (Melitaea) didyma ESP.**, 1779**

Espèce beaucoup plus fréquente que *trivia*, manquant seulement en Angleterre, Scandinavie, Hollande et Danemark. Trois sous-espèces.

Melitaea didyma didyma ESP., 1779

M. didyma meridionalis STGR., 1880, vole en Espagne, France, Europe centrale, dans les Balkans.

M. didyma occidentalis STGR., 1861, en Espagne, Italie, Hongrie jusqu'en Roumanie et sur les côtes de la péninsule des Balkans.

P. LERAUT qui a bien procédé en passant en synonymie 12 races décrites par FRUHSTORFER et VERITY, considère comme valable la race *alpina* STGR., 1861, mais M. GOMEZ BUSTILLO et A. VARELA 1981) estiment qu'*alpina* n'est qu'une simple forme de *meridionalis*; en revanche, ils admettent, pour la péninsule ibérique, les races *supercaldaria* SAG., *aabaca* FRHST. et *mauretanica* OBTH.

Genitalia ♂: VERITY, 1950, XV, 17, 18; NICULESCU, 1965, 113; HIGGINS, 1975, 261; FERNANDEZ-RUBIO, 1977, 35.

3. Melitaea (Melitaea) cinxia L.**, 1758**

Espèce très commune dans presque toute l'Europe, absente d'Angleterre, et de la plus grande partie de la Scandinavie. De nombreuses races ont été décrites par FRUHSTORFER et VERITY, mais la plupart de celles-ci ont été invalidées. En France volent (cf. P. LERAUT) les races *pilosellae* ROTH., 1775 et *pallidior* CH. OBERTH., 1909. A notre avis, *pallidior* est la forme extrême albinique d'une large série de variantes individuelles. Nous avons arrangé une collection de *cinxia* contenant un grand nombre de formes individuelles depuis *pallidior* — forme albinotique jusqu'*obscurior* STGR. et *horvathi* ABAFI-AIGNER, 1906 formes melaniques.

Melitaea cinxia cinxia L., 1758 dans toute l'Europe.

M. cinxia castiliana TTI.

M. cinxia pseudoclarissa SAG. ces deux dernières volant en Espagne (selon GOMEZ-BUSTILLO et ARROYO VARELA (1981).

Genitalia ♂: VERITY, 1950, XVI, 1; NICULESCU, 1965, 114; HIGGINS, 1975, 267; FERNANDEZ-RUBIO, 1977, 32.

„genres" *Euphydryas* et *Mellicta* ont été déjà invalidés par nous NICULESCU (19) sur base des genitalia; en examinant l'exosquelette nous sommes arrivé à la même conclusion. Quant au bien-fondé des „genres" *Hypodryas*, *Occydryas* et *Eurodryas*, il faut protester énergiquement si nous ne voulons ruiner la taxonomie. D'un tel splitting jusqu'à „un genre — une espèce" il n'y a pas qu'un pas. Il est dommage que cette erreur taxonomique ait été adoptée par P. LERAUT dans sa Liste car l'erreur sera répandue dans le monde entier et la nomenclature générique va continuer à être abusive. Jusqu'à présent seul O. KUDRNA a partagé notre opinion, car il n'a pas reconnu les „genres" *Mellicta*, *Eurodryas* et *Hypodryas* et A. POPESCU-GORJ qui accepte seulement deux genres: *Melitaea* et *Euphydryas*. Nous admettons ce dernier comme sous-genre.

4. Melitaea (Melitaea) arduinna ESP.**, 1789**

Est une espèce très localisée en Yougoslavie, Bulgarie, Roumanie et dans la partie méridionale (européenne) de l'U.R.S.S.

Genitalia ♂: NICULESCU, 1965, 103 (9); HIGGINS, 1975, 264.

5. Melitaea (Melitaea) phoebe DEN. **et** SCHIFF.**, 1775**

Melitaea phoebe phoebe DEN. et SCHIFF., 1775.
M. phoebe corythallia ESP., 1780 en France.
M. phoebe occitanica STGR., 1871 en Espagne.
On a encore décrit les races *virgilia* FRHST., 1916, *sylleion* FRHST., 1916, *suboccitanica* VRTY, 1928, *subtusca* VRTY., 1952, *gerinia* FRHST., *bethunebakeri* SAG., *guevara* FRHST., *ornatiformis* SAG. que nous estimons non valables.

Genitalia ♂: VERITY, 1950, XVI, 4; NICULESCU, 1965, 118; HIGGINS, 1975, 265; FERNANDEZ RUBIO, 1977, 33.

6. Melitaea (Melitaea) aetherie HBN.**, 1826**

Espèce très localisée dans l'extrême sud espagnol et la Sicile.

Genitalia ♂: VERITY, 1950, XVI, 3; NICULESCU, 1965, 104 (10); HIGGINS, 1975, 266; FERNANDEZ-RUBIO, 1977, 34.

7. Melitaea (Melitaea) diamina LANG, **1789 (= dictynna** ESP.**, 1779)**

Melitaea diamina diamina LANG, 1789.
Melitaea diamina vernetensis RONDOU, 1902 en Espagne et en France.
Melitaea diamina codinai SAG. en Espagne.
Les races *magnaobscura* VRTY., 1931, *magnaclara* VRTY., 1931 et *pyrenaealpestris* VRTY., 1931 ont été invalidées par P. LERAUT. Nous pensons que les races *alpestris* FRHST., *aurelita* FRHST. et *orientalpestris* VRTY., doivent aussi être invalidées.

Genitalia ♂: VERITY, 1950, XVI, 2; NICULESCU, 1965, 103 (8); HIGGINS, 1975, 268; FERNANDEZ-RUBIO, 1977, 37.

8. Melitaea (Melitaea) athalia[5]**)** ROTT.**, 1775**

Melitaea athalia athalia ROTT., 1775
M. athalia celadussa FRHST. en France.
M. athalia hispanica VNUKOWSKY en Espagne.
M. athalia nevadensis OBTH. en Espagne.
M. athalia norvegica AUR., 1888 en Norvège.
M. athalia boris FRHST., 1917 en Bulgarie.
M. athalia biedermanni QUERCI, 1932 dans la péninsule ibérique.
Les „races" *aguilaria* SAG., *aranensis* SAG., *luciflua* FRHST., 1916, *subluciflua* VRTY., *mixtaceladussa* VRTY., *vividior* GOUIN, 1922, *dejoneformis* VRTY., 1914, *tenuis* VRTY., 1919, *tenuicula* VRTY., 1918, *submaxima* VRTY., 1924, *maxima* TRTI., 1911, *obscura-maxima*

---

[5]) Les espèces *athalia, deione, varia, parthenoides, aurelia, britomartis* et *asteria* sont considérées par certains auteurs comme appartenant au genre *Mellicta*. Nous avons invalidé ce genre et l'argumentation en a été présentée dans un travail sous presse.

VRTY., 1921, *obscura* VRTY. 1919, *sicula* TRTI., 1915, *divergens* ROCCI, 1931, *veragrorum* VRTY., 1935, *subhelvetica* VRTY., *melida* FRHST., 1919, *melangraphata* BEURET, 1932, *mixtalpicola* VRTY., 1940, *delminia* FRHST., 1910, *benacensis* VRTY., *microdelminia* VRTY., *fiorii* ROCCI, 1932, *orientalpicola* VRTY., *scardona* FRHST., 1910 ne sont que des variantes individuelles et non des races géographiques valables.

Genitalia ♂: VERITY, 1950, XVI, 6—11; NICULESCU, 1965, 104 (12); HIGGINS, 1975, 269; FERNANDEZ-RUBIO, 1977, 38.

9. Melitaea (Melitaea) deione GEYER, 1832

Espèce très localisée en Espagne, en France et en Italie.
Melitaea deione deione GEYER, 1832.
M. deione berisalii RÜHL, 1891 en France.
M. deione magna SEITZ en Espagne.
Les „races“ *rondoui* OBERTH., 1909, *praestantior* VRTY., 1932, *vesubiana* VRTY., 1932 et *mirabilis* RÜTYMEYER, 1742 ont été invalidées par P. LERAUT. Nous pensons que les „races“ *espunaensis* KORB, *signata* SAG., *phaisana* FRHST., 1916 et *tessinorum* FRHST., 1918, doivent aussi être invalidées.

Genitalia ♂: DAMPF, 1910, 7, 8; REVERDIN, 1927, 6 (11); VERITY, 1950, XVI, 5; NICULESCU, 1965, 104 (17); HIGGINS, 1975, 270; FERNANDEZ-RUBIO, 1977, 39.

10. Melitaea (Melitaea) varia MEYER-DÜR., 1851

Espèce très localisée dans les Alpes-Maritimes, en Suisse et dans le centre de l'Italie. Les „races“ *gibbon* FRHST., 1916, *piana* HIGGINS, 1930, *variabella* VRTY., 1931, *turiniensis* DUJ., 1948, *barnumi* DUJ., 1948, *rechi* DUJ., 1964, ont été invalidées par P. LERAUT et nous partageons ce point de vue.

Genitalia ♂: DAMPF, 1910, 11, 12; REVERDIN, 1927, 6 (10); VERITY, 1950, XVI, 17; NICULESCU, 1965, 104 (19); HIGGINS, 1975, 274.

11. Melitaea (Melitaea) parthenoides KEFERSTEIN, 1851

Localisée en France, en Italie, Suisse, Bavière et dans la péninsule Ibérique. Les „races“ suivantes ont été invalidées par P. LERAUT: *beata* CAR., 1894, *sphines* FRHST., 1916, *plena* VRTY., 1931 et *semiplena* VRTY., 1931. Dans la pén. ibérique vole la race *tudelai* GOMEZ-BUSTILLO (1981).

Genitalia ♂: REVERDIN, 1927, 6 (9); BAYARD, 1933, 6 (2); HORMUZACHI, 1934, 1, 1c; VERITY, 1950, XVI, 16; NICULESCU, 1965, 104 (18); FERNANDEZ RUBIO, 1977, 40.

12. Melitaea (Melitaea) aurelia NICKERL, 1850

Cette espèce est plus répandue que la précédente: France, Belgique, Europe centrale, péninsule balcanique, Roumanie, mais elle est absente d'Espagne et d'Italie péninsulaire.

Genitalia ♂: HORMUZACHI, (1911, 3, 19, 20); REVERDIN, 1927, 6 (8); NICULESCU, 1965, 104 (16); VERITY, 1950, XVI, 13, 14; HIGGINS, 1975, 273.

13. Melitaea (Melitaea) asteria FREYER, 1828

C'est l'espèce la plus rare de ce sous-genre — en Suisse uniquement.

Genitalia ♂: REVERDIN, 1927, a; VERITY, 1950, XVI, 15; NICULESCU, 1965, 104 (20); HIGGINS, 1975, 275.

14. Melitaea (Melitaea) britomartis ASSMANN, **1847**

Cette espèce est localisée en Europe centrale, Suède méridionale, Roumanie et Bulgarie. L'armature génitale de cette espèce ressemble tellement à celle d'*athalia*, que nous doutons de sa validité; le problème reste posé.

Genitalia ♂: SUSCHKIN, 1913, 26; HORMUZACHI, 1934, 1, 1a, 1b; VERITY, 1950, XVI, 12; NICULESCU, 1965, 104 (14); HIGGINS, 1975, 272.

15. Melitaea (Euphydryas) maturna L., **1758**

Cette espèce est représentée dans toute l'Europe par la race nominale, mais son aire est très restreinte.

Genitalia ♂: NICULESCU, 1965, 103 (1), 106, 107 (1, 3); HIGGINS, 1975, 277.

16. Melitaea (Euphydryas) intermedia MÉNÉTRIÈS, **1859**

La race nominale vole dans la partie orientale de l'Asie.

Melitaea intermedia wolfensbergeri FREY, 1880 vole dans les Alpes de Savoie et en Suisse (Engadine) dans les Alpes Carniques, les Dolomites italiennes.

Genitalia ♂: VERITY, 1950, XV, 15; HIGGINS, 1975, 276.

17. Melitaea (Euphydryas) cynthia DEN. **et** SCHIFF., **1775**

Espèce très localisée dans les Alpes et les Balkans. Les „races“ *pallida* Spuler, 1901, *alpicola* GALVAGNI, 1918, *extensa* DUJ., 1948 et *demissa* VRTY., 1950 ont été invalidées par P. LERAUT.

Genitalia ♂: VERITY, 1950, XV, 14; HIGGINS, 1975, 278; NICULESCU, 1965, 103 (2).

18. Melitaea (Euphydryas) iduna DALMAN, **1816**

Espèce très localisée dans le nord de la péninsule scandinave.

Genitalia ♂: HIGGINS, 1975, 279.

19. Melitaea (Euphydryas) aurinia ROTT., **1975**

Espèce répandue dans presque toute l'Europe; 4 races valables.

Melitaea aurinia aurinia ROTT., 1775 vole dans le centre et l'est de l'Europe, en Roumanie, dans les Balkans.

M. aurinia beckeri HER.-SCH., 1851, dans la péninsule ibérique et en France.

M. aurinia provincialis BSDV., 1828, vole en France, dans le nord de l'Italie, en Yougoslavie.

Note. Les espèces de ce genre nous montrent, de façon brillante, la valeur taxonomique de l'armature génitale. Parfois l'habitus est si ressemblant que l'dentification des espèces est très difficile et incertaine. Ainsi certains spécimens de *trivia* ressemblent à *didyma*; *arduinna* se confond avec *cinxia*, *aetherie* avec *phoebe* et certains spécimens de *phoebe* ont l'habitus de *cinxia*. Certains spécimens d'*athalia* ressemblent à s'y méprendre à *diamina*, *deione* a l'aspect d'*athalia*, *varia* peut se confondre avec *parthenoides*, *aurelia* avec *athalia*. Mais les genitalia différent sensiblement chez toutes ces espèces et aucune confusion n'est possible par leur examen comme nous l'avons montré dans notre volume de Faune (28) chez 20 espèces de *Melitaea* s. l.

M. aurinia debilis OBERTH., 1909, dans les Pyrénées-Orientales, Alpes (syn. *merope* de PRUNNER).

Cette espèce présente une large variation individuelle et certains lépidoptèristes ont pris de telles variations individuelles pour des caractères raciaux. P. Leraut a invalidé les „races" suivantes: *merope* de PRUNNER, 1798, *pyrenes debilis* VRTY., 1928, *frigescens* VRTY., 1928, *glaciegenita* VRTY., 1928, *debilis provincialis* VRTY., 1928. Nous pensons que les „races" *castiliana* VRTY., *alfacaria* RIBBE, *kricheldorffi* COLLIER, *aurunca* TRTI., 1910, *moritura* VRTY., 1928, *comacina* TRTI., 1910, *comacina-aurinia* TRTI.-ROTT. et *volupis* FRHST., 1917, doivent aussi être invalidées.

Genitalia ♂: VERITY, 1950, XV, 11—13; NICULESCU, 1965, 103 (3); HIGGINS, 1975, 280; FERNANDEZ-RUBIO, 1977, 41, 42.

20. Melitaea (Euphydryas) desfontaini GOD., 1819

Melitaea desfontaini baetica RAMBUR vole dans la péninsule ibérique et en France (Pyrénées Orientales).

M. desfontaini moralesi GOMEZ-BUSTILLO en Espagne (syn. *quevedsi* AGJO. suivant G. BUSTILLO).

Genitalia: NICULESCU, 1965, 103 (4); HIGGINS, 1975, 281; FERNANDEZ-RUBIO, 1977, 43.

Tribu Apaturini

Genus Apatura F., 1807

Dans la faune européene ce genre ne renferme que deux espèces.

21. Apatura iris L., 1758

Apatura iris iris L., 1758 est la seule race de l'espèce.

Genitalia ♂: NICULESCU, 1965, 60; HIGGINS, 1975, 285; FERNANDEZ-RUBIO, 1977, 4.

22. Apatura ilia DEN. et SCHIFF., 1775

Cette espèce est plus répandue que la précédente et comprend trois sous-espèces.

Apatura ilia ilia DEN et SCHIFF., 1775 dans la plupart des pays de l'Europe.

A. ilia barcina VRTY., 1927, vole en Espagne et en France.

A. ilia metis[6]) FREYER, 1829, vole en Hongrie, Roumanie dans la péninsule balcanique et le sud de l'U.R.S.S.

Genitalia ♂: VERITY, 1950, XV, 4; NICULESCU, 1965, 62; HIGGINS, 1975, 283, 284; FERNANDEZ-RUBIO, 1977, 5.

---

[6]) Nous avons montré, dans notre volume de Faune (1965a) que *metis* est une sous-espèce d'*ilia* puisque les genitalia sont identiques (spécifiquement) à ceux de cette espèce. Récemment, Mlle NGUEN THI HONG (1970) a essayé de démontrer que *metis* est bona species en prenant les variations individuelles pour des caractères spécifiques, fait souligné par nous dans un travail ultérieur. Ce travail a été critiqué par Z. VARGA qui a réitéré les erreurs de Mlle NGUEN THI HONG et en a ajouté d'autres beaucoup plus graves. Ainsi, il considère que la nervation chez *metis* est différente de celle d'*ilia*, ce qui constituerait un bon caractère pour séparer les deux espèces. Mais dans le paragraphe traitant de la nervation, il a commis 14 erreurs et cette „argumentation" n'a donc aucune valeur. D'autres caractères „spécifiques" sont, eux aussi, dénués de valeur, étant purement et simplement inventés de toutes pièces par l'auteur (1977). Ajoutons enfin la manière, dépourvue de sérieux, de discuter le problème des espèces jumelles. Après avoir admins l'existence des espèces jumelles en donnant, comme exemple, *A. ilia* et *A. metis*, il déclare à la fin que ces deux espèces doivent être considérées comme „bonnes espèces normales"!! Les commentaires sont inutiles. L. G. HIGGINS (1975) en suivant les idées de Mlle NGUEN THI HONG, considère, lui aussi, *metis* comme, bona species; ainsi passent les erreurs d'un auteur à l'autre.

2. Subfamilia Limenitinae Butler, 1869

Cette sous-famille comprend, en Europe, deux genres seulement: *Limenitis* et *Neptis*. Selon L. G. Higgins on pourrait admettre un troisième genre: *Ladoga* Moore, mais, dit-il, „les genitalia suggèrent des relations de proche parenté avec *L. populi* L.“ Vraiment les genitalia de *L. reducta* et *L. sulpitia* asiatique, sont tout à fait du type *Limenitis* et c'est pourquoi nous invalidons le genre *Ladoga*. La même opinion a été exprimée par P. Leraut et M. R. Gomez Bustillo (1981) qui ont passé ce „genre“ en la synonymie avec *Limenitis*. A. Popescu-Gorj admet le genre *Ladoga*.

23. Limenitis populi L., 1758

Commun dans l'Europe, absent de la péninsule Ibérique, de Grande Bretagne, de la péninsule italienne et de Grèce.

24. Limenitis camilla L., 1763

Limenitis camilla camilla L., 1763
L. camilla xylostei de Prunner, 1798 vole en France. M. R. Gomez Bustillo (1981) admet qu'en Espagne vole la race *garrigai* Sagarra.

25. Limenitis reducta Stgr., 1901

syn. *anonyma* Lewis, 1872
syn. *rivularis* Stichel, 1907
M. R. Gomez-Bustillo admet pour l'Espagne la race *schiffermuelleri* Higgins, 1932, mais P. Leraut l'a passée en synonymie.

Genus Neptis F., 1807

26. Neptis sappho Pallas, 1771

Seulement en Europe orientale. P. Leraut cite cette espèce de France où elle a été capturée par Lhomme en 1924, mais „jamais revue depuis dans notre pays“; sa présence doit être donc confirmée.

27. Neptis rivularis Sc., 1763

syn. *lucilla* Den. et Schiff., 1775. L'espèce est répandue en Europe orientale, atteignant à l'ouest l'Autriche, le Piémont et le nord de la Yougoslavie et, vers le sud, les Balkans.

Les genitalia ♂ des espèces de Limenitinae ont été publiés par R. Verity (1950), T. Shirôzu (1960), E. Niculescu (1965), L. G. Higgins (1975) et F. Fernandez-Rubio (1977).

3. Subfamilia Nymphalinae Swainson, 1827

Dans la faune européene cette sous-famille comprend deux tribus: Nymphalini (apomorphe) et Argynnini (plésiomorphe).

Tribu Nymphalini

Genus Araschnia[7]) HÜBNER, 1818

28. Araschnia levana L., 1758

En Europe, aucune variation géographique n'a été observée, partout vole la même race nominale. Au contraire, la variation saisonnière est remarquable (la forme estivale a été nommée *prorsa* L.).

Genitalia ♂: VERITY, 1950, XVIII, 1; NICULESCU, 1965, 102; HIGGINS, 1975, 220; FERNANDEZ-RUBIO, 1977, 18.

Genus Nymphalis KLUK, 1802

29. Nymphalis polychloros L., 1958

3 races:
Nymphalis polychloros polychloros L., 1758 sous-espèce commune dans toute l'Europe.
N. polychloros erythromelas AUST., 1885, vole en Espagne selon M. R. GOMEZ-BUSTILLO et M. ARROYO VARELLA (13).
N. polychloros dilucidus FRHST., vole dans la partie européenne sud-orientale de l'U.R.S.S.

Genitalia ♂: VERITY, 1950, XVIII, 7; NICULESCU, 1965, 83, 84, 85; HIGGINS, 1975, 222; FERNANDEZ-RUBIO, 1977, 9.

30. Nymphalis xanthomelas DEN. et SCHIFF., 1775

Espèce localisée en Europe centrale jusqu'en Bulgarie. P. LERAUT cite cette espèce de France (d'après De PEYERIMHOFF et BETZ). Mais comme cette espèce se confond aisément avec la précédente, peut-être s'agit-il d'une erreur de détermination. Sa présence en France réclame confirmation[8]).

31. Nymphalis antiopa L., 1758

On n'a pas décrit de races de cette espèce.
Les genitalia mâles ont été publiés par les mêmes auteurs que les espèces précédentes.

---

[7]) L. G. HIGGINS (1975) place ce genre dans la sous-famille des Araschniinae GROTE, 1897. Nous n'admettons pas cette sous-famille puisque les genitalia et l'exosquelette sont du type Nymphalini. Certainement GROTE a été induit en erreur en se guidant selon l'habitus qui est très différent de celui des autres Nymphalini. Mais, dans nos opérations taxonomiques supraspécifiques, nous ne tenons pas compte de l'habitus mais de la structure. Si nous suivions GROTE, nous devrions scinder la famille des Nymphalidae en quelques dizaines de sous-familles! La sousfamille des Araschniinae n'est équivalente morphologiquement et taxonomiquement à aucune des 6 autres sous-familles acceptées par HIGGINS et à plus forte raison à aucune des cinq sous-familles de notre classification. Pour ces motifs nous invalidons la sous-famille des Araschniinae.

[8]) Pour l'identification précise de cette espèce il faut prendre en considération les genitalia du papillon ainsi que la morphologie et l'écologie de la chenille tout à fait différentes de celles de *polychloros* (voir notre volume de Faune de Roumanie).

Genus Polygonia HÜBNER, 1819

32. Polygonia c-album L., 1758

Pas de races géographiques en Europe.

Genitalia ♂: VERITY, 1950, XVIII, 5; NICULESCU, 1965, 77; HIGGINS, 1975, 232; FERNANDEZ-RUBIO, 1977, 16.

33. Polygonia vau-album[9]) DEN. et SCHIFF., 1775

Absente d'une grande partie de l'Europe; pas de races géographiques européennes.

Genitalia ♂: NICULESCU, 1965, 82; HIGGINS, 1975, 224.

34. Polygonia egea CR., 1775

Cette espèce est commune dans le sud-est de la France, en Italie, dans le sud-est européen. En Roumanie, elle a été signalée jadis par J. MANN, A. MONTANDON et A. CARADJA, mais depuis 1895, sa présence n'a été signalée par aucune lépidoptèriste. Certainement elle a actuellement disparu de ce pays.

Genitalia ♂: VERITY, 1950, XVIII, 4; NICULESCU, 1965, 80; HIGGINS, 1975, 233; FERNANDEZ-RUBIO, 1977, 17.

Genus Inachis HÜBNER, 1819

35. Inachis io L., 1758

Inachis io io L., 1758
Inachis io sardoa STGR., 1871, en Sardaigne, en Sicile et en Italie meridionale.

Genitalia ♂: VERITY, 1950, XVIII, 8; NICULESCU, 1965, 92; HIGGINS, 1975, 221 et 226; FERNANDEZ-RUBIO, 1977, 10.

Genus Aglais DALMAN, 1816

36. Aglais urticae L., 1758

Aglais urticae urticae L., 1758

---

[9]) Cette espèce est reprise sous le nom *Nymphalis l-album*. Dans notre volume de Faune (1965) nous avons prouvé, sur base des genitalia et de la morphologie des chenilles, que *vau-album* n'est pas un *Nymphalis*, mais bien un *Polygonia*. „En examinant *l-album*, *c-album* et *polychloros*, tant l'imago que ses premiers états, nous avons constaté que *l-album* a davantage de caractères de *Polygonia* que de *Nymphalis*. La resemblance avec *N. polychloros* se trouve seulement dans l'habitus; tous les autres caractères rapprochent *l-album* de *c-album*. Chez les chenilles il y a deux processus ramifiés sur le vertex, caractère présent chez toutes les espèces du genre *Polygonia*, mais absent chez *Nymphalis*.“ Toutes ces particularités nous obligent à inclure *l-album* dans le genre *Polygonia*. Mais personne n'a tenu compte de notre travail. Que la force de l'habitude est tenace! Seuls L. ROKOSY en Roumanie et P. C. ROUGEOT en France nous ont suivi. Ce dernier a rédigé la note suivante (dans le Guide de HIGGINS traduit en français): „*Nymphalis vau-album* est en fait un *Polygonia*“. Nous ajoutons que l'étude de l'exosquelette confirme pleinement les conclusions du volume de Fauna: *vau-album* est un *Polygonia*; l'argumentation se trouve dans un travail sous pressé.

A. urticae ichnusa[10]) HBN., 1824, vole en Corse et en Sardaigne.
Genitalia — les mêmes auteurs que ci-dessus.

Genus Vanessa F., 1807

Dans un travail antérieur (1979) nous avons divisé le genre *Vanessa* en quatre sous-genres: *Vanessa* s. str., *Bassaris*, *Cynthia* et *Fieldia* Nic. En Europe on trouve seulement *Vanessa* et *Cynthia*.

Sous-genre Vanessa s. str. F., 1807

37. Vanessa (Vanessa) atalanta L., 1758

Sous-genre Cynthia[11]) F., 1807

38. Vanessa (Cynthia) cardui L., 1758

39. Vanessa (Cynthia) viriginiensis[12]) DRURY, 1773

Tribu Argynnini

Genus Boloria MOORE, 1900

Ce genre comprend, dans notre conception, toutes les espèces du genre *Boloria* AUCT., ainsi que celles des „genres" *Proclossiana* et *Clossiana*, que nous avons invalidés[13]). Une toute autre conception a été exposée par O. KUDRNA dans un travail où il transfère toutes les espèces du genre BOLORIA sensu NICULESCU dans le genre *Argyronome*!

---

[10]) Selon P. LERAUT et d'autres lépidoptèristes, *ichnusa* serait une bonne espèce. Ce point de vue est insoutenable puisque les genitalia sont semblables à ceux d'*urticae*, et le seul habitus n'est pas suffisant pour ériger *ichnusa* au rang spécifique. Quelques différences ont été observées dans les genitalia, mais ce sont de simples variations individuelles et non pas des caractères spécifiques. *Ichnusa* et un bon exemple de spéciation géographique (par isolement géographique), mais la spéciation n'a pas atteint, ici, son terme final; *ichnusa* se trouve toujours dans le stade de sous-spéciation. Cela nous montre clairement que l'isolement géographique, tout seul, n'aboutit pas à l'apparition d'une espèce nouvelle; il est absolement nécessaire que paraisse aussi un isolement morphologique, génétique et physiologique (reproductif).

[11]) W. D. FIELD (10) a réactualisé le genre *Cynthia* F. et P. LERAUT a accepté ce point de vue. Mais, dans un travail antérieur (1979) nous avons démontré que *Cynthia* n'est pas un genre valable. Notre point de vue a été partage par M. R. GOMEZ-BUSTILLO, M. ARROYO VARELA et beaucoup d'autres lépidoptèristes; seuls P. LERAUT et A. POPESCU-GORJ se sont ralliès à la thèse de FIELD.

[12]) Cette espèce a été citée par P. LERAUT et M. R. GOMEZ-BUSTILLO. Elle se rencontre rarement en Espagne, dans les Pyrénées, en Bretagne et en Angleterre, mais les spécimens capturés ne sont autres que des immigrants des îles Canaries.

[13]) Nous avons invalidé ces deux genres (1965) puisqu'ils n'ont pas de genitalia différenciés au niveau générique, leur plan de structure étant celui du genre *Boloria*.

40. Boloria pales DEN. et SCHIFF., **1775**

Boloria pales pales DEN. et SCHIFF., 1775, en France (selon P. LERAUT) dans les Alpes orientalis, les Dolomites, les Alpes Juliennes, les Carpathes (Tatra et Carpathes méridionales[14])).

Boloria pales pyrenesmiscens VRTY., 1932, dans les Mts. Cantabriques et les Pyrénées.

Boloria pales napaea[15]) HOFFMANNSEGG, 1804.

Boloria pales graeca STGR., 1870.

Boloria pales pales f. *aquilonaris*[16]) STICHEL, 1908.

41. Boloria eunomia ESP., **1790**

C'est une espèce de distribution discontinue, localisée dans les régions nordiques et quelques pays d'Europe centrale et occidentale.

42. Boloria dia L., **1767**

Répandue surtout en Europe centrale, occidentale et orientale. Toujours FRUHSTOFER et VERITY ont décrit quelques races géographiques, mais celles-ci ont été invalidées par P. LERAUT et nous-même.

43. Boloria selene DEN. et SCHIFF., **1775**

Est beaucoup plus répandue que l'espèce précédente. La variation géographique de cette espèce est presque nulle.

44. Boloria euphrosyne L., **1758**

A une répartition encore plus étendueque *selene*, dans présque toute l'Europe, mais toute fois ce n'est pas une espèce très commune. Sa variation géographique est presque nulle. Les „races" *densoi* FRHST., *apennina* FRHST., *cynosoma* FRHST., *nestonclara* VRTY., *eminens* VRTY., *austreminens* VRTY., *austroneston* VRTY., invalidées par P. LERAUT ne sont que des variantes individuelles.

45. Boloria titania ESP., **1793**

Boloria titania titania ESP., 1973 en France, en Italie.

Boloria titania cypris MEIGEN, 1828 en Europe centrale, Pologne, Tchécoslovaqui, Roumanie, Yougoslavie.

---

[14]) A. CROSSON DU CORMIER et A. POPESCU-GORJ estiment que dans les Carpathes méridionales vole une race distincte nommée par eux *carpatho-meridionalis*. Nous avons examiné cette „race" et en la comparant avec la race nominale, nous avons constaté que ses caractères soi-disant raciaux ne sont que de simples variations individuelles. D'ailleurs A. CROSSON DU CORMIER est bien connu pour sa forte tendance au „splitting" et P. LERAUT a passé en synonymie un grand nombre de ses „races".

[15]) Un grand nombre de lépidoptèristes considèrent *napaea* comme bona species. Nous avons invalidé *napaea* au niveau spécifique et l'avons descendue au niveau racial, ses caractères „spécifiques" dans les genitalia n'étant que des variations individuelles; l'argumentation d'ont il s'agit a été prêsentée dans plusieurs travaux anterierus et n'y revenons plus. Pour l'espèce *napaea* les lépidoptèristes „splitters" ont aussi décrit des „sous-espèces"! Quatre de ces sous-espèces ont été invalidées par P. LERAUT et nous sommes tout à fait d'accord avec l'auteur; ces „sous-espèces" sont les suivantes (en France): *brogotarus* FRHST., 1909, *punctata* CROSSON DU CORMIER, 1964, *sabaudiensis* CROSSON DU CORMIER, 1964 et *laurentidis* CROSSON DU CORMIER, 1966.

[16]) Nous considérons *aquilonaris* comme une forme écologique de pales; la même opinion a été soutenue DE M. DUQUEF; A. POPESCU-GORJ la considère comme une sous-espèce de *pales*.

46. Boloria thore HÜBNER, **1803**

Boloria thore thore HBN., 1803, vole dans les Alpes (Suisse, Bavière, Autriche, Italie, Dolomites).

Boloria thore borealis STGR. en Scandinavie.

Les cinq espèces suivantes volent seulement dans les régions nordiques de l'Europe:

47. Boloria chariclea SCHNEIDER, **1794**

48. Boloria freija THUNBERG, **1791**

49. Boloria polaris BSDV., **1828**

50. Boloria frigga THUNBERG, **1791**

51. Boloria improba BTLR., **1877**

Les genitalia ♂ chez les espèces du genre *Boloria* sensu NICULESCU, ont été publiés par B. C. S. WARREN (1944), R. VERITY (1950), E. NICULESCU (1965), L. G. HIGGINS (1975) et F. FERNANDEZ-RUBIO (1977).

Genus Argynnis[17]) F., **1807**

Nous divisions le genre *Argynnis* sensu NICULESCU en trois sous-genres: *Brenthis*, *Argyronome* et *Argynnis* s. str.

[17]) En 1965 nous avons invalidé les „genres" *Brenthis*, *Issoria*, *Fabriciana*, *Mesoacidalia*, *Argyronome* et *Pandoriana* -- d'après les structures des genitalia. Cette conclusion taxonomique n'a été adoptée par aucune lépidoptèriste excepté L. RAKOSY et A. POPESCU-GORJ qui a conservé ces noms comme des sous-genres. Mais notre conclusion a reču une brillante confirmation par l'étude de l'exosquelette. En examinant, dernièrement, les ptérygodes chez un grand nombre de Lépidoptères, nous avons constaté que chaque genre a un certain type de ptérygodes qui diffèrent, toujours, d'un genre à l'autre — les „bons" genres bien entendu. Ainsi, dans la tribu des Argynnini, pour la faune de l'Europe, nous avons constaté deux types de ptérygodes seulement correspondant aux deux genres valables — *Boloria* et *Argynnis*: Chez les *Boloria* sensu NICULESCU, les ptérygodes ont le lobe antérieur court, très large et la „queue" très courte, parfois presque inexistante, tandis que chez les *Argynnis* sensu NICULESCU, les ptérygodes ont le lobe antérieur long, moins recourbé, large et la „queue" longue; il n'y a aucune exception. Pour mieux vérifier la valeur générique des ptérygodes nous avons aussi examiné d'autres „genres" d'*Argynnini* (*Argyreus*, *Speyeria*, *Damora*) et avons constaté que ces genres sont eux aussi invalides, tandis que les véritables genres (*Euptoieta*, *Cupha* et *Phalanta*) sont valides puisque leurs ptérygodes sont diffèrents de ceux du genre *Argynnis*. Puisque chez les *Issoria*, *Brenthis*, *Argyronome*, *Mesoacidalia*, *Fabriciana*, *Pandoriana*, *Argyreus*, *Speyeria* et *Damora*, les ptérygodes sont absolument du type *Argynnis*, nous avons invalidé tous ces genres (*Brenthis* et *Argyronome* ont été conservés mais comme sous-genres). La documentation- un grand nombre de dessins — se trouve dans un travail sous presse. Nos idées ont été, partiellement, acceptées par O. KUDRNA dans son travail „Ökologie und Schutz von Tagfaltern und Widderchen" (1982) publié en collaboration avec JOSEF BLAB. Il accepte un seul genre, *Argynnis*, pour toutes les espèces separées dans les genres invalidés par nous. Mais, en ce qui concerne le genre *Boloria* sensu NICULESCU, il transfère toutes ses espèces dans le genre Argyronome! Puisque ces espèces ne sont pas congénériques avec *laodice*, nous ne pouvons admettre cette opinion.

Sous-genre Brenthis HÜBNER, 1819

52. Argynnis (Brenthis) hecate DEN. **et** SCHIFF., **1775**

Quelques races décrites par FRUHSTORFER et VERITY ont été invalidées par P. LERAUT.

53. Argynnis (Brenthis) daphne DEN. **et** SCHIFF., **1775**

Au sujet de la variation géographique, mêmes remarques que pour *hecate*.

54. Argynnis (Brenthis) ino ROTT., **1775**

Sagarra a décrit deux sous-espèces (*pyrenaica* et *erilda*), mais nous pensons qu'elles ne sont valables.

Sous-genre Argyronome HÜBNER, 1818

Le statut taxonomique d'*Argyronome* n'est pas définitivement établi. Vu les quelques particularités constatées dans l'armature génitale et l'exosquelette, nous pensons qu'*Argyronome* doit être retenu comme sous-genre d'*Argynnis*.

55. Argynnis (Argyronome) laodice PALLAS, **1771**

Cette espèce est très localisée en Hongrie, Roumanie (Transsylvanie) et en Europe orientale.

Sous-genre Argynnis F., 1807

56. Argynnis (Argynnis) lathonia L., **1758**

La variation géographique de cette espèce est nulle. VERITY et SAGARRA ont trouvé ici aussi des caractères raciaux, mais ceux-ci ne sont que des formes individuelles et LERAUT a invalidé les „races" *florens* VRTY. et *attenuata* SAGARRA.

57. Argynnis (Argynnis) adippe DEN. **et** SCHIFF., **1775**

Cette espèce est très variable individuellement mais, ici également, les variations individuelles ont été prises pour des caractères raciaux et ainsi on a décrit de nombreuses „races" qui ultérieurement ont été invalidées[18]).

58. Argynnis (Argynnis) niobe L., **1758**

Espèce très répandue, mais la variation géographique est très réduite.[19])

---

[18]) P. LERAUT a invalidé les races suivantes: *phryxa* BERGSTR., 1780, *bajuvarica* SPULER, 1901, *adelassia* FRHST., 1910, *mainalia* FRHST., 1929, *vulgoadippe* VRTY., 1929, *semiclarens* VRTY., 1936, *magna clarens* VRTY., 1950, *parvalpium-mixta* VRTY., 1950. M. R. GOMEZ-BUSTILLO (1981) admet pour l'Espagne *virescens* SAG. et *parvavirescens* VRTY., et considère *chlorodippe* HERR.-SCH. comme une simple forme.

[19]) P. LERAUT a invalidé les „races" suivantes: *herse* HUFNAGEL, 1766, *laranda* FRUHST., 1910, *appenninica* VRTY., 1914, *pinguis* VRTY., 1919, *cebennica* VRTY, 1929, *alpiumstricta* VRTY., 1929, *altapyrenaea* VRTY., 1933 et *sequenica* VARIN, 1945. VERITY (1950) cite encore 6 races existant selon lui, en Italie: *sicula* RAGUSA, 1920, *rubida* VRTY., 1914, *alpiumlaranda* VRTY., 1929, *alpiumlata* VRTY., *alpiumsisenna* VRTY., *sisenna* FRHST., 1910. En examinant les planches (coloriées) du travail de VERITY, on voit que les prétendus caractères raciaux ne sont que de simples variations individuelles.

59. Argynnis (Argynnis) aglaja L., **1758**

Syn. *charlotta* HAW., 1802

FRUHSTORFER, SAGARRA et surtout VERITY ont décrit pour cette espèce de nombreuse races, mais P. LERAUT a invalidé celles décrites par VERITY. Les races de SAGARRA ont été acceptées par M. R. GOMEZ-BUSTILLO (1981).

60. Argynnis (Argynnis) elisa GOD., **1823**

Est une espèce endémique[20]) en Corse et en Sardaigne.

61. Argynnis (Argynnis) paphia L., **1758**

Argynnis paphia paphia L., 1758

Argynnis paphia immaculata BELLIER, 1862 vole en Corse, en Sardaigne, dans l'île Elbe. Nous invalidons les races suivantes: *anargyra* STGR., 1871, *magnifica* VRTY., 1919, *magnifica-magnata* VRTY., 1950.

62. Argynnis (Argynnis) pandora DEN. **et** SCHIFF., **1775**

Genitalia ♂ chez les espèces du genre *Argynnis* sensu NICULESCU ont été publiés par B. C. S. WARREN (1944), R. VERITY, (1950), E. NICULESCU (1965), L. G. HIGGINS (1975 et F. FERNANDEZ-RUBIO (1977).

4. Subfamilia Charaxinae GUENÉE, **1865**

Genus Charaxes GUENÉE, **1865**

Ce genre, très riche en Afrique, n'a en Europe qu'une seule espèce.

63. Charaxes jasius L., **1767**

Vole en France méridionale, dans la péninsule ibérique, en Italie, sur la côte adriatique de la Yougoslavie et dans grandes îles à l'O de la Grèce.

Commentaires

Notre classification diffère de toutes les autres élaborées jusqu'à présent. Avant d'en donner l'explication adéquate, il est nécessaire de présenter quelques classifications plus connues.

---

[20]) Certains zoologistes affirment que les espèces apparaissent par isolement géographique. Mais, le problème de la spéciation ne se ramène pas à l'isolement géographique, car le phénomène est dû aussi à d'autres facteurs. Un seul exemple: *Argynnis elisa* et *A. paphia immaculata*. Tandis qu'*elisa* est une espèce achevée, *immaculata* se trouve à peine dans la stade de sous-spéciation quoique le facteur isolement géographique ait agi pareillement sur les deux entités. Mais sur les populations d'*elisa* ont agi deux autres facteurs (l'isolement morphologique et l'isolement génétique) qui n'ont pas affecté les populations d'*immaculata* qui sont restées jusqu'à aujourd'hui dans le stade de race géographique. L'isolement géographique est seulement de stade initial, mais non décisif, de la spéciation.

A. SEITZ divise la famille des Nymphalidae en 4 sous-familles: Nymphalinae, Limenitini (au lieu de Limenitinae), Euthaliinae et Vanessinae. Dans les Nymphalinae entrent des genres comme *Apatura*, *Polyura*, *Charaxes*, etc.

HANDLIRSCH propose en 1926 une classification extrême unificatrice où tous les Rhopalocères forment une seule famille: Papilionidae. Moins unificatrices trois classifications sont proposées par P. VIETTE (1950), J. BOURGOGNE (1951) et P. EHRLICH (1958): ces auteurs incluent dans les Nymphalidae trois familles qu'ils abbaissent au rang de sous-familles: Libytheinae, Danainae et Satyrinae. Pour VIETTE, *Libythea* n'est qu'un simple genre de Nymphalini à côté de *Polyura*, *Doleschallia*, etc. (1950).

Mais il existe aussi des classifications qui procèdent d'un esprit diviseur. Ainsi A. H. CLARK (1948) retire de la famille des Nymphalidae des groupes comme les Argynninae, Limenitinae, Heliconiinae et Acraeinae et constitute avec ceux-ci la „famille" des Argynnidae. Il réunit aussi les Morphinae avec les Amathusiinae dans la „famille" des Morphidae, et les Charaxinae avec les Apaturinae dans la „famille" des Apaturidae, idée reprise plus tard par R. VERITY (1950).

K. J. HAYWARD (1950) divise la famille en 4 sous-familles: Morphinae, Nymphalinae, Acraeinae et Heliconiinae et de nombreuses entités comme les Apaturini, Charaxini, Limenitini et d'autres groupes néotropicaux sont considérés comme des tribus de Nymphalinae. R. M. FOX (1965) divise cette famille en trois sous-familles Nymphalinae (avec les tribus Charaxini, Limenitini, Neptini, Nymphalini, Argynnini et d'autres éthiopiennes), Libytheinae et Acraeinae. L. G. HIGGINS y inclut 7 sous-familles: Araschniinae, Nymphalinae, Argynninae, Melitaeinae, Charaxinae, Apaturinae et Limenitinae tandis que les Libytheidae, Danaidae et Satyridae sont considérees comme des familles distinctes (1975) Enfin, P. LERAUT reprend la thèse de J. BOURGOGNE et divise la famille en 4 sous-familles: Nymphalinae, Satyrinae, Danainae et Libytheinae.

Notre classification diffère de toutes les autres puisque nous l'avons élaborée d'après d'autres relations phylogénétiques, nouvelles, conformément à l'exosquelette. Nous avons établi cinq sous-familles (pour toute la faune mondiale) et à l'intérieur de celles-ci de nombreuses tribus comme dans la classification de HAYWARD. Mentionnons que la classification de ce dernier n'a pas été adoptée par C. M. BIEZANKO (1962) qui admet (pour la faune néotropicale) 13 sous-familles — les Heliconiidae, Acraeidae, Danaidae, Ithomiidae et Morphidae étant des familles distinctes. Les cinq sous-familles, qui correspondent à cinq types de structure de l'exosquelette, sont les suivantes: 1. Acraeinae, 2. Limenitinae, 3. Nymphalinae, 4. Morphinae et 5. Charaxinae. La première comprend trois tribus: Acraeini, Melitaeini et Apaturini. La deuxième a été divisée en deux tribus: Limenitini et Marpesiini. Nous n'avons pas pu suivre HAYWARD qui place les Limenitini dans la sous-famille des Nymphalinae puisque les Limenitinae se détachent clairement comme un groupe à part, bien distinct des Nymphalinae ayant deux caractères dans l'exosquelette qui font défaut chez tous les autres Nymphalidae: 1. Les processus antérieurs du proscutellem sont extrêmement longs — plus longs que chez n'importe quel groupe de toute la super-famille des Papilionoidea; 2. Les ptérygodes, étroites, ont le lobe antérieur court et étroit. La sous-famille des Nymphalinae comprend, dans notre classification, sept tribus dont cinq exotiques et deux européenes: Nymphalini et Argynnini. La sous-famille des Morphinae n'a aucun reprèsentant en Europe, et la sous-famille des Charaxinae (très riche en genres néotropicaux) n'a chez nous qu'une seule tribu — Charaxini — avec un seul genre. Nous n'avons pas suivi CLARK, HAYWARD, EHRLICH, HIGGINS, qui placent erronément les Charaxinae dans la classification; ce groupe diffère beaucoup des Apaturinae et ne peut y être rangé ni dans la sous-famille des Nymphalinae non plus. De même, nous n'avons pas pu suivre R. VERITY et FOX. VERITY réunit les Charaxinae et Apaturinae dans la „famille" des Apaturidae et les Neptis sont érigés au rang de sous-famille (Neptidinae). FOX érige ce dernier genre au rang de tribu (Neptini) dans la sous-famille des Nymphalinae. Les *Neptis* ont les processus antérieurs du proscutellum extrêmement longs de même que ceux des Limenitini; leur proche parenté avec ces derniers est très évidente. Tous ces arguments ont été exposés dans un travail comprenant un grand nombre de dessins démonstratifs. Dans ce travail (sous presse) les relations phylogénétiques des toutes les sons-familles et tribus du Globe été discutés largement.

En conclusion, nous ne pouvons inclure dans la famille des Nymphalidae des familles bien distinctes comme Satyridae, Danaidae et Libytheidae et d'autre part nous ne pouvons en retirer des groupes comme les Apaturinae, Charaxinae, Argynninae, Heliconiinae, Ithomiinae, Acraeinae, et Morphinae — veritables Nymphalidae.

Bibliographie

AGENJO, R., (1934): Estudio sobre formas espanoles de *Melitaea* del grupa *athalia* ROT., Eos **9**: 99—122.

— (1968): Morfologia, distribucion geográfica y bionomia en Espana de la „Cuatro colas" *Charaxes jasius* (L., 1767) (Lep., Nymphalidae). — Eos **43**: 345—355.

BIEZANKO, C. M., y RUFFINELLI, (1962): Lepidopteros americanos de la coleccion de la catedra de Entomologia. — Revista de la Facultad de Agronomia, No. 50, p. 119—166.

BOURGOGNE, J., (1953): *Melitaea athalia* ROTT. et *M. athalia helvetica* RÜHL. (*pseudoathalia* REV.) en France. Étude biogéographique (Lep. Nymphalidae). — Ann. Soc. ent. France **122**: 134—176.

BROCK, J. P., (1971): A contribution towards and understanding of the Ditrysian Lepidoptera. — J. nat. Hist. 5, Nymphalidae: 62—66.

CLARK, A. H., (1948): Classification of the Butterflies with the allocation of the genera occuring in North America of Mexico. — Proc. Biol. Soc. Washington **61**: 77—84.

CORBET, A. S. and PENDLEBURY H. M., (1956): The Butterflies of the Malay peninsula. 537 p., 159 fig., 55 pl.

EHRLICH, R. P., (1958): The comparative Morphology, Phylogeny and Higher classification of the Butterflies (Lepidoptera: Papilionoidea). — Univ. of Kansas Sci. Bull. **39**: 305—370.

FERNÁNDEZ-RUBIO F., (1977): Genitalia (Andropigios) de los Ropalóceros de Alava y su entorno ibérico. II: Libytheidae, Nymphalidae, Danaidae. A. E. P. N. A., 45 planches.

FIELD, W. D., (1971): Butterflies of the genus *Vanessa* and the resurrected genera *Bassaris* and *Cynthia* (Lep. Nymphalidae). — Smithsonian Contribution to Zoology, **84**, Washington D. C.

FOX, R. M., et al., (1965): The Butterflies of Liberia. — Mém. Amer. Ent. Soc. **19**: 1—438.

GOMEZ BUSTILLO M. R. y FERNANDEZ-RUBIO F., (1974): Mariposas de la peninsula Iberica, II, 168—211.

GOMEZ BUSTILLO, M. R., y ARROYO VARELA M., (1981): Catalogo sistematico de los Lepidopteros ibericos. I. Macrolepidoptera. Nymphalidae p. 141—152. Madrid.

HAYWARD, K. J., (1950): Catalogo sinonimico de los ropalóceros argentinos. — Acta Zool. Lilloana **9**: 85—281.

HIGGINS, L. G., (1941): An illustred Catalogue of the palearctic *Melitaea*. — Trans. Ent. Soc. London **91**: 175—365.

— (1955): A descriptive Catalogue of the genus *Mellicta* BILLB. (Lep., Nymphalidae) and its species, with supplementary notes on the genera *Melitaea* and *Euphydryas*. — Trans. Ent. Soc. London **106**: 1—132.

— (1975): The classification of European Butterflies. Fam. Nymphalidae: 171—214. London.

— (1978): A revision of the genus *Euphydryas* SCUDDER (Lep. Nymphalidae). — Entomologists's Gazette **29**: 109—115.

HIGGINS L. G. and RILEY N. D., (1970): A Field Guide to the Butterflies of Britain and Europe. Fam. Nymphalidae: 75—131.

JAUFFRET, P. et PUJOL, R., (1961): Monographie du *Charaxes jasius* L., — Science et Nature **47**: 3—15.

KUSNEZOV, N., (1915): Fauna Rossii i sopredelînîh stran. Nasekomîe ceşuecrîlie, Petrograd T. I, fasc. 1, 336 p., 204 fig.

NGUYEN THI HONG, (1970): Note sur deux espèces jumelles d'*Apatura* F. (Lep. Nymphalidae). — Lambillionea **68**: 9—10, 76—80.

NICULESCU, E. V., (1947): Nymphalides nouveaux ou rares pour la faune roumaine des Lépidoptères. V. Adamachi, 33, 4, 3 p.

— (1962): Les premiers états de *Brenthis hecate*. I. — Bull. Soc. Ent. Mulhouse, Mai—Juin.

— (1963): Contribution à l'étude morphologique des Nymphalides (Lepidoptera) paléarctiques. II. Les premiers états de *Brenthis hecate*. — Bull. Soc. Ent. Mulhouse, Juin, p. 41—49, 15 fig.

— (1964): Étude morphologique et systématique sur le genre *Melitaea* F. (Lep. Nymphalidae). — Bull. Soc. Ent. Mulhouse, Janvier—Février, p. 1—16, 46 fig.
— (1965): Aperçu critique sur la systématique et la phylogénie des Nymphalides (Lépidoptères). — Lambillionea **5—8**: 17—32.
— (1965a): Fauna Rep. Pop. Române. Insecta, XI, 7, Familia Nymphalidae, 361 p., 160 fig., 25 pl. Bucarest.
— (1967): Remarques sur la terminologie de l'armure génitale dans le genre *Argynnis* (s. l.) (Lepidoptera Nymphalidae). — Alexanor **V**: 146—148.
— (1968): Quelques considérations concernant le gnathos chez les Argynnini (Lepidoptera Nymphalidae). — Bull. Soc. Ent. Mulhouse, Sept.—Oct. p. 85—86.
— (1972): Comentarii asupra terminologiei armăturii genitale la Lepidoptere. St. şi Cerc. Biol.-Zool., T. 24, 2: 111—118.
— (1972a): Sur la délimitation des genres. — Rev. Verviétoise Hist. Nat., 29, 4—9: 3—12.
— (1977): Une nouvelle paire d' „espèces jumelles": *Apatura ilia* et *A. metis*! — Linneana Belgica, VII, 1: 23—28.
— (1978): Recherches de morphologie taxonomique dans la famille des Nymphalidae. — Bull. Soc. Lép. Français, II, **3**: 99—105, 54 fig.
— (1979): Contributions morphologiques et taxonomiques à l'étude du genre *Vanessa* (s.l.) (Lepid.-Nymphalidae). — Rev. Verviétoise Hist. Nat. **36**: 1—3, 2—6.
— (1980): *Apatura ilia metis* FREYER et la notion de species in statu nascendi (Lepidoptera). — Bull. Soc. Ent. Mulhouse, Janv.—Mars, 2 fig., p. 7—14.
— (1983): L'armure génitale chez les Lépidoptères. — Bull. Soc. Ent. Mulhouse, Supplément. 128 p. 411 desins.
— (1985): Problèmes de systématique dans la famille des Nymphalidae (Lepidoptera). — Dtsch. Ent. Z., N. F. **32**: 335—347.
PASSOS, C. F. dos and GREY, L. P., (1945): A genitalic survey of Argynninae (Lepidoptera — Nymphalidae). — Amer. Mus. Nov., nr. 1296.
PIERCE, F. N. and BEIRNE, B. P., (1975): The genitalia of the British Rhopalocera and the Larger Moths, Nymphalidae: 18—22, Pl. II (2—10), III (1—9).
REVERDIN, Y. L., (1927): Note sur l'armure génitale mâle chez quelques *Melitaea* paléarctiques. — Bull. Soc. Lépid. de Genève, V, **4**: 163—173.
ROCCI, U., (1930): La struttura e la variabilità delle armature maschili in alcuni gruppi specifici del gen. *Melitaea* F. — Mem. Soc. Ent. Ital. **11**: 123—161.
SARLET, L., 1949—(1961): Iconographie des oeufs de Lépidoptères. Lambillionea.
SHIRÔZU, T., (1960): Butterflies of Formosa in colour. 481 p., 479 fig., 76 pl. col.
VERITY, R., (1950): Le Farfalle diurne d'Italia. vol. IV. Apaturidae e Nymphalidae. 380p., 16 pl. col., 7 pl. noir. Firenze.
— (1952): Les variations géographiques et saisonnières des Papillons diurnes en France. II. Nymphalidae: 315—364, III: 365—428.
VIETTE, P., (1950): Lépidoptères Rhopalocères de l'Océanie française., XIII, p. 7—101.
WARREN, B. C. S., (1944): A review of the classification of the Argynnidi. — Trans. R. Ent. Soc. London **94**: 1—101, pl. 1—46.
— (1955): A review of the classification of the subfamily Argynninae. Part. 2. Definition of the Asiatic genera. — Trans. R. Ent. Soc. London **107**: 381—392.
WILLIAMS, Y. C., (1969): A Field Guide to the Butterflies of Africa. 238p., 24 pl. col. Ed. Collins London.

Anschrift des Verfassers:
Prof. Dr. E. V. NICULESCU
Dr. V. Sion 6
70737 Bucuresti — 1
RS România

Dtsch. ent. Z., N. F. 34 (1987) 1—3, 197—216

Beiträge zur Kenntnis der Elachistiden, Teil V
(Lepidoptera, Elachistidae)

Von

HELMUT STEUER

Mit 57 Abbildungen im Text und 2 Tafeln

Abstract

The mines, caterpillars, imagos and genitalia of 7 species of Elachistidae (*Perittia herrichiella* HERRICH-SCHÄFER; *Stephensia brunnichella* LINNAEUS; *Elachista luticomella* ZELLER; *E. cerusella* HÜBNER; *E. pollinariella* ZELLER; *E. pullicomella* ZELLER und *Biselachista ornithopodella* FREY) are described. The differential structuration of the larval cuticle, and the number of bristles with their anatomical arrangement on the prolegs of segments 6—9 and of the anal segment, are recognized as specific traits.

Nachdem ich mehrere Jahre lang (seit 1980) von verschiedenen Elachistenarten zahlreiche Raupen präpariert und untersucht hatte, konnte ich neue Erkenntnisse über einige spezifische Merkmale gewinnen. So erscheint die Raupenhaut bei den hier beschriebenen Arten mehr oder weniger stark strukturiert. Bei *Stephensia brunnichella* L., deren Raupe in dicht versponnener Mine lebt, fehlt diese Strukturierung völlig. Kleinste Chitinplaques von unterschiedlicher Form, Größe und Ausprägung sind die Elemente dieser Strukturierung. Man könnte sie als mikroskopisch kleine Sklerite deuten. Es kommen runde, polygonale, ovale, längliche und auch sternförmige Gebilde vor. Nach meinen bisherigen Beobachtungen scheint dieses Merkmal charakteristisch für die Art zu sein.

Bei 360 facher Vergrößerung sind diese Plaques gut erkennbar und zu beurteilen.

In meiner ersten Elachistiden-Arbeit 1973 habe ich sie bei ungenügender Vergrößerung irrtümlich als Pigmentkörnchen gedeutet.

Ein weiteres markantes spezifisches Merkmal findet sich an den Bauchfüßen des 6. bis 9. Segments und an dem Analsegment. Die Anzahl der Häkchen auf diesen Ausstülpungen ist bei den einzelnen Arten unterschiedlich. Auch ihre Anordnung, Größe und Krümmung sind artspezifisch. Bei den hier vorliegenden Arten schwankt die Anzahl der Häkchen an den 4 Bauchsegmenten zwischen 4—5 und 16—22, am Analsegment zwischen 2 und 12. Wenn auch als Folge der Präparation ein Verlust einzelner Häkchen angenommen werden müßte — was nach meinen Beobachtungen an vielen Raupen nur sehr selten vorkommt —, so bleibt ein typischer Durchschnittswert immer erhalten. Ihre Anordnung kann kranzförmig (auch bei geringer Anzahl) sein. Sie können in einer geraden Linie stehen oder einen Halbkreis oder einen nach innen offenen Kreis bilden. Bei *Elachista pullicomella* finde ich zwei gegenüberliegende, schwach zueinander gebogenen Reihen nur am 6. Segment. Das Analsegment hat häufig robuste und stärker gekrümmte Häkchen. Sie stehen gewöhnlich in einer geraden Reihe oder in einem schwach gekrümmten, distalwärts offenen Bogen. Für die Untersuchung dieses Merkmals genügt eine 40—60fache Vergrößerung.

Bei Berücksichtigung aller bisher von mir beschriebenen Merkmale (Sklerite, Strukturierung der Raupenhaut und Häkchen auf den Bauchfüßen) läßt sich die Art mit Sicherheit bestimmen. Das Ziel weiterer Arbeiten wäre dann der Aufbau einer fundierten Larvalsystematik der Elachistiden. Schließlich möchte ich noch auf eine mir interessant erscheinende Beobachtung, die ich an allen von mir untersuchten Elachistidenraupen machte, hinweisen:

Bei diesen Raupen befindet sich auf dem Rücken des 2. und 3. Segments (Meso- und Metathorakalsegment) beiderseits je ein halbmondförmiger bis ovaler Fleck mit sehr zarter Chitinhaut. Strukturierten Raupen fehlen an diesen Stellen die Strukturelemente. Frisch gehäutete Raupen haben hier eine grubenförmige Vertiefung. Diese füllt sich mit der Volumenzunahme der Raupe langsam auf und erscheint kurz vor der nächsten Häutung bzw. Verpuppung etwas vorgewölbt. Die beiden erwähnten Segmente haben im Gegensatz zu dem Prothorakal — und 4.—11. Segment keine Stigmen und wahrscheinlich ein reduziertes Tracheensystem. Es wäre denkbar, daß bei Fehlen dieses beschriebenen „Ventils" die Volumenzunahme der Raupe auf Kosten der sauerstoffverbrauchenden Tracheolen geht. Eine Einengung der Tracheolen müßte mithin zu einem Sauerstoffmangel führen und das könnte den Häutungs- bzw. Verpuppungsprozeß einleiten.

Ein Nachweis dieser Überlegung wäre nur durch eine Kontrastfüllung des Tracheenbaumes zu erbringen. Die technische Durchführung einer solchen Prozedur könnte in einem entsprechend ausgerüsteten Labor erfolgen.

Peritta herrichiella H.-S., 1855 (Abb. 1—8)

HERRICH-SCHÄFFER beschrieb die Art 1855 nach Faltern, die *v. Heyden* aus Lonicera xylostea gezogen hatte, unter dem Namen *Tinagma herrichiella.*

Angaben über die Mine und Raupe machte HERING (1926). Die Art ist in Mittel- und Südeuropa überall in geeigneten Biotopen mit der Futterpflanze häufig. In den nördlichen und skandinavischen Ländern kommt sie nur in wenigen Gebieten und auch selten vor. Aus England und Norwegen sind keine Funde bekannt.

In der Umgebung von Bad Blankenburg finde ich die Minen mit den Raupen in Lonicera xylostea sehr häufig in den lichten Hochwäldern der Zechsteinlandschaft in Nordlage und auf der Muschelkalkhochfläche (400—500 m). An Waldrändern und in Hekken zwischen offenen Feldern kommen sie seltener vor und hier auch nur, wenn die Sonneneinstrahlung nicht ganztägig erfolgt. Die Falter habe ich nur vereinzelt am Licht gefangen.

Die Raupe miniert in Lonicera xylostea. An Lonicera periclymenum und Symphoricarpus racemosus habe ich sie hier nicht gefunden.

Zunächst legt die Raupe eine sehr kurze Gangmine am Blattrand an, die sehr bald zu einer großen randständigen Platzmine erweitert wird. Diese Mine nimmt einen relativ großen Teil einer Blattseite ein und kann bis zur Mittelrippe reichen. Sie ist durchsichtig von beiden Blattseiten und hat eine schwach bräunliche Färbung. Der Minenanfang am Blattrand schrumpft ein wenig, und dorthin wird der Kot abgelagert. Die Raupe wechselt die Mine wahrscheinlich 1—2mal. Ich fand oft große Raupen in sehr kleinen Minen und einmal eine fast erwachsene Raupe in einer großen Mine und auf der gegenüberliegenden Blattseite eine ebensolche von unten her frisch eingebohrte Raupe in einer Mine, die nicht größer als die Raupe war. (Abb. 1b) Vereinzelt findet man auch atypische Minen, die ganz unregelmäßig angelegt sind und über die Mittelrippe hinweg bis weit auf die andere Blattseite ziehen. Der Kot wird dann lang verstreut aber zentral abgelagert.

Die Minen mit der Raupe finde ich Ende Juli, dann im August und noch ebenso häufig im September. Am 30. September 1978 fand ich im absonnigen Hochwald des Zechsteins (in 450 m Höhe) noch ca. 50 fressende Raupen. Am 9. Oktober hatten noch einige Raupen die Mine im Zuchtglas gewechselt.

Zur Verpuppung bohrt sich die Raupe nicht in morsches Holz, Baumrinde oder Kork ein. Sie verwendet aber dieses Substrat beim Anlegen eines flachen Kokons. Als ich einmal die

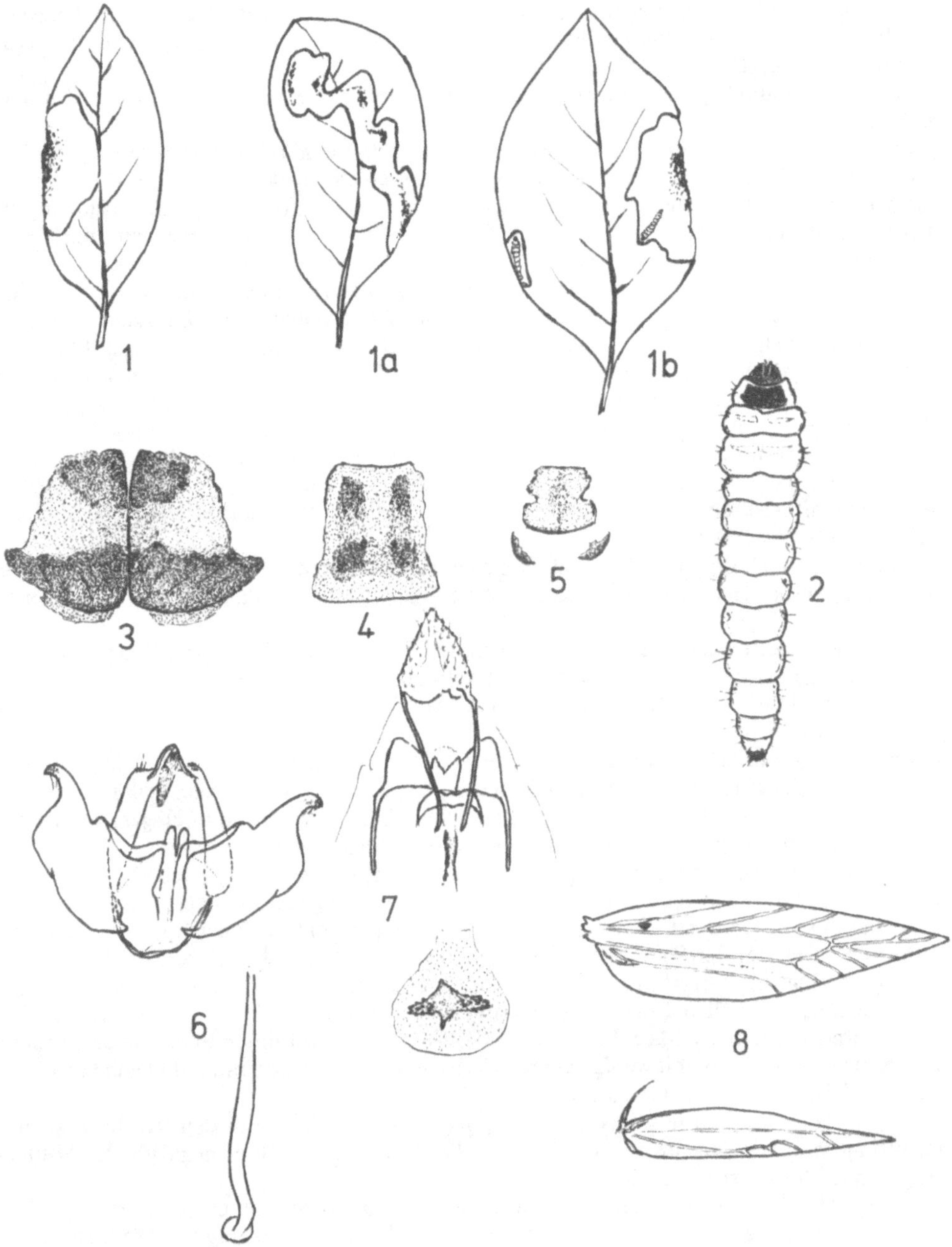

Abb. 1—8
Perittia herrichiella H.-S.; 1 — Minen in Lonicera xylostea; 1a — atypische Mine; 1b — normale Mine, auf der Gegenseite eine frisch eingebohrte Raupe; 2 — Raupe; 3 — Tergit des Prothorakalsegments; 4 — Sternit; 5 — Tergit und Sternit des Analsegments; 6 — ♂ Genital und Aedoeagus; 7 — ♀ Genital und Bursa; 8 — Flügelgeäder.

Blätter mit den Minen in einer Blechschachtel aufbewahrte, hatten die Raupen auf den Blättern flache Kokons unter Verwendung abgeschabten Blattmaterials angelegt. Die Zucht gelang unbeabsichtigt.

Die Falter schlüpfen bei Treibzucht im Februar und März, im Freien erst im Mai und Anfang Juni .

Die Raupe ist ca. 8 mm lang, sehr beweglich und hat eine schmutzig-rote Farbe. Rotgefärbt ist der Körperinhalt. Die Trübung kommt durch die Strukturierung der Raupenhaut zustande. Die Grundelemente dieser Hautstruktur sind sternförmige Chitinverdickungen, meist 5—6strahlig. Mitunter sind diese Sternchen etwas länglich verzogen, nach den Segmenteinschnitten hin verkleinern sie sich zu punktartigen Flecken (Abb. 2).

Das Tergit des Prothorakalsegments erscheint bei der lebenden Raupe als breites fast schwarzes Schild. Ebenso auffallend dunkel ist das Analsegment. Die Thorakalbeine sind kräftig entwickelt. Sie sind wesentlich größer als bei den Raupen der Gattung *Elachista*. Die Häkchen an den Bauchfüßen des 6.—9. Segments sind kranzförmig angeordnet. Ihre Zahl schwankt zwischen 12 und 16 an jedem Bein. Die Häkchen des Analsegments, je 9—12, stehen in einer geraden Reihe und sind robuster gebaut als die der Bauchsegmente.

Tergit des Prothorakalsegments: Zwei breite, im vorderen und hinteren Teil stark sklerotisierte rechteckige Platten, die am distalen Ende seitlich zu einem spitzen Winkel verbreitert sind. Das Chitin ist schollig abgelagert. Am Hinterrand ist der schmale Streifen einer dünnen Scholle deutlich sichtbar.

Sternit: ein nach dem distalen Ende hin sich wenig verbreiterndes Rechteck. Darin sind 4 Chitinverstärkungen eingelagert, die je 2 zu einer länglichen Platte bilateraler Sklerite gehören.

Tergit des Analsegments: eine nach proximal und distal scharf begrenzte Platte, die nach beiden Seiten sehr unregelmäßige Konturen aufweist.

Sternit: zwei kleine mondförmige Schalen, die rundliche Flecke wären, wenn sie flach ausgebreitet wären.

Falter: Spannweite 7—8,5 mm; Kopf, Thorax und Hinterleib grauschwarz, bleiglänzend; Fühler ebenfalls grauschwarz, glänzend, beim ♂ am Ende $^1/_5$ der Länge weißlich, beim ♀ nur die Endspitze weißlich. An der Basis des Grundgliedes 5—8 nach unten gerichtete Borsten, deren Länge der doppelten Breite des Grundgliedes entspricht.

Labialpalpen von doppeltem Augendurchmesser, gelblichgrau; Endglied $^1/_2$ des Mittelgliedes nach vorn-unten gerichtet. Vorderflügel grauschwarz glänzend, nach dem Außenrand hin grobschuppig werdend. Nur die Spitzen der Schuppen sind dunkel gefärbt. Der größere unbedeckte Teil vor der Schuppenspitze erscheint hell graugelb. Die äußersten sehr langen Schuppen bilden mit ihren Spitzen eine schwarze Teilungslinie in den dunkelgrauen Fransen. Am Innenrand bei halber Flügellänge ein dreieckiger, manchmal bis zu einem Viereck sich verbreiternder gelblichweißer Fleck, der die Flügelmitte mitunter etwas überschreitet. Hinterflügel dunkelgrau mit wenig helleren Fransen. Beine schwarzgrau mit kleinen gelblichweißen Flecken am Ende der Tarsen.

Flügelgeäder: Im Vorderflügel m_4 und r_5 gegabelt, sie münden in den Vorderrand: m_1 entspringt vom gemeinsamen r_4 und r_5 Ast; die Analis an der Basis gegabelt. Im Hinterflügel endet der r-Ast in der Spitze.

♂ Genital: Uncus zwei kleine, kaum angedeutete Höcker mit einigen Borsten. Gnathos sehr lang, zugespitzt, dicht beborstet. Valven plump, knapp 2 × so lang wie breit, sie enden am Costalrand in einem kleinen, hakenförmig gebogenen Cucullus, der lang beborstet ist. Costa in der Mitte stufig abgesetzt. Juxta zwei eng aneinander liegende, nach oben gerundete Bälkchen. Saccus rund. Aedoeagus lang, schmal, im unteren Drittel leicht gebogen; keine Cornuti.

♀ Genital: Apophyses anteriores doppelt so lang wie Apophyses posteriores. Antrum klein, von doppelter Breite des Ductus, trichterförmig mit eingekerbter Öffnung. Ductus im Anfangsteil verstärkt sklerotisiert. Am Übergang vom Antrum zum Ductus eine halbmondförmige, in der Mitte etwas eingekerbte Chitinverstärkung. Bursa gleichmäßig mit kleinsten Dornen besetzt.

Signum ein Rhomboid mit konkaven Kanten; an zwei gegenüberliegenden Ecken mit nach außen gerichteten Dornen besetzt.

Stephensia brunnichella L., 1767 (Abb. 9—17)

Die Erstbeschreibung erfolgte von LINNAEUS nach gefangenen Faltern unter dem Namen *Phalaena brunnichella*.

FREY schreibt 1856, daß er „die prächtigen Tierchen" aus braunen Flecken von Clinopodium vulgare gezogen habe. Die Raupen minieren im Juli/August und verlassen dann die Minen. Die Raupe und die Art der Verpuppung beschreibt er nicht.

Verbreitung in Zentral- und Südeuropa bis Kleinasien.

In Dänemark, Schweden und England lokal und seltener, fehlt in Norwegen und Finnland. In der Umgebung von Bad Blankenburg findet man die Minen sehr häufig am Fuße der Muschelkalkberge in Südlage. Auch in der Buntsandsteinlandschaft und auf Zechstein ist die Art nicht selten. Die Falter fange ich am häufigsten in den Nachmittagsstunden beim Abstreifen der Futterpflanzen. Vereinzelt fliegen sie zum Licht.

Die Raupe miniert monophag in Calamintha vulgaris (Wirbeldost). Ich fand sie von Ende April bis Mitte Mai und wieder im Juli und August auf offenen, sonnigen Wiesen und häufiger in Hecken und an Wald- und Wegrändern. Meist sind die Minen in den unteren, in der Vegetation versteckten Blättern angelegt und oft sind mehrere in einer Pflanze, gewöhnlich in gegenüberliegenden Blättern, zu finden. Calamintha vulgaris wird von Weidevieh nicht gefressen und im April/Mai ragen die vertrockneten, vorjährigen Stengel weit aus der noch niedrigen Vegetation heraus. Das Auffinden der kleinen Pflanzen mit den Minen der 1. Generation wird dadurch erleichtert. Im Juli/August ist das hohe, blühende und oft in großen Beständen wachsende Kraut nicht zu übersehen. Die Mine beginnt an der Blattspitze mit einem dünnen, geschlängelten Gang, der später vollständig in eine braune aufgeblähte Platzmine übergeht. Sie nimmt gewöhnlich von der Blattspitze her die Hälfte des Blattes ein und ist undurchsichtig, weil sie mit dichtem Gespinst ausgekleidet ist. Die Blattspitze wird ein wenig nach oben gezogen, schrumpft etwas ein und wird dort etwas dunkler braun. Der Kot wird nur teilweise in die Blattspitze geschoben. Die Verpuppung erfolgt auf der Unterseite des Blattes in einer versponnenen Falte und meist an derselben Pflanze. Die Falter schlüpfen Ende Mai bis Juni und wieder im August bis Anfang September.

Die Raupe ist 4,5—5 mm lang, sieht weiß aus und hat einen schwach grünlichen Schimmer und einen sattgrünen Mittelstreifen (Darmkanal). Das Prothorakalsegment wird beinahe vollständig von einem breiten, rhombischen, schwarzen Schild eingenommen. Ein ebenso gefärbter kleiner Fleck findet sich auf dem Analsegment. Die Kopfkapsel sieht — wie die Sklerite — fast schwarz aus. Eine Strukturierung der Raupenhaut ist nicht zu erkennen. Die grubenförmigen Flecken auf dem 2. und 3. Thorakalsegment sind an der nicht präparierten Raupe gut zu erkennen. Die Thorakalbeine sind wie bei der Gattung *Perittia* auffallend kräftig entwickelt. Die Häkchen auf den Abdominalbeinen sind kranzförmig angeordnet. Ihre Zahl schwankt zwischen 13 und 17 auf jedem Bein. Auf dem Analsegment sind nur je 2—3 Häkchen zu sehen, die sich in ihrer Größe nicht von denen auf den Abdominalbeinen unterscheiden.

Tergit des Prothorakalsegments: ein breites, gut sklerotisiertes, rhombisches Schild, das in der Mittellinie nur ganz schmal unterbrochen ist. Zentral ist die Chitinisierung in der hinteren Hälfte und nach vorn in einem bogenförmig begrenzten Fleck deutlich verstärkt.

Sternit: 2 schmale, keilförmige, gut sklerotisierte Bälkchen, die weit voneinander getrennt stehen.

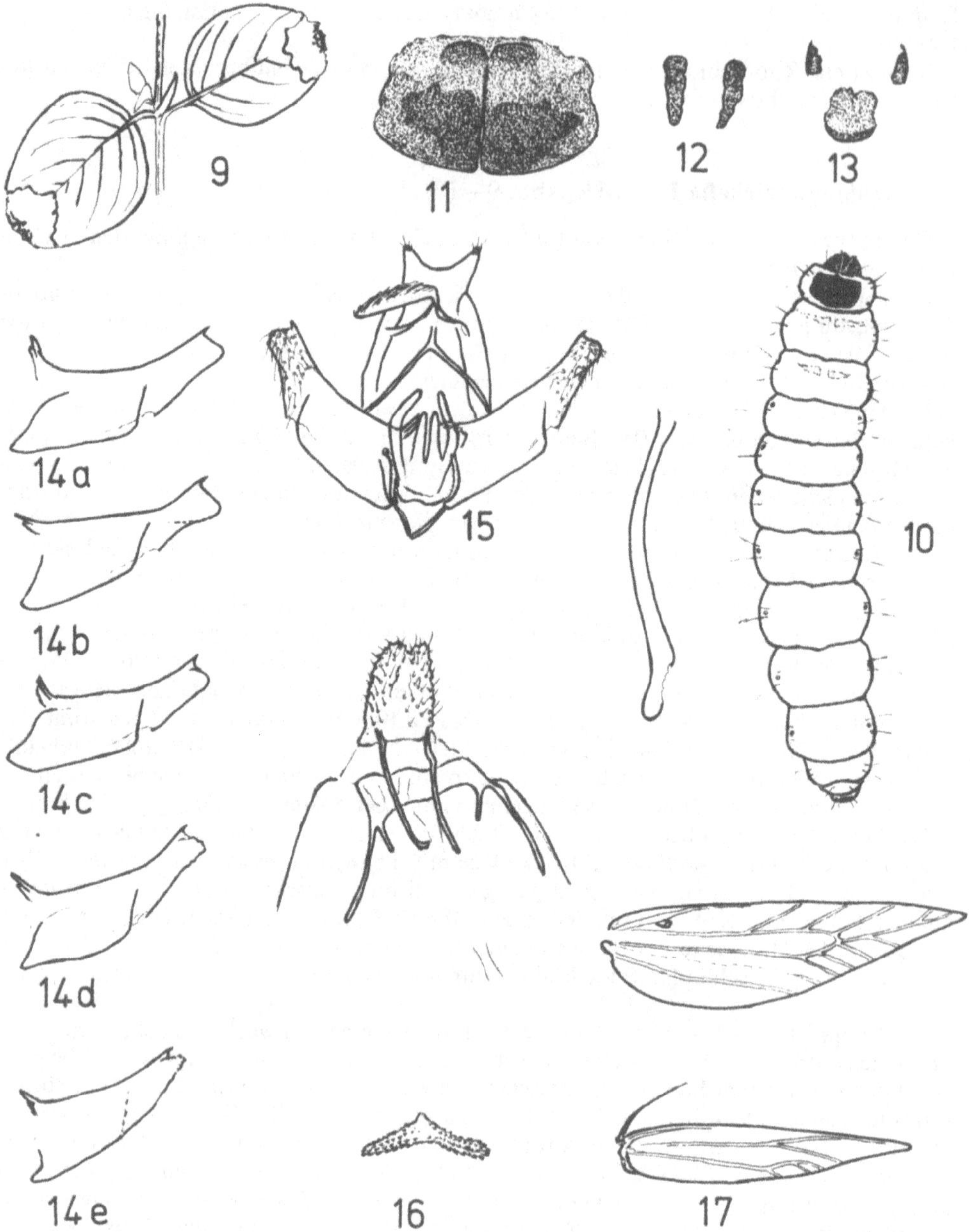

Abb. 9—17

Stephensia brunnichella L.; 9 — Minen in Calamintha vulgaris; 10 — Raupe; 11 — Tergit des Prothorakalsegments; 12 — Sternit; 13 — Tergit und Sternit des Analsegments; 14 — ♂ Genital und Aedoeagus; 14a — linke Valve Präp. 2648, 20. VI. 1983 Herrenberg; 14b — Präp. 2649, 17. VIII. 1978 e. l. Blankenburg. M.-K. Calamintha; 14c — Präp. 2670, 30, V, 1982 Herrenberg; 14d — Präp. 2647, 10. VIII. 1971 e. l. Blankenburg, Buntsandstein, Calamintha; 14e — Präp. 1902 ♂ E.T.O. 27. III. 1973, e. l. Tornelgo Nariko 3 Sondtrup 6/8 1939; 15 — ♂ Genital und Aedoeagus; 16 — ♀ Genital und Signum; 17 — Flügelgeäder.

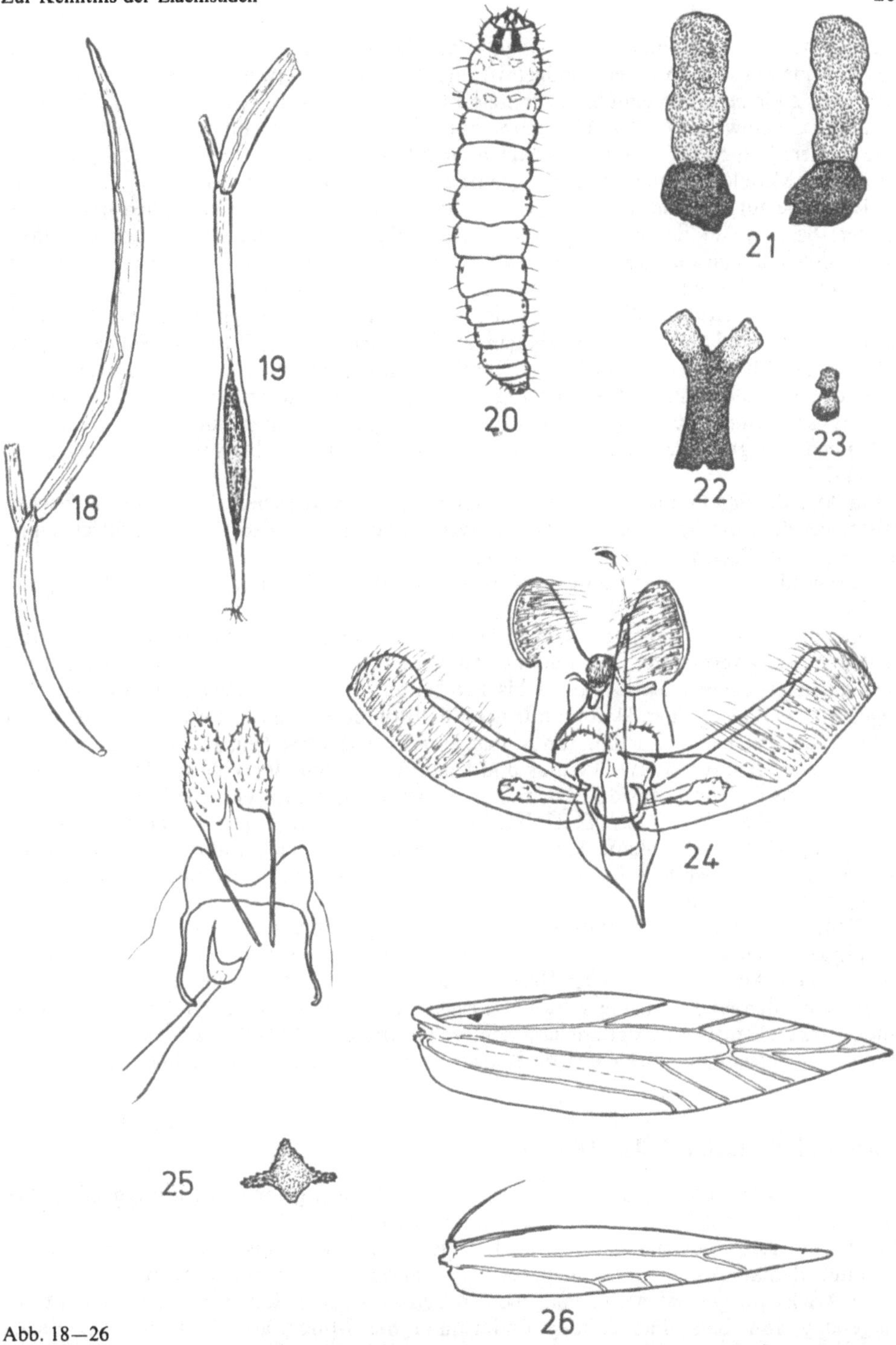

Abb. 18–26
Elachista luticomella Z.; 18 – Anfangsmine in Dactylus glomerata; 19 – geöffnete Stengelmine; 20 – Raupe; 21 – Tergit des Prothorakalsegments; 22 – Sternit; 23 – Tergit des Analsegments; 24 – ♂ Genital; 25 – ♀ Genital mit Signum; 26 – Flügelgeäder.

Tergit des Analsegments: eine fast quadratische, nicht scharf begrenzte Chitinscholle, die am Ende etwas nach unten gebogen ist und deshalb dort etwas dunkler erscheint.

Sternit: 2 kleine, unregelmäßig begrenzte Flecke an der Außenseite der Nachschieber.

Falter: Spannweite 7—8,5 mm; Kopf und Thorax schwarzbraun, glänzend; Gesicht etwas heller; Palpen kurz, etwa $1^1/_2$ Augendurchmesser, hängend; Endglied ein wenig länger als das Mittelglied, hell, graugelb, glänzend. Fühler bis $^2/_3$ schwarzbraun, dann $^1/_6$ bis $^1/_4$ der Länge auf der Oberseite weiß, das Ende wieder dunkel. Das Grundglied spärlich beborstet; beim ♂ auf der gesamten Länge der Fühler feine, nach vorn unten gerichtete Cilien, deren Länge nur $^1/_3$ des Fühlerdurchmessers beträgt. Vorderflügel lanzettförmig, schwarzbraun, glänzend, an der Wurzel ein weißer, silbrig glänzender Fleck, der meist die gesamte Flügelbreite ausfüllt; bei $^2/_5$ der Flügellänge ein silbrigglänzendes Querband, das am Vorderrand zur Basis hin gebogen ist. Am Tornus ein keilförmiger Silberfleck, der mitunter die Flügelmitte überschreitet. Ihm gegenüber, am Vorderrand, ein nach außen verschobener, unregelmäßig begrenzter, großer Silberfleck. Hinterflügel dunkel graubraun. Die Fransen beider Flügel ebenso gefärbt. Tibien außen schwarzbraun, am distalen Ende und innen hell graugelb, glänzend. Tarsen schwarzbraun, an den Enden schmutzigweiß gefleckt.

Am 30. Juli 1984 fing ich an einem südlich exponierten Muschelkalkhang einen frischen Falter, bei dem die Mittelbinde erheblich verschmälert war; der Vorderrandfleck fehlte und der Tornusfleck war nur schwach angedeutet.

Flügelgeäder: Wie bei der Gattung *Peritta*, nur fehlt im Vorderflügel die Gabelung der Analis.

♂ Genital: Uncus zwei spitzwinkelige Dreiecke mit abgestumpften, beborsteten Enden, die bogenförmig verbunden sind. Gnathos lang, kahnförmig mit langer Beborstung auf der nach innen gebogenen Seite. Valven bis zur Mitte breit, dann von der Ventralseite her eingekerbt und die distalen Hälften nur noch halbsobreit wie am Anfang. Die Costa endet in einem spitzen Dorn. Cucullus breit abgestumpft und stark behaart. TRAUGOTT-OLSEN zeichnet einen relativ spitzen Cucullus und keine Einkerbung der Valven. Herr KARSHOLT stellte mir das Präparat, das der Zeichnung zu Grunde lag, leihweise zur Verfügung.

(Abb. 14e; Präp. 1902 ♂ E.T.O. 27. III. 1973); *St. brunnichella* STT. ex I. Tornelgo Nariko 3 Sondhup (6/8 1939). Shape lang, bogenförmig, die Juxta einrahmend. Zwei fingerförmige, parallel liegende Bälkchen. Vinculum rund. Aedoeagus lang und schmal, s-förmig gebogen, keine Cornuti.

♀ Genital: Apophyses posteriores etwas länger als Apophyses anteriores. 2 akzessorische Apophyses anteriores von $^1/_4$—$^1/_3$ der Länge der Hauptapophyses. TRAUGOTT-OLSEN zeichnet diese Anhänge nicht, aber Herr SATTLER teilte mir mit, daß sie auf dem Typenpräparat vorhanden sind. Antrum schwach ausgebildet, Ductus bis $^1/_3$ der Länge ein kurzes Stück stärker sklerotisiert. Signum lang, schwach geknickt und am Knick zu einer Spitze verbreitert. Beiderseits mehrere parallele Reihen nach außen gerichteter Zähnchen.

Elachista luticomella Zeller, 1839 (Abb. 18—26)

Die Erstbeschreibung veröffentlichte ZELLER (1839) nach gefangenen Faltern in der Isis unter den heute noch geltenden Gattungsnamen *Elachista*.

1859 beschrieb FREY die Raupe und die Zucht des Falters aus Dactylis glomerata. Er vermutete damals zwei Generationen, weil er noch reine Falter im August fing.

Die Art ist im gesamten Europa, auch in den nördlichen Ländern, verbreitet. In der Umgebung von Bad Blankenburg findet man die Minen ab April in allen Landschaften, meist an leicht beschatteten Stellen, an Waldrändern, in etwas gelichtetem Hochwald und auch auf wenig begangenen Wegen. Die Falter kommen nur ausnahmsweise zum Licht. Ich erbeutete sie des öfteren beim Abklopfen von Gebüsch und den unteren Ästen von Laubbäumen. Sie fliegen von Anfang Juni bis Juli, ganz vereinzelt noch im August.

Die Raupe lebt in Dactylis glomerata, Milium effusum, Bromus ramosus, Festuca gigantea und pratensis. Einmal fand ich sie in Deschampsia caespitosa.

Bereits im April findet man in 1 oder 2 Blättern derselben Pflanze die langen, schmalen Minen mit wenig Kotkörnern. Zwei solcher Minen in einem Blatt sind keine Seltenheit. Sie beginnen etwas unterhalb der Blattspitze und ziehen zum Blattgrund. Dort bohrt sich die Raupe in den Stengel ein. Man kann die Mine noch ein kurzes Stück am Stengel erkennen. Die Raupe frißt dann im Zentrum des Stengels fast bis zum Anfang der Wurzeln. Infolge des Raupenfraßes können kleine Pflanzen mit dünnem Stengel teilweise verwelken. Bei kräftigen Pflanzen sieht man keine Veränderungen und kann das Vorhandensein der Raupe nur auf Grund der dünnen Blattminen vermuten. Die Verpuppung erfolgt Ende Mai am Erdboden oder zwischen verrottenden Pflanzenresten in einem weitmaschigen zarten Gespinst. Die Falter schlüpfen von Anfang Juni bis Mitte Juli. Es gibt nur eine Generation.

Die Raupe ist 7—8 mm lang, sieht zitronengelb aus und ist auffallend lang beborstet. Eine Strukturierung ist nicht festzustellen. Auf dem Prothorakalsegment zwei längliche, weit voneinander getrennte, braune Flecken und ein kleiner ebenso gefärbter Fleck auf dem Analsegment. Die 4 Bauchfüße und die Nachschieber des Analsegments sind mit je 3—4 (selten 5) Häkchen bewehrt. Sie stehen in einer geraden Reihe oder einem schwach gekrümmten, distalwärts offenen Bogen. Die Häkchen des Analsegments sind stärker gekrümmt, aber nicht robuster gebaut.

Tergit des Prothorakalsegments: 2 lange, unregelmäßig begrenzte Platten, die am distalen Ende verstärkt sklerotisiert sind und weit voneinander getrennt stehen. Das Chitin ist schollig abgelagert.

Sternit: Y-förmig. Der Schaft ist stärker sklerotisiert als der doppelte obere Teil und am unteren Ende geringfügig gespalten.

Tergit des Analsegments: ein kleiner, länglicher in der Mitte eingekerbter Fleck.

Sternit fehlt.

Falter: 8,5—11 mm Flügelspanne. Das ♂ ist kleiner als das ♀. Kopf, Halskragen und Palpen gelb. Thorax und Schulterdecken schwarzbraun. Hinterleib ein wenig heller, glänzend. Afterbusch gelblich. Fühler schwarzbraun, am Grundglied einige nach vorn unten zeigende Borsten. Die Länge dieser Borsten entspricht der Stärke des Grundgliedes. Vorderflügel schwarzbraun, bei $^1/_3$ der Flügellänge ein weißes, schwach gelblich schimmerndes Querband, das beim ♂ etwas schmaler und unregelmäßig begrenzt ist. Am Tornus ein weißer, nicht glänzender Fleck, der die Flügelmitte nicht erreicht; ihm gegenüber, deutlich nach außen verschoben, ein ebenso gefärbter, etwas größerer Fleck. Fransen schwarzbraun mit deutlich schwarzer Teilungslinie. Hinterflügel nur wenig heller als die Vorderflügel und mit dunkleren, etwas gelblich schimmernden Fransen. Tibien schwarzbraun mit langer graugelber Beharrung. Der distale Teil mit den Endsporne gelb. Die dunklen Tarsen nur am äußersten Ende gelb.

Flügelgeäder: Der gemeinsame r_4 und r_5-Ast spaltet sich erst im letzten Viertel seiner Länge; die beiden kurzen Äste münden in dem Vorderrand; m_1 entspringt vom gemeinsamen r_4 und r_5-Ast. Im Hinterflügel zieht der r-Ast in den Vorderrand.

♂ Genital: Uncuslappen groß, oval und durch eine winkelige Kerbe von ca. 45° getrennt, dicht beborstet; Valven ungefähr 4× so lang wie breit. Cucullus rund, am hinteren Ende leicht gewinkelt, lang beborstet. Shape kolbig, ca. $^1/_4$ der Valvenlänge, nur vereinzelt Borsten. Saccus mit langer, dünner Spitze. Juxtalappen breit und rund, mit wenigen kurzen Borsten. Aedoeagus von Valvenlänge, an der Basis breit und gerundet, nach der Spitze hin sich gleichmäßig verengend. Ein kurzer, dicker Cornutus.

♀ Genital: Apophyses gleichlang, die vorderen leicht gebogen. Antrum ist schalenförmig mit nach distal ausgezogenen Seiten und rund eingekerbter Öffnung; Ductus beginnt im Antrum und ist bis $^1/_3$ seiner Länge sklerotisiert. Er beginnt relativ schmal und verbreitert sich im sklerotisierten Teil auf das 3fache des Anfangsdurchmessers. Signum eine fast quadratische Platte mit 2 lang ausgezogenen, gegenüberliegenden Ecken. Diese Fortsätze sind mit kräftigen, nach außen gerichteten Dornen besetzt.

Elachista cerusella HÜBNER, **1796** (Abb. 27—33)

HÜBNER hat die Art nach gefangenen Faltern unter dem Namen *Tinea cerusella* beschrieben.

STAINTON veröffentlichte 1858 im 3. Band von „The Natural History of the Tineina" die Biologie und beschrieb auch die Raupe.

Der Falter ist in Europa bis Kleinasien weit verbreitet und kommt in feuchten Biotopen sehr häufig vor. Er fehlt in Norwegen und nach Mitteilung von Herrn TRAUGOTT-OLSEN im südlichen Spanien, wahrscheinlich auch in allen trockenen, heißen Gebieten Südeuropas. In allen Landschaften um Bad Blankenburg finde ich Raupen dort, wo Phragmitis communis und Phalaris arundinacea wächst. Auch in kleinsten Biotopen, weit von größeren Sumpfgebieten entfernt und an kleinen Gebirgsbächen, kommt die Art regelmäßig vor. Diese verstreute, alle geeigneten Plätze ausnutzende Besiedlung verdankt der Falter seiner großen Flugfähigkeit. Die Falter kommen oft in großen Mengen, meist erst um Mitternacht zum Licht und ich kenne keine Lichtfangstelle in meinem Beobachtungsgebiet, an der ich ihn nicht finde. Sogar auf unseren trockenen Kalkbergen, oft 2—3 km entfernt von Feuchtbiotopen, beobachtete ich ihn nicht selten am Fangtuch. In der Dämmerung fliegen die Falter zur geeigneten Zeit in großer Anzahl auf sumpfigen Wiesen und an Bach- und Flußufern.

Die Raupen minieren von April bis Anfang Mai und wieder im Juli bis Anfang August in Phragmitis communis und Phalaris arundinacea vereinzelt in Festuca pratensis. In anderen Gräsern habe ich sie noch nicht gefunden.

Die Mine beginnt gewöhnlich in der Blattspitze oder ein wenig darunter und wird zum Blattgrund vorgetrieben. Sie sieht weißlich aus und ist leicht zu finden. Der Kot wird nur anfangs in die Spitze geschoben, später liegt er in Schnüren in der Mine verteilt. Die unregelmäßig begrenzte Mine verläuft später in der Mitte der breiten Grasblätter. Sie läßt seitlich unterschiedlich breite Parenchymstreifen stehen. Beim Wechsel der Mine, der nicht immer erfolgen muß, beginnt die neue Mine in der Mitte des Blattes. Die Raupe frißt dann sowohl spitzenwärts, als auch zum Blattgrund hin. Die Verpuppung erfolgt in der Mitte des Blattes, nicht immer an der Basis. Sie ist eine Gürtelpuppe und hängt kopfabwärts. Die Falter schlüpfen von Mitte Mai bis Anfang Juni und wieder Ende Juli und im August.

Die Raupe ist erwachsen 8,5—9 mm lang. Sie hat eine hellgelbe Farbe und nur zarte Strukturierung, die durch runde und polygonale Plaques mit relativ weiten Zwischenräumen bedingt ist. Auf dem Prothorakalsegment sind je 3 braune Flecken zu sehen, von denen die basalen die größten sind, die mittleren sind nur zart angedeutet. Die Häkchen an den 4 Paar Bauchfüßen, 8—10 an jedem Fuß, stehen in einer geraden Reihe. Auf den Nachschiebern des Analsegments sind je 12—15 Häkchen in einem nach distal offenen Bogen angeordnet. Sie sind stärker gekrümmt als die auf den Bauchsegmenten. Tergit des Prothorakalsegments: 2 lange Platten, die am Kopfende gerundet sind und scharf abgesetzt eine verstärkte Sklerotisierung aufweisen. Am entgegengesetzten Ende sind die Platten kolbig nach beiden Seiten verbreitert und die Sklerotisierung ist so wie am Kopfende ausgebildet. Im Zentrum der beiden Platten sind die Chitinschollen geringfügig vermehrt und das bedingt den schwach ausgeprägten Fleck an der lebenden Raupe.

Sternit: eine schmale, lange Platte, die am Kopfende gerundet ist und eine nach vorn scharf abgesetzte verstärkte Sklerotisierung aufweist. Am entgegengesetzten Ende verbreitert sich die Platte eine wenig und von der Basis her sieht man 2 kleine Einbuchtungen.

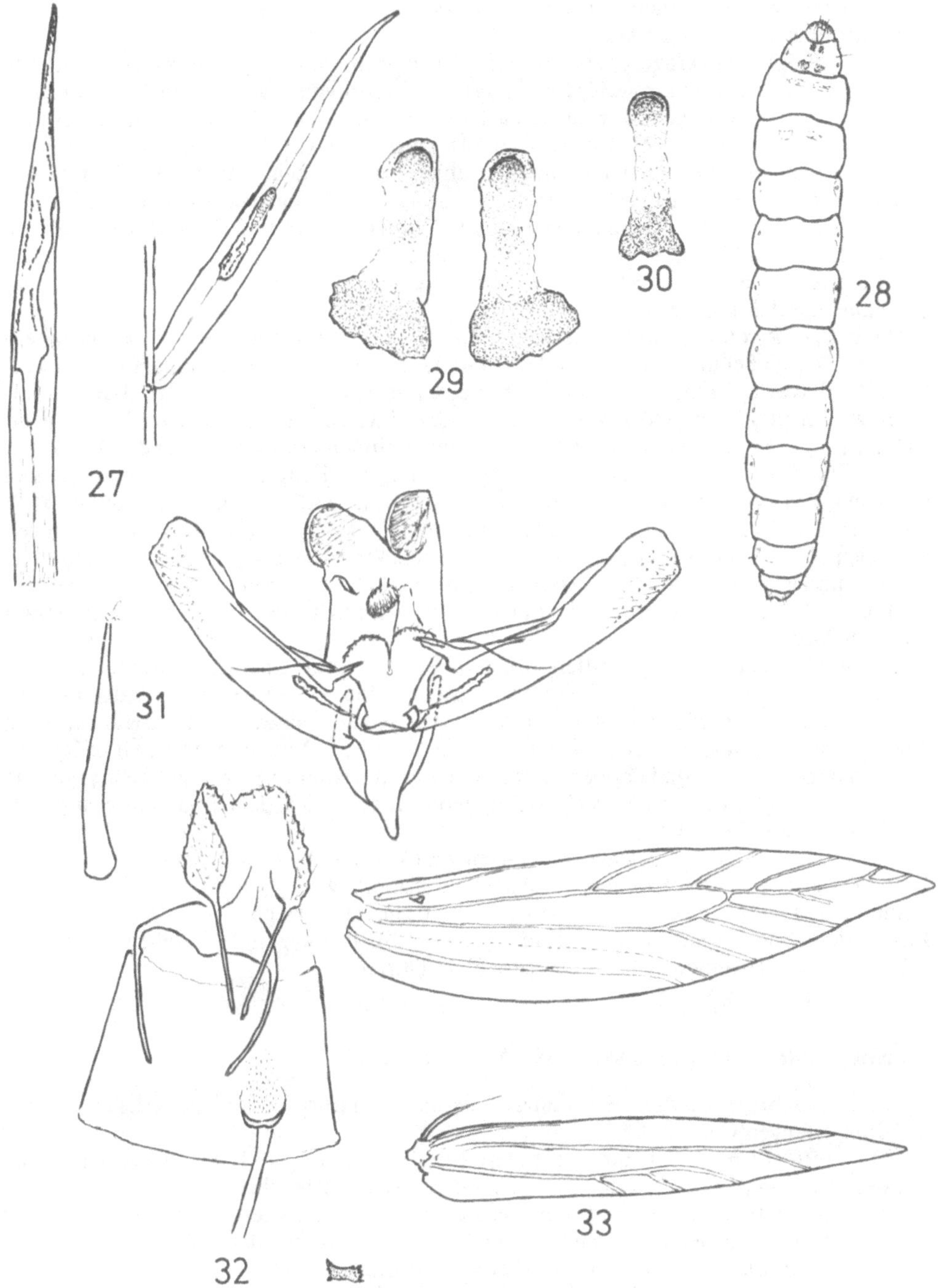

Abb. 27—33
Elachista cerusella Hbn.; 27 — Minen in Phragmitis communis; 28 — Raupe; 29 — Tergit des Prothorakalsegments; 30 — Sternit; 31 — ♂ Genital und Aedoeagus; 32 — ♀ Genital und Signum; 33 — Flügelgeäder.

Auch hier ist eine wesentlich stärkere Sklerotisierung zu erkennen.

Analsegment: keine Sklerite.

Falter: Kopf, Halskragen, Thorax Schulterklappen und Vorderflügel elfenbeinweiß. Abdomen grau; Afterbusch weißgelb; Länge der Palpen von 3fachem Augendurchmesser, sie sind nach oben gebogen oder ragen nach vorn außen hervor. Das Mittelglied ist doppelt so lang wie das Endglied. Mittelglied oben und innen sowie das Grundglied elfenbeinweiß; Mittelglied unten und außen graubraun. Fühler hell weißlich grau bis graubraun. Das Grundglied ist immer heller und hat am Kopfende 4—5 weiße, nach unten gerichtete Borsten, die so lang wie der Fühlerdurchmesser sind. Vorderflügelgrundfarbe elfenbeinweiß, ein kleiner schwarzer Schuppenbusch am Innenrand unmittelbar nach dem Anfangsbogen des Flügels; ein zweiter größerer schwarzer Fleck fast am Ende und unmittelbar unter der Falte, der den Innenrand nicht berührt.

Die übrige Zeichnung variiert von hellbraun bis schwarzbraun bei verschiedenen Faltern. Diese dunkleren Schuppen bilden in der Mitte des Flügels ein unterschiedlich breites, nach innen konkaves Querband und unmittelbar anschließend ein zweites Band, daß sich mitunter zu einem großen Fleck verbreitert, in der Flügelspitze ein kleiner Fleck. An der Flügelbasis kann um die Falte herum nochmals ein unterschiedlich großer Fleck entstehen. Die Zeichnung kann auch bei frisch geschlüpften Faltern erheblich reduziert sein. Sie kann den Vorderrand freilassen, aber auch vollständig — fast bis zur Basis — ausfüllen. Der Vorderrand hat vom Flügelanfang bis etwa $^1/_4$—$^1/_3$ seiner Länge einen sehr schmalen, beim ♀ etwas breiteren Rand aus dunkelbraunen bis schwarzen, haardünnen Schuppen. Die elfenbeinweißen Fransen sind am äußersten Ende graubraun und eine deutliche Teilungslinie hat jeweils die Farbe der dunklen Schuppen. Hinterflügel graubraun mit ebensolchen Fransen.

♂ Genital: Uncus 2 runde, mittelgroße Lappen, die durch eine breite, winkelige Kerbe getrennt und dicht beborstet sind. Gnathos queroval, klein, kurz beborstet. Valven schmal (5× so lang wie breit), Cucullus an der Costalseite rund zur Ventralseite winkelig. Shape dünn und lang mit einzelnen Borsten am Endteil. Vinculum mit mäßig langem, abgerundetem Saccus; Juxtalappen plump, oben rund und kurz beborstet. Aedoeagus fast so lang wie die Valven, mäßig dick, wenig gebogen und nach dem Ende hin sich gleichmäßig verengend, keine Cornuti.

♀ Genital: Apophyses gleichlang, Antrum halbkugelig, nach dem Colliculum hin sehr flach mit einer lang ausgezogenen seitlichen Begrenzung. Die Öffnung ist kreisförmig eingeschnitten und mit kleinsten Dornen besetzt. Ductus im Anfangsteil bis etwa $^1/_4$ seiner Länge sklerotisiert. Signum eine kleine rechteckige, manchmal polygonale, längliche Platte. An den Schmalseiten wenige, nach außen gerichtete Dornen.

Elachista pollinariella ZELLER, **1839** (Abb. 34—41)

ZELLER beschrieb die Art nach Faltern, die bei Frankfurt/M. und bei Glogau im Mai und Juni gefangen wurden.

1891 veröffentlichte E. HERING in der Stett. Ent. Z. die Zucht der Falter aus verschiedenen Gräsern, besonders Festuca-Arten. Die Raupe hat er nicht beschrieben.

Verbreitung: In Zentraleuropa weit verbreitet und in geeigneten Biotopen häufig. In Nordwesteuropa, Dänemark, Schweden und Finnland kommt der Falter nur lokal und seltener vor, in England und Norwegen fehlt er vollständig.

Bei Bad Blankenburg ist *E. pollinariella* sehr häufig auf besonnten oder nur wenig beschatteten Biotopen des Muschelkalks, des Zechsteins und auf Buntsandstein zu finden. Auf dem Schiefergebirge beobachtete ich die Art nie.

Die Falter fliegen am Spätnachmittag und kommen nur selten zum Licht. Am leichtesten erbeutete ich sie beim Abstreifen der Vegetation.

Die Raupen minieren im April und Anfang Mai in Festuca ovina und Poa-Arten. In anderen Gräsern habe ich sie hier noch nicht gefunden. Die Mine beginnt in der Spitze des Blattes oder unmittelbar darunter. Sie wird zum Blattgrund hin vorgetrieben, dabei wird das Blatt vollständig ausgefressen. Der Kot wird locker in den Anfangsteil der Mine geschoben. Die Raupe erkennt man in den schmalen Blättern leicht am aufgetriebenen, dunkleren Blatteil. Die Verpuppung erfolgt in Form einer aufrecht stehenden Gürtelpuppe am Blattgrund oder am unteren Teil eines Grasstengels. Die Falter schlüpfen Ende Mai und im Juni. Es gibt nur eine Generation. Die Raupe ist ca. 5—6 mm lang und sieht trüb-weißlich aus. Der Kopf, die beiden Sklerite auf dem Prothorakalsegment und ein kleiner, rundlicher Fleck auf dem Analsegment sind bei den lebenden Raupen fast schwarz. Nach der Präparation, wohl als Folge der Mazeration in Kalilauge, werden diese Teile fast hellbraun. Die Strukturierung der Raupe ist nun gut erkennbar. Sie wird von ovalen und polygonalen Plaques gebildet. Die beiden halbmondförmigen Flecke auf dem 2. und 3. Thorakalsegment sind frei von jeder Chitinverstärkung. Die 4 Paar Bauchfüße sind mit je 4—5 schwach gebogenen, in einer geraden Reihe stehenden Häkchen bewehrt. Auf dem Analsegment stehen je 3—5 wesentlich stärkere und gekrümmtere Häkchen.

Die Raupen der sehr ähnlichen *Elachista heringi* Rbl. sind der von *E. pollinariella* in der Strukturierung, Anordnung und Zahl der Häkchen fast identisch. Die Strukturelemente sind kreisrund, nicht oval; die Häkchen auf dem Analsegment sind aber doppelt so lang wie die auf den Bauchsegmenten und am Ende nur schwach gebogen.

Tergit des Prothorakalsegments: 2 nahe nebeneinander stehende, lange, an der Basis kugelig verbreiterte Chitinplatten. Der breite basale Teil und der schmale Kopfteil sind etwas stärker sklerotisiert. Die Chitinablagerung ist schollig. Einige dunkle Längsstriche (Faltenbildung?) fallen auf. Letztere können Artefalten sein, die bei der Präparation der Raupe entstanden sind. Sie sind aber bei allen von mir präparierten Raupen vorhanden.

Sternit: eine x-förmige, am basalen Ende gestutzte Platte, die an allen 4 Enden mehr als in der Mitte sklerotisiert ist. Auch hier sind die am Tergit beobachteten „Falten" deutlich.

Tergit des Analsegments: Eine kleine rundliche, unregelmäßig begrenzte, gleichmäßig sklerotisierte Platte. Sklerit fehlt.

Falter: Kopf, Thorax, Halskragen und Schulterklappen weiß. Abdomen graugelblichweiß. Palpen weiß, Länge vom doppelten Augendurchmesser, nach unten gerichtet. Endglied halb so lang wie das Mittelglied. Fühler beim ♂ einfarbig, graugelb, beim ♀ dunkel geringelt. Am Kopfende des Grundgliedes eine kleine gefächerte, weiße Bürste. Borstenlänge vom Durchmesser der Fühler. Grundfarbe der Vorderflügel weiß; die Flügelbasis bis zu $^1/_4$ der Flügellänge, mehr oder weniger gelblich bestäubt; bei $^1/_2$ und $^3/_4$ der Flügellänge je eine wenig abgehobene, unscharf begrenzte, hellgelbe Binde und ein solcher Fleck in der Flügelspitze. Diese Zeichnung ist bei frisch geschlüpften Faltern gut erkennbar, verliert sich aber bei geflogenen Faltern fast vollständig; beim ♂ ist der Vorderrand an der Basis des Flügels schmal, grauschwarz verdunkelt, bei ♀ fehlt diese Verdunklung. Über dem gesamten Flügel sind kleine, schwarze Punkte verteilt, die von der Basis bis zur Flügelmitte in 2—3 parallelen Linien angeordnet sind. Auch diese Punkte verlieren sich bei geflogenen Faltern regelmäßig. Die Fransen sind weiß, haben eine dunkle Teilungslinie und sind an den äußersten Enden grau gefärbt. Nach dem Tornus hin verliert sich diese graue Färbung.

Hinterflügel: lanzettförmig, grau, beim ♀ sind die Flügel etwas schmaler und heller. Fransen grauweiß mit gelblichem Schimmer.

Flügelgeäder: Vorderflügel r_4 und r_5 gestielt und r_5 mündet in den Hinterrand. Hinterflügel r-Ast zieht in den Vorderrand. ♂ Genital: Uncus 2 große, ovale Lappen, die sich in der Mitte berühren, unbeborstet. Valven gleichmäßig breit, ca. 4—5 × so lang wie breit. Cucullus rund, dicht beborstet. Shape schmal, Länge entspricht der Valvenbreite, am Ende kolbig, mit einzelnen Borsten. Vinculum gerundet mit geringfügig vorspringendem Saccus, Anellus rund; Juxtalappen lateralwärts spitz ausgezogen, Oberrand rund und

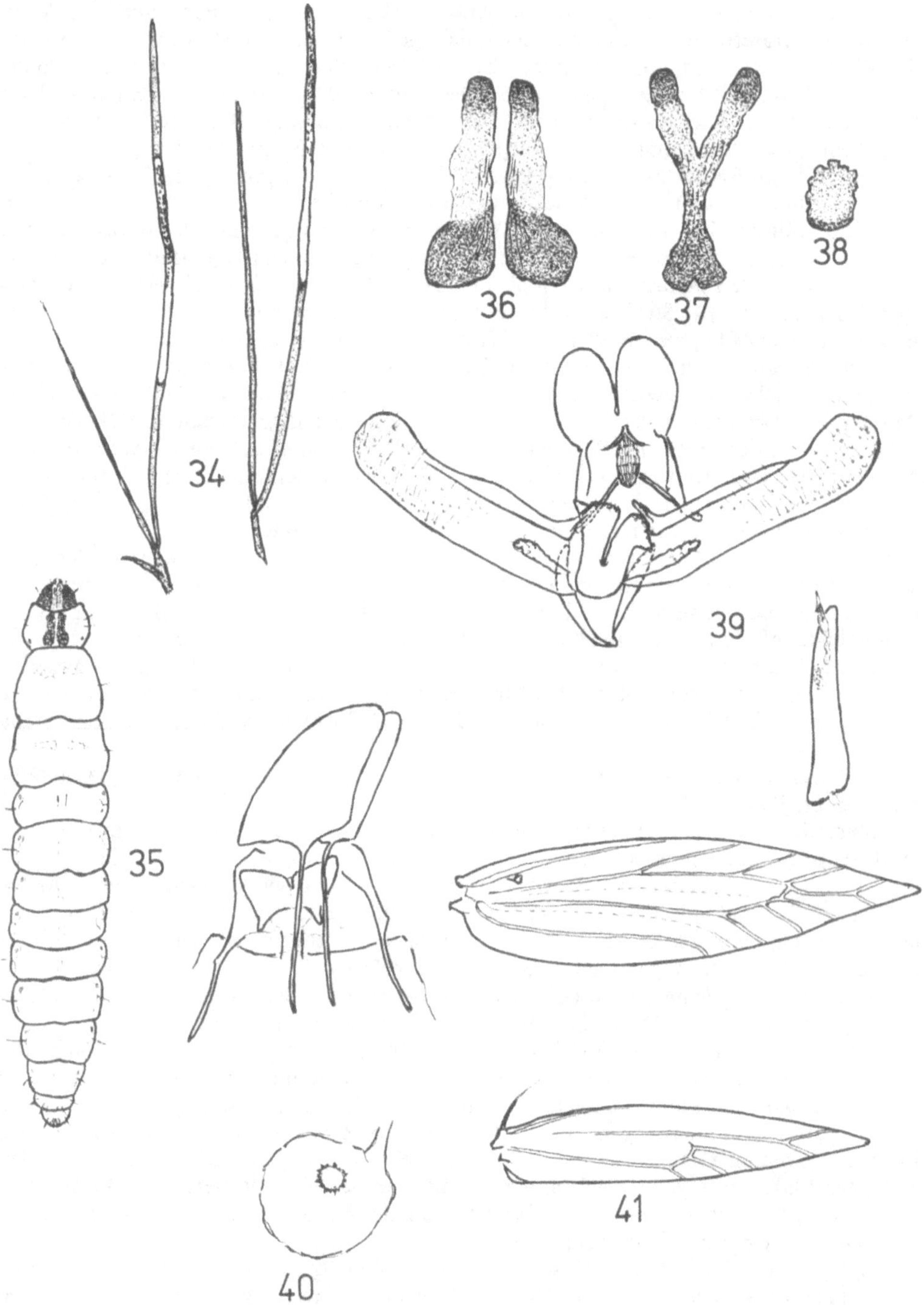

Abb. 34–41
Elachista pollinariella Z.; 34 — Minen in Festuca ovina; 35 — Raupe; 36 — Tergit des Prothorakalsegments; 37 — Sternit; 38 — Tergit des Analsegments; 39 — ♂ Genital und Aedoeagus; 40 — ♀ Genital und Bursa mit Signum; 41 — Flügelgeäder.

kurz beborstet; Aedoeagus dick und kurz, bis höchstens $^2/_3$ Valvenlänge, nach dem Ende hin verengt er sich etwas und endet in abgerundeter Spitze; Vesica etwas sklerotisiert mit 2 kleinen Cornuti, darunter ein kleiner Fleck mit zahlreichen feinsten Zähnchen.

♀ Genital: Papilla analis 2 mitunter gebogene Platten, die nicht beborstet sind. Apophyses anteriores kürzer als Apophyses posteriores. Antrum kaum angedeutet, Colliculum ein kurzes, sklerosiertes Rohr. Vor dem Antrum eine symmetrische, am distalen Ende wenig eingebuchtete Platte; (8. Segment) mit 2 proximalwärts gerichteten Fortsätzen. Signum klein, rund, mit kurzen, auf der gesamten Kreislinie nach außen gerichteten Dornen.

Elachista pullicomella Zeller, **1839** (Abb. 42—49)

Zeller beschreibt E. pullicomella 1839 nach Faltern, die Ende Mai bei Glogau im Grase gefangen wurden. Aus unbeachtet eingetragnenen Gräsern hat Mühlig 1857 den ersten Falter gezogen. E. M. Hering gibt 1957 in seinem Werk „Blattminen von Europa" an, daß die Mine und Raupe noch nicht genau beschrieben wurden. Als Futterpflanze nennt er folgende Gräser: Festuca ovina, Trisetum flavescens, Avena-Deschampsia- und Phleum-Arten.

E. pullicomella ist in Europa weit verbreitet und häufig. Lokal kommt sie in Schweden, Finnland und Norwegen vor. Sie fehlt in England vollständig.

In der Umgebung von Bad Blankenburg treten die Falter sehr häufig im Gebiet des Muschelkalks, Zechsteins und des Buntsandsteins auf. Auf dem Schiefergebirge sind sie sehr selten. Die Falter fliegen nicht zum Licht. An sichersten erbeute ich sie beim Abstreifen der Vegetation und auch beim Abklopfen niedriger Büsche an Wiesenrändern.

Die Raupe miniert im April und Anfang Mai und wieder im Juli, meist in Festuca ovina. Ferner fand ich sie hier in Calamagrostis epigeios und Holcus lanatus. Die Mine beginnt in der Blattspitze, sie sieht weißlich aus, ist aber gut durchsichtig. Die gesamte Blattbreite wird vollständig ausgefressen, auch bei den breiten Blättern von Calamagrostis epigeios. Der Kot wird in die Blattspitze geschoben. Zur Verpuppung spinnt sich die Raupe an einem Stengel oder in der Mitte eines Blattes fest. Sie wird eine aufrechtstehende Gürtelpuppe. Die Falter schlüpfen Ende Mai und im Juni, die 2. Generation schlüpft im August.

Die Raupe ist 5,5—6 mm lang. Sie hat eine trübe, schwach grünliche Färbung und kann leicht mit der Raupe von *E. pollinariella* verwechselt werden. Die beiden langen, dunklen Sklerite auf dem Prothorakalsegment sind aber schmaler und an der Basis nur wenig verbreitert. Auf dem Analsegment sieht man außer dem kleinen, runden Fleck 2 weitere winzige Flecken an der Außenseite der Nachschieber. Die Strukturierung des Chitinskeletts ist gut ausgebildet und bedingt die trübe Färbung der Raupe. Die feinen Chitinplaques sind unterschiedlich geformt. Auf der Höhe der Segmente sind es längliche Bälkchen (etwa 4 × so lang wie breit). Nach den Einschnitten hin verkürzen sich diese Bälkchen und werden schließlich zu kleinsten, runden Fleckchen. Die Häkchen auf den Bauchfüssen des 6. Segments sind in je 2 zueinander gebogenen Reihen angeordnet. Sie bilden einen nach beiden Seiten hin offenen Kreis. Jede Reihe besteht aus 7—12 Häkchen. Auf den übrigen 3 Bauchsegmenten findet sich immer nur eine gebogene Reihe von ebenfalls 7—12 Häkchen. Auf dem Analsegment sind diese Häkchen robuster gebaut und auch stärker gebogen. Je 11—13 davon stehen in einem nach distal konkaven Bogen.

Tergit des Prothorakalsegments: 2 schmale, lange Platten, die breit voneinander getrennt sind. An der Basis sind sie wenig verbreitert und hier wie auch am Kopfende verstärkt sklerotisiert.

Sternit: eine x-förmige Platte, die an dem basalen Ende etwas gestutzt ist (nicht so stark wie bei *E. pollinariella*). An den Enden und im Zentrum sieht man deutlich verstärkte Chitinablagerungen. Die bei der vorigen Art erwähnten Längsfalten sind in beiden Skleriten deutlich ausgebildet.

Tergit des Analsegmentes: eine rundliche, nach beiden Seiten hin ausgezackt begrenzte Platte.

Sternit: 2 kleine Chitinschollen an den Seiten der Nachschieber.

Falter: Flügelspanne 8—9,5 mm; Kopf, Halskragen, Schulterklappen und Thorax graubraun, das Gesicht heller, nach unten hin fast gelblich. Palpenlänge von doppeltem Augendurchmesser. Das Endglied ist ein wenig kürzer als das Mittelglied; oben sind die Palpen grauweiß gefärbt, unten dunkelbraun. Sie sind nach vorn gerichtet, das Endglied ist ein wenig nach oben gebogen. Die Fühler sind dunkel graubraun. Beim ♀ sind alle diese Teile heller braun, das Gesicht gelb und die Fühler sind dunkelbraun und gelb geringelt. Vorderflügel graubraun bis schwarzbraun. Die einzelnen Schuppen sind nur am Ende dunkelbraun, nach der Basis hin graugelb. Dies läßt den Falter etwas grobschuppig erscheinen. Bei $^1/_3$ der Flügellänge steht eine schmale, weiße Querbinde, die beim ♀ bedeutend breiter ist. Am Tornus steht ein weißer Fleck, ihm gegenüber ein ebensolcher. Bei manchen Faltern, besonders bei den Weibchen, sind diese beiden Flecken mit einem kleinen, nach außen gerichteten Winkel verbunden. Die Fransen sind graubraun und haben eine dunkle Teilungslinie. Von der Flügelspitze bis zur Hälfte des Außenrandes sind die Fransen von der Teilungslinie an weiß. Die Hinterflügel sind ein wenig heller graubraun mit ebensolchen Fransen, die beim ♂ an der Basis ein wenig gelblich schimmern. Beine graugelb, die Tibien lang, gelblich behaart, die Tarsen sind proximal dunkel gefleckt. Analbusch graugelb.

Flügelgeäder: r_4 und r_5 sind gestielt, r_5 mündet in den Hinterrand. Im Hinterflügel endet der r-Ast kurz vor der Spitze.

♂ Genital: Uncus 2 mäßig breite, nach oben divergierende und sich ein wenig verschmälernde Lappen, die durch eine schmale, runde Rinne voneinander getrennt sind. Am Oberrand stehen nicht bei allen Faltern einige kurze Borsten. Gnathos langoval, kurz beborstet. Valven sind etwa 4× so lang wie breit. Costa vor dem runden Cucullus ein wenig eingebuchtet, Cucullus und Teile der Valve sind lang beborstet. Vinculum winklig geknickt, Anellus rund mit einer kleinen, sackartigen Ausstülpung im Zentrum. Die Juxta hat 2 spitze Fortsätze nach oben und 2 eben solche nach den Seiten gerichtete. Aedoeagus mäßig lang, an der Basis breit und abgerundet, nach der Spitze hin verengt er sich gleichmäßig; keine Cornuti.

♀ Genital: Papillae anales kurz, dreieckig, Apophyses anteriores $^2/_3$ so lang wie Apophyses posteriores und am Ende etwas gebogen. Ostium rund mit einem Feld kleinster Dornen. Antrum und Ductus sehr schwach sklerotisiert. Die Bursa trägt kein Signum.

Biselachista ornithopodella FREY, **1859** (Abb. 50—57)

Die Erstbeschreibung dieser seltenen Art hat FREY in seiner hervorragenden Arbeit über das „Tineen-Genus-*Elachista*" 1859 veröffentlicht. Er hat die Falter aus Carex ornithopoda gezogen und dabei auch Angaben über die Raupe und deren Lebensweise gemacht.

Der Falter ist wenig verbreitet und auch recht selten. Bisher wurde er nur bei Leningrad (USSR), in Finnland (3 Exemplare), bei Zürich (Schweiz) und in Italien bei Venedig und Bozen gefunden.

Bei Bad Blankenburg finde ich die Raupen seit 1980 in jedem Jahr am Fuße der südlichen exponierten Muschelkalkberge in Carex ornithopoda und Carex montana. Die Falter habe ich im Freiland noch nicht beobachten können.

Die Raupe miniert in den vorjährigen Blättern von Carex ornithopoda im Mai und meist auch noch Anfang Juni. Nur die Pflanzen mit relativ langen (vorjährigen) Blättern, die innerhalb des Waldrandes bis ca. 10—15 m in den Wald hineinwachsen, sind bewohnt. Die Mine beginnt an der Blattspitze, und das Blatt wird fast bis zum Grund hin vollständig ausgefressen. Der Kot wird nur wenig zurückgeschoben und liegt locker in der Mine

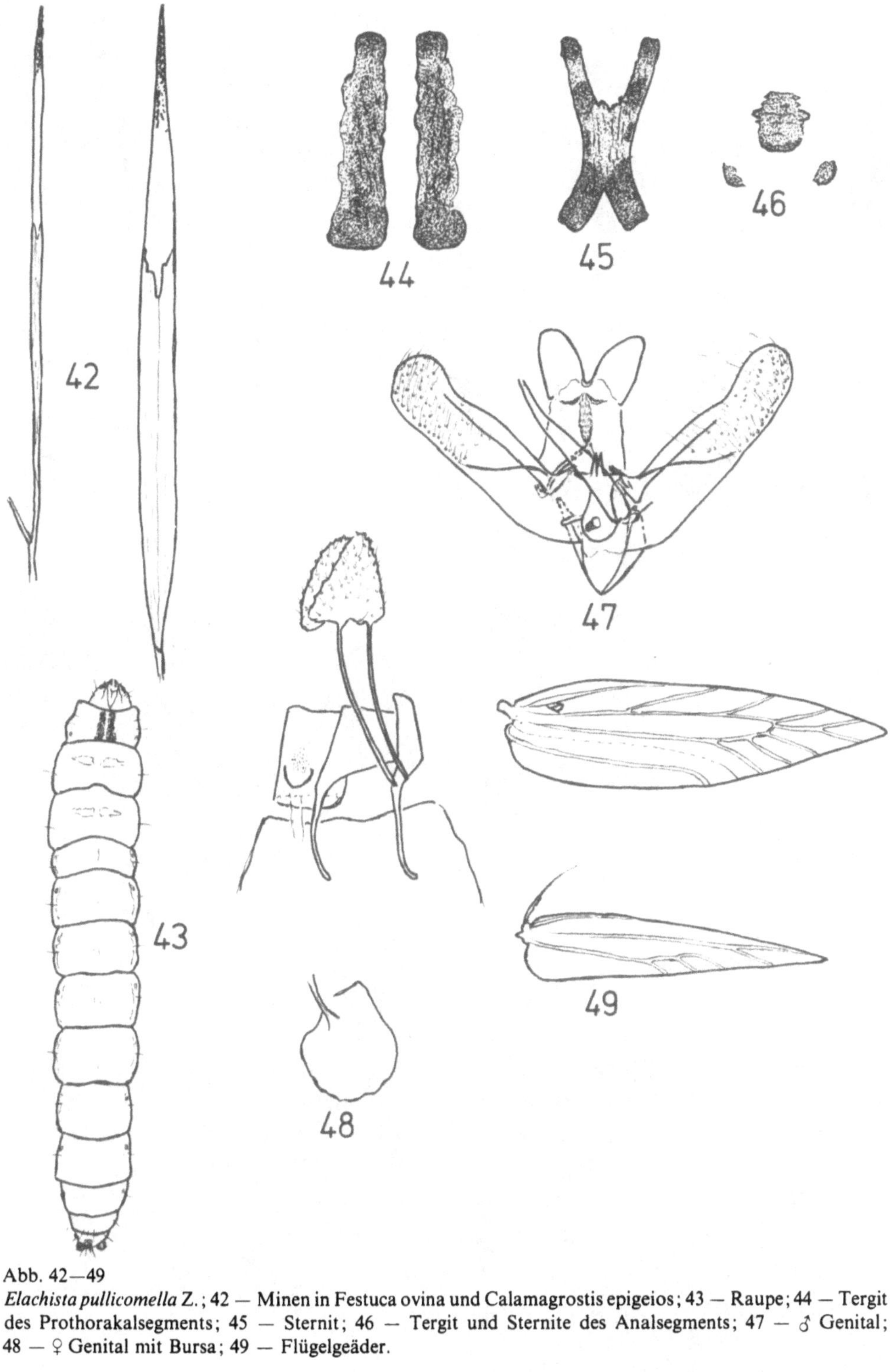

Abb. 42—49
Elachista pullicomella Z.; 42 — Minen in Festuca ovina und Calamagrostis epigeios; 43 — Raupe; 44 — Tergit des Prothorakalsegments; 45 — Sternit; 46 — Tergit und Sternite des Analsegments; 47 — ♂ Genital; 48 — ♀ Genital mit Bursa; 49 — Flügelgeäder.

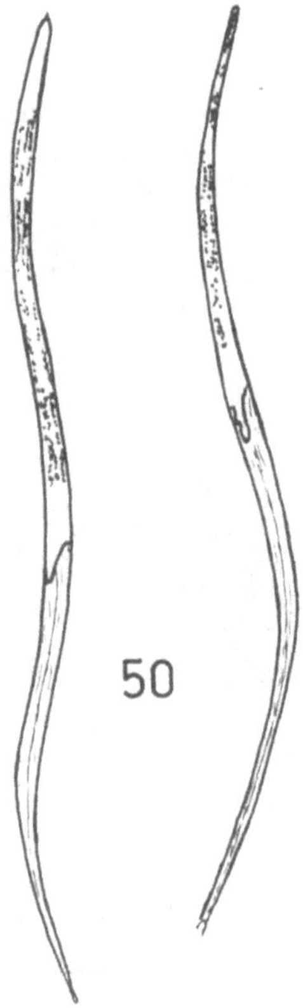
50

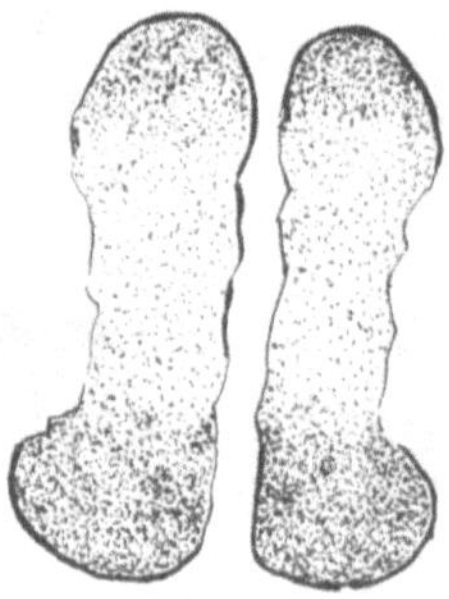
52

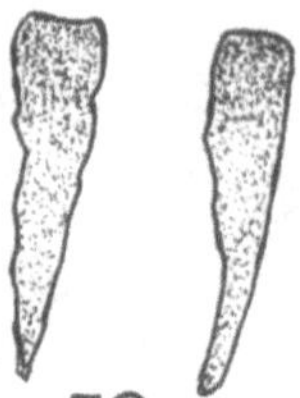
53

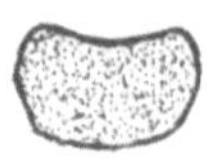
54

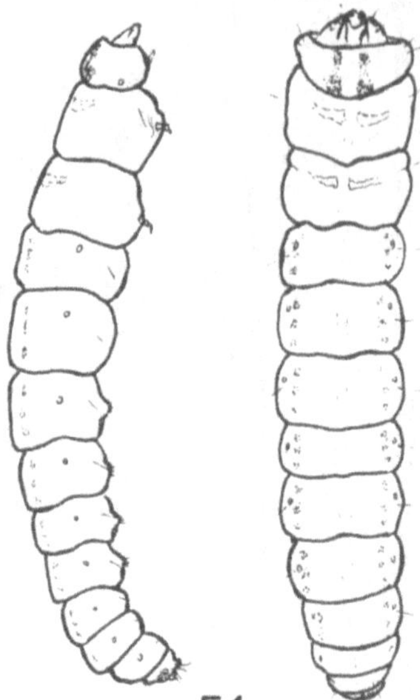
51

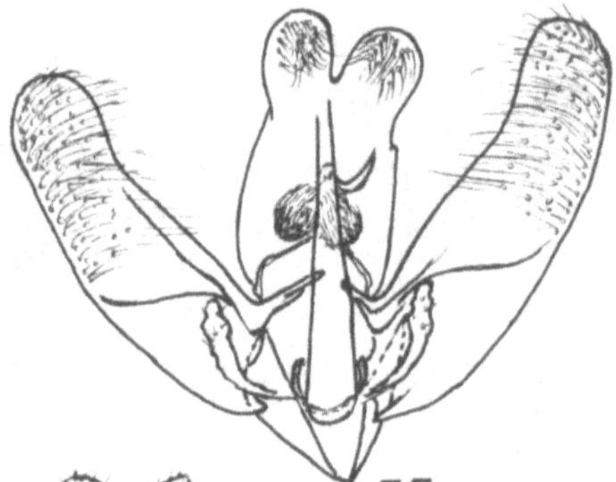
55

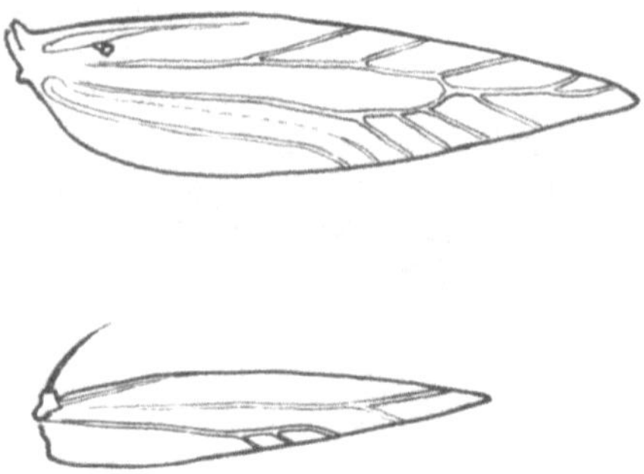
57

56

verteilt. Einen Minenwechsel konnte ich nicht feststellen. In manchen Jahren waren die Raupen schon bis Mitte Mai erwachsen und ergaben die ersten Falter ab 28. Mai. In anderen Jahren kam alles 3 Wochen später zur Entwicklung. In den letzten 3 Jahren zog ich die Falter auch aus Carex montana. Ich trug die Raupen unbeachtet mit denen von *Elachista tetragonella* H.-S. ein. Die Falter schlüpften erst vom 1.—9. Juli. Von Carex montana gibt es keine überwinterten grünen Blätter. Die Pflanzen vertrocknen bereits im Herbst vollständig. Wahrscheinlich beginnt die Raupe später zu minieren, denn die Entwicklung verschiebt sich hier nochmals um ca. 14 Tage.

Die Raupe ist ca. 5,5 mm lang. Sie hat eine sattgelbe Färbung, einen braunen Kopf und auf dem Prothorakalsegment je 2 schwach miteinander verbundene, braune Flecken; auf dem Analsegment sieht man ebenfalls einen kleinen, braunen Fleck. Obwohl ich in jedem Jahr einige Raupen im Endstadium für die Präparation opferte, konnte ich die zwei von FREY beschriebenen roten Streifen auf dem Rücken der Raupe nie beobachten. Mehrmals fand ich in Carex ornithopoda auch die Raupen von *Biselachista cinereopunctella*, die immer 2 rote Streifen hat, und zog daraus die Falter. Außerdem lebt in dieser Pflanze noch die Raupe von *E. gleichenella*. Sie erscheint aber noch 14 Tage früher, bereits Anfang April, und ist leicht von den beiden anderen zu unterscheiden. Sie sieht trübweiß aus und hat die beiden typischen, großen, dunklen Sklerite auf dem Prothorakalsegment. Auffällig ist ihr Verhalten. Bei der geringsten Störung zieht sie sich rasch von der Fraßstelle zurück.

Die Raupe von *B. ornithopodella* ist fein strukturiert. Die Strukturelemente sind flache, polygonale Plaques, die eng wie Pflastersteine aneinanderliegen. Die Häkchen auf den 4 Bauchsegmenten, je 17—22 auf jedem Fuß, bilden einen nach innen offenen Kranz. Auf den Nachschiebern stehen in einem nach distal offenen Bogen je 12—14 Häkchen, die bedeutend robuster gebaut sind als die auf den Bauchfüßen.

Tergit des Prothorakalsegments: 2 lange, vorn und hinten gerundete Chitinplatten, die nur wenig voneinander getrennt und an der Basis ein wenig kolbig verbreitert sind. Beide Endteile sind verstärkt sklerotisiert.

Sternit: 2 keilförmige, schmale Platten, die am Kopfende, am breiten Teil, stärker sklerotisiert sind.

Tergit des Analsegments: eine rundliche, vorn eingedrückte kleine Platte.

Sternit fehlt.

Falter: Flügelspanne 6—8 mm; Kopf, Halskragen, Schulterklappen und Thorax schwarz; Fühler schwarzbraun, am Kopfende des Grundgliedes 2—3 kurze, schwarze Borsten; Gesicht etwas hellbraun, glänzend, besonders bei ♀; Palpen knapp doppelt so lang wie der Augendurchmesser, ein wenig nach aufwärts gebogen, schwarzbraun mit einigen hellen Schuppen auf der Oberseite; Endglied so lang wie Mittelglied. Vorderflügel schwarzbraun, etwas grobschuppig, am Innenrand bei $^1/_4$ der Flügellänge ein quadratischer, weißer Fleck, der bis zur Falte reicht. Am Tornus ein kleiner, schmaler, weißer Fleck. Am Vorderrand in der Mitte ein fast dreieckiger, weißer Fleck, der die Flügelmitte erreicht; knapp vor der Spitze ein 4. kleinster, keilförmiger Fleck. Die Fransen vor diesem letzten Fleck sind schwarz, die ersten 3 Flecke berühren die Flügelränder. Beim ♀ sind alle diese Flecke größer und etwas silbrig glänzend. Die Fransen sind schwarzbraun und haben eine schwarze Teilungslinie. Am Außenrand haben die Fransen hinter der Teilungslinie von der Spitze an bis kurz vor den Tornus eine graugelbliche Färbung. Die Hinterflügel sind schwarzbraun mit ebensolchen Fransen, die an der Basis ein wenig gelblich schimmern.

◀

Abb. 50—57

Biselachista ornithopodella FREY; 50 — Minen in Carex ornithopoda; 51 — Raupe (Seiten- und Rückenansicht); 52 — Tergit des Prothorakalsegments; 53 — Sternit; 54 — Tergit des Analsegments; 55 — ♂ Genital; 56 — ♀ Genital mit Signum; 57 — Flügelgeäder.

Abdomen und Afterbusch schwarzbraun. Beine hellbraun, Tibien in der Mitte schwarz mit langen, hellbraunen Haaren. Tarsen von der Basis bis zur Hälfte schwarz, dann glänzend, grauweiß.

Flügelgeäder: r_4 und r_5 lang gestielt, sie münden beide in den Vorderrand; m_1 entspringt vom gemeinsamen r_4 und r_5-Ast. Im Hinterflügel endet der r-Ast im Vorderrand.

♂ Genital: Uncus 2 mäßig breite, am Ende gerundete, etwas längere als breite Lappen, die durch eine schmale, runde Rinne voneinander getrennt sind. Sie sind stark, aber nur mäßig lang beborstet. Gnathos 2 ovale, fast kugelige Gebilde, die kurz beborstet sind. Valven 4 × so lang wie am Anfang breit; zum Cucullus hin verschmälern sie sich merklich. Cucullus rund, bis zur Valvenmitte lang beborstet, Vinculum dreieckig geknickt. Anellus rund; Juxta sehr gering sklerotisiert und deshalb kaum erkennbar. Shape-Länge von Valvenbreite, nach oben gebogen und am Ende ein wenig kolbig mit einigen kurzen Borsten. Aedoeagus $^3/_4$ so lang wie die Valven an der Basis breit und rund, nach der Spitze hin sich gleichmäßig verengend. Keine Cornuti.

♀ Genital: Papillae anales kurz, dreieckig; Apophyses anteriores so lang wie Apophyses posteriores. Ostium kreisförmig mit einem Feld feinster Dornen davor. Antrum trichterförmig, nur gering sklerotisiert. Ductus am Beginn ein kurzes Stück verstärkt skerotisiert. Bursa mit einem kleinen, nicht sehr genau bestimmbaren Signum, auf dem 2 Reihen kleiner Dornen stehen.

Literatur

FREY, H. (1859): Das Tineen-Genus *Elachista*. Ein Versuch. — Linn. ent. **13**: 172—314.

— (1886): Vierter Nachtrag zur Lepidopteren-Fauna der Schweiz. — Mitt. schweiz. ent. Ges. **7**: 196—262.

GROSCHKE, F. (1939): Die Kleinschmetterlinge der Grafschaft Glatz. — Mitt. Münch. Ent. Ges., **29**: 643—734.

WOCKE, M. F. (1876): In HEINEMANN, H. v.: Die Schmetterlinge Deutschlands und der Schweiz. 2. Abt. Kleinschmetterlinge. 2. Die Motten und Federmotten. Braunschweig.

HERING, E. (1891): Ergänzung und Berichtigung zu F. O. BÜTTNER's Pommerschen Microlepidopteren. — Sett. ent. Ztg. 1880: 383—473. — Ibid. **52**: 135—227.

HERING, E. M. (1957): Bestimmungstabellen der Blattminen von Europa. 3 Bde. Dr. W. JUNK, s'Gravenhage.

HERRICH-SCHÄFFER, G. A. W. (1847—55): Syst. Bearbeitung der Schmetterlinge von Europa. Bd. 5. Regensburg.

HÜBNER, J. (1796)—[1836]: Sammlung europäischer Schmetterlinge. Bd. 8. Augsburg.

LINNAEUS, C. (1767): Systema Naturae. Editio 12. Holmiae.

SCHÜTZE, K. T. (1931): Die Biologie der Kleinschmetterlinge unter besonderer Berücksichtigung ihrer Nährpflanzen und Erscheinungszeiten. — Frankfurt am Main.

STAINTON, H. T. (1858): Synopsis of the genus *Elachista*. — Trans. ent. Soc. London **4**: 292—338.

TRAUGOTT-OLSEN, E. et SCHMIDT NIELSEN, E. (1977): The Elachistidae (Lepidoptera) of Fennoskandia and Denmark. — Scandinavian Science Press Ltd.

ZELLER, P. C. (1839): Versuch einer naturgemäßen Eintheilung der Schaben. — Isis, Leipzig.

— (1868): Beitrag zur Kenntnis der Lepidopteren-Fauna der Umgegend von Raibl in Oberkärnthen und Preth im angrenzenden Küstengebiet. — Verh. zool.-bot. Ges. Wien **18**: 563—628.

Während der Drucklegung sagte mir Herr Prof. Dr. SAUTER, Zürich, bei einem Meinungsaustausch über diese Frage, daß diese beiden Segmente für die Flügelanlage reichlich Tracheenanastomosen haben müßten. Da m. E. hierzu auch eine größere Gewebsmasse gebildet werden muß, bleibt die Funktion dieses beschriebenen „Ventils" zur Verhinderung einer vorzeitigen Einengung der Tracheolen erklärbar.

Anschrift des Verfassers:
SR Dr. H. Steuer
Schillerstr. 5
DDR-6823 Bad Blankenburg

Dtsch. ent. Z., N. F. 34 (1987) 1—3, 217—218

Ergänzung und Korrektur zu der Revision der Gattung Odontoscelis LAPORTE DE CASTELNAU, 1832 (Heteroptera, Scutelleridae)

Von

URSULA GÖLLNER-SCHEIDING

Abstract

The subgenus Obscuromorpha is set up for the species of the species of the hispidula group. Odontoscelis iberica Kolenati is a synonym of O. fuliginosa L. or O. byrrhus Seidenstücker and O. hispanica is a new species.

In der 1986 erschienenen Revision der Gattung *Odontoscelis* LAPORTE DE CASTELNAU, 1832[1]), hatte ich die bisher bekannten 13 Arten ohne größere Unterteilung in der Gattung *Odontoscelis* belassen, lediglich getrennt in die *fuliginosa*-, *dorsalis*- und *hispidula*-Gruppe. Nach Überprüfung von weiterem Material bin ich jedoch jetzt der Meinung, daß die vier Arten der *hispidula*-Gruppe, nämlich *hispidula*, *tomentosa*, *vittata* und *zarudnyi*, stärker von den übrigen Arten abzugrenzen und in einer gesonderten Untergattung zusammenzufassen sind. Ihre auffällige Abweichung von den restlichen neun Arten der Gattung, zum einen im Bau der männlichen als auch der weiblichen Genitalsegmente, zum anderen auch in bezug auf ihre dunkle Färbung ohne helle Fleckung sowie die stärkere Behaarung, rechtfertigen meiner Ansicht nach diese Unterteilung der Gattung. Hinzu kommt auch ihre ausgesprochen südliche Verbreitung im nördlichen Afrika und in Zentralasien. Ich stelle die vier Arten daher in die Untergattung *Obscuromorpha* subgen. nov. (Charakterisierung der Untergattung *Obscuromorpha* = *hispidula*-Gruppe meiner Revision S. 98). Als Typusart der Untergattung wird *hispidula* JAKOVLEV festgelegt.

Innerhalb der *fuliginosa*-Gruppe hatte ich neben *fuliginosa* (LINNAEUS) auch die 1846 von KOLENATI beschriebene *Odontoscelis iberica* angeführt. Es handelte sich dabei um eine vor allem in bezug auf die männlichen Genitalien von *fuliginosa* abweichende und meiner Ansicht nach selbständige Art, die nur auf der Iberischen Halbinsel festgestellt werden konnte. Da ich auf Grund des Namens *iberica* annahm, daß KOLENATI auch Material aus Spanien vorgelegen hatte, übernahm ich seinen Namen für diese Art. Dies war jedoch ein Irrtum meinerseits, auf den mich freundlicherweise Herr G. SEIDENSTÜCKER hinwies. Die Art war nämlich aus Georgien beschrieben worden, einem Land, für das auch der Name Iberien gebräuchlich war. Die in Spanien gefundene und in meiner Revision charakterisierte Art muß daher umbenannt werden. Auf Grund ihres Vorkommens nenne ich sie *Odontoscelis hispanica*. Der angegebene Neotypus von *iberica* wird demnach zum Holotypus von *hispanica*, die Paraneotypen zu Paratypen dieser Art.

Der Typus von *Odontoscelis iberica* KOLENATI ist leider nicht auffindbar. Da nach meinen Untersuchungen neben den von dort bekannten Arten *fuliginosa* (LINNAEUS) und *byrrhus* SEIDENSTÜCKER der *fuliginosa*-Gruppe eine neue Art aus Georgien nicht bekannt ist, muß

[1]) Dtsch. ent. Z., N. F. 33: 95—127, 1986.

es sich auf Grund der angegebenen Größe bei *iberica* KOLENATI um ein Synonym entweder zu *fuliginosa* (LINNAEUS) oder zu *byrrhus* SEIDENSTÜCKER handeln.

Anschrift des Verfassers:
Dr. URSULA GÖLLNER-SCHEIDING
Museum für Naturkunde
der HUMBOLDT-Universität Berlin
Bereich Zoologisches Museum
Invalidenstr. 43
DDR-1040 Berlin

Archiv für Phytopathologie und Pflanzenschutz
Archives of Phytopathology and Plant Protection

Herausgegeben von der Akademie der Landwirtschaftswissenschaften der DDR
Unter Mitwirkung eines internationalen Herausgebergremiums

Chefredakteur: D. Spaar, Berlin

Stellvertretender Chefredakteur: H. Kleinhempel, Aschersleben

Vorrangiges Anliegen der Zeitschrift ist die Publikation von Originalmitteilungen über Ergebnisse und Methoden der Forschung in Phytopathologie und Pflanzenschutz. Neben der phytopathologischen Problematik aus den Gebieten der Virologie, Bakteriologie und Mykologie, der Bekämpfung tierischer Schaderreger, der Resistenzforschung und der Unkrautbekämpfung finden auch Fragen der Technologie des Pflanzenschutzes und der Toxikologie Berücksichtigung. Von Seiten der Kulturpflanzen wird das Gesamtgebiet des landwirtschaftlichen, gärtnerischen und forstlichen Pflanzenschutzes erfaßt. Auf Anforderung der Redaktion werden Übersichtsarbeiten zu wichtigen Problemen des Arbeitsgebietes publiziert. Die Veröffentlichung von kurzen Mitteilungen sichert eine aktuelle Information über Forschungsergebnisse.

Interessenten sind Phytopathologen, Landwirte, Gärtner, Forstwirte, Biologen und Chemiker, die in Forschung oder Praxis des landwirtschaftlichen, gärtnerischen oder forstlichen Pflanzenschutzes, der Resistenzzüchtung oder im Umweltschutz tätig sind.

Erscheinungsweise und Bezugsbedingungen:

Die Zeitschrift erscheint zweimonatlich. Die jährlich erscheinenden 6 Hefte bilden einen Band.
Format: 17 cm × 24,0 cm.
Jährlicher Bezugspreis 180,— DM zuzüglich Versandspesen. Einzelheft 30,— DM.
ISSN 0323-5408 Bestellnummer: 1081.
1987 erscheint Band 23.

Bezugsmöglichkeiten:

Bestellungen sind zu richten
- in der DDR an Postzeitungsvertrieb unter Angabe der Kundennummer des Bestellenden, oder an den AKADEMIE-VERLAG BERLIN, Leipziger Str. 3—4; DDR-1086 Berlin
- im sozialistischen Ausland an eine Buchhandlung für fremdsprachige Literatur oder an den zuständigen Postzeitungsvertrieb;
- in der BRD und Berlin (West) an eine Buchhandlung oder an die Auslieferungsstelle KUNST UND WISSEN, Erich Bieber OHG, Wilhelmstraße 4—6, D-7000 Stuttgart 1;
- in den übrigen westeuropäischen Ländern an eine Buchhandlung oder an die Auslieferungsstelle KUNST UND WISSEN, Erich Bieber GmbH, General Wille-Str. 4, CH-8002 Zürich;
- im übrigen Ausland an den internationalen Buch- und Zeitschriftenhandel; den Buchexport, Volkseigener Außenhandelsbetrieb der Deutschen Demokratischen Republik, DDR-7010 Leipzig, Postfach 160; oder an den AKADEMIE-VERLAG BERLIN, Leipziger Str. 3—4, DDR-1086 Berlin.

AKADEMIE VERLAG BERLIN
Deutsche Demokratische Republik
DDR-1086 Berlin, Leipziger Strasse 3-4 Postfach 1233

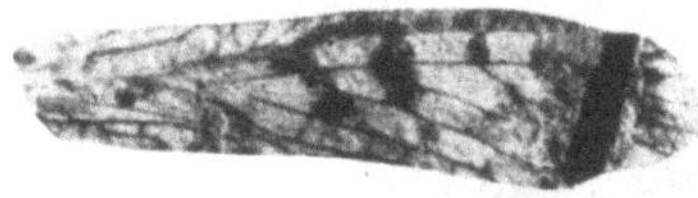

124

125

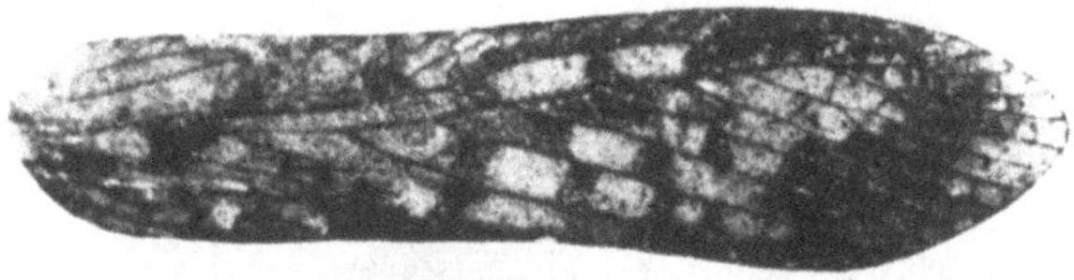

126

127

128

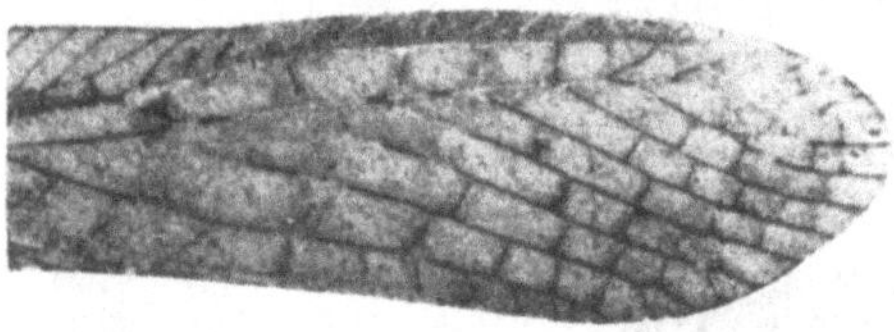

129

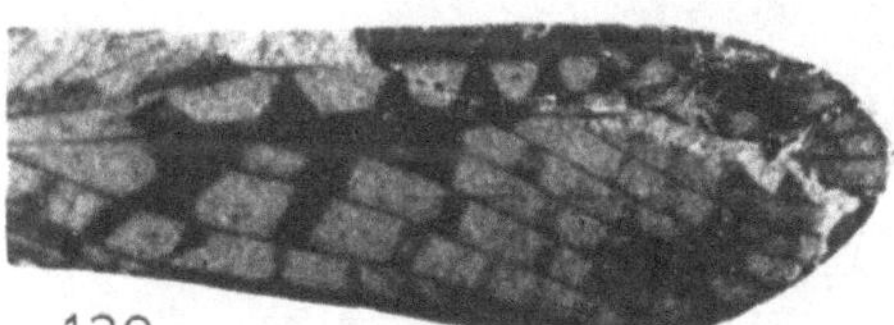

130

131

Abb. 124 *Elcana minima*, l. VFl., ca. 8 mm lang, LD 764, Lias epsilon$_1$, Dobbertin. – Abb. 125 *Elcana minima*, l. VFl., ca. 9 mm lang, MG 43 C, Lias epsilon$_1$, Dobbertin. – Abb. 126 *Elcana geinitzi*, l. VFl., ca. 14 mm lang, LD 228, Lias epsilon$_1$, Dobbertin. – Abb. 127 *Elcana geinitzi*, l. HFl., Länge ca. 12 mm, LDA 422/1, Lias epsilon$_1$, Grimmen. – Abb. 128 *Elcana media*, VFl., ca. 17 mm lang, LDA 140, Lias epsilon$_1$, Grimmen. – Abb. 129 *Elcana media*, r. VFl., vollständiger Flügel ca. 17 mm lang, LD 1816/1, Flügelfleckung kaum zu erkennen, Lias epsilon$_1$, Dobbertin. – Abb. 130 *Elcana media*, r. VFl., Gegendruck zu Abb. 129, LD 1816/2, Flügelfleckung deutlich, Lias epsilon$_1$, Dobbertin. – Abb. 131 *Elcana media*, hinteres Femur, ca. 7 mm lang, LD 2119/1, Lias epsilon$_1$, Dobbertin.

132

133

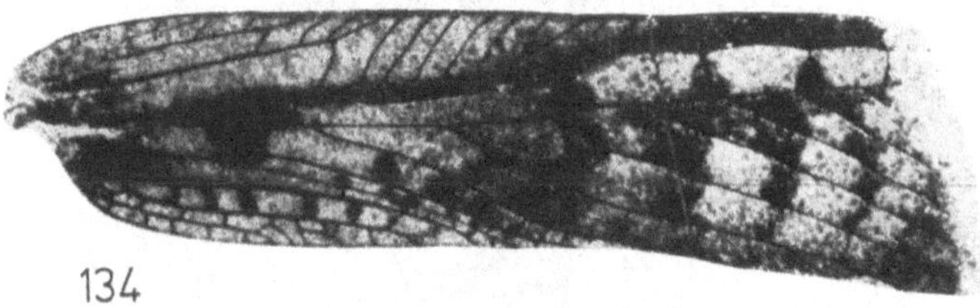

134

135

Abb. 132 *Elcana magna*, Apex eines rechten Vorderflügels, vollständiger Vorderflügel ca. 19 mm lang, LGA 34/1, Lias epsilon$_1$, Grimmen.
Abb. 133 *Elcana magna*, rechter Vorderflügel, Gegendruck zu Abb. 132, LGA 34/2, Lias epsilon$_1$, Grimmen.
Abb. 134 *Elcana magna*, linker Vorderflügel, vollständiger Vorderflügel ca. 20 mm lang, LG 136/1, Lias epsilon$_1$, Grimmen.
Abb. 135 *Elcana magna*, Holotypus, Apex eines rechten Vorderflügels, vollständiger Vorderflügel ca. 22 mm lang, MBI 6.1. b, Lias epsilon$_1$, Dobbertin.

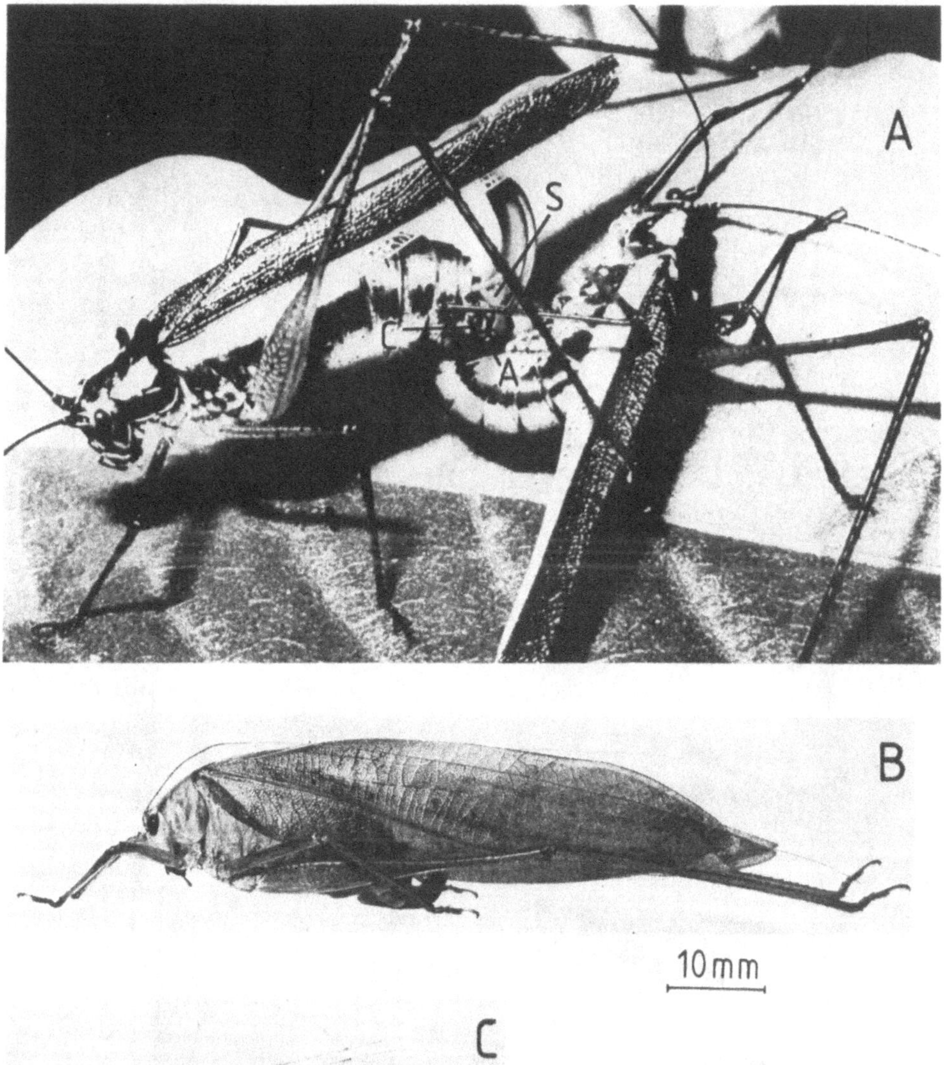

A) Kopulierendes Pärchen von *Letana nigrovittata* (Brunner v. W., 1878); Freilandaufnahme zwischen Fishling und Mugling Bazar/Trisuli. Man erkennt, wie die gespaltene Subgenitalplatte des Männchens (S) die Basis des Ovipositors umschließt. Die Anhängsel des 10. Tergits (A) und die männlichen Cerci (C) umklammern seitlich die Subgenitalplatte des Weibchens. B) *Holochlora gaida* n. sp. Weibchen (Holotypus). C) *Xiphidonema arcuata* n. gen. und n. sp. Männchen (Holotypus).

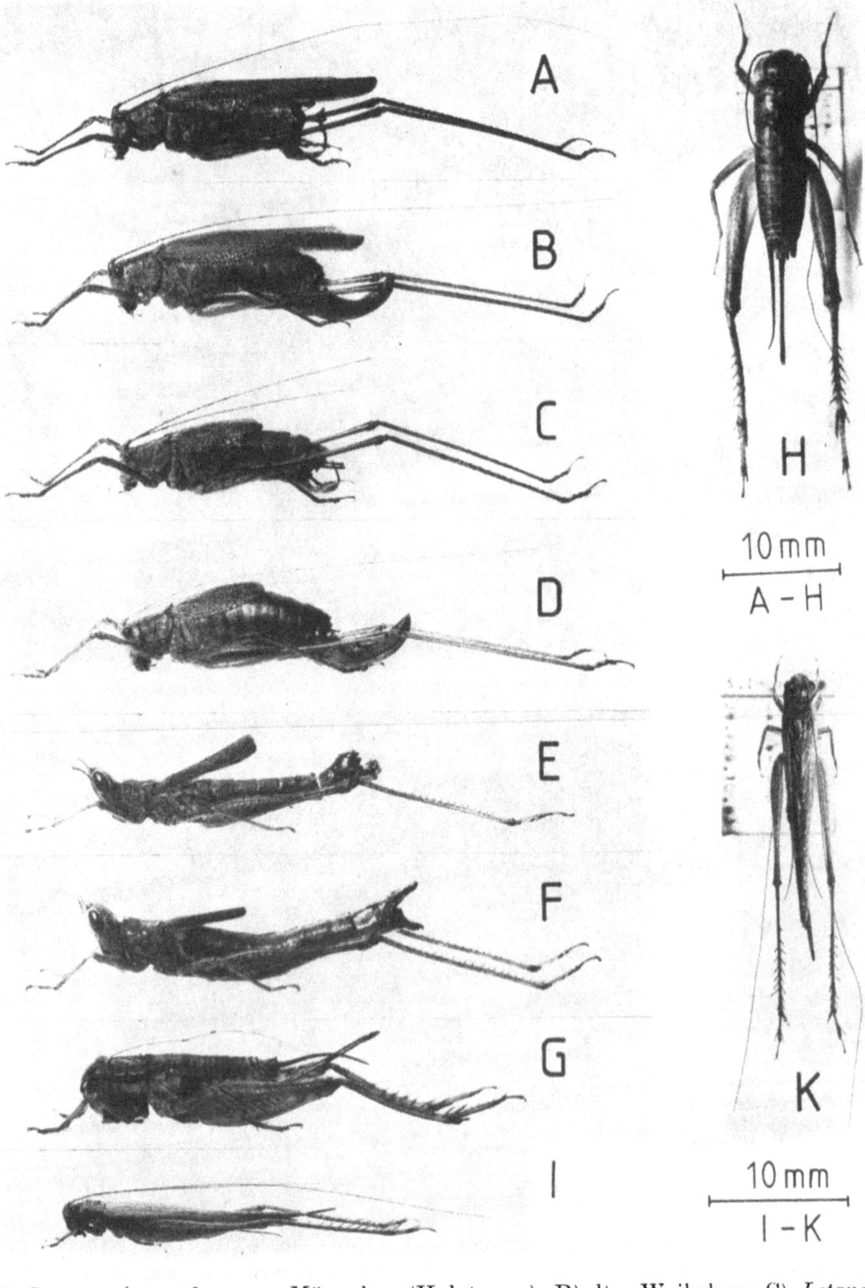

A) *Letana nigropoda* n. sp. Männchen (Holotypus); B) dto. Weibchen; C) *Letana brachyptera* n. sp. Männchen (Holotypus); D) dto. Weibchen; E) *Butania metallica* n. sp. Männchen (Holotypus); F) dto. Weibchen; G—H) *Gryllopsis nepalicus* n. sp. Weibchen (Holotypus); I—K) *Euscyrtus intermedius* n. sp. Weibchen (Holotypus).
Bei den beiden *Letana*-Männchen wurde die Subgenitalplatte in abstehender Lage fixiert, damit das 10. Tergit sichtbar wird. In Ruhestellung ist der Apex der Subgenitalplatte unter dem Fortsatz des 9. Tergits verborgen.

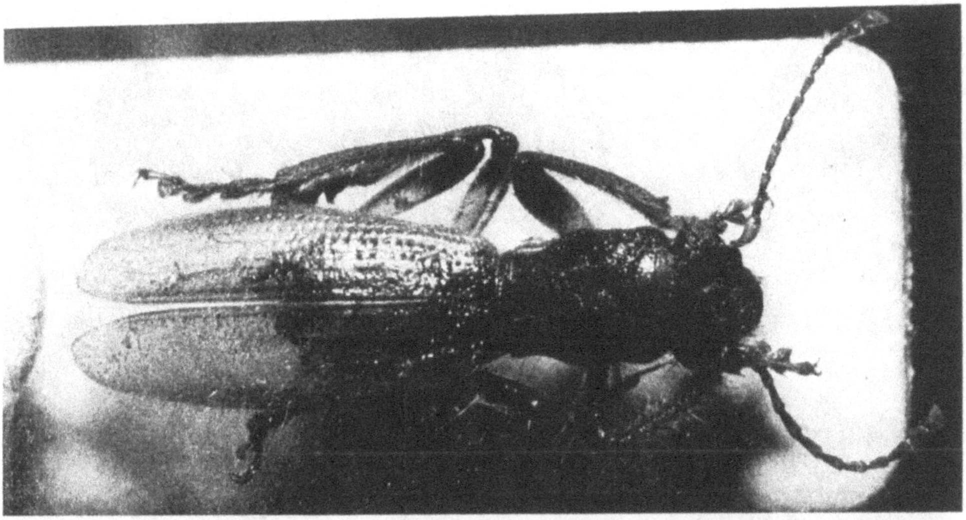

Ekisius vitreus gen. n., sp. n. Holotype female after restoration and final adjustment on natural bristle segment. Above: Dorsal view demonstrating the pellucidity of elytra after separation of the abdominal segments (cfr. with Fig. 1). Under: Lateral view.

Photographs by J. R. WINKLER

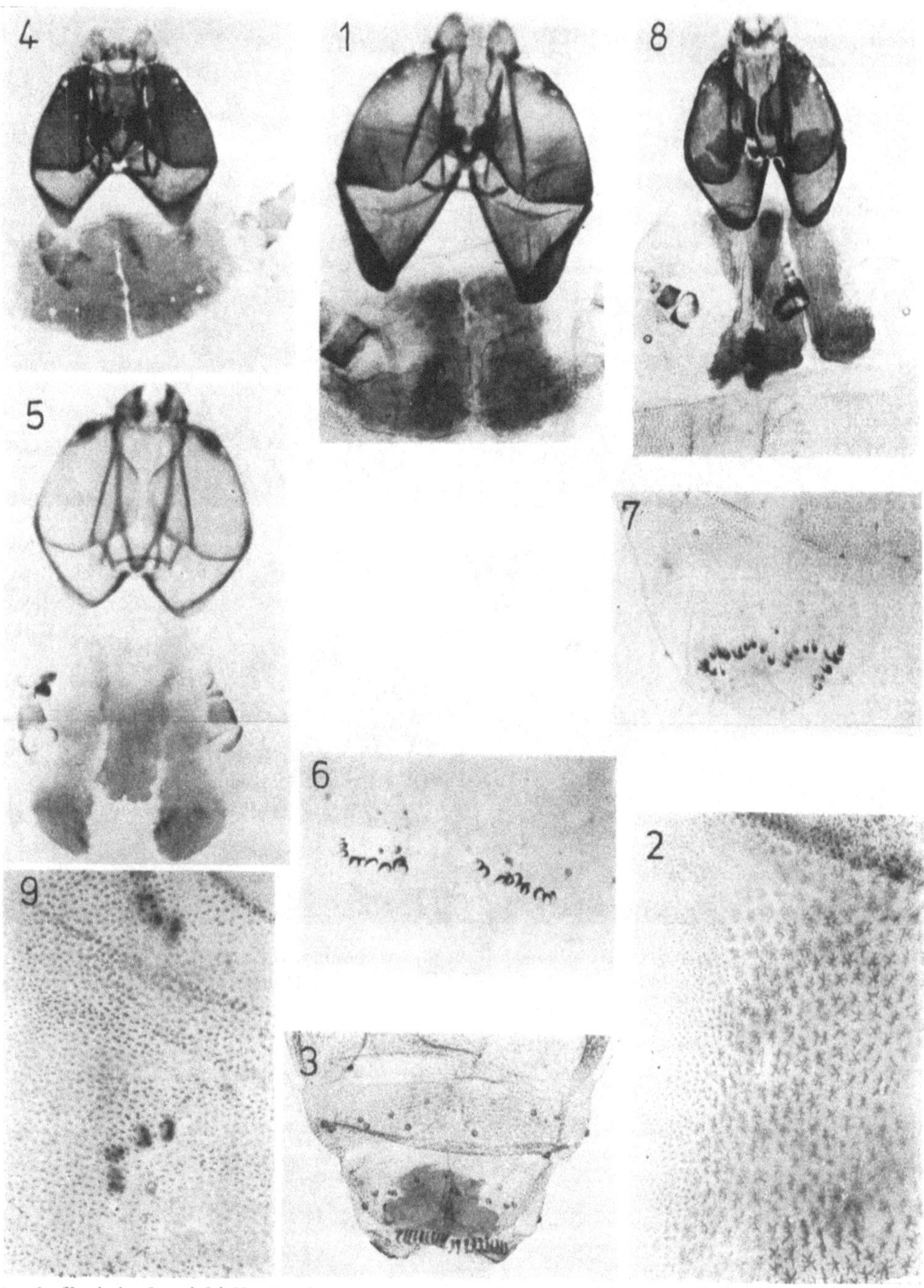

1–3 *Perittia herrichiella* H.-S.; 1. Kopf mit Prothorakalsegment; 2. Strukturelemente der Haut; 3. Analsegment; 4. *Stephensia brunnichella* L., Kopf mit Prothorakalsegment; 5. *Elachista luticomella* Z., Kopf mit Prothorakalsegment; 6. und 7. *Elachista cerusella* HB.; 6. Häkchen der Bauchfüße; 7. Analsegment; 8. und 9. *Elachista pollinariella* Z.; 8. Kopf mit Prothorakalsegment; 9. Strukturelemente der Haut.
Foto: RUTH STEUER.

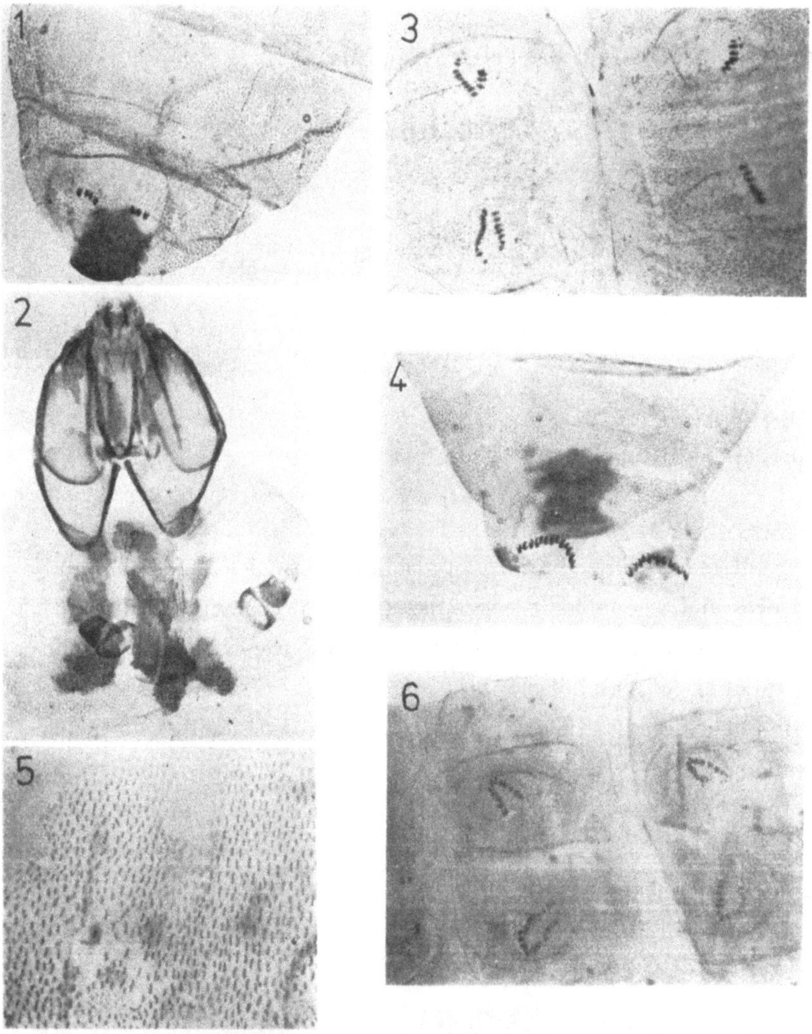

1. *Elachista pollinariella*, Analsegment; 2–5 *Elachista pullicomella* Z.; 2. Kopf mit Prothorakalsegment; 3. Häkchen der Bauchfüße vom 6. (links) und 7. Segment; 4. Analsegment; 5. Strukturelemente der Haut; 6–8 *Biselachista ornithopodella* FREY; 6. Häkchen der Bauchfüsse; 7. Analsegment; 8. Strukturelemente der Haut.
Vergrößerung ca. 1:60; Strukturelemente ca. 1:250.
Foto: RUTH STEUER.

Inhalt

DEUTSCHE ENTOMOLOGISCHE ZEITSCHRIFT
Volume 34 1987 Number 1–3

Contents

This papers published in this journal are selectively abstracted and indexed in the Review of Applied Entomology compiled by the Commonwealth Institute of Entomology, London and published by the Commonwealth Agricultural Bureaux.